王讚彬・沈俊辰・蔡宇翔 譯

PYTHON
程式設計與實例應用

SECOND EDITION

Programming and Problem Solving with Python

Ashok Namdev Kamthane・Amit Ashok Kamthane

McGraw Hill 美商麥格羅・希爾
資訊科學 系列叢書

東華書局

國家圖書館出版品預行編目(CIP)資料

Python 程式設計與實例應用 / Ashok Namdev Kamthane, Amit Ashok Kamthane 著；王讚彬, 沈俊辰, 蔡宇翔譯. -- 初版. -- 臺北市：美商麥格羅希爾國際股份有限公司臺灣分公司, 臺灣東華書局股份有限公司, 2023. 05
　　面；　公分
譯自：Programming and problem solving with Python, 2nd ed.
ISBN 978-986-341-499-5(平裝)

1. CST: Python(電腦程式語言)

312.32P97　　　　　　　　　　　　　　　112005621

Python 程式設計與實例應用

繁體中文版©2023 年，美商麥格羅希爾國際股份有限公司台灣分公司版權所有。本書所有內容，未經本公司事前書面授權，不得以任何方式（包括儲存於資料庫或任何存取系統內）作全部或局部之翻印、仿製或轉載。

Original English language edition copyright © 2021 and Open International Publishing Limited. All rights reserved.

© 2021 McGraw Hill Education (India) Private Limited.

Original title: Programming and Problem Solving with Python, 2e by Kamthane (ISBN: 978-93-90113-02-6)

Traditional Chinese translation copyright © 2023 by McGraw-Hill International Enterprises LLC Taiwan Branch

All rights reserved.

作　　者	Ashok Namdev Kamthane, Amit Ashok Kamthane
譯　　者	王讚彬　沈俊辰　蔡宇翔
合作出版暨發行所	美商麥格羅希爾國際股份有限公司台灣分公司 104105 台北市中山區南京東路三段 168 號 15 樓之 2 客服專線：00801-136996
	臺灣東華書局股份有限公司 100004 台北市中正區重慶南路一段 147 號 3 樓 TEL: (02) 2311-4027　　FAX: (02) 2311-6615 劃撥帳號：00064813 門市：100004 台北市中正區重慶南路一段 147 號 1 樓 TEL: (02) 2371-9320
總 經 銷	臺灣東華書局股份有限公司
出版日期	西元 2023 年 5 月 初版一刷

ISBN：978-986-341-499-5

關於作者

Ashok Namdev Kamthane
印度 SGGS 工程技術學院電子與通訊工程系退休副教授，擁有三十七年的教學經驗，著作超過數十本書籍，並在印度國內和國際會議上發表過多篇技術論文。Kamthane 教授曾在一流的 SGGS 工程技術學院獲得電子工程碩士學位，碩士論文主題為於孟買特朗貝的 Bhabha 原子研究中心，開發潛水艇所需的 8 位元 8051 微控制器聲波收發器系統軟硬體。

Amit Ashok Kamthane
Kamthane 先生為一名資料科學家，同時也是專業的 Python 人工智慧開發人員，過去曾在印度理工學院孟買分校的國家航空航天創新與研究中心擔任研究助理，也曾於 SGGS 工程技術學院擔任講師，以及在楠代德 PES 現代學院浦那分校擔任助理教授。Kamthane 先生擁有米高梅工程學院資訊工程碩士學位和 GH Raisoni 工程學院浦那分校資訊工程學士學位。

前言

　　我們非常高興能撰寫《Python 程式設計與實例應用》一書，本書主要是為初學工程以及數學相關領域的學生所準備，學生可以使用這種高階程式語言作為有效解決數學問題的工具。Python 被用於開發任何形態的應用程式，並不僅限於電腦科學應用。

　　我們相信任何具備電腦基礎知識和邏輯思維能力的人都可以學習程式設計，因此，我們透過簡潔易懂的方式來撰寫本書。在閱讀本書後，讀者就可以了解程式語言是如此地簡單，同時也將學習到有關 Python 程式設計的基礎知識，並有足夠能力使用 Python 來開發應用程式。

　　在撰寫內容時，考慮到讀者可能並無 Python 程式設計的基礎知識，因此在閱讀之前，讀者應該先了解學習 Python 程式設計的優勢。以下將說明為什麼要學習 Python 程式語言的原因：

✦ Python 是一種簡單易學的程式語言，它相較其他程式語言具有更簡潔的語法。

✦ Python 是一種物件導向程式語言，可用於開發桌面、獨立執行或腳本應用程式。

✦ Python 是一個免費開源軟體，由於其開放性，任何人都可以撰寫 Python 程式，並發布在任何像是 Windows、Linux、Ubuntu 和 Mac OS 等平台上，而無需更改原始程式碼。

　　由於上述特點，Python 已成為目前最流行的程式語言，並被程式設計師們廣泛的使用。

在工程領域中使用 Python

電腦科學工程

✦ 開發網頁應用程式。

✦ 透過資料科學家分析大量資料。

✦ 進行自動化測試。

✦ 開發基於圖形介面的應用程式、密碼學和網路安全以及其他應用程式。

電子、通訊及電機工程

✦ 影像處理應用程式可以使用 Python 中 scikit-image 函式庫進行開發。

✦ 廣泛用於開發嵌入式應用程式。

✦ 使用 Arduino 和樹莓派開發資訊科技應用程式。

Python 也可以用於**其他工程類型**，像是機械、化學以及生物資訊學，透過使用 numpy、scipy 和 pandas 等函式庫來執行複雜的計算。

因此，任何想要學習基礎 Python 程式設計知識的人都可成為本書的讀者，不管是任何領域或是工程、電腦應用學士／碩士背景的人士，只要有興趣就可以使用 Python 開發應用程式。

第二版

在日常生活中，我們可以看到各種不同的應用程式軟體，例如：車票預訂系統、ATM 提款機、臉書、Gmail 和 WhatsApp。這些應用程式都有圖形使用者介面，可以讓使用者和系統進行互動。事實上，設計良好的圖形使用者介面是一個高品質軟體的重要元素。

在了解到軟體行業對圖形使用者介面應用程式不斷增長的需求，我們覺得有必要在本書中討論這個主題，並使 Python 程式設計師有能力開發圖形使用者介面應用程式。

第二版新增內容

✦ 增加使用 Tkinter 進行圖形使用者介面和 Python 程式設計的新章節。
✦ 增加介紹 MySQL 資料庫的新章節，幫助程式設計師學習有關資料庫的概念，以及與圖形使用者介面應用程式進行互動，並對資料庫執行增刪查改 CRUD 操作，以儲存來自圖形使用者介面應用程式的內容。
✦ 新增了例外處理的章節，其被認為是學習程式設計中錯誤和異常處理的最佳練習之一，因為在軟體設計產業中，經常需要追蹤程式中的錯誤和異常。
✦ 三個新範例。
✦ 新增更多的選擇題。

本書架構

本書主要分為兩個部分：第一部分為電腦程式語言設計的基礎知識；而第二部分包含物件導向程式設計相關和一些基本資料結構的主題。

在第一部分中，讀者將學習有關電腦以及 Python 程式設計的基礎知識。第 1 章示範在各種作業系統上執行 Python 程式；第 2 章介紹 Python 中使用的資料型態、指派、格式化數值與字串；第 3 章介紹運算子和表達式；第 4 章介紹判斷敘述式；第 5 章介紹迴圈控制敘述式；第 6 章介紹函式。

在第二部分中,說明如何建立類別和物件。第 7 章和第 8 章介紹使用類別建立串列和字串的概念;第 9 章將帶領讀者了解搜尋以及排序等基本的資料結構,因為它是程式設計中最重要的概念之一,並且幾乎被用於所有實際的應用程式中;第 10 章介紹物件導向程式設計的概念及功能,例如:繼承、可存取性(即封裝)等;第 11 章介紹 Python 主要的資料結構,包括元組、集合和字典;而第 12 章將介紹如何使用 turtle 套件建立圖形;第 13 章會幫助讀者了解檔案處理的必要性,並基於此開發即時應用程式;第 14 章介紹如何使用 Python 中內建的關鍵字處理例外;第 15 章說明如何使用 Tkinter 建立簡單的圖形使用者介面應用程式;最後,第 16 章描述基本的資料庫概念,包括關聯式模型的結構以及操作。因此,在閱讀完本書第二部分之後,讀者將能夠透過考慮其靈活性和可再用性來建立應用程式。

ASHOK NAMDEV KAMTHANE
AMIT ASHOK KAMTHANE

內容導覽

本書中所有章節劃分為以下幾個重要教學部分:

✦ **學習成果**:讓學生和程式設計師擁有清晰的思路,了解到在每一章中學習了什麼,待章節閱讀完畢後,將能夠理解和應用該章的所有目標。

✦ **簡介**:解釋每個主題的基礎知識,並使讀者熟悉所介紹的概念。

✦ **程式**:章節中的主要重點,針對每個主題提供豐富的程式應用,能夠有效地加強所學的概念。

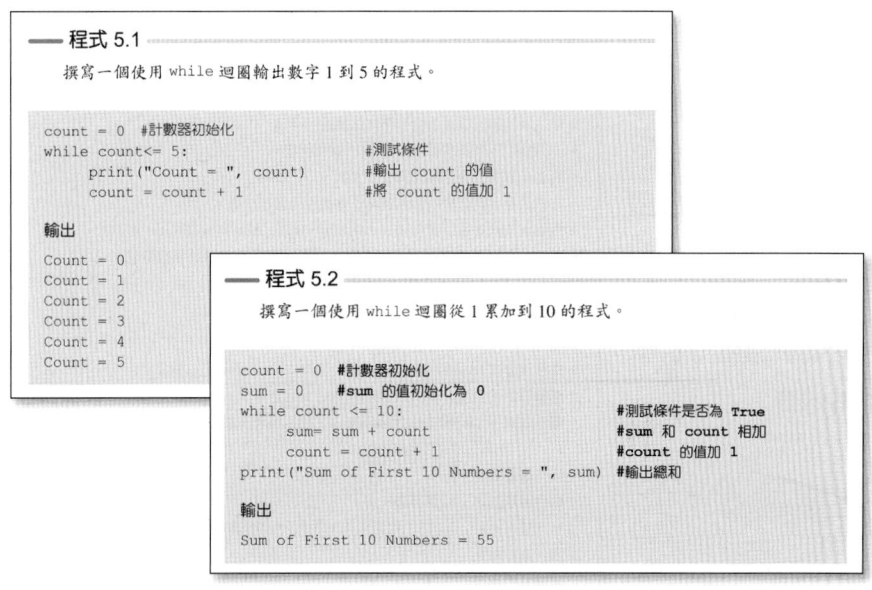

✦ **小專案**：主要為情境問題的陳述，它將促使讀者思考，並將所學的各種概念通過撰寫程式的方式來解決現實生活中可能發生的問題。

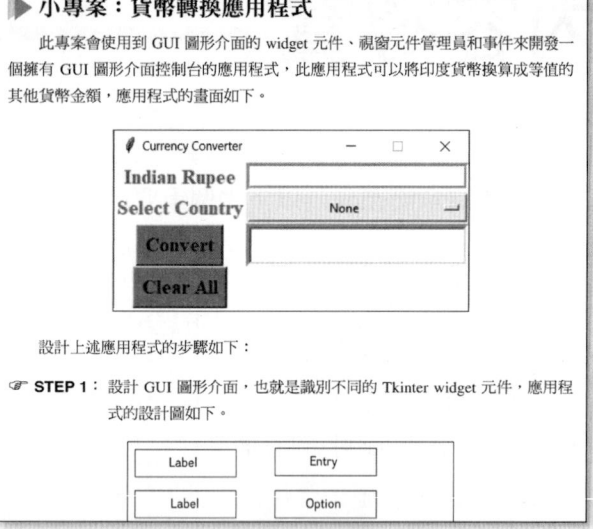

✦ 章節中標出了值得**注意**的部分，提供極為有用的程式撰寫概念與見解，同時對於讀者在程式撰寫時可能面臨的問題做出預防性說明。

✦ 每章末尾皆整理列出**總結**，簡要描述該章所涵蓋的概念。

✦ **關鍵術語**：整理出該章的重要關鍵字和概念。

✦ 每章最後皆附有**問題回顧**，包括選擇題、是非題、練習題、程式練習題，有助於讀者分析學習到的內容。

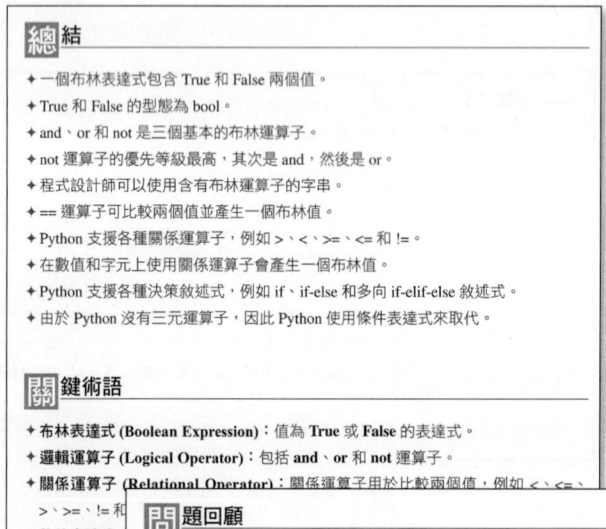

致謝

首先，我們要向 SGGS 工程技術學院前校長 B. M. Naik 教授表示深深的感謝，他不斷地激勵我們撰寫技術學科的書籍，是他的熱情和指導促使我們寫了這本書。

特別感謝 SGGS 工程與技術研究所所長 L. M. Waghmare 博士、SGGS 工程與技術研究所的 U. V. Kulkarni 教授和 P. S. Nalawade 教授鼓勵我們用 Python 完成這本書。

感謝 PES 工程學院的 S. A. Itkar 教授和 Deipali V. Gore 教授在寫作過程中給予我們支持，並且感謝 PES 工程學院的工作人員 Santosh Nagargoje、Nilesh Deshmukh、Kunnal Khadake、Digvijay Patil 和 Sujeet Deshpande 提出的寶貴建議。

此外，還要感謝我們的朋友 ShriKumar P. Ugale 和 Navneet Agrawal 在編寫本書時提供的寶貴意見；另外，也要感謝我們的學生 Suraj K、Pranav C 和 Prajyot Gurav，他們在編寫本書時所提出的意見、建議和讚美。

感謝以下審稿人員在手稿階段中提供了有用的反饋和重要建議。

Vikram Goyal	德里 Indraprastha 資訊技術研究所 (Indraprastha Institute of Information Technology Delhi)
Partha Pakray	Mizoram 國家理工學院 (National Institute of Technology Mizoram)
Harish Sharma	Rajasthan 工業大學 (Rajasthan Technical University)
Shreedhara K. S.	Karnataka 大學 BDT 工程學院 (University BDT College of Engineering)
S. Rama Sree	Aditya 工程學院 (Aditya Engineering College)
Sansar Singh Chauhan	IEC 工程技術學院 (IEC College of Engineering & Technology)

最後，要感謝我們的家人：Surekha Kamthane夫人（Amit A Kamthane的母親）、Pooja（Amit Kamthane 的妻子）、Amol、Swarupa、Aditya、Santosh Chidrwar、Sangita Chidrawar、Sakshi 和 Sartak，感謝他們的愛與支持和鼓勵。

ASHOK NAMDEV KAMTHANE
AMIT ASHOK KAMTHANE

目錄

關於作者	iii
前言	v
內容導覽	ix
致謝	xi

Chapter 1　電腦與 Python 程式簡介 1

1.1	簡介	1
1.2	何謂電腦？	1
1.3	程式語言概述	3
1.4	Python 的歷史	5
1.5	安裝 Python 於 Ubuntu 系統	14
1.6	執行 Python 程式	16
1.7	Python 程式註解	19
1.8	Python 程式執行流程	20
1.9	Python 實作	21

Chapter 2　Python 程式基礎 25

2.1	簡介	25
2.2	Python 字元集	26
2.3	標記	26
2.4	Python 核心資料型態	29
2.5	`print()` 函式	34
2.6	指派數值給變數	36
2.7	多重指派	39
2.8	Python 敘述式	40

2.9	Python 多行敘述式	40
2.10	撰寫簡單的 Python 程式	41
2.11	`input()` 函式	42
2.12	`eval()` 函式	46
2.13	格式化數字與字串	48
2.14	Python 內建函式	52

Chapter 3　運算子表達式　63

3.1	簡介	63
3.2	運算子和表達式	63
3.3	算術運算子	64
3.4	隸屬成員運算子	75
3.5	身分運算子	76
3.6	運算子的優先等級和結合順序	76
3.7	改變算術運算子的優先等級和結合順序	78
3.8	將數學公式轉換為等效的 Python 表達式	80
3.9	位元運算子	82
3.10	複合指派運算子	89
小專案：商品服務稅計算機		90

Chapter 4　判斷敘述式　99

4.1	簡介	99
4.2	布林型態	100
4.3	布林運算子	101
4.4	使用含有布林運算子的數值	102
4.5	使用含有布林運算子的字串	103
4.6	布林表達式和關係運算子	103
4.7	決策敘述式	105
4.8	條件表達式	118
小專案：找出一個月的天數		119

Chapter 5 迴圈控制敘述式 **127**

5.1　簡介 　127
5.2　`while` 迴圈 　128
5.3　`range()` 函式 　133
5.4　`for` 迴圈 　134
5.5　巢狀迴圈 　140
5.6　`break` 敘述式 　144
5.7　`continue` 敘述式 　147
小專案：使用查爾斯・巴貝奇函式生成質數 　149

Chapter 6 函式 **157**

6.1　簡介 　157
6.2　基礎函式語法 　157
6.3　使用函式撰寫程式 　159
6.4　函式中的參數和引數 　160
6.5　可變長度的非關鍵字和關鍵字引數 　167
6.6　區域和全域變數範圍 　169
6.7　回傳敘述式 　173
6.8　遞迴函式 　177
6.9　`lambda()` 函式 　179
小專案：複利計算以及利息和本金的年度分析 　179

Chapter 7 字串 **189**

7.1　簡介 　189
7.2　`str` 類別 　190
7.3　Python 用於字串的內建函式 　190
7.4　索引 `[]` 運算子 　190
7.5　使用 `for` 和 `while` 迴圈讀取字串 　192
7.6　不可變字串 　193
7.7　字串運算子 　195

7.8　字串的運算　198
小專案：將十六進位制數轉換為等效的二進位制數　212

Chapter 8　串列　221

8.1　簡介　221
8.2　建立串列　222
8.3　存取串列中的元素　222
8.4　負數串列索引　223
8.5　串列切片 [開始索引: 結束索引]　224
8.6　使用含有讀取間隔的串列切片　225
8.7　Python 內建的串列函式　226
8.8　串列運算子　227
8.9　串列解析　230
8.10　串列方法　234
8.11　字串和串列　238
8.12　在串列中分割一個字串　238
8.13　將串列傳遞給函式　239
8.14　從函式中回傳串列　241

Chapter 9　串列處理：搜尋與排序　255

9.1　簡介　255
9.2　搜尋技術　256
9.3　排序相關簡介　262
小專案：根據每個元素的長度進行排序　279

Chapter 10　物件導向程式設計：類別、物件與繼承　285

10.1　簡介　285
10.2　定義類別　286
10.3　Self 參數和為一個類別添加方法　290
10.4　顯示類別屬性和方法　294
10.5　特殊類別屬性　295

10.6	可存取性	296
10.7	__init__ 方法（建構子）	298
10.8	將物件作為參數傳遞給方法	300
10.9	__del__ 方法（解構子）	301
10.10	類別成員測試	303
10.11	Python 中的方法多載	304
10.12	運算子多載	306
10.13	繼承	311
10.14	繼承類型	312
10.15	物件類別	313
10.16	繼承的更多細節介紹	313
10.17	存取父類別屬性的子類別	315
10.18	多層繼承	316
10.19	多重繼承	318
10.20	使用 super()	320
10.21	方法覆寫	323
10.22	注意事項：多重繼承中的方法覆寫	324
小專案：複數的算術運算		326

Chapter 11　元組、集合與字典 339

11.1	簡介	339
11.2	集合	348
11.3	字典	352
小專案：橙色帽子計算器		366

Chapter 12　圖形程式開發：使用海龜繪圖 375

12.1	簡介	375
12.2	開始使用海龜繪圖模組	375
12.3	在任意方向上移動海龜游標	377
12.4	將海龜游標移動到任意位置	381
12.5	海龜繪圖的顏色、背景顏色、圓和速度方法	383
12.6	繪製各種顏色的圖形	385

12.7	使用迴圈迭代的方式繪製基本形狀	387
12.8	使用串列動態改變顏色	389
12.9	使用海龜繪圖建立長條圖	390
小專案：海龜賽車遊戲		391

Chapter 13　檔案處理 399

13.1	簡介	399
13.2	檔案處理的必要性	399
13.3	文字輸入和輸出	400
13.4	`seek()` 函式	414
13.5	二進位制檔案	416
13.6	存取和操作硬碟中的檔案和目錄	416
小專案：從檔案中提取資料，並對其執行一些基本的數學運算		418

Chapter 14　例外處理 425

14.1	錯誤和例外	425
14.2	Python 的例外情形及階層結構	426
14.3	例外處理	427
14.4	觸發例外	433

Chapter 15　使用 Tkinter 進行 Python GUI 圖形介面程式開發 437

15.1	Tkinter 簡介	437
15.2	開始使用 Tkinter	438
15.3	Tkinter 包含的 Widget 元件	439
15.4	標籤 Widget 元件	440
15.5	按鈕 Widget 元件	442
15.6	Tkinter 事件處理──回呼函式	444
15.7	勾選按鈕 Widget 元件	446
15.8	單選按鈕 Widget 元件	449
15.9	框架──容器 Widget 元件	451

15.10	輸入框 Widget 元件	452
15.11	文字 Widget 元件	455
15.12	列表框 Widget 元件	457
15.13	視窗元件管理員	459
15.14	滾動條 Widget 元件	466
15.15	繪圖板	469
15.16	選單	473
15.17	Tkinter 標準對話框──訊息框模組	475
小專案：貨幣轉換應用程式		479

Chapter 16　MySQL 資料庫簡介 ... **489**

16.1	資料庫簡介	489
16.2	資料庫語言 MySQL 簡介	490
16.3	MySQL 安裝	490
16.4	在命令列模式進行 MySQL 基本操作	496
16.5	MySQL Connector 模組簡介	510
16.6	透過 pip 下載 MySQL Connector 模組	510
16.7	從 Python 連接到 MySQL	512
16.8	Cursor 游標簡介	515
16.9	與 MySQL 資料庫互動的 Cursor 游標	515
16.10	透過 MySQL Connector/Python 程式介面模組列出資料庫	516
16.11	透過 MySQL Connector/Python 程式介面模組建立資料庫	517
16.12	透過 MySQL Connector/Python 程式介面模組建立資料表單	518
16.13	透過 MySQL Connector/Python 程式介面模組插入紀錄	520
16.14	透過 MySQL Connector/Python 程式介面模組更新紀錄	523
16.15	透過 MySQL Connector/Python 程式介面模組刪除紀錄	524
小專案：員工資料庫管理專案		525

Appendix 1　在 Python 中匯入模組 ... **539**

Appendix 2　創建通訊錄專案 ... **541**

Appendix 3	圖書庫存管理專案	549
Appendix 4	Python 關鍵字	561
Appendix 5	ASCII 表	563

索引 **565**

Chapter 1
電腦與 Python 程式簡介

學習成果

完成本章後,學生將會學到:

✦ 辨識現代電腦系統和各種程式語言的功能。
✦ 了解 Python 的重要性以及它作為程式語言的需求。
✦ 安裝 Python 於各種作業系統,並且使用 Python 撰寫和執行程式。

章節大綱

1.1 簡介
1.2 何謂電腦?
1.3 程式語言概述
1.4 Python 的歷史
1.5 安裝 Python 於 Ubuntu 系統
1.6 執行 Python 程式
1.7 Python 程式註解
1.8 Python 程式執行流程
1.9 Python 實作

▶ 1.1 簡介

如今電腦已成為人類生活中不可或缺的一部分。它們被使用於各式各樣的領域,用以執行各種日常任務,例如訂票、支付電子帳單、虛擬轉帳、預測天氣、診斷疾病等。總而言之,我們每個人都直接或間接地不斷使用著電腦。因此,在學習 Python 程式語言之前,本章將先介紹電腦的基礎知識和不同類型的程式語言以方便初學者學習,然後再詳細介紹 Python 的安裝與執行,以及 Python 程式。

▶ 1.2 何謂電腦?

電腦一詞來自「計算」,意思是「對……做計算」。電腦是一種接受使用者數據的電子設備,對使用者指定的數據進行計算處理並產生輸出結果。電腦透過某些硬體和軟體快速且準確地執行這些操作。硬體為電腦實體可見的元件,而軟體則由一組指令所組成,用於控制硬體。圖 1.1 顯示了現代電腦系統中的各種組件。

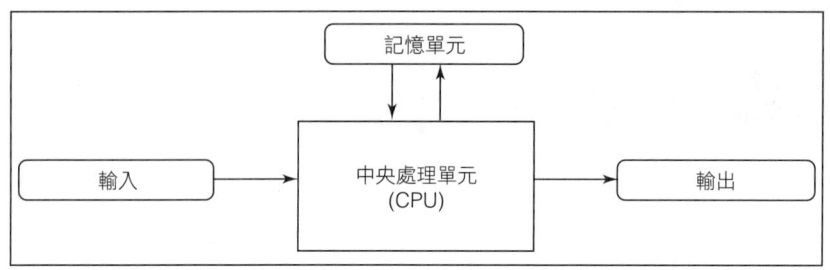

圖 1.1　現代電腦系統的框架示意圖

　　電腦系統的硬體由三個主要元件所組成，包括輸入／輸出 (I/O) 單元、中央處理單元和記憶單元。

1.2.1　輸入／輸出 (I/O) 單元

　　使用者透過各種輸入／輸出單元與電腦進行互動。利用輸入裝置（例如鍵盤）向電腦進行輸入，電腦的輸入單元接收使用者的數據並轉換成電腦可以理解的形式。一旦電腦接收到輸入資料，經過處理後便會發送到輸出裝置，例如螢幕、印表機等都是電腦的輸出裝置。

1.2.2　中央處理單元

　　中央處理單元是電腦中最重要的部分，負責處理數據的運算，包含了算數邏輯單元 (ALU) 和控制單元。其中算數邏輯單元負責執行並運算所輸入資料，控制單元收到指令碼後負責控制電腦的記憶體與相對應的輸入、輸出裝置。

1.2.3　記憶單元

　　記憶單元負責儲存程式與資料，由數個儲存單元所組成，每個儲存單元可以儲存一個位元的資訊。這些儲存單元會以固定大小的單位 (words) 進行處理，而非以單個位元被讀取或寫入。電腦的儲存系統可以分為以下三類：

1. **內部記憶體**：限制於中央處理單元內部的暫存器，這些暫存器會保存計算過程中暫時性的結果。
2. **主記憶體**：一個儲存所有執行程式的儲存空間。所有執行的程式與資料都必須儲存於此，以便快速執行。
3. **輔助記憶體**：也稱作**外部記憶體**或**儲存記憶體**。程式與資料可以被長期儲存於此，硬碟、軟碟、CD、DVD 和錄音帶皆為不同形式的輔助記憶體。

1.3 程式語言概述

電腦程式是一組電腦執行特定任務的指令,通常會將電腦程式稱為**軟體**。這些程式中的指令會告訴電腦該做些什麼,而這些指令可用接下來描述的三種方法撰寫。

1.3.1 機器語言

電腦是一種電子機器,可以理解任何以二進位制形式撰寫的指令,也就是說,僅使用 0 和 1,而用 0 和 1 所撰寫出的程式稱為機器語言。雖然電腦可以輕易理解這種語言,但是對於人類來說卻很難使用 0 和 1 撰寫指令,可參考以下範例。

範例

如一串數字:0011,1000,1010,就是使用機器語言所撰寫的指令。這串指令代表著將儲存於位置 8 (1000) 的數字和儲存於位置 10 (1010) 的數字做相加,並將結果儲存於位置 8 (1000)。這裡的二進位制編碼 0011 代表加法。

1.3.2 組合語言

從上述的範例我們得知對於人類來說,很難去撰寫、閱讀、溝通或是更改機器語言所撰寫的程式,因此,需要創建另一種更方便的語言。爾後便發展出組合語言,使用比較好記憶的符號(助記符號)代替機器的操作指令(例如 ADD 和 MUL),並使用符號名稱來指定記憶體位置,可參考以下範例。

範例

```
MOV X, 10
MOV Y, 20
ADD X, Y
```

助記符號 MOV 代表將變數 X 值設為 10 的操作指令,助記符號 ADD 表示將變數 X 和 Y 做相加,並將結果儲存於變數 X 中。

由於電腦本身無法了解組合語言,因此會使用一種稱之為**組譯器**的程式將組合語言轉譯為等效的機器語言程式。

1.3.3 高階語言

高階語言相較於低階語言更容易撰寫,因為這些程式撰寫的指令類似於英文。這邊的「高階」不代表著語言更加複雜,而是意味著語言更加問題導向。通常高階語言與使用平台無關,代表著我們可以於在不同類型的機器上運行高階語言。使用高階語言所撰寫的指令，我們稱之為**敘述式**。

例如，我們使用高階語言將計算數字平方的敘述式寫為：

```
Square = number * number
```

有許多高階語言是基於它預期的目的做語言的選擇。使用高階語言所撰寫的程式稱之為**原始碼**或**原始程式**，下面將介紹處理高階程式撰寫的過程。

☞ **STEP 1**：**直譯器**或是**編譯器**將高階語言轉譯為等效的目的碼以供電腦執行。
☞ **STEP 2**：**連接器**將目的碼和儲存於函式庫的程式碼組合而成機器語言。
☞ **STEP 3**：最後執行 STEP 2 所生成的機器語言程式碼。

圖 1.2 描述如何執行用高階語言撰寫的程式。

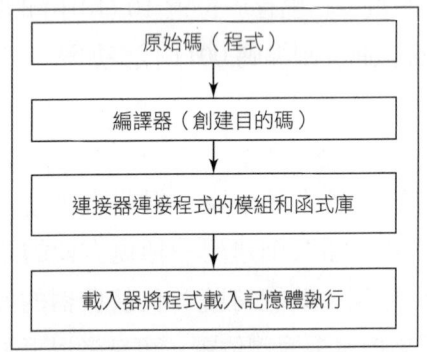

圖 1.2　執行高階程式語言的步驟

接著我們來介紹編譯器、直譯器、連接器和載入器。

編譯器

一種將高階語言撰寫的程式轉譯成機器語言的軟體。轉譯後的程式稱之為目的碼，目的碼是一種可以獨立執行的程式碼，也就是說，在執行的過程中不需要編譯器。每種程式語言都有自己的編譯器，例如 C、C++ 和 Java 等程式語言。

直譯器

當編譯器將整個原始碼轉譯成等效的目的碼或是機器碼的過程中，直譯器會逐行讀取原始碼並將其轉譯成目的碼（一種機器可以理解的程式碼）。

連接器

將不同程式模組和函式庫連接成可執行程式的一個程式。程式的原始碼非常龐大，可以同時包含上百行程式碼。在程式開始執行之前，所有程式會使用的模組和函式庫都會透過**連接器**先連接在一起，而經過編譯和連接的程式稱之為**可執行的程式式碼**。

載入器

此軟體在執行期間會將可執行的程式碼載入和重新放入主記憶體。載入器會在主記憶體中分配一個儲存空間以供程式執行。

▶ 1.4　Python 的歷史

Python 是 1990 年由荷蘭國家數學與計算機科學研究所的吉多・范・羅蘇姆所開發。羅蘇姆希望新語言的名稱能夠簡短、獨特且神祕，在受到 BBC 電視喜劇系列《Monty Python 的飛行馬戲團》啟發後，他將語言名稱命名為 Python。

Python 因其簡單、簡潔和支援廣泛的函式庫逐漸成為熱門的程式語言，在業界和學術界被廣泛的使用，它是一種通用型、直譯且物件導向的程式語言。Python 由位於同一研究院的核心開發團隊共同維護，一般大眾可以在公眾授權條款 (GPL) 下取得原始碼。

1.4.1　為什麼選擇 Python？

COBOL、C#、C、C++ 和 Java 是當今資訊科技中常見的程式語言。程式初學者經常會問：「**既然有這麼多種的程式語言，為什麼要選擇使用 Python？**」雖然某方面來說這可能只是個人的喜好問題，但 Python 擁有著許多眾所周知的優點，使其成為流行的程式語言，以下將介紹其優點。

1. **可讀性**：開發人員程式碼的**可讀性**對於撰寫程式來說是最關鍵的因素之一。任何軟體的生命週期中，維護占了最長的部分，因此，如果一個軟體具有較高的可讀性，那麼將更容易維護；同時，可讀性也有助於程式設計師更輕鬆地重複使用現有的程式碼來維護和更新軟體。Python 相較於其他的程式語言提供了更高的程式碼可讀性。
2. **可移植性**：Python 是平台獨立的，也就是說，它的程式可以在所有的平台上運行。此語言就是為了可移植性而設計的。
3. **支援眾多的函式庫**：Python 具有大量的內建功能，稱之為**標準函式庫**。Python 同時也支援各種第三方軟體，例如 NumPy。**NumPy** 是一個支援大型、多維的陣列和矩陣的擴充模組。

4. **軟體整合**：Python 的重要特質為容易擴充且能與多種程式語言進行通訊、整合。例如 Python 的程式碼可以輕鬆使用 **C** 和 **C++** 的程式語言函式庫，還可以用於與 **Java** 和 **.net** 組件進行通訊。Python 有時還可以充當兩種應用程式之間的中介或代理者。

5. **開發人員生產力**：與其他程式語言相比，Python 屬於動態型別的程式語言，意味著它不需要宣告變數型別。再者，Python 還有許多其他特性，例如其所撰寫的程式碼通常會比用其他語言（例如 C、C++ 或 Java）所撰寫的要小的多或是甚至僅有一半。

由於程式碼的大小減少了許多，因此在輸入和除錯的部分也隨之減少了許多；與其他程式語言相比，編譯和執行所需的時間也相對較少。所以 Python 程式無須花費大量時間進行連接和編譯，可以即時運作。

Python 所提供的這些優勢，使其成為程式設計師開發軟體應用或專案的程式語言首選。

1.4.2　安裝 Python 於 Windows 系統

Python 幾乎適用於所有的作業系統，例如 Windows、Mac、Linux/Unix 等，可以在 http://www.Python.org/downloads 找到不同版本的 Python 完整列表。下面將介紹 Windows 中安裝 Python 的詳細步驟。

☞ **STEP 1**：開啟瀏覽器，例如 Internet Browser、Mozilla Firefox 或 Chrome。於網址列中輸入 http://www.Python.org/，然後按下 Enter。隨即便會出現以下畫面（圖 1.3）。

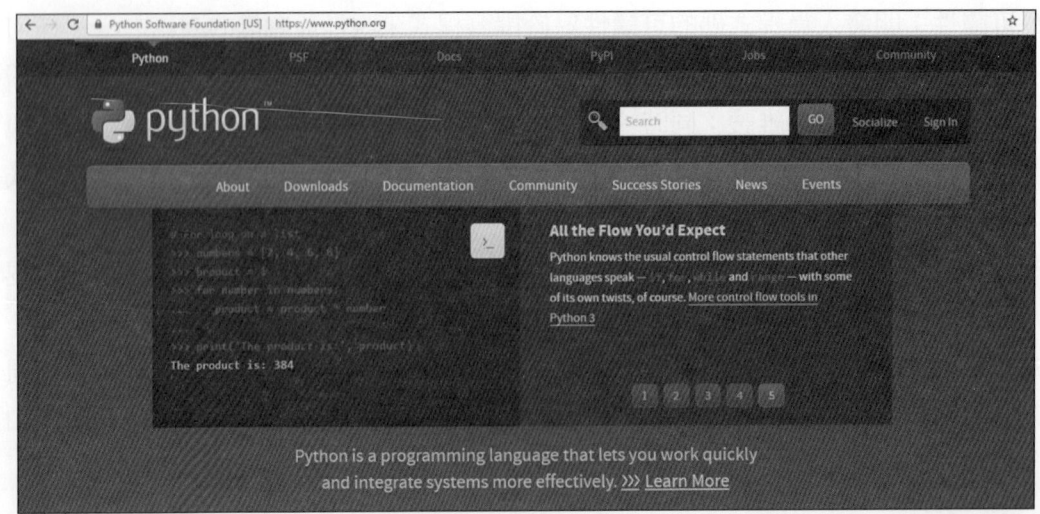

圖 1.3　Python 首頁

☞ **STEP 2**： 點擊 Downloads 便可以看見最新版本的 Python。由於本書中的所有程式都是在 **Python 3.4** 環境中撰寫和執行的，因此請點擊 Downloads 下的 **All releases** 並下載 **Python 3.4** 版本，如圖 1.4 所示。

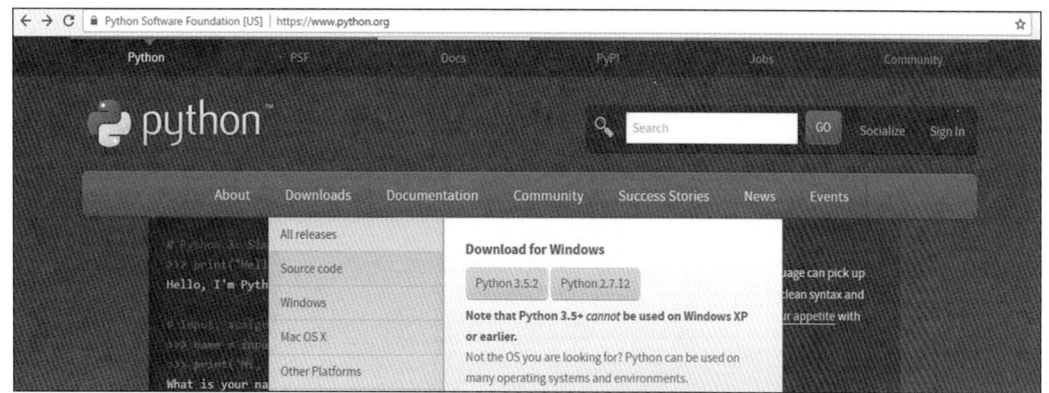

圖 1.4　Python 下載頁面

☞ **STEP 3**： 點擊 Downloads 下的 All releases 後，將瀏覽頁面滑動至底部。將會看見 Python 的版本列表，如圖 1.5 所示。

圖 1.5　Python 版本列表

☞ **STEP 4**： 點擊 Python 3.4.2 並下載。
☞ **STEP 5**： 開啟存放下載檔案的資料夾，並點擊 Python 3.4.2 開始安裝，如圖 1.6 所示。

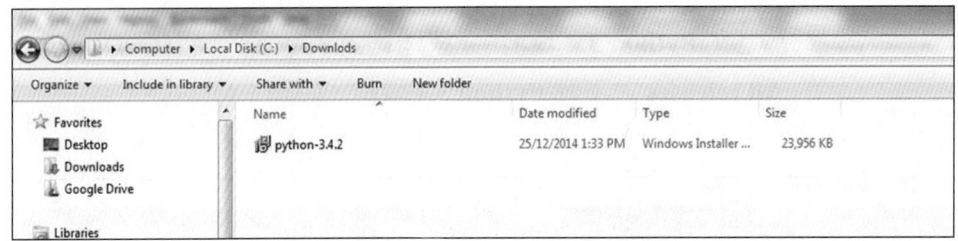

圖 1.6　Python 安裝軟體

☞ **STEP 6**：點擊後會看見 Python 3.4.2 的第一個安裝視窗（圖 1.7）。

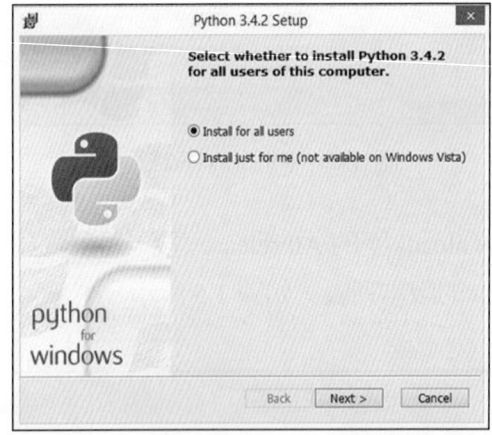

圖 1.7　Python 第一個安裝視窗

☞ **STEP 7**：點擊 Next，將會看到指定 Python 安裝位置的第二個視窗（圖 1.8）。

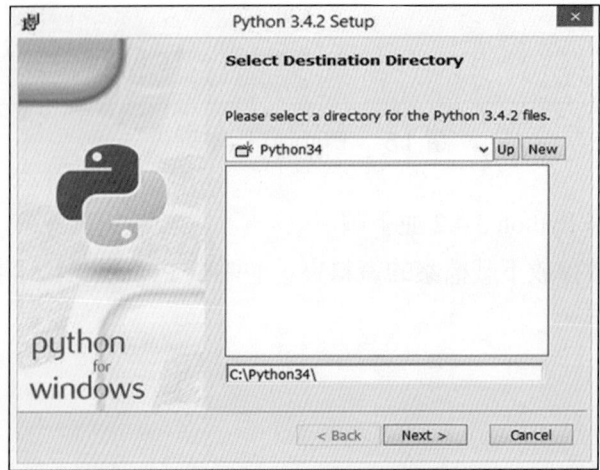

圖 1.8　Python 第二個安裝視窗

在預設的情況下，Python 會被安裝於 C:\。然後點擊 Next 繼續安裝，安裝完成之前，將會顯示以下兩個視窗（圖 1.9a、b）。

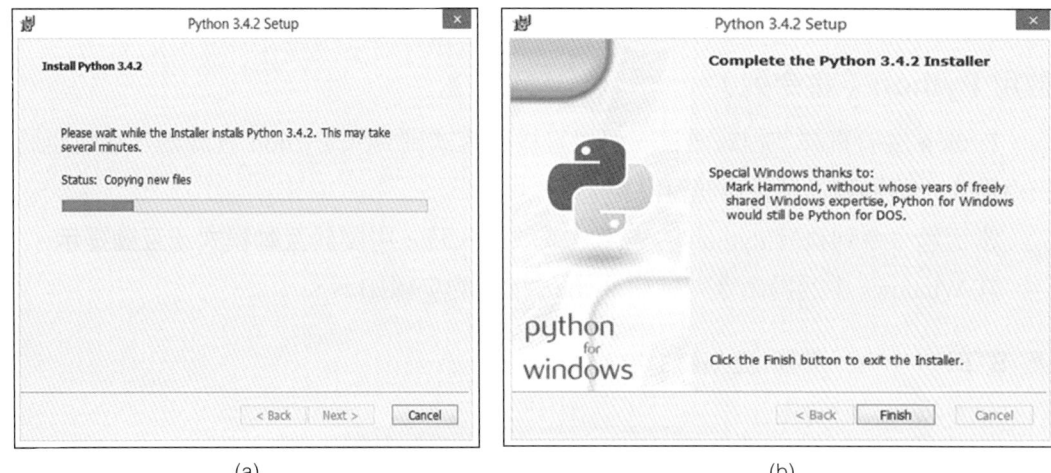

圖 1.9　Python 最後的安裝視窗

☞ **STEP 8**：點擊 Finish 完成安裝。
☞ **STEP 9**：要檢查是否安裝成功，只需在 Windows 系統中按下 Windows 鍵，便可於搜尋欄中輸入 Python 查詢，如圖 1.10 所示。

圖 1.10　Windows 成功安裝 Python 的畫面

1.4.3　以不同的執行方式啟用 Python

在 Windows 安裝 Python 後，可以使用兩種不同的方式來啟用 Python：透過命令列和 Python IDLE。

啟用 Python（命令列）

Python 屬於直譯型程式語言，可以直接將程式碼寫入 Python 直譯器，也可以將指令寫入一個檔案，然後再執行該檔案。

當透過命令列執行 Python 的表達式或敘述式時，將屬於**互動模式**或**互動提示**。

在 Windows 中透過命令列撰寫 Python 指令的步驟如下。

☞ **STEP 1**： 按下開始鍵（圖 1.11）。

圖 1.11

☞ **STEP 2**： 點擊所有程式後，點開 **Python 3.4** 將會看見一個選單列表，如圖 1.12 所示。

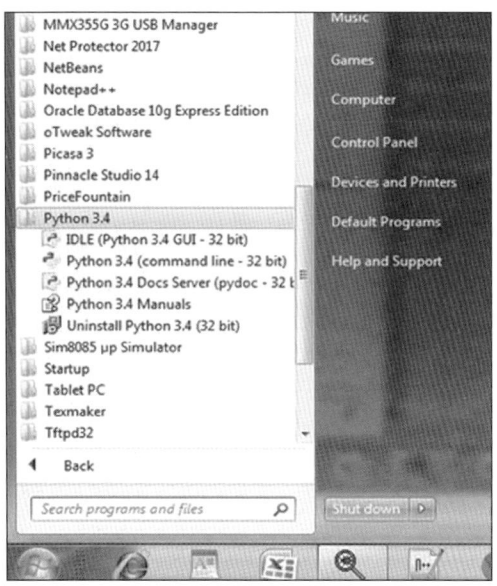

圖 1.12

☞ **STEP 3**： 列表中點擊 **Python 3.4 (command line - 32 bit)**，點擊後會在 Python 的命令列中看到 Python **互動提示字元**，如圖 1.13 所示。

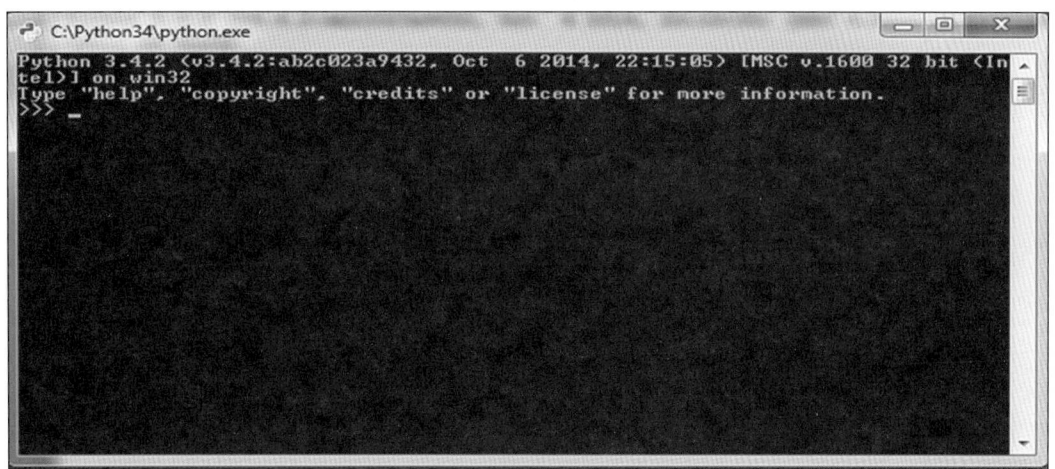

圖 1.13　Python 的命令列視窗可執行 Python 互動模式

　　圖 1.13 中，Python 命令提示字元包含了一個開啟訊息 >>>，稱之為**命令提示字元**，命令提示字元中的游標正在等待使用者輸入 Python 指令。我們將一道完整的指令稱之為**敘述式**。圖 1.14 中顯示 Python 命令提示字元互動模式下，執行一些簡單的指令。

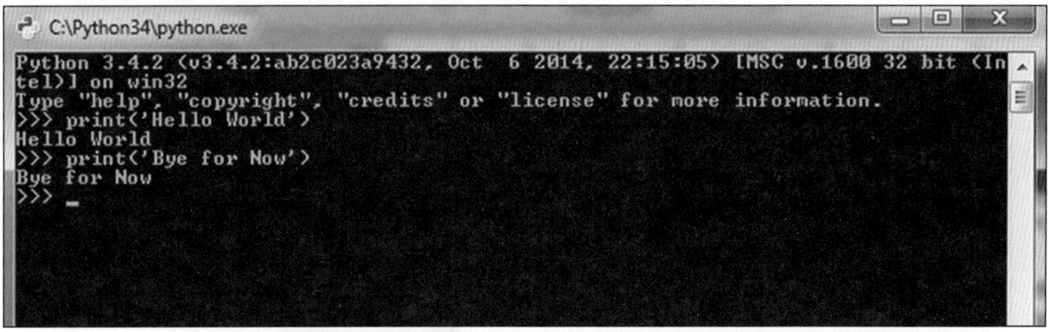

圖 1.14　Python 命令提示字元互動模式下執行一些簡單的指令

我們已經撰寫了兩道簡易的指令（或稱之為敘述式），第一敘述式為 **print('Hello World')**，在 Python 命令提示字元的互動模式下執行 **print('Hello World')** 時，將會輸出 Hello World 訊息。有關 print 指令以及語法等更多訊息，將在第 2 章做詳細的介紹。

有關 Python 和命令提示字元互動模式下執行指令應注意事項如下。

> 如果你試著在 Python 提示字元 >>> 和指令之間加入空格，那麼將產生一道錯誤訊息 **Indentation Error: Unexpected Indent**。下面將給出一個簡單的範例來演示。
>
> 範例：
> ```
> >>>  print('Hello World')
> SyntaxError: unexpected indent
>  File "<stdin>", line 1
>   print('Hello World')
>   ^
> ```
> **IndentationError:** unexpected indent
>
> 由於在 >>> 和指令之間加入了空格，也就是 >>> 和 **print('Hello world')** 之間，因此，Python 直譯器會顯示錯誤訊息。

若要離開 **Python 3.4** 的命令列，可在按下 **Ctrl+Z** 後按 **Enter** 即可。

啟用 Python IDLE 開發環境

在互動模式下啟用 Python **IDLE** 是另一種開始執行 Python 敘述式（指令）的方式，它是 Python 的圖形集成開發環境。

在 Python 互動模式下執行的 Python 敘述式（指令）稱之為 **shell**。IDLE 會在安裝 Python 時自動安裝，啟動 Python IDLE 是開啟 Python shell 最直接的方式。啟動 Python IDLE 和啟動 Python 命令列的步驟類似，詳細啟動方式如下。

☞ **STEP 1**： 按下開始鍵。

☞ **STEP 2**： 點擊所有程式，再點開 **Python 3.4**，之後會看見一個選單列表，如圖 1.15 所示。

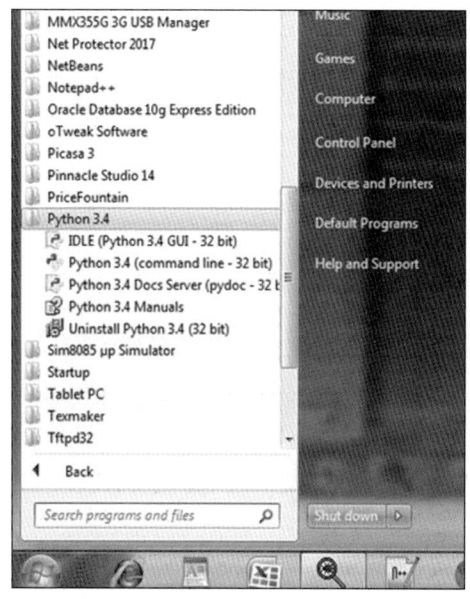

圖 1.15

☞ **STEP 3**： 點擊 **IDLE (Python 3.4 GUI - 32 bit)** 將會跳出 Python **互動提示字元**，也就是**互動視窗**，如圖 1.16 所示。

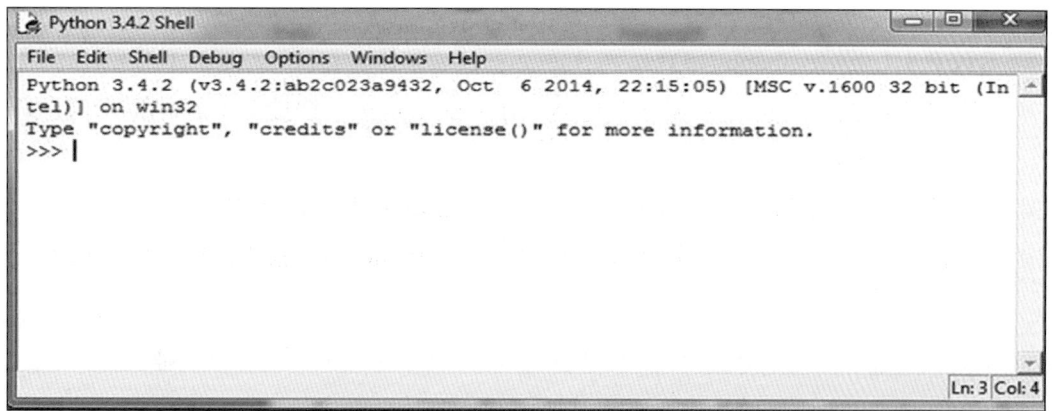

圖 1.16　Python IDLE 互動視窗

圖 1.16 中，Python IDLE 互動視窗命令列包含了開啟訊息 >>>，稱之為 **shell 提示字元**，shell 提示字元的游標正在等待使用者輸入 Python 指令。我們將一道完整的指令稱之為**敘述式**，當撰寫完指令後按下 Enter，**Python 直譯器**便會立刻顯示執行結果。

圖 1.17 顯示 Python IDLE 的互動視窗下執行的簡易指令。

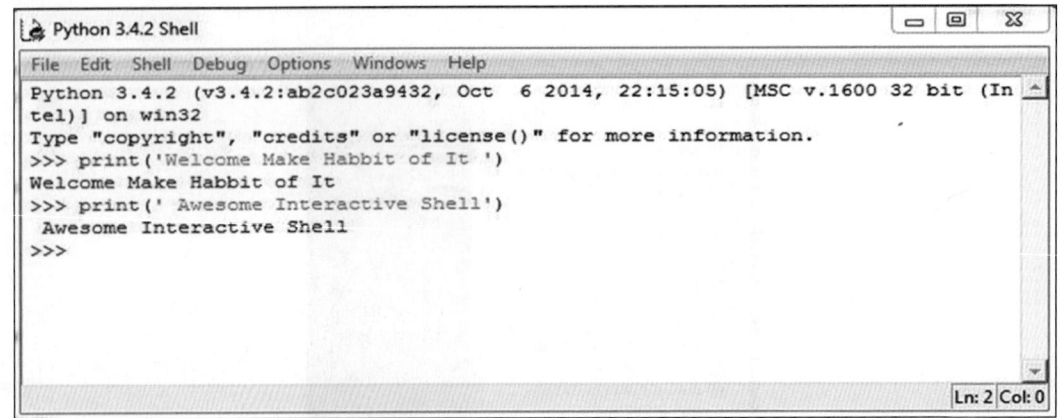

圖 1.17　在 Python IDLE 互動視窗下執行指令

> ❶注意
> 本書後續章節中作為範例的所有指令都會在 Python 3.4 IDLE 互動模式下執行。

▶ 1.5　安裝 Python 於 Ubuntu 系統

Ubuntu 15.0 上會預設安裝 Python 2.7 和 Python 3.4，可用以下步驟來檢查是否已安裝。

☞ **STEP 1**：開啟 Ubuntu 15.0。
☞ **STEP 2**：按下 Windows 鍵，並輸入 terminal 或是按下快捷鍵 Ctrl+Alt+T 開啟終端機。
☞ **STEP 3**：終端機開啟後，輸入 **python3 -- version** 查看是否已安裝。
☞ **STEP 4**：從圖 1.18 中，我們便可知道預設的 Python 3.4 版本已經安裝成功。

圖 1.18　查看預設安裝的 Python 版本

☞ **STEP 5**： 要在**命令列模式**或是**互動模式**下使用 Python 3.4 版本，需在終端機上輸入 Python3。

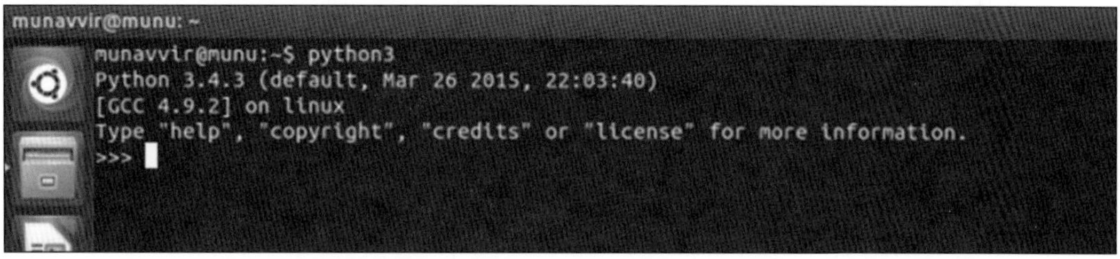

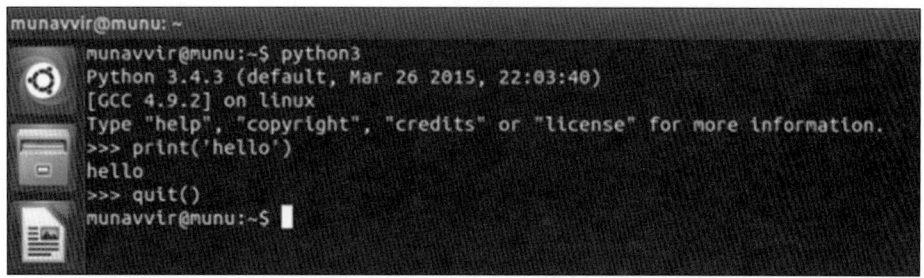

圖 1.19　Ubuntu Python 3 命令列模式

從圖 1.19 中，我們可以看到 Ubuntu 的命令列模式已經啟用了，且程式設計師可以隨時輸入指令給 Python。圖 1.20 示範了在 Ubuntu 的命令列模式下輸出 hello。

圖 1.20　Ubuntu 命令列模式下執行 Python 3 的指令

☞ **STEP 6**： 程式設計師可以用同樣的方式在 Ubuntu 中啟動 **Python IDLE 模式**。要啟動 Python 的 IDLE 模式，請在終端機上輸入以下指令：

Python -m idlelib

> **❗注意**
> 如果沒有安裝 IDLE，那麼程式設計師可以透過在終端機上輸入以下指令來安裝它。
>
> sudo apt-get install idle3

▶ 1.6　執行 Python 程式

上一節介紹了 Python 3 在 Windows 和 Ubuntu 中的安裝方法，本節將介紹如何在 Windows 上透過腳本模式 (script mode) 執行 Python 程式。本書中的所有程式都是在 Windows 上撰寫和執行的，一旦在 Ubuntu 中啟動了 IDLE，程式設計師就可以像在 Windows 上一樣以腳本模式撰寫程式。

從腳本檔案中執行 Python 程式就如同於**腳本模式**中執行。也可以在檔案中先撰寫一系列程式後再一併執行。以下將詳細介紹在 Python IDLE 的腳本模式下撰寫 Python 程式的步驟。

☞ **STEP 1**： 點擊 Python IDLE 中的 Shell 視窗的 **File**，然後點擊 **New File**，或是直接按下 **Ctrl+N**（圖 1.21）。

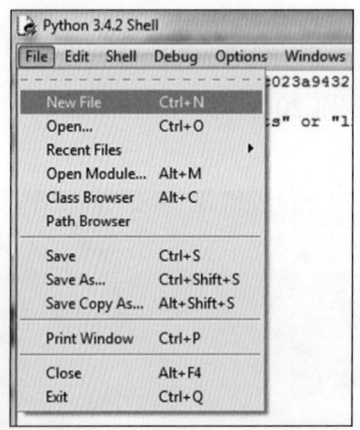

圖 1.21　Python IDLE 選單

☞ **STEP 2**： 當點擊 New File 後，就會開啟如下圖所示的視窗（圖 1.22）。

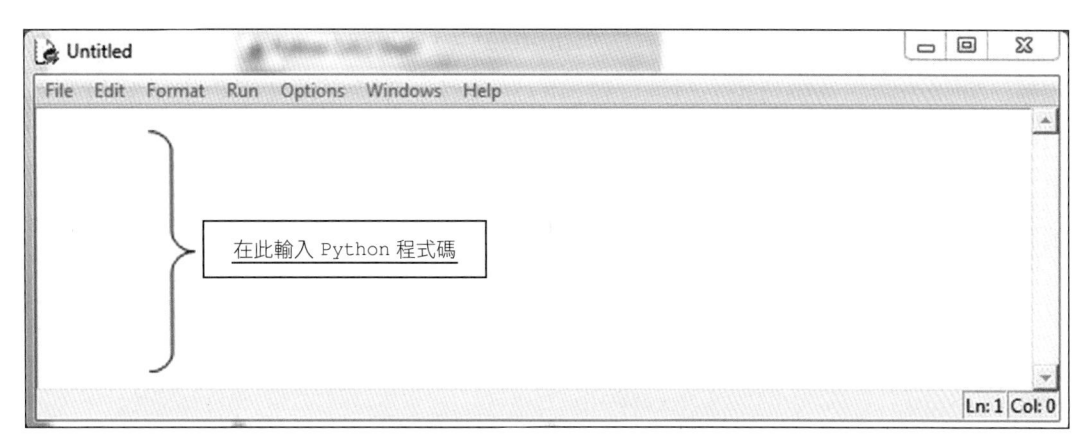

圖 1.22　Python 腳本模式

可以在此視窗中撰寫一系列指令，並執行查看輸出。

1.6.1　腳本模式下撰寫第一個 Python 程式

透過以下步驟創建與執行你的第一個 Python 程式。

☞ **STEP 1**：腳本模式下撰寫 Python 程式碼。

讓我們來思考如何讓程式在主控台上輸出 **Hello Welcome to Python**、**Awesome Python!** 和 **Bye**。要輸出這些內容所需的敘述式為：

```
print('Hello Welcome to Python')
print('Awesome Python!')
print('Bye')
```

一旦於 Python 腳本模式下撰寫敘述式，便如圖 **1.23** 所示。

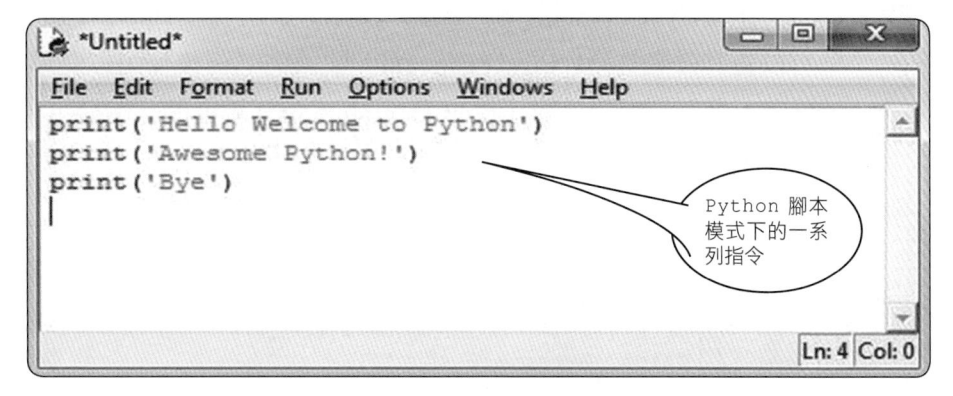

圖 1.23　在 Python 腳本模式下撰寫程式

☞ **STEP 2**：給定名稱儲存上述於腳本模式下撰寫的程式碼。

圖 1.23 中，我們可以看見名稱為 ***Untitled***，Untitled 前面的 * 表示程式還沒有存檔。如果不使用某個特定名稱儲存撰寫的程式碼，則預設情況下 Python 直譯器將使用 **Untitled.py** 為名儲存它。在這個名稱中，**py** 表示程式碼是用 Python 撰寫的。為了能夠辨識程式碼的用途，你應該給它一個適當的名稱。可按照下面給出的步驟儲存前面所撰寫的程式碼。

☞ **STEP 1**： 點擊 File，然後點擊 Save 或是直接按下 Ctrl+S，你將會看到預設的安裝資料夾 (Python34)，可用來儲存檔案（圖 1.24）。

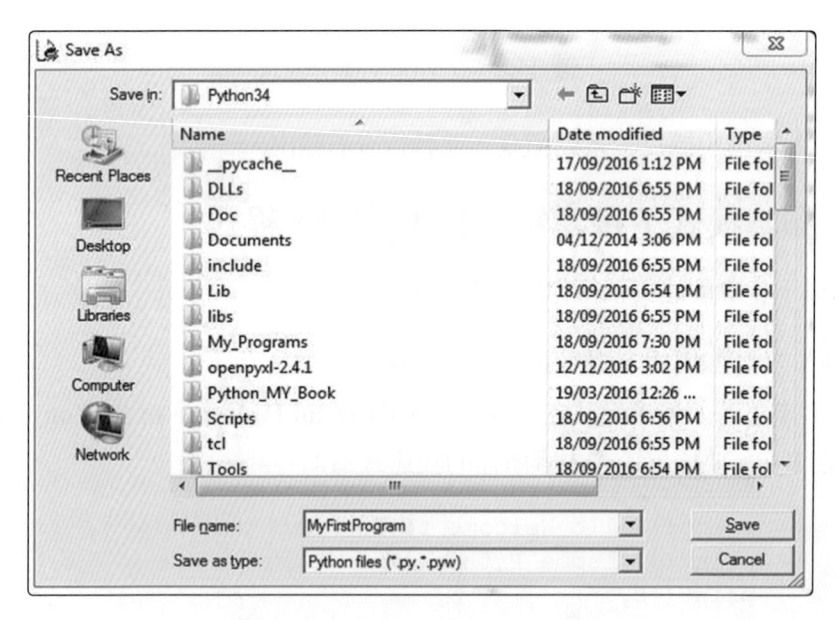

圖 1.24　儲存一個 Python 程式

☞ **STEP 2**： 寫下你的 Python 程式名稱。由於它是你的第一個 Python 程式，因此可以將其命名為 **MyFirstProgram**。輸入完名稱後便可以點擊 Save 儲存，名稱儲存後會顯示於 Python 腳本模式視窗的標題欄上，如圖 1.25 所示。

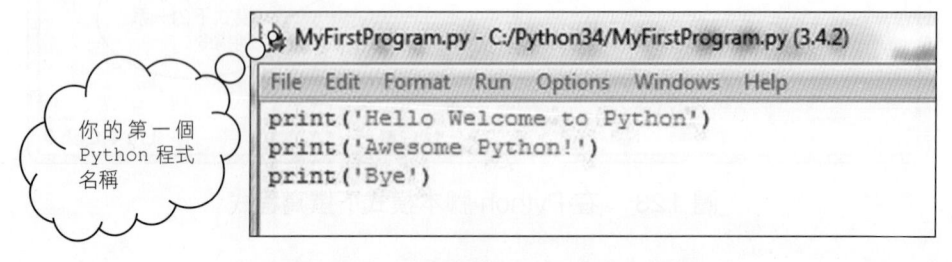

圖 1.25　標題欄顯示的檔案名稱

☞ **STEP 3**： 執行 Python 程式。只有在以特定檔案名稱儲存後才可以執行 Python 程式，因此，要執行上述 Python 程式，需點擊 **Run**，然後點擊 **Run Module**，如圖 1.26 所示。或者，你也可以直接按下 **Ctrl+F5** 來執行程式。

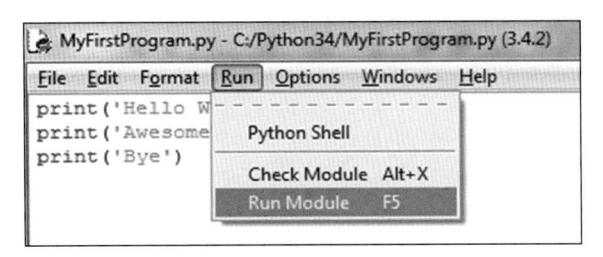

圖 1.26　執行 Python 程式

點擊 **Run Module** 後，如果程式撰寫正確的話，便可看見程式的輸出結果（圖 **1.27**）。

圖 1.27　Python IDLE 互動模式下輸出的 Python 程式結果

> **❗注意**
> 本書後續章節中作為範例給出的所有 Python 程式，都將於 Python 3.4 IDLE 的腳本模式下執行。

▶ 1.7　Python 程式註解

Python 中的註解內容前面會有一個井字符號 (#)，稱之為**註解**。而三個連續的單引號 (''') 則用於同時給出多條註解或一次進行多行註解，稱為**段落註解**或**多行註解**。

當 Python 直譯器看到 # 時，它會忽略同一行 # 之後的所有文字。同樣的，當直譯器看到 ''' 時，它會搜尋下一個 ''' 的位置，並忽略它們之間的任何文字。

以下程式示範了 Python 程式中註解語句的用法。

```
#學習如何在 Python 中進行註解
print('I Learnt How to Comment in Python')
'''Amazing tool
in Python called Comment'''
print('Bye')
```

輸出

```
I Learnt How to Comment in Python
Bye
```

解釋 如上所述,如果敘述式前面有 # 符號,Python 會忽略敘述式中的所有文字。在執行上述程式時,它會忽略 # 符號和 ''' 符號後的所有文字。

▶ 1.8 Python 程式執行流程

當程式設計師嘗試在 Python shell 中以互動方式將 Python 程式碼作為腳本或指令執行時,Python 會在內部執行各種操作。這些所有的內部操作都可以分解為一系列步驟,如**圖 1.28** 所示。

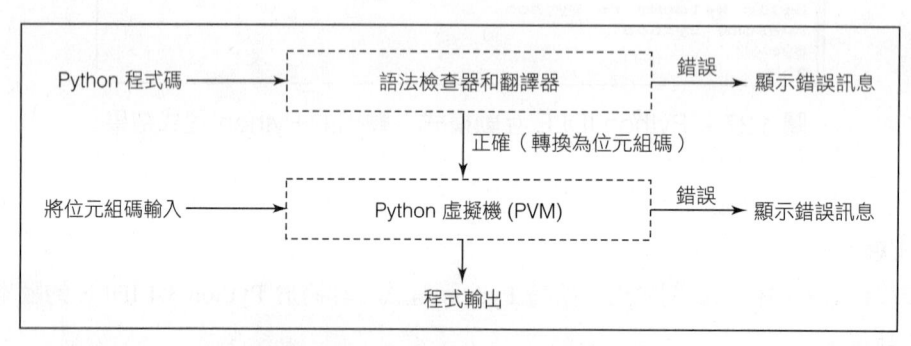

圖 1.28　Python 程式執行流程

Python 直譯器可以透過以下步驟來執行完整的 Python 程式,也可以於互動模式中執行一組指令。

☞ **STEP 1**：直譯器會讀取 Python 程式碼或指令,之後驗證指令格式是否正確。也就是說,它將檢查每一行程式的語法,如果遇到任何錯誤,它會立即停止翻譯並顯示錯誤訊息。

☞ **STEP 2**： 如果沒有錯誤，也就是 Python 指令或程式碼格式正確，則直譯器會將其轉譯成為等效的低階語言形式，稱之為「**位元組碼**」。因此，在成功執行 Python 程式碼後，它便會被完全轉譯成位元組碼。

☞ **STEP 3**： 位元組碼會被發送到 **Python 虛擬機 (PVM)**，並在 **Python 虛擬機**上執行位元組碼。如果在此執行期間發生錯誤，則便會停止執行並顯示錯誤訊息。

▶ 1.9　Python 實作

Python 的標準實作通常稱之為「**CPython**」。它是 Python 程式語言預設以及被廣泛使用的實作方式，使用 C 語言撰寫，除此之外，還有不同的 Python 實作替代方案，例如 **Jython**、**IronPython**、**Stackless Python** 和 **PyPy**。這些所有的 Python 實作都有特定的目的和規則，它們都使用同樣簡易的 Python 程式撰寫，但以不同的方式執行程式。以下大致解釋不同類型的 Python 實作。

1.9.1　Jython

最初 Jython 被稱之為「**JPython**」，JPython 採用 Python 程式語言語法撰寫，並能夠在 Java 平台上運行。簡單來說，它是在 Java 平台上執行 Python 程式。更多關於 JPython 的詳細資訊，請前往 https://www.jython.org 查閱。

1.9.2　IronPython

IronPython 是用於 .NET 框架的 Python 開源實作，使用動態語言執行 (**DLR**)，這是一個為 .NET 撰寫的動態語言框架。**IronPython** 主要用途是嵌入 .NET 的應用程式。更多關於 IronPython 的詳細資訊，請前往 https://www.ironpython.net 查閱。

1.9.3　Stackless Python

它是一種 Python 程式語言的直譯器。如果在 Stackless Python 環境中執行程式，則正在執行的程式將被拆分為多個執行序。其優點在於可進行多執行序處理 (mutilthreads)，多執行序由語言直譯器本身直接管理，而非交由作業系統負責管理。更多關於 Stackless Python 的詳細資訊，請前往 http://www.stackless.com 查閱。

1.9.4 PyPy

　　PyPy 是使用 Python 來對 Python 重新實作，簡單來說，其 Python 直譯器本身是就是用 Python 撰寫的。它主要的優點為速度、效率和相容性，相較於使用常規 Python 語言執行的程式碼，它能夠透過**即時編譯器 (JIT)** 來更快地執行程式。更多關於 **PyPy** 的詳細資訊，請前往 https://www.pypy.org 查閱。

總結

- 電腦是一種電子設備，用來接收使用者數據，並進行指定的計算處理後產生輸出。
- 電腦硬體由三個主要部分所組成，包括**輸入／輸出 (I/O) 單元**、**中央處理單元 (CPU)** 以及**記憶單元**。
- 用 **1** 和 **0** 撰寫的程式稱之為機器語言。
- 組合語言中，機器的操作可由**助記符號**（例如 ADD、MUL）來表示，記憶體位置由符號名稱來指定。
- 使用高階語言撰寫的程式類似於用英文撰寫的指令。
- **組譯器**用於將**組合語言**轉譯成等效的**機器語言**。
- **直譯器**或是**編譯器**用於將高階語言轉譯成等效的機器碼以供執行。
- **直譯器**會逐行讀取原始碼並將其轉換為目的碼。
- **編譯器**則是一種將高階語言所撰寫的程式整個轉譯成機器語言的軟體。
- **載入器**是一種軟體，執行期間會將可執行的程式碼載入和重新放入主記憶體。
- Python 是一種通用型、直譯且物件導向的程式語言。
- 你可以透過 Python 提示字元 >>> 輸入 Python 互動敘述式。
- Python 原始程式有區分大小寫。
- # 符號用於 Python 中的單行註解。
- ''' 用於 Python 中的多行註解。
- Python 程式可以在任何作業系統上執行，例如 Windows、Linux 或 Ubuntu。

關鍵術語

- **組合語言 (Assembly Language)**：機器的操作可由助記符號表示。
- **位元組碼 (Byte Code)**：Python 直譯器將 Python 程式碼／指令轉譯成等效的低階語言。
- **中央處理單元 (CPU)**：由算術邏輯單元和控制單元組成。
- **高階語言 (High-level Language)**：程式使用類似於英文的指令所撰寫。
- **Jython**、**IronPython**、**Stackless Python**、**PyPy**：Python 的不同實作替代方案。
- **機器語言 (Machine Language)**：指令由二進位制撰寫，也就是 0 和 1。
- **Python 虛擬機 (PVM)**：用於檢查目的碼是否包含錯誤。

問題回顧

A. 選擇題

1. 在計算過程中，以下哪種記憶體用於將暫時性的結果儲存在暫存器中？
   - a. 主記憶體
   - b. 輔助記憶體
   - c. 內部記憶體
   - d. 以上皆非

2. 輔助記憶體也可稱之為？
   - a. 儲存記憶體
   - b. 外部記憶體
   - c. 只有選項 b
   - d. 選項 a 和選項 b 皆是

3. 以下何種軟體用於將高階語言編寫的程式轉譯成等效的機器碼？
   - a. 編譯器
   - b. 連接器
   - c. 載入器
   - d. 選項 a 和選項 b 皆是

4. 以下何種軟體執行期間會將可執行的程式碼載入和重新放入主記憶體？
   - a. 連接器
   - b. 編譯器
   - c. 直譯器
   - d. 載入器

5. 以下何者為 Python 3.0 中 print 敘述式的正確語法？
   - a. `print()`
   - b. `print`
   - c. `print(`
   - d. 以上皆非

6. 以下哪個符號在 Python 中的用於單行註解？
   - a. #
   - b. '
   - c. '''
   - d. &

B. 是非題

1. Python 不區分大小寫。
2. 我們可以在 Windows 上執行 Python 程式。
3. Python 程式中不能多行註解。
4. 組譯器用於將組合語言轉譯成等效的機器語言。
5. Python 是一種直譯型程式語言。

C. 練習題

1. 示範將認知的程式語言進行分類。
2. 試著描述什麼是編譯器。
3. 試著定義什麼是直譯器。
4. 試著評估、分析、比較編譯器和直譯器的差異。
5. 試著定義什麼是連接器。
6. 試著描述什麼是載入器。
7. 試著描述 Python 程式執行流程。
8. 試著簡短總結電腦系統的各種記憶單元。

D. 程式練習題

1. 用兩行程式撰寫出以下敘述式。

    ```
    "I am using Python" and "It's my First Assignment"
    ```

2. 撰寫一個程式顯示以下句子。

    ```
    ohhh!!!
        What a Python language is!!!
    It's Easy!Get Started
    ```

3. 撰寫一個程式顯示以下圖案。

    ```
          A
        A   A
      A       A
    A           A
    ```

4. 撰寫一個程式顯示以下圖案。

    ```
    00000
    0   0
    0   0
    0   0
    00000
    ```

Chapter 2
Python 程式基礎

學習成果

完成本章後，學生將會學到：

✦ 描述 Python 支援的關鍵字、分隔符號、字面常數、運算子跟識別字。
✦ 使用 `input` 函式從主控台讀取資料。
✦ 分配數值或資料給變數，並同時為多個變數指派多個數值。
✦ 使用 `ord` 函式取得指定字元的數值代碼，`chr` 函式將數值轉為字元，`str` 函式將數值轉為字串。
✦ 使用 `format` 函式格式化字串跟數值。
✦ 識別並使用多種 Python 內建數學函式。

章節大綱

2.1 簡介
2.2 Python 字元集
2.3 標記
2.4 Python 核心資料型態
2.5 `print()` 函式
2.6 指派數值給變數
2.7 多重指派
2.8 Python 敘述式
2.9 Python 多行敘述式
2.10 撰寫簡單的 Python 程式
2.11 `input()` 函式
2.12 `eval()` 函式
2.13 格式化數字與字串
2.14 Python 內建函式

▶ 2.1 簡介

電腦程式語言被設計用於處理不同類型的資料，像是數字、以數字形式出現的字元跟字串、字母、符號等，以獲得一個有意義的輸出，例如結果或是資訊。因此，用任何程式語言撰寫的程式都是由一組指令或是敘述所組成的，它以循序的方式執行一項具體的任務。在這裡所有指令都是使用特定的單詞或符號，根據語法規則或是該語言的文法來寫的，所以每個程式設計師都應該要了解這些規則，也就是程式語言能支援的正確執行語法。

本章節介紹 Pyhton 程式設計的基礎知識包括語法、資料型態、識別字、標記和如何使用 `input` 函式從使用者那裡讀取資料。

▶ 2.2　Python 字元集

任何使用 Python 撰寫的程式都包含遵守一系列字組或敘述式，當這些字元被提交給 Python 直譯器時，它們會被直譯或識別成如字元、識別字、名稱或是常數等。Python 使用了以下幾種字元集 (character set)：

✦ **字母**：大寫或小寫字母。
✦ **數字**：0、1、2、3、4、5、6、7、8、9。
✦ **特殊符號**：下底線 (_)、(,)、[,]、{,}、+、-、*、&、^、%、$、#、!、單引號 (')、雙引號 (")、反斜線 (\)、冒號 (:) 和分號 (;)。
✦ **空格區域符號**：包括 ('\t\n\x0b\x0c\r')、Space 空白鍵、Tab 定位鍵。

▶ 2.3　標記

Python 程式包含了一系列的指令，Python 將每一條敘述式分解成一連串的詞彙內容，稱為**標記** (token)。每個標記對應到敘述式中的一個子字串，Python 包含各種類型的標記，圖 2.1 顯示 Python 所支援的標記列表。

```
                    Python 標記（語彙單元）
                 ↙    ↙       ↓       ↘    ↘
           關鍵字  識別字／變數  運算子  分隔符號  字面常數
```

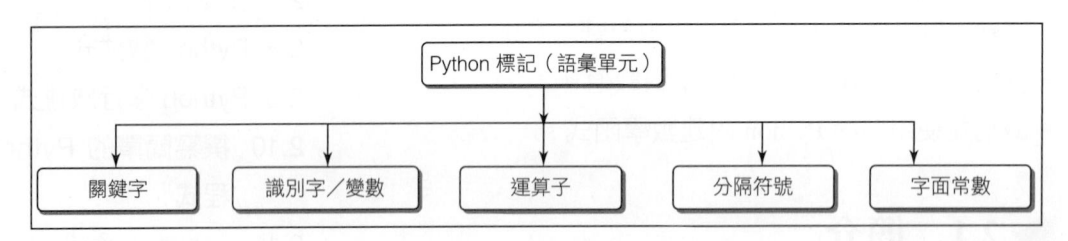

圖 2.1　Python 標記

接下來將會一一詳細介紹所有標記。

2.3.1　字面常數

字面常數 (literal) 就是直接表示在程式中的數字、字串或是符號。下面是 Python 中一些字面常數的列表：

範例

```
78              #整數字面常數
21.98           #浮點數字面常數
'Q'             #字元字面常數
"Hello"         #字串字面常數
```

Python 也包含其他字面常數,像是串列 (lists)、元組 (tuple) 和字典 (dictionary)。這些字面常數的詳細內容會在接下來的章節說明。

在互動模式下顯示字面常數

舉一個簡單的範例,在 Python 互動模式輸出字串 **'Hello World'**。

範例

```
>>>'Hello World'
'Hello World'
```

如上所示,在互動模式下輸入 **'Hello World'**,然後按下 Enter 鍵,你會立即看到 'Hello World' 訊息。

2.3.2 字面常數的值和型態

程式語言包含輸入和輸出的資料,任何種類的資料都可以用**值**來表示。這裡的**值**可以是任何型態,包括數字、字元和字串。

你可能已經注意到,在前面的範例中我們在單引號中寫了 Hello World,然而我們不知道其中值的型態。為了確切知道任何值的型態,Python 提供了一個內建的方法叫作 **type**。

為了了解任何值的型態,type 的語法寫成 **type (value)**。

範例

```
>>>type('Hello World')
<class 'str'>
>>>type(123)
<class 'int'>
```

因此,當上述範例在 Python 互動模式下執行時,回傳值的型態會被傳給內建的 `type()` 函式。

2.3.3 關鍵字

關鍵字 (keyword) 是在程式中具有特定涵義的保留字。關鍵字不能當作是識別字或是變數使用,表 2.1 顯示了 Python 所支援的關鍵字列表。

表 2.1　Python 3.0 版本的關鍵字列表

and	del	from	None	True
as	elif	global	nonlocal	try
assert	else	if	not	while
break	except	import	or	with
class	False	in	pass	yield
continue	finally	is	raise	
def	for	lambda	return	

2.3.4　運算子

如表 2.2 所示，Python 包含了各種的運算子 (operator)，例如算術、關係、邏輯和位元運算子。

表 2.2　Python 中的運算子

運算子種類	運算子
+, -, *, /, //, %, **	算術運算子
==, !=, <, >, <=, >=	關係運算子
and not or	邏輯運算子
&, |, ~, ^, <<, >>	位元運算子

第 3 章將會說明更多有關 Python 運算子和表達式的細節部分。

2.3.5　分隔符號

分隔符號 (delimiter) 是在 Python 中起特殊作用的符號，像是分組、標點或指派，Python 會使用下列的符號或是符號的組合來當作分隔符號。

```
(  )   [  ]   {  }
,   :   .   '   =   ;
+=  -=  *=  /=  //=  %=
&=  |=  ^=  >>=  <<=  **=
```

2.3.6　識別字／變數

識別字 (identifier) 是用來尋找變數、函式、類別或是其他物件的名稱。所有的識別字必須遵守以下規則。

- 是一個由字母、數字和下底線組成的字元序列。
- 可以是任意長度。
- 以字母開頭，可以是大寫或小寫。
- 可以使用下底線 (_) 當作開頭。
- 不可以使用數字作為開頭。
- 不能是關鍵字。

有效的識別字範例如 Name、Roll_NO、A1、Address 等。

如果程式設計師寫了一個無效的識別字，Python 會反饋一個**語法錯誤**。無效識別字的範例如 First Name、12Name、for、Salary@。

如果我們在 Python 互動模式下輸入上述無效的識別字，它將會顯示錯誤，因為這些識別字是無效的。

範例

```
>>>First Name
SyntaxError: invalid syntax
>>>12Name
SyntaxError: invalid syntax
>>>for
SyntaxError: invalid syntax
```

▶ 2.4　Python 核心資料型態

Python 中的所有特性都與**物件**相關聯，它是 Python 的原始元素之一。此外，所有類別的物件都被分類為不同**型態**，最容易處理的型態之一是數字，Python 支援的最初始資料型態是字串、整數、浮點數和複數。

以下章節詳細介紹了 Python 支援的基本資料型態。

2.4.1　整數

從簡單的數學中，我們知道整數 (integer) 是由正數和負數的組合（包含 **0**）。在程式中，整數不需要逗點，前面的減號則代表負值。以下是在 Python 互動模式下顯示整數值的範例。

範例

```
>>>10
10
>>>1220303
```

```
1220303
>>>-87
-87
```

整數的格式可以是八進位制或是十六進位制，上述範例中都是十進位制整數。十進位制整數由一連串的數字所組成，其中第一個數字為非 0 的數字。當要表示**八進位制**時會使用 **0o** 開頭，即一個 0 和一個小寫或是大寫的字母 **o**，接著是一連串 **0 到 7** 的數字，以下是八進位制的範例。

範例

```
>>>0o12
10
>>>0o100
64
```

> **❗注意**
> 在 Python 2.6 或是更早的版本中，八進位制的值是由前導字母 **O** 表示，後面則是一串數字。在 Python 3.0 中，八進位制的值必須伴隨著前導 **0o**，即一個 0 和一個大寫或小寫字母 o。

在上一節中，我們學到了將數字表示為預設的**十進位制（以 10 為基數）**和**八進位制（以 8 為基數）**的表示法。同樣地，透過使用前導 **0x**（0 和字母 x）和後面一連串的數字，數字也可以被表示為**十六進位制（以 16 為基數）**，以下是一個在 Python 互動模式下顯示十六進位制的簡單範例。

範例

```
>>>0x20
32
>>>0x33
51
```

> **❗注意**
> **Python 2.6**：整數有兩個型態（`int` 和 `long` 型態）。`int` 代表 32 位元整數。如果整數的值超過 32 位元（overflow，溢位），Python 2.6 會自動將 `int` 轉換為 `long` 型態。
> **Python 3.0**：整數只有 `int` 型態。在 Python 3.0 中，普通的 `int` 和 `long` 整數已經被合併成一種型態，因此，整數僅有一種型態。

int 函式

int 函式可以把一個字串或是數字轉換成整數,並且刪除小數點後的所有內容,請參考以下範例。

範例

```
>>>int(12.456)
12
```

接下來的範例是把一個字串轉換為整數。

範例

```
>>>int('123')
123
```

2.4.2　浮點數

π (3.14) 的值可作為一個數學實數的範例,它是由一個整數、小數點和小數部分所組成。在 Python 中是使用了浮點數 (floating point number) 來表示實數,一個浮點數可以用**十進位制**或是**科學記號**來表示。以下是一些在 Python 互動模式下顯示浮點數的範例。

範例

```
>>>3.7e1
37.0
>>>3.7
3.7
>>>3.7 * 10
37.0
```

上面的範例展示了浮點數 **37.0** 以十進位制和科學記號的方式表示。科學記號非常有用,因為它們可以幫助程式設計師表示非常大的數字,表 2.3 顯示十進位制在科學記號格式下如何顯示。

表 2.3　浮點數的範例

十進位制	科學記號	實際意義
2.34	2.34e0	$2.34*10^0$
23.4	2.34e1	$2.34*10^1$
234.0	2.34e2	$2.34*10^2$

浮點數函式

float 函式將字串轉換為浮點數。程式設計師可以利用 float 函式將字串轉換為浮點數，請看以下範例。

範例

```
>>>float('10.23')
10.23
```

2.4.3 複數

複數 (complex number) 是一個可以用 **a + bj** 形式表示的數值，其中 **a** 和 **b** 為實數，**j** 是一個虛數單位。以下是在 Python 互動模式下顯示複數的簡單範例。

範例

```
>>>2 + 4j
(2 + 4j)
>>>type(2 + 4j)
<class 'complex'>
>>>9j
9j
>>>type(9j)
<class 'complex'>
```

在這裡我們產生了一個簡單的複數，並使用 type 函式來檢查該數在 Python 中的型態。

2.4.4 布林型態

在 Python 中，布林 (Boolean) 資料型態被表示為 **bool** 型態，它是一個具有 **True** 或 **False** 兩種數值的原始資料型態。其中 **True** 的值被表示為 1，而 **False** 被表示為 0。在接下來的範例中，會在 Python 互動模式下檢查 **True** 跟 **False** 的型態。

```
>>>type(True)
<class 'bool'>
>>>False
False
>>>type(False)
<class 'bool'>
```

布林型態經常被使用於比較兩個值，舉例來說，當關係運算子（例如 ==、!=、>=、<=）使用在兩個運算元之間時，它會將回傳 **True** 或 **False** 的值。

範例

```
>>>5 == 4
False
>>>5 == 5
True
>>>4 < 6
True
>>>6 > 3
True
```

2.4.5 字串型態

Python 中的字串型態 (string type) 可以用單引號、雙引號或三引號來建立。以下是一個字串型態的簡單範例。

範例

```
>>>D = 'Hello World'
>>>D
'Hello World'
>>>D = "Good Bye"
>>>D
'Good Bye'
>>>Sentence = 'Hello, How are you? Welcome to the world of Python Programming. It is just the beginning. Let us move on to the next topic.'
>>>Sentence
'Hello, How are you? Welcome to the world of Python Programming. It is just the beginning. Let us move on to the next topic.'
```

在前面的範例中介紹了三種不同格式的字串，即單引號、雙引號和三引號。其中三引號是用來表示多行字串的。

str 函式

str 函式用於將數字轉換為字串，以下的範例將示範如何使用。

```
>>>12.5                 #浮點數
12.5
>>>type(12.5)
<class 'float'>
>>>str(12.5)            #將浮點數轉換成字串
'12.5'
```

字串連接 (+) 運算子

在數學和程式中，我們使用 + 運算子來加總前後兩個數字；在 Python 中，+ 運算子也可用於連接兩個不同的字串。以下說明了如何對兩個字串使用 + 運算子做字串連接。

```
>>>'woow ' + 'Python Programming'
'woow Python Programming'        #連接兩個不同的字串
```

▶ 2.5　print() 函式

在 Python 中，函式是一組用於執行特定任務的敘述。**print** 的功能是在螢幕上顯示內容，**print** 函式的語法為：

print(引數)

print 函式的引數可以是整數、字串、浮點數等任何資料型態，它也可以是儲存在變數中的值。以下是在 Python 互動模式下執行 **print()** 函式的範例。

範例

使用 print() 函式顯示訊息：

```
>>>print('Hello Welcome to Python Programming')
Hello Welcome to Python Programming
>>>print(10000)
10000
>>>print("Display String Demo")
Display String Demo
```

假設你想要在輸出包含引號的訊息，如：

print("The flight attendant asked, "May I see your boarding pass?")

若你嘗試執行上述的敘述式，Python 將顯示錯誤訊息。對於 Python 來說，第二個引號是字串的結尾，因此它不知道如何處理後方剩餘的字元。為了解決這個問題，Python 提供一個特殊的符號來表示特殊的字元，這種特殊符號由一個**反斜線 (\)** 跟一個字母或符號組合而成，稱為**跳脫序列** (escape sequence)。使用**反斜線**，**print** 的特殊字元如以下所示。

範例

```
>>>print("The flight attendant asked, \"May I see your boarding pass?\" ")
The flight attendant asked, "May I see your boarding pass?"
```

在以上範例中,我們在引號前使用了反斜線來輸出字串中的引號。

表 2.4 顯示 Python 中可使用的跳脫序列列表。

表 2.4　Python 中的跳脫序列列表

字元跳脫序列	名稱
\'	單引號
\"	雙引號
\n	換行
\f	換頁
\r	輸入
\t	Tab 鍵
\\	反斜線
\b	BackSpace 鍵

> **注意**
>
> 在 Python 2 中,print 函式語法與 Python 3 不同。以下是 print 在 Python 2 中的語法
>
> **print 引數**
>
> Python 2 不需要使用額外的括號。但如果你嘗試在 Python 3 中執行沒有括號的 print 函式,將引發語法錯誤。
>
> 範例:
>
> ```
> >>>print 'Hello World'
> Syntax Error: Missing parentheses in call to 'print'
> ```
>
> 另外,Python 的程式會區分大小寫,像如果程式設計師使用 Print 替換掉 **print**,程式輸出將會發生錯誤。
>
> 範例:
>
> ```
>     >>>Print('hi')
>     Traceback (most recent call last):
>     File "<pyshell#3>", line 1, in <module>
>     Print('hi')
> NameError: name 'Print' is not defined
> ```

2.5.1 在 `print()` 函式中使用 end 引數

以下是一個簡單的 print 程式範例。

━ 程式 2.1

撰寫一個程式來顯示訊息 **Hello**、**World** 和 **Good Bye**。這三則訊息的每一則都應該顯示在不同行上。

```
print('Hello')
print('World')
print('Good Bye')
```

輸出

```
Hello
World
Good Bye
```

在上面的程式中,我們將每條訊息顯示於不同行。簡而言之,`print` 函式會自動加上一個**換行符號 (\n)** 讓訊息輸出到下一行。但是,如果你想在同一行中顯示訊息 **Hello**、**World** 和 **Good Bye**,但不使用單個 `print` 函式,則可以通過在要輸出的訊息後方加上一個 end=' ' 的特殊引數。以下程式說明了如何在 `print` 函式中加入 end 引數。

━ 程式 2.2

撰寫一個程式利用 end 引數在同一行中顯示訊息 Hello、World 和 Good Bye。

```
print('Hello', end=' ')
print('World', end=' ')
print('Good Bye')
```

輸出

```
Hello World Good Bye
```

▶ 2.6 指派數值給變數

在 Python 中,等號 (=) 被當作指派運算子,指派變數值的敘述被稱為**指派敘述式**。Python 中,指派值給變數或識別字的語法為:

變數 = 表達式

在上述的語法中，表達式可能包含數值方面的訊息，甚至某些時候表達式可能包含擁有運算子的運算元，可進行運算得到數值。

以下為在 Python 互動模式下指派和顯示變數數值的範例。

範例

```
>>>Z = 1                    #將數值 1 指派給變數 Z
>>>Z                        #顯示 Z 的值
1
>>>radius = 5               #將數值 5 指派給變數 radius
>>>radius                   #顯示變數 radius 的值
5
>>>R = radius + Z           #將變數 radius 跟 Z 的總和指派給變數 R
>>>R                        #顯示變數 R 的值
6
>>>E = (5 + 10 * (10 + 5))  #將表達式的值指派給變數 E
>>>E
155
```

這個範例說明如何將數值指派給變數，以及如何在指派運算子 (=) 的兩側使用變數。如上例所示：

R = radius + Z

在上面的指派敘述式中，**radius + Z** 的結果被指派給了變數 R。最初指派給變數 Z 的值是 1，一旦 Python 執行了上述敘述式，它就會加上 Z 的值，並將最終的值指派給變數 R。

> **❗注意**
>
> 要將值指派給變數，你必須將變數名稱放在指派運算子的左側。如果按照以下的方式撰寫，Python 就會顯示錯誤訊息。
>
> ```
> >>>10 = X
> Syntax Error: can't assign to literal
> ```
>
> 在數學中，E = (5 + 10 * (10 + 5)) 代表一個方程式；但在 Python 中，E = (5 + 10 * (10 + 5)) 則是一個指派敘述式，它將計算表達式的內容並將結果指派給變數 E。

2.6.1 更多有關指派數值給變數的範例

以下是將一個值指派給多個變數的範例。

範例

```
>>>P = Q = R = 100              #將 100 同時指派給變數 P、Q 和 R
>>>P                            #顯示變數 P 的值
100
>>>Q                            #顯示變數 Q 的值
100
>>>R                            #顯示變數 R 的值
100
```

在上述的範例中，我們將數值 100 指派給變數 **P**、**Q** 和 **R**。敘述式 **P = Q = R = 100** 相當於：

$$P = 100$$
$$Q = 100$$
$$R = 100$$

2.6.2 變數的範圍

程式中每個變數都有一個範圍，變數的範圍是指程式中可以引用變數的部分，關於變數範圍的更多詳情將會在第 6 章中介紹。以下為在 Python 互動模式下執行的簡單範例。

```
>>>C = Count + 1
Traceback (most recent call last):
      File "<pyshell#9>", line 1, in <module>
          C = Count + 1
NameError: name 'Count' is not defined
```

在以上的範例中，我們撰寫了一個 **C = Count + 1** 的敘述式，但是當 Python 試圖執行上述敘述式時就會顯示錯誤，即 **'Count' is not defined** (Count 未被定義)。為了解決上述的錯誤，在 Python 中必須先將值指派給變數，然後才能在表達式中使用它。因此，在 Python 互動模式下，以上程式的正確版本應如下：

```
>>>Count = 1
>>>C = Count + 1
>>>C
2
```

> **! 注意**
> 必須先將值指派給變數,然後才能在表達式中使用它。

▶ 2.7 多重指派

Python 支援同時指派數值給多個變數。多重指派的語法為:

變數1, 變數2, 變數3, …… = 表達式1, 表達式2, 表達式3, ………… 表達式N

在上述語法中,Python 同時計算右邊的所有表達式,並將它們指派給左邊相對應的變數。

以下的敘述式示範了交換兩個變數 **P** 和 **Q** 的值,交換兩個變數內容的常用方法如下所示。

範例

```
>>>P = 20
>>>Q = 30
>>>Temp = P                    #將變數 P 的值儲存到變數 Temp 中
>>>P = Q                       #將 Q 的數值指派給 P
>>>Q = Temp                    #將 Temp 的數值指派給 Q
#交換 P、Q 變數的值後如下
>>>P
30
>>>
>>>Q
20
```

在上述程式中,使用了以下敘述式來交換兩個變數 **P** 和 **Q** 的值:

```
Temp = P
P = Q
Q = Temp
```

但是,通過使用多重指派的概念,就可以簡化交換兩個變數值的任務:

```
>>>P, Q = Q, P                 #交換變數 P 和 Q 的值
```

因此,使用多重指派交換兩個變數值的整個程式如下:

```
>>>P = 20                      #變數 P 和 Q 的初始值
>>>Q = 30
>>>P
```

```
20
>>>Q
30
>>>P, Q = Q, P                          #交換變數 P 和 Q 的值
>>>P                                    #顯示變數 P 的值
30
>>>Q                                    #顯示變數 Q 的值
20
```

▶ 2.8　Python 敘述式

　　Python 程式語言中的敘述式是讀取、解釋和執行的邏輯指令。一般來說，它是程式設計師給程式的命令。在 Python 中的敘述式可以是指派、表達式或簡單的 print 敘述式，敘述式的範例如下。

表達式和指派敘述式範例

```
>>>a = 10          #指派敘述式
>>>b = 2
>>>a ** b          #表達敘述式
100
```

解釋　在上述範例中，變數 a 的值被指派為 10，b 的值被指派為 20。第三行是計算變數 a 平方的表達式，直譯器回傳的數值是 100。

▶ 2.9　Python 多行敘述式

　　Python 中的每個敘述式都以換行符號 \n 結尾。Python 中的多行敘述式可以通過兩種方式完成，包括「**顯式續行**」和「**隱式續行**」。

顯式續行方式

　　如果程式設計師想要將敘述式擴充成多行敘述式，就要透過使用續行符號 \。

範例

```
>>>a = [1, 2,\
    3, 4,\
    5]
>>>a
[1, 2, 3, 4, 5]
```

解釋　以上範例中使用續行符號 \，將一行分割成多行並顯示結果。

隱式續行方式

在 Python 中使用隱式續行將敘述式拆解為多行,但不使用續行符號 \。當敘述式或表達式包含在方括號 [ ]、括號 ( ) 或大括號 { } 中時,可以使用它。

範例

```
>>>result = (1 + 2 +
        3  + 4 +
        5)
>>result
15
```

解釋 在沒有續行符號 \ 的多行敘述下,可以使用隱式續行方式顯示多行敘述式。

▶ 2.10 撰寫簡單的 Python 程式

如何使用 Python 撰寫一個計算長方形面積的簡單程式?我們知道一個程式要以循序漸進的方式撰寫,請看下列步驟。

☞ **STEP 1**:為問題設計演算法。

演算法經由列出所有必需執行的動作來描述解決問題的方法。它也會描述所需執行動作的先後順序。演算法可以幫助程式設計師在實際撰寫程式前進行規劃。演算法可用簡單的英文以及程式碼撰寫而成。

☞ **STEP 2**:將演算法轉為程式碼。

現在讓我們撰寫一個演算法來計算長方形的面積。

計算長方形面積的演算法

1. 使用者輸入長方形的長度及寬度。
2. 使用公式計算面積:

area = length * breadth(面積 = 長度 * 寬度)

3. 最後顯示長方形的面積。

這個演算法可以撰寫為程式,如下列範例所示。

── 程式 2.3

撰寫程式計算長方形的面積。

```
length = 10
breadth = 20
print('Length = ', length, 'Breadth = ', breadth)
area = length * breadth
print('Area of Rectangle is = ', area)
```

輸出

```
Length = 10 Breadth = 20
Area of Rectangle is = 200
```

解釋 上述程式中有兩個變數,即長度和寬度,分別以 10 和 20 的值初始化。敘述式 **area = length * breadth**(面積 = 長度 * 寬度)用於計算長方形的面積。

這裡變數值是固定的,但是,使用者將來可能希望計算不同尺寸長方形的面積。為了根據使用者的輸入獲得數值,程式設計師必須知道如何從主控台 (console) 讀取輸入值,下一節中將詳細說明如何操作。

▶ 2.11　input() 函式

`input()` 函式用於接受來自使用者輸入的值,程式設計師可以通過使用 `input()` 要求使用者輸入一個值。

`input()` 函式用於指派數值給變數。

語法

```
Variable_Name = input()
            或
Variable_Name = input('String')
```

2.11.1　從主控台讀取字串

以下提供了一個從鍵盤讀取字串的簡單 `input()` 函式程式。

── 程式 2.4 ──

撰寫從鍵盤讀取字串的程式。

```
Str1 = input('Enter String1: ')
Str2 = input('Enter String2: ')
print('String1 = ', Str1)
print('String2 = ', Str2)
```

輸出

```
Enter String1: Hello
Enter String2: Welcome to Python Programming
String1 = Hello
String2 = Welcome to Python Programming
```

解釋 `input()` 函式可從使用者那裡讀取字串。使用者輸入的字串會被儲存於兩個獨立的 **Str1** 跟 **Str2** 變數中，最後使用 `print()` 函式輸出所有的值。

讓我們也檢查一下如果使用者輸入的是數字而不是字元會發生什麼問題，程式 2.5 將說明上述情況。

── 程式 2.5

撰寫一個程式來輸入數字而不是字元。

```
print('Please Enter the Number: ')
X = input()
print('Entered Number is: ', X)
print('Type of X is: ')
print(type(X))
```

輸出

```
Please Enter the number:
60
Entered Number is: 60
Type of X is:
<class 'str'>
```

解釋 我們知道 Python 是按順序執行敘述式的，因此，在以上程式中，第一個 print 敘述式內容 Please Enter the Number: 被輸出後，執行第二個敘述式 `X = input()` 時，程式會停止並等待使用者使用鍵盤輸入。使用者輸入的文字在按 Enter 之前不會送出。一旦使用者從鍵盤輸入一些文字，該值就會儲存在相關聯的變數中，最後，輸入的值會輸出在主控台上。最後一個敘述式用於檢查輸入值的型態。

> **! 注意**
> input 函式只產生字串。因此，在上述程式中，即使使用者輸入了整數值，Python 也會將輸入值的型態回傳為字串。

在上述程式中，我們如何使用 input 函式讀取整數值？

Python 提供了一種將現有字串轉換為整數的替代方案，我們可以使用 **int** 函式將一串數字字串轉換為整數型態。程式 2.6 說明了函式 **int** 和 **input()** 的使用方式。

── 程式 2.6

示範如何使用函式 **int** 和 **input**。

```
print('Please Enter Number')
Num1 = input()                    #讀取使用者的輸入
print('Num1 = ', Num1)            #輸出 Num1 的值
print(type(Num1))                 #檢查 Num1 的型態
print('Converting type of Num1 to int ')
Num1 = int(Num1)                  #將 Num1 的型態從字串轉為整數
print(Num1)                       #輸出 Num1 的值
print(type(Num1))                 #檢查 Num1 的型態
```

輸出
```
Please Enter Number
12
 Num1 = 12
<class 'str'>
 Converting type of Num1 to int
12
<class 'int'>
```

解釋 上述程式要求使用者輸入的值為 12，但它是字串型態。通過使用函式 int，即敘述式 **Num1 = int(Num1)**，它會將現有字串型態轉換為整數型態。

我們也可以通過在 **input** 函式前加上 **int** 函式，就可以縮減程式中的行數，程式 2.7 即為上述程式較短的版本。

── 程式 2.7

撰寫一個程式來演示輸入前使用 int 函式。

```
Num1 = int(input('Please Enter Number: '))
print('Num1 = ', Num1) #輸出變數 Num1 的值
print(type(Num1))  #檢查變數 Num1 的型態
```

輸出
```
Please Enter Number:
20
Num1 = 20
<class 'int'>
```

程式 2.8

撰寫一個程式，從使用者那裡讀取一個長方形的長度和寬度，並顯示長方形的面積。

```
print('Enter Length of Rectangle: ', end=' ')
Length = int(input())   #讀取長方形的長度
print('Enter Breadth of Rectangle: ', end=' ')
Breadth = int(input())  #讀取長方形的寬度
Area = Length * Breadth  #計算長方形的面積
print('-----Details of Rectangle------')
print('Length = ', Length)  #顯示長度
print('Breadth = ', Breadth)  #顯示寬度
print('Area of rectangle is: ', Area)
```

輸出

```
Enter Length of Rectangle: 10
Enter Breadth of Rectangle: 20
-----Details of Rectangle------
Length = 10
Breadth = 20
Area of rectangle is: 200
```

> **注意**
>
> 程式設計師可以將字串轉換為任何型態的資料。
>
> **範例：**
>
> ```
> X = int(input())        #將 input 轉換為整數型態
> X = float(input())      #將 input 轉換為浮點數型態
> ```

程式 2.9

撰寫將一個整數和浮點數相加的程式。

```
print('Enter integer number: ', end='')
Num1 = int(input())  #讀取 Num1
print('Enter Floating type number: ', end='')
Num2 = float(input())  #讀取 Num2
print('Number1 = ', Num1)  #顯示 Num1
print('Number2 = ', Num2)  #顯示 Num2
sum = Num1 + Num2  #計算總和 Sum
print('sum = ', sum)  #顯示總和 Sum
```

輸出

```
Enter integer number: 2
Enter Floating type number: 2.5
Number1 = 2
Number2 = 2.5
sum = 4.5
```

> **❶ 注意**
>
> Python 3 使用 `input()` 的方式來讀取使用者的輸入。
>
> Python 2 則使用 `raw_input()` 的方式來讀取使用者的輸入。
>
> 在本章的後續程式中，因為所有程式都在 Python 3 中執行，我們會使用 `input()` 函式的方式來讀取使用者的輸入。

▶ 2.12 eval() 函式

`eval()` 函式是用來評估資料型態，它接受一個字串作為參數，並像 Python 表達式一樣回傳相對應的內容。例如，如果我們嘗試在 Python 互動模式下執行敘述式 `eval('print("Hello")')`，實際上會執行 `print("Hello")`。

範例

```
>>>eval('print("Hello")')
Hello
```

eval 函式接受一個字串並以預期的型態回傳，以下的範例說明了這個概念。

範例

```
>>>X = eval('123')
>>>X
123
>>>print(type(X))
<class 'int'>
```

2.12.1 將 eval() 應用於 input() 函式

在上節中，我們詳細了解了 `input()` 函式。`input()` 函式會將使用者的輸入作為字串回傳，透過在 `input()` 函式前使用特定的**資料型態**函式就可以解決這個問題。

範例

    X = int(input('Enter the Number'))

在執行上述的敘述式後，Python 會將其回傳到對應的型態。

透過使用 `eval()` 函式，就不需要在 `input()` 函式前指定特定資料型態。因此，上述敘述式

    X = **int**(**input**('**Enter** the Number'))

也可以被寫成：

    X = **eval**(**input**('Enter the Number'))

關於上述敘述式，程式設計師並不知道使用者會輸入什麼型態的值，使用者可以輸入包括整數、浮點數、字串和複數等任何型態的值，透過使用函式 eval，Python 會自動確定使用者輸入值的型態。程式 2.10 示範了函式 `eval()` 的使用方法。

程式 2.10

撰寫程式來顯示使用者輸入的姓名、年齡、性別和身高。

```
Name = (input('Enter Name : '))
Age = eval(input('Enter Age : '))   #eval() 判斷輸入值的型態
Gender = (input('Enter gender: '))
Height = eval(input('Enter Height: '))   #eval() 判斷輸入值的型態
print('User Details are as follows: ')
print('Name: ', Name)
print('Age: ', Age)
print('Gender: ', Gender)
print('Height ', Height)
```

輸出

```
Enter Name: Donald Trump
Enter Age: 60
Enter Gender: M
Enter Height: 5.9
User details are as follows:
Name: Donald Trump
Age: 60
Gender: M
Height: 5.9
```

解釋 上述程式中，我們在 `input()` 函式前面使用了函式 `eval()`：

```
Age = eval(input('Enter Age: '))
```

上述敘述式將輸入讀取並將字串轉換為數字型態。在使用者輸入一個數字並按下 Enter 後，該數字被讀取並指派給一個變數。

▶ 2.13　格式化數字與字串

格式化字串有助於使字串在輸出時看起來比較容易理解，程式設計師可以使用 `format` 函式回傳格式化後的字串。在使用此 `format` 函式之前，請先看以下計算圓面積的範例。

── 程式 2.11

撰寫計算圓面積的程式。

```
radius = int(input('Please Enter the Radius of Circle: '))
print('Radius = ', radius)                  #輸出半徑
PI = 3.1428                                  #初始化 PI 值
Area = PI * radius * radius                  #計算面積
print('Area of Circle is: ', Area)           #輸出面積
```

輸出

```
Please Enter the Radius of Circle: 4
Radius = 4
Area of Circle is: 50.2848
```

在上述程式中，使用者輸入的半徑為 4，因此，對於半徑為 4 的圓，它顯示的面積為 **50.2848**。如果僅要顯示小數點後兩位數，可使用 `format()` 函式。format 函式的語法為：

```
format(item, format-specifier)
```

其中 **item** 是一個項目內容為數值或字串，而 **format-specifier** 是一個格式指定符號，用於指定如何格式化 item。以下是在 Python 互動模式下執行 `format()` 函式的簡單範例。

範例

```
>>>x = 12.3897                  #指派數值給變數 x
>>>print(x)                     #使用 print 函式輸出 x
```

```
12.3897
>>>format(x," .2f")                    #回傳小數點後兩位的字串
'12.39'
```

—— 程式 2.12

利用 **format()** 函式,顯示圓的面積。

```
radius = int(input('Please Enter the Radius of Circle: '))
print('Radius = ', radius)
PI = 3.1428
Area = PI * radius * radius
print('Area of Circle is: ', format(Area, '.2f'))
```

輸出

```
Please Enter the Radius of Circle: 4
Radius = 4
Area of Circle is: 50.28
```

在上述程式中,敘述式 **print('Area of Circle is: ', format(Area, '.2f'))** 用於顯示圓面積。在 format 函式中,**Area** 是一個項目 (item),**'.2f'** 是格式指定符號 (format specifier),它告訴 Python 直譯器只顯示小數點後兩位數。

2.13.1 格式化浮點數

如果項目是浮點數,我們可以利用格式指定符號指定**欄位寬度** (width) 和**精確度** (precision)。我們可以使用 **width.precisionf** 形式的 format() 函式,其中精確度指定小數點後的位數,欄位寬度指定字串寬度。在 **width.precisionf 'f'** 中,'f' 被稱為轉換碼,表示浮點數的格式,以下是浮點數格式的範例。

```
print(format(10.345, "10.2f"))
print(format(10, "10.2f"))
print(format(10.32245, "10.2f"))
```

輸出

```
10.35
10.00
10.32
```

在上述範例中,print 敘述式使用 10.2f 作為格式指定符號。**圖 2.2** 詳細解釋了 10.2f。

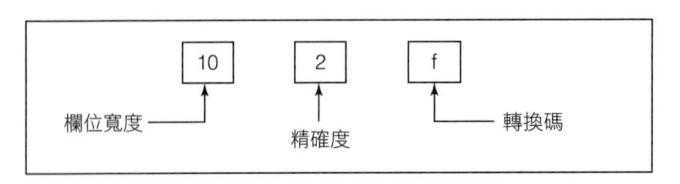

圖 2.2　格式指定符號詳細資訊

上述輸出的實際表現：

灰色方框表示空白區域，小數點也算作 1 格。

2.13.2　格式對齊

預設情形下，整數是向右對齊的，您可以在格式指定符號中插入 < 以指定要左對齊的項目，以下是利用格式指定符號指定向右和向左對齊的範例。

範例

```
>>>print(format(10.234566, "10.2f"))      #向右對齊範例
 10.23
>>>print(format(10.234566, "<10.2f"))     #向左對齊範例
10.23
```

上述向左對齊輸出的實際表示是：

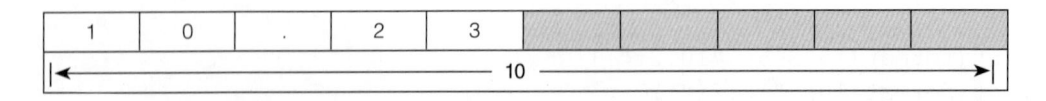

2.13.3　格式化整數

在整數格式化的情形下，可以使用轉換碼 **d** 和 **x**。**d** 表示要對整數進行格式化，而 **x** 指定將整數格式化為十六進位制整數，以下是格式化整數的範例。

範例
```
>>>print(format(20, "10x"))        #將整數格式化為十六進位制
        14
>>>print(format(20, "<10x"))
14
>>>print(format(1234, "10d"))      #向右對齊
      1234
```

在上述範例中，敘述式 **print(format(20,"<10x"))** 將數字 20 轉換為十六進位制，即 14。

2.13.4 格式化字串

程式設計師可以利用轉換碼 **s** 來格式化指定寬度的字串，預設情形下，字串是向左對齊的。以下是格式化字串的一些範例。

範例
```
>>>print(format("Hello World!", "25s"))      #向左對齊範例
Hello World!

>>>print(format("HELLO WORLD!", ">20s"))     #字串向右對齊
        HELLO WORLD!
```

在上述範例中，敘述式 **(format("HELLO WORLD!",">20s"))** 將輸出為：

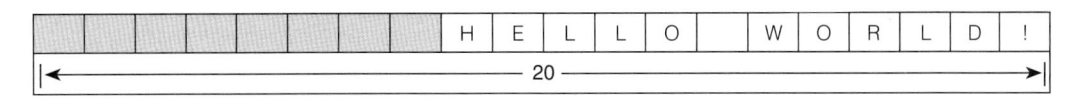

								H	E	L	L	O		W	O	R	L	D	!

←──────────────── 20 ────────────────→

在 print 函式中，20 是指定要格式化的字串寬度。在第二個 print 敘述式中，使用 > 將指定字串向右對齊。

2.13.5 格式化為百分比

轉換碼 % 用於將數字格式化為百分比，請看以下範例。

範例
```
>>>print(format(0.31456, "10.2%"))
    31.46%
>>>print(format(3.1, "10.2%"))
   310.00%
>>>print(format(1.765, "10.2%"))
   176.50%
```

在上述範例中，敘述式 **print(format(0.31456, "10.2%"))** 包含格式指定符號 **10.2%**，它使數字被乘以 100。**10.2%** 表示要格式化為寬度 10 的整數，在寬度中，**%** 符號會占其中一格。

2.13.6 格式化科學記號

在格式化浮點數時，我們使用了轉換碼 **f**，但是，如果我們想以科學記號格式化指定的浮點數，則要使用轉換碼 **e**。以下是格式化浮點數的範例。

範例

```
>>>print(format(31.2345, "10.2e"))
    3.12e + 01
>>>print(format(131.2345, "10.2e"))
    1.31e + 02
```

最常用的格式指定符號如表 2.5 所示。

表 2.5　常用格式指定符號

格式指定符號	格式
10.2f	格式化浮點數（精確度為 2，寬度為 10）。
<10.2f	將浮點數向左對齊。
>10.2f	格式化項目並向右對齊。
10X	將整數格式化為十六進位制（寬度為 10）。
20s	格式化字串（寬度為 20）。
10.2%	將數字格式化為百分比。

▶ 2.14　Python 內建函式

在本章的前幾節中，我們學習如何使用函式 `print()`、`eval()`、`input()` 和 `int()`。我們知道函式是一組執行特定任務的敘述式，而除了上述函式外，Python 還支援其他的內建函式。

表 2.6 列出 Python 支援的所有內建函式，並提供函式的名稱、描述和在 Python 互動模式下執行的範例。

表 2.6　Python 內建函式

函式	描述
`abs(X)`	回傳 X 的絕對值。

範例：
`>>>abs(-2)`
`2`
`>>>abs(4)`
`4`	

`max(X1, X2, X3, ......, XN)`	回傳 X1、X2、X3、X4、…、XN 中的最大值。

範例：
`>>>max(10, 20, 30, 40)`
`40`	

`min(X1, X2, X3, ......, XN)`	回傳 X1、X2、X3、X4、…、XN 中的最小值。

範例：
`>>>min(10, 20, 30, 40, 50)`
`>>>10`	

`pow(X, Y)`	回傳 X 的 Y 次方。

範例：
`>>>pow(2, 3)`
`8`	

`round(X)`	回傳最接近 X 的整數值。

範例：
`>>>round(10.34)`
`10`
`>>>round(10.89)`
`11`	

表 2.6 中提供的函式不足以解決數學運算式，因此，Python 在 **math** 模組下定義了額外的函式列表，用於解決與數學計算有關的問題。表 2.7 為 **math** 模組下的函式列表。

> **!注意**
> 在執行 math 模組下定義的函式之前必須先載入 math 模組，然後執行以下範例。
> `>>>import math　#載入 math 模組`

表 2.7　Python 內建的數學函數

函式	範例	描述
`ceil(X)`	>>>math.ceil(10.23) 11	回傳進位到最接近 X 的整數（將 X 無條件進位到整數）。
`floor(X)`	>>>math.floor(18.9) 18	回傳不大於 X 的最大整數（將 X 無條件捨去到整數）。
`exp(X)`	>>>math.exp(1) 2.718281828459045	回傳 e^x 的指數值。
`log(X)`	>>>math.log(2.71828) 0.999999327347282	回傳 X 的自然對數（以 e 為底）。
`log(X, base)`	>>>math.log(8, 2) 3.0	回傳指定底數的對數 X 值。
`sqrt(X)`	>>>math.sqrt(9) 3.0	回傳 X 的平方根。
`Sin(X)`	>>>math.sin(3.14159/2) 0.9999999999991198	回傳 X 弧度 (radians) 的正弦值。
`asin(X)`	>>math.asin(1) 1.5707963267948966	回傳以弧度為單位的反正弦值。
`cos(X)`	>>>math.cos(0) 1.0	回傳 X 弧度的餘弦值。
`aCos(X)`	>>>math.acos(1) 0.0	回傳以弧度為單位的反餘弦值。
`tan(X)`	>>>math.tan(3.14/4) 0.9992039901050427	回傳 X 弧度的正切值。
`degrees(X)`	>>>math.degrees(1.57) 89.95437383553924	將 X 從弧度轉換為角度 (degrees)。
`Radians(X)`	>>>math.radians(89.99999) 1.5707961522619713	將 X 從角度轉換為弧度。

程式 2.13

撰寫一個根據以下直角三角形來計算斜邊的程式：

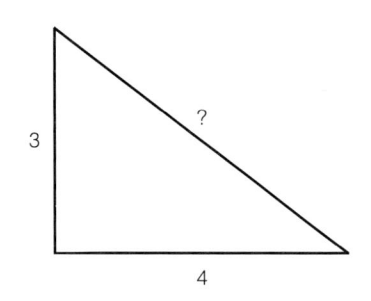

$$斜邊 = 平方根\{(底)^2 + (高)^2\}$$
$$= 平方根\{(3)^2 + (4)^2\}$$
$$= 5$$

```
import math  #載入 math 模組
Base = int(input('Enter the base of a right-angled triangle: '))
Height = int(input('Enter the height of a right-angled triangle: '))
print('Triangle details are as follows: ')
print('Base = ', Base)
print('Height = ', Height)
Hypotenuse = math.sqrt(Base * Base + Height * Height)
print('Hypotenuse =', Hypotenuse)
```

輸出

```
Enter the base of a right-angled triangle: 3
Enter the height of a right-angled triangle: 4
Triangle details are as follows:
Base = 3
Height = 4
Hypotenuse = 5.0
```

解釋 在上述程式中，第一行的 **import math** 是用來載入 Python math 模組下支援的所有內建函式；`input()` 函式被用於讀取直角三角形的底和高；敘述式 **math.sqrt** 被用來獲取數字的平方根；最後，輸出直角三角形的斜邊長度。

2.14.1 `ord()` 和 `chr()` 函式

眾所周知，字串是一個包括文字和數字的字元序列，這些字元都以 0 和 1 的序列儲存在電腦中，因此，將字元對應到其二進位值的過程稱為**字元編碼**。

目前有幾種不同的字元編碼方式，**編碼方式**決定字元被編碼的順序。**美國標準資訊交換碼 (ASCII)** 是目前最流行的編碼方式之一，它是一種 7 位元編碼方式，用於表示所有大小寫字母、數字和標點符號。ASCII 使用數字 0 到 127 來表示所有的字元。Python 使用內建函式 **ord(ch)** 回傳指定字元的 ASCII 值,以下是使用內建函式 ord() 的範例。

範例

```
>>>ord('A')   #回傳字元 A 的 ASCII 值
65
>>>ord('Z')   #回傳字元 Z 的 ASCII 值
90
>>>ord('a')   #回傳字元 a 的 ASCII 值
97
>>>ord('z')   #回傳字元 z 的 ASCII 值
122
```

chr(Code) 用於回傳 ASCII 值對應的字元,以下範例示範了內建函式 chr() 該如何使用。

範例

```
>>>chr(90)
'Z'
>>>chr(65)
'A'
>>>chr(97)
'a'
>>>chr(122)
'z'
```

程式 2.14

撰寫一個程式,能找出任何小寫字母與其對應的大寫字母 ASCII 碼的差異。

```
Char1 = 'b'
Char2 = 'B'
print('Letter\tASCII Value')
print(Char1, '\t', ord(Char1))
print(Char2, '\t', ord(Char2))
print('Difference between ASCII value of two Letters: ')
print(ord(Char1), '-', ord(Char2), '=', end=' ')
print(ord(Char1)-ord(Char2))
```

輸出

```
Letter ASCII Value
b       98
B       66
Difference between ASCII value of two Letters:
98 - 66 = 32
```

解釋 在上述程式中，字母 b 儲存在變數 **Char1** 中，字母 B 儲存在變數 **Char2** 中。ord() 函式用於查詢字母的 ASCII 值。最後，敘述式 **ord(Char1)-ord(Char2)** 用於找出兩個字母 (**Char1** 和 **Char2**) 之間 ASCII 值的差異。

總結

✦ Python 將每個敘述式分解成一系列稱為標記的語彙單元。
✦ 字面常數是直接出現在程式中的數值、字串或字元。
✦ Python 提供了一種稱為 `type()` 的內建函式，可以知道任何值的確切型態。
✦ 關鍵字是保留字。
✦ 關鍵字不能用作識別字或變數。
✦ 識別字是用於識別變數、函式、類別或其他物件的名稱。
✦ 在 Python 中出現的任何概念都是物件。
✦ `int()` 函式將字串或數字轉換為整數。
✦ `float()` 函式將字串轉換為浮點數。
✦ 布林資料型態在 Python 中表示為 bool 型態。
✦ `print()` 函式用於在螢幕上顯示內容。
✦ `input()` 函式用於接受來自使用者的輸入。
✦ `format()` 函式可用於回傳格式化字串。

關鍵術語

✦ **chr()**：回傳給定 ASCII 值的字元。
✦ **end()**：用作 print() 函式的引數。
✦ **format()**：格式化字串和整數。
✦ **識別字 (Identifier)**：識別變數的名稱。

- **內建數學函式**：abs()、max()、round()、ceil()、log()、exp()、sqrt()、sin()、asin()、acos()、atan()、cos()、degrees()、radians() 和 floor()。
- **input()**：用於接收來自使用者的資料。
- **int()**：用於將字串或浮點數轉換為整數。
- **ord()**：回傳字元的 ASCII 值。
- **print()**：在螢幕上輸出內容。
- **str()**：用於將數字轉換為字串。
- **type()**：用於確認任何值的型態。
- **標記 (Tokens)**：將每個敘述式分解成一系列的語彙單元。

問題回顧

A. 選擇題

1. 以下何者不是有效的識別字？
   a. A_	b. _A
   c. 1a	d. _1

2. 以下何者是無效的敘述式？
   a. W,X,Y,Z = 1,00,000,0000	b. WXYZ = 1,0,00,000
   c. W X Y Z =10 10 11 10	d. W_X_Y = 1,100,1000

3. 下列何者不是複數？
   a. A = 1 + 2j	b. B = complex(1,2)
   c. C = 2 + 2i	d. 以上皆非

4. 以下敘述式的輸出為何？
   round(1.5)-round(-1.5)
   a. 1	b. 2
   c. 3	d. 4

5. 以下敘述式的輸出為何？
   print('{:,}'.format('100000'))
   a. 1,00,000	b. 1,0,0,0,0,0
   c. 10,00,00,0	d. Error

6. 執行以下敘述式會出現哪種型態的錯誤？
   Name = MyName

a. Syntax Error　　　　　　　　b. Name Error
c. Type Error　　　　　　　　　d. Value Error

7. 以下敘述式的輸出為何？
```
Sum = 10 + '10'
```
a. 1010　　　　　　　　　　　b. 20
c. TypeError　　　　　　　　　d. 以上皆非

8. 如果我們寫入以下的敘述式，Python 的輸出應為何？
```
PriNt("Hello Python!")
```
a. Hello Python!　　　　　　　b. Syntax Error
c. Name Error　　　　　　　　d. 選項 a 和選項 b 皆是

9. 以下哪一個是有效的 input() 敘述式？
a. X = input(Enter number:)　　b. X = Input(Enter number:)
c. X = input('Enter number: ')　d. X = Input('Enter Number: ')

10. 如果使用者輸入 20 作為 x 的值，以下敘述式的輸出為何？
```
x = input('Enter Number: ')
print(10 + x)
```
a. 1010　　　　　　　　　　　b. 20
c. 30　　　　　　　　　　　　d. Error

11. 以下哪一行程式碼可建立值為 105 的變數 num？
a. num equals 105　　　　　　b. num is 105
c. 105 = num　　　　　　　　d. num = 105

12. 在執行以下程式碼時，下列哪項敘述是正確的？
```
x = "Welcome"
y = True
```
a. x 是字串，y 是布林值　　　　b. x 是整數，y 是布林值
c. x 是字串，y 是浮點數　　　　d. x 是整數，y 是浮點數

13. 以下哪個函式會回傳字元的 ASCII 值？
a. `ascii()`　　　　　　　　　b. `ord()`
c. 選項 a 和選項 b 皆是　　　　d. 以上皆非

14. 以下敘述式的輸出為何？
```
floor(X)
```
a. 回傳大於 x 的最大值　　　　b. 回傳不大於 x 的最大值
c. 選項 a 和選項 b 皆是　　　　d. 以上皆非

15. 在預設情況下，字串在主控台上將會如何對齊？
    a. 置中對齊　　　　　　　　b. 靠左對齊
    c. 靠右對齊　　　　　　　　d. 以上皆非

B. 是非題

1. Python 將每個敘述式分解成一系列稱為標記的語彙單元。
2. 關鍵字是屬於 Python 的標記。
3. 運算子不是標記的一部分。
4. Python 關鍵字沒有固定的函義。
5. 關鍵字可以用作識別字或變數。
6. 字串是字面常數的一部分。
7. 識別字是用於識別變數、函式等的名稱。
8. Python 將不同種類的物件分類成不同型態。
9. float() 是將字串轉換為整數的函式。
10. str() 是將數值轉換為字串的函式。

C. 練習題

1. 試著分辨以下哪些是有效識別字。

   Name, Roll_No, Sr.No, Roll-No, break, elif, DoB

2. 試著計算以下敘述式在 Python 互動模式下執行時的輸出。

   a. abs(-2)　　　　　　　　　b. min(102,220,130)
   c. max(-1,-4,-10)　　　　　 d. max('A','B','Z')
   e. max('a','B','Z')　　　　　f. round(1.6)
   g. math.ceil(1.2)　　　　　　h. math.floor(1.8)
   i. math.log(16,2)　　　　　　j. math.exp(1)
   k. math.　　　　　　　　　　l. cos(math.pi)
   m. math.cos(math.pi)

3. 試著說明以下敘述式在 Python 互動模式下執行時的輸出。

   a. ord('a')　　　　　　　　　b. ord('F')
   c. ord('f')　　　　　　　　　d. chr(97)
   e. chr(100)

4. 試著找出以下程式碼中的錯誤，並解釋你會如何解決這個問題。

   ```
   num1 = '10'
   num2 = 20.65
   sum = num1 + num2
   print(sum)
   ```

5. 試著說明以下敘述式會如何輸出。

   a. print(format(16,'x'))
   b. print(format(10,'x'))
   c. print(format(10 + 10,'x'))
   d. print(format(10 + ord('a'),'x'))
   e. print(format(20,'o'))
   f. print(format(100,'b'))
   g. print(format(10,'b'))

6. 試著說明以下敘述式會如何輸出。

   a. print(format('Hello','<2'))
   b. print(format('Hello','>2'))
   c. print(format('Hello','<4'))
   d. print(format('Hello','<20'))

7. 試著說明以下敘述式會如何輸出。

   a. print(format(10,'<20'))
   b. print(format('10','>20'))
   c. print(format(10.76121421431,'.2f'))
   d. print(format(10.76121421431,'f'))

8. 請舉一個合適的範例說明 end 關鍵字該如何使用。

9. 請詳細解釋 Python 所支援的字元集。

10. 試著在 Python 互動模式下顯示複數 (complex number)。

11. 請說明以下程式碼將會如何輸出。

    ```
    num1 = '10'
    num2 = '20'
    sum = num1 + num2
    print(sum)
    ```

D. 程式練習題

1. 撰寫一個程式，使用 print() 函式將 F 到 A 分別輸出在五行。

2. 撰寫一個程式，讀取三個不同城市的名稱並儲存在三個不同的變數中，並在主控台上使用 print() 函式輸出所有變數的內容。

3. 撰寫一個程式，提示使用者輸入並顯示他們的個人詳細資訊，像是姓名、地址和手機號碼。

4. 撰寫一個程式，利用五個不同的 print() 函式，在一行中輸出 A 到 F。

5. 撰寫一個程式，將整數作為字串讀取，並將字串轉換為整數，最後顯示轉換為整數前後的資料型態。

6. 撰寫一個程式，將變數 Str1 初始化為字串 hello world，並將字串轉換為大寫字母。

7. 將以下步驟轉換成 Python 程式碼。

   ☞ **STEP 1**：初始化變數 Pounds 為數值 10。
   ☞ **STEP 2**：將 Pounds 乘以 0.45，並指派給變數 Kilogram。
   ☞ **STEP 3**：顯示變數 Pounds 和變數 Kilogram 的值。

8. 撰寫一個程式，讀取圓的半徑，並使用 print() 函式輸出圓的面積。

Chapter 3
運算子表達式

學習成果

完成本章後，學生將會學到：

✦ 執行簡易的算術運算。
✦ 解釋除法和向下取整除法的運算差異。
✦ 使用一元運算子、二元運算子和位元運算子，以及執行乘法和除法運算，並且使用向左位移運算子和向右位移運算子。
✦ 計算數值表達式並將數學公式轉換為表達式。
✦ 認識到程式語言中結合順序和運算子優先等級的重要性。

章節大綱

3.1 簡介
3.2 運算子和表達式
3.3 算數運算子
3.4 隸屬成員運算子
3.5 身分運算子
3.6 運算子的優先等級和結合順序
3.7 改變算術運算子的優先等級和結合順序
3.8 將數學公式轉換為等效的 Python 表達式
3.9 位元運算子
3.10 複合指派運算子

3.1 簡介

運算子代表著對數據執行操作以產生結果，在我們的日常生活中會使用各種類型的運算子來執行各式各樣的數據運算。Python 支援不同的運算子，這些運算子可用於連接變數和常數，包括算術運算子、布林運算子、位元運算子、關係運算子，以及簡易指派運算子和複合指派運算子。

表 3.1 列出了 Python 中的基本運算子和它們用來表示的符號。

3.2 運算子和表達式

大部分的敘述式包含了表達式，Python 的表達式指的是產生結果或值的一段程式碼，例如 6 + 3 即

表 3.1　運算子類型

運算子類型	符號
算術運算子	+, -, /, // *, %, %%
布林運算子	and, or, not
關係運算子	>, <, <=, >=, !=
位元運算子	&, |, ^, >>, <<, ~
簡易指派運算子和複合指派運算子	=, +=, *=, /=, %=, **=

為一個簡單的表達式。表達式可以分解為運算子和運算元，運算子是一種幫助使用者的符號，或是命令電腦執行算術或邏輯運算的符號，在表達式 **6 + 3** 中，**+** 為運算子。運算子會需要資料來進行作業，而這些資料稱之為**運算元**，例如 6 + 3 中的 **6** 和 **3** 就是運算元。

以下將描述各種運算子和其用法，範例中的表達式是以 Python 互動模式執行。

▶ 3.3　算術運算子

Python 中有兩種算術運算子，包括二元運算子以及一元運算子（如圖 3.1 所示）。

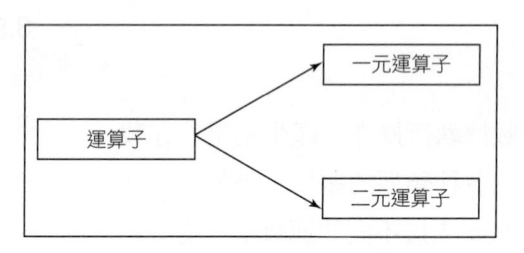

圖 3.1　不同類型的算術運算子

3.3.1　一元運算子

一元運算子代表只對一個運算元進行算術運算，+ 和 - 皆為一元運算符。一元運算子的減號 (-) 會為其數學運算元產生負數值，加號 (+) 為回傳運算元的原始數值。表 3.2 為一元運算子的說明。

表 3.2　一元運算子

一元運算子	範例	描述
+	+X (+X 返回相同的值,也就是 X)	回傳與原輸入相同的值。
-	-X (-X 返回 X 的負數)	原始值加上負號,使正數變為負數,或者使負數變為正數。

一元運算子範例

```
>>>x = -5    #X 為負值
>>>x
-5
>>>x = +6    #回傳數字運算元,也就是 6,沒有做任何更改
>>>x
6
```

更複雜的一元運算子範例

```
>>>+-5
-5
```

　　在上述的表達式 **+-5** 中,第一個 + 運算子表示一元正運算子,第二個 - 運算子表示一元負運算子。表達式 **+-5** 相當於 +(-(5)),也就是 -5。

```
>>>1--3    #等同於 1-(-3)
4
>>>2---3   #等同於 2-(-(-3))
-1
>>>3+--2   #等同於 3+(-(-2))
5
```

3.3.2　二元運算子

　　二元運算子是一種需要兩個運算元的運算子,它們以**中序式**撰寫,也就是運算子寫在兩個運算元的中間。

加法 (+) 運算子

　　Python 中的 + 運算子可用於二元和一元形式,如果將加法運算子應用在兩個運算元之間,則它將回傳運算元相加後的結果。Python 互動模式下執行加法運算子的範例如下。

範例

```
>>>4 + 7            #相加
11

>>>5 + 5            #相加
10
```

表 3.3 使用 Python 中的三種數值型態（**整數**、**浮點數**和**複數**），解釋了加法運算子的語法和語義。

表 3.3　加法運算子

語法	範例
(int, int)-> int	2 + 4 回傳 6
(float, float)->float	1.0 + 4.0 回傳 5.0
(int, float)->float	1 + 2.0 回傳 3.0
(float, int)->float	2.0 + 1 回傳 3.0
(complex, complex)->complex	3j + 2j 回傳 5j

減法 (-) 運算子

　　Python 中的 - 運算子可用於二元和一元形式，如果將減法運算子應用在兩個運算元之間，則它將回傳運算元相減後的結果。Python 互動模式下執行減法運算子的範例如下。

範例

```
>>>7-4              #相減
3

>>>5-2              #相減
3
```

表 3.4 使用 Python 中的三種數值型態（**整數**、**浮點數**和**複數**），解釋了減法運算子的語法和語義。

表 3.4　減法運算子

語法	範例
(int, int)-> int	4 - 2 回傳 2
(float, float)->float	3.5 - 1.5 回傳 2.0
(int, float)->float	4 - 1.5 回傳 2.5
(float, int)->float	4.0 - 2 回傳 2.0
(complex, complex)->complex	3j - 2j 回傳 1j

程式 3.1

撰寫一個程式，讀取物品的成本和售價，並計算賣家賺取的利潤，售價須高於成本價。

```
SP = eval(input('Enter the Selling Price of an Object: '))
CP = eval(input('Enter the Cost Price of an Object: '))
print('-------------------------------------------')
print('Selling Price = ', SP)
print('Cost Price = ', CP)
print('-------------------------------------------')
Profit = SP - CP          #計算利潤的公式
print('Profit Earned by Selling = ', Profit)
```

輸出

```
Enter the Selling Price of an Object: 45
Enter the Cost Price of an Object: 20
-------------------------------------------
 Selling Price = 45
 Cost Price = 20
-------------------------------------------
 Profit Earned by Selling =  25
```

解釋　在程式開始時，透過 eval() 函式讀取物品的售價和成本價。藉由敘述式 **Profit = SP - CP** 計算賣方賺取的利潤。

乘法 (*) 運算子

Python 中的 * 運算子只能用於二元形式，如果將乘法運算子應用在兩個運算元之間，則它將回傳運算元相乘後的結果。Python 互動模式下執行乘法運算子的範例如下。

範例

```
>>>7 * 4                    #相乘
28
>>>5 * 2                    #相乘
10
```

表 3.5 使用 Python 中的三種數值型態（**整數、浮點數和複數**），解釋了乘法運算子的語法和語義。

表 3.5 乘法運算子

語法	範例
(int, int)-> int	4 * 2 回傳 8
(float, float)->float	1.5 * 3.0 回傳 4.5
(int, float)->float	2 * 1.5 回傳 3.0
(float, int)->float	1.5 * 5 回傳 7.5
(complex, complex)->complex	2j * 2j 回傳 -4 + 0j

程式 3.2

撰寫一個程式使用 * 運算子來計算一個數的平方和立方。

```
num = eval(input('Enter the number: '))      #讀取數字
print('Number = ', num)
Square = num * num                            #計算平方
Cube = num * num * num                        #計算立方
print('Square of a Number = ', num, 'is  ', Square)
print('Cube of a Number   = ', num, 'is  ', Cube)

輸出

Enter the number: 5
Number = 5
Square of a Number =  5 is   25
Cube of a Number   =  5 is   125
```

除法 (/) 運算子

Python 中的 / 運算子只能用於二元形式，如果將除法運算子應用在兩個運算元之間，則它將回傳運算元相除後的商數。Python 互動模式下執行的除法運算子範例如下。

範例

```
>>>4/2                          #相除
2.0

>>>10/3
3.3333333333333335              #相除
```

表 3.6 使用 Python 中的三種數值型態（**整數**、**浮點數**和**複數**），解釋了除法運算子的語法和語義。

表 3.6　除法運算子

語法	範例
(int, int)-> int	25/5 回傳 5.0
(float, float)->float	0.6/2.0 回傳 0.3
(int, float)->float	4/0.2 回傳 20.0
(float, int)->float	1.5/2 回傳 0.75
(complex, complex)->complex	6j/2j 回傳 3 + 0j

> **注意**
> 當除法 (/) 運算子應用於兩個整數運算元時，Python 會回傳一個浮點數的結果。

程式 3.3

撰寫一個程式讀取使用者輸入的本金、利率和存款年數，並計算單利率 (SI)。

```
P = eval(input('Enter principle Amount in Rs = '))  #讀取 P（本金）
ROI = eval(input('Enter Rate of Interest = '))      #讀取 ROI（利率）
years = eval(input('Enter the Number of years = ')) #讀取 years
                                                    #（存款年數）
print('Principle = ', P)
print('Rate of Interest = ', ROI)
print('Number of Years = ', years)
SI = P * ROI * Years/100                #計算 SI（單利率）
print('Simple Interest = ', SI)
```

輸出

```
Enter Principle Amount in Rs = 1000
Enter Rate of Interest = 8.5
Enter the Number  of Years = 3
```

```
Principle =   1000
Rate of Interest =    8.5
Number of Years =   3
Simple Interest = 255.0
```

── 程式 3.4

撰寫一個讀取使用者輸入的攝氏溫度並將其轉換為華氏溫度的程式。

```
Celsius = eval(input('Enter Degree is Celsius: '))#讀取使用者輸入的攝氏溫度
print('Celsius = ', Celsius)      #輸出攝氏溫度
Fahrenheit = (9 / 5) * Celsius + 32  #將攝氏溫度轉換為華氏溫度
print('Fahrenheit = ', Fahrenheit)  #輸出華氏溫度
```

輸出

```
Enter Degree is Celsius: 23
Celsius =  23
Fahrenheit =  73.4
```

> **!注意**
>
> 攝氏溫度轉換為華氏溫度的公式為
>
> $$華氏溫度 = (9/5) * 攝氏溫度 + 32$$

向下取整除法 (//) 運算子

　　Python 中的 // 運算子只能用於二元形式，如果將向下取整除法運算子應用在兩個運算元之間，則它將回傳運算元相除後的商數（取整數）。Python 互動模式下執行向下取整除法運算子的範例如下。

範例

```
>>>4//2  #向下取整除法
2
>>>10//3
3      #向下取整除法
```

　　表 3.7 使用 Python 中的兩種數值型態（**整數**、**浮點數**），解釋了向下取整除法運算子的語法和語義。

表 3.7　向下取整除法運算子

語法	範例
(int, int)-> int	25//5 回傳 5
(float, float)->float	10.5//5.0 回傳 2.0
(int, float)->float	11//2.5 回傳 4.0
(float, int)->float	4.0//3 回傳 1.0

> **注意**
> 1. 從上面的範例可以得知，當對兩個整數運算元透過向下取整除法運算子計算後，Python 會回傳一個整數型態的結果。
> 2. 在第二個範例中 10.5//5.0 回傳的結果是 2.0，表示已將向下取整除法運算子應用於兩個浮點數運算元，否則 10.5/5.0 將回傳 2.1。因此，它會以浮點數的型態回傳結果，但忽略小數點後的十進位制數。

餘除 (%) 運算子

當第二個數除以第一個數時，% 運算子會回傳餘數，餘除運算子也稱為餘數運算子。如果 x 除以 y 的餘數為 0，那麼我們可以說 x 可以被 y 整除或 x 是 y 的倍數。

```
                  3    ← 商
除數 ──→  4 ) 14     ← 被除數
               -12
              ─────
                  2    ← 餘數
```

在上述的範例中，**14 % 4** 回傳 2，因此，左側運算元 14 是被除數，右側運算元 4 是除數。Python 互動模式下執行餘除運算子的範例如下。

範例

```
>>>10 % 4      # 10 除以 4 回傳 2 作為餘數
2
>>>13 % 5
3
```

表 3.8 使用 Python 中的兩種數值型態（**整數、浮點數**），解釋了餘除運算子的語法和語義。

表 3.8　餘除運算子

語法	範例
(int, int)-> int	24 % 4 回傳 1
(float, float)->float	2.5 % 1.2 回傳 0.1
(int, float)->float	13 % 2.0 回傳 1.0
(float, int)->float	1.5 % 2 回傳 1.5

> **! 注意**
>
> 在數學上，X % Y 等同於 X - Y * (X//Y)
>
> 範例：14 % 5 回傳 4
>
> 　　　因此，
>
> 　　　14 % 5 = 14 - 5 * (14//5)
>
> 　　　　　　= 14 - 5 * (2)
>
> 　　　　　　= 14 - 10
>
> 　　　　　　= 4

在程式撰寫中使用餘除 (%) 運算子

餘除（餘數）運算子在程式撰寫中非常有用，它可用於檢查一個數字是偶數還是奇數。例如，如果 number % 2 回傳 0 則表示它是偶數；反之，如果 number % 2 == 1 則表示它是奇數。

── 程式 3.5

撰寫一個程式來讀取一個以公克為單位的物品重量，並且分別以公斤和公克為單位顯示其重量。

範例：

輸入：以公克為單位輸入物品的重量：1,250

輸出：物品重量（公斤和公克）：1 公斤和 250 公克

注意：1 公斤 = 1,000 公克

```
W1 = eval(input('Enter the Weight of Object in grams: '))   #輸入重量
print('Weight of Object = ', W1, 'grams')   #輸出重量
W2 = W1 // 1000     #計算物品的公斤數
```

```
W3 = W1 % 1000      #計算物品的公克數
print('Weight of Object = ', W2, 'kg and ', W3, 'g')
```

輸出

```
Enter the Weight of Object in g: 1250
Weight of Object =  1250  g
Weight of Object =  1   kg and   250  g
```

程式 3.6

撰寫一個程式,使用 % 和 // 運算子反轉一個四位數。

```
num = eval(input('Enter four-digit number: '))
print('Entered number is: ', num)
r1 = num%10
q1 = num//10
r2 = q1%10
q2 = q1//10
r3 = q2%10
q3 = q2//10
r4 = q3%10
print('Reverse of ', num, 'is: ', r1, r2, r3, r4)
```

輸出

```
Enter four-digit number: 8763
Entered number is: 8763
Reverse of 8763 is: 3 6 7 8
```

解釋 在上述程式中,先讀取使用者輸入的數字,例如,讀取的數字是 **8763**。我們需要反轉數字的內容,首先找出餘數 **3 (8763 % 10)**,再來要顯示第二個數字,因此將該數字除以 10 取整數 **(8763//10)** 得到 **876**,得到商 **876** 後,再次進行餘除運算 **(876 % 10)**,便會得到數字 **6**,此過程持續 3 次,便可得到使用者輸入後反轉的四位數字。

指數 (**) 運算子

** 運算子用於計算數字的冪或是次方,計算 X^Y (X 的 Y 次方) 的表達式寫為 X**Y,指數運算子也稱為**冪運算子**。

範例

```
>>>4 ** 2     #計算 4 的平方
16
>>>2 ** 3     #計算 2 的立方
8
```

表 3.9 使用 Python 中的兩種數值型態（**整數、浮點數**），解釋了指數運算子的語法和語義。

表 3.9　指數運算子

語法	範例
(int, int)-> int	2 ** 4 回傳 16
(float, float)->float	2.0 ** 3.0 回傳 8.0
(int, float)->float	5 ** 2.0 回傳 25.0
(float, int)->float	4.0 ** 3 回傳 64.0

程式 3.7

撰寫計算兩點之間距離的程式，計算距離的公式如下：

$$\sqrt{(X2-X1)^2+(Y2-Y1)^2}$$

我們可以透過 Z**0.5 來計算 $\sqrt{Z}$，以下程式將讀取使用者輸入的兩點坐標，並計算它們之間的距離。

```
print('Point1')
X1 = eval(input('Enter X1 coordinate: '))      #讀取 X1
Y1 = eval(input('Enter Y1 coordinate: '))      #讀取 Y1
print('point2')
X2 = eval(input('Enter X2 coordinate: '))      #讀取 X2
Y2 = eval(input('Enter Y2 coordinate: '))      #讀取 Y2
L1 = (X2 - X1)**2 + (Y2 - Y1)**2      #電腦內部表達式
Distance = L1**0.5  #計算平方根
print('Distance between two point is as follows')
print('(',X1,Y1,')',',','(',X2,Y2,')=', Distance)
```

輸出
```
Point1
Enter X1 Coordinate: 4
Enter Y1 Coordinate: 6
point2
Enter X2 Coordinate: 8
Enter Y2 Coordinate: 10
Distance between the two points is as follows
( 4 6 ) ( 8 10 ) = 5.656854249492381
```

程式 3.8

撰寫一個程式顯示以下列表：

X	Y	X**Y
10	2	100
10	3	1000
10	4	10000
10	5	100000

```
print('X \t Y \t X**Y')
print('10 \t  2 \t ', 10**2)
print('10 \t  3 \t ', 10**3)
print('10 \t  4 \t ', 10**4)
print('10 \t  5 \t ', 10**5)
```

輸出

```
X    Y    X**Y
10   2    100
10   3    1000
10   4    10000
10   5    100000
```

3.4 隸屬成員運算子

隸屬成員運算子用於檢查字串、串列、元組、集合或是字典中是否存在著值，Python 支援的隸屬成員運算子如下。

隸屬成員運算子	描述	範例

in	如果左邊指定的值出現於右邊的序列中，將回傳 True，否則回傳 Flase。	`>>>str = 'Hello in Python'`
		`>>>'hello' in str`
		`False`
		`>>>'Hello' in str`
		`True`

not in	如果左邊指定的值並未出現於右邊的序列中，將回傳 True，否則回傳 Flase。	`>>>L = [10,20,30,50]`
		`>>>100 not in L`
		`True`

3.5　身分運算子

身分運算子用於檢查值或表達式是否屬於某種類型或類別，Python 支援的身分運算子如下。

身分運算子	描述	範例
is	如果運算元左邊值的類型和運算元右邊值的類型相同，則回傳 True。	>>>X = 10 >>>type(X) is int True
is not	如果運算元左邊值的類型和運算元右邊值的類型不相同，則回傳 True。	>>>X = 10 >>>type(X) is not float True

3.6　運算子的優先等級和結合順序

運算子的優先等級決定了 Python 直譯器計算表達式中運算子的順序。

你可能會問 Python 怎麼知道要先執行哪一項運算子？以表達式 4 + 5 * 3 為例，重點的是要知道 4 + 5 * 3 是先進行乘法（結果是 19），還是先進行加法（結果是 27）。

預設的優先順序決定了乘法是優先計算的，因此結果是 19。由於一個表達式可能包含了許多運算子，因此對運算元的計算是按照優先順序進行的，也稱為運算子的優先等級，優先等級較高的運算子會優先計算。

表 3.10 為按降序排列的運算子優先順序列表。上方的運算子具有較高的優先等級，而底下的運算子具有較低的優先等級，如果一行中包含多個運算子，則意味著此行所有運算子的優先等級相同。

3.6.1　運算子優先等級範例

算術運算子中，*、/、// 和 %，它們與 +、- 相比，具有更高的優先等級。

範例

$$4 + 5 * 3 - 10$$

運算子 + 和 * 相比，* 運算子具有更高的優先等級。因此，首先執行乘法運算子，所以上述的表達式變為：

$$4 + 15 - 10$$

表 3.10　運算子優先等級

優先等級	運算子	名稱
↓	**	次方
	+, -, ~	加號、減號、補數
	*, /, //, %	乘法、除法、整數除法和餘數
	+, -	二進位制加法、減法
	<<, >>	左、右位移
	&	AND 位元運算子
	^	XOR 位元運算子
	|	OR 位元運算子
	<, <=, >, >=	比較
	==, !=	是否相等
	=, %=, /=, //=, -=, +=, *=, **=	指派運算子
	is, is not	身分運算子
	in, not in	隸屬成員運算子
	not	布林運算子 (Not)
	and	布林運算子 (and)
	or	布林運算子 (or)

上述表達式中，+ 和 - 具有相同的優先等級，在這種情況下，首先評估最左邊的運算，因此上述表達式變為：

$$19 - 10$$

減法最後執行，表達式的最終答案為 9。

3.6.2　結合順序

當表達式中具有相同優先等級的運算子時，結合順序決定了優先執行哪項運算。結合順序意味著執行的方向，有兩個類型，也就是從左到右和從右到左。

1. 從左到右：在這種類型的表達式中，計算是從左到右執行的。

$$4 + 6 - 3 + 2$$

在上述範例中，所有運算子具有相同的優先等級，因此，遵循結合順序規則（執行方向是從左到右）。表達式 4 + 6 - 3 + 2 等同於：

$$= ((4 + 6) - 3) + 2$$
$$= ((10) - 3) + 2$$
$$= (7) + 2$$
$$= 9$$

2. 從右到左：在這種類型的表達式中，計算是從右到左執行的。

$$X = Y = Z = 值$$

在上述範例中，使用了指派運算子。因此 Z 的值指派給 Y，然後指派給 X。
因此，計算是從右側開始。

結合順序的範例

當在表達式中找到具有相同優先等級的運算子時，優先權會賦予最左邊的運算子。

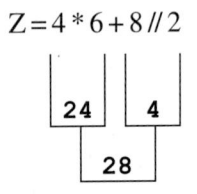

$$Z = 4 * 6 + 8 // 2$$

```
    24    4
      28
```

在上述表達式中，首先計算 *，即使 * 和 // 具有相同的優先等級，但由於運算子 * 出現在 // 之前，因此計算會從左側開始。上述表達式的最終答案為 28。

到目前為止的範例說明了 Python 如何使用結合順序來計算表達式。表 3.11 展示了算術運算子的優先等級和結合順序。

表 3.11　算術運算子的結合順序表

優先等級	運算子	結合順序
最高等級	( )	由內到外
	**	最高等級
	*, /, //, %	由左到右
最低等級	+, -	由左到右

▶ 3.7　改變算術運算子的優先等級和結合順序

可以通過使用 ( ) 也就是**括號運算子**來改變算術運算子的優先等級和結合順序。**括號運算子**在所有算術運算子中具有最高的優先等級，它可強制使表達式以任何順序計算，也使表達式更易讀。

以下為 Python 互動模式下執行的一些括號運算子範例。

範例

```
>>>z = (5 + 6) * 10
>>>z
110
```

解釋　在上述範例中，表達式 **(5 + 6) * 10** 的初始值為 z。首先計算 **(5 + 6)**，然後再進行乘法運算。

更複雜的範例

```
>>>A = 100 / (2 * 5)
>>>A
10.0

>>>B = 4 + (5 * (4/2) + (4 + 3))
>>>B
21.0
```

── 程式 3.9

撰寫一個使用括號運算子 **()** 算出矩形面積和周長的程式。

```
Length  = eval(input('Enter the Length of Rectangle: '))
Breadth = eval(input('Enter the Breadth of Rectangle: '))
print('- - - - - - - - - - - ')
print('Length = ', Length)
print('Breadth = ', Breadth)
print('- - - - - - - - - - - ')
print('Area = ', Length * Breadth)
print('Perimeter = ', 2 * (Length + Breadth))
```

輸出

```
Enter the Length of Rectangle: 10
Enter the Breadth of Rectangle: 20
- - - - - - - - - - -
 Length =  10
 Breadth =  20
- - - - - - - - - - -
Area =  200
Perimeter =  60
```

解釋 在上述程式中，透過讀取使用者輸入的矩形長和寬的值，然後使用乘法運算子 * 計算矩形面積，最後將長度和寬度相加再乘以 2 計算矩形周長。

> **❗注意**
> 矩形面積 = 長 * 寬
> 矩形周長 = 2 * (長 + 寬)

▶ 3.8 將數學公式轉換為等效的 Python 表達式

以下列算術方式寫出以下二次方程式：

$$\frac{-b \pm \sqrt{b^2 - 4ac}}{2a}$$

將此二次方程式轉換為等效的 Python 表達式所需的步驟如下：

☞ **STEP 1**：先計算分子和分母以找到二次方程式的根，分子和分母之間的除法最後一步再執行。因此，我們可以將上述的表達式寫成：

分子/分母

☞ **STEP 2**：分母為 2a，因此我們可以將公式改寫為：

分子/((2 * a))

☞ **STEP 3**：現在我們可以將分子分成左右兩個部分，如下所示：

(左邊 + 右邊)/((2 * a))

☞ **STEP 4**：用 -b 代替左邊，不需要為 -b 加上括號，因為一元運算子的優先等級高於二元運算子的加法。因此上述等式變為：

(-b + 右邊)/((2 * a))

☞ **STEP 5**：右邊包含平方根內的表達式，因此上述等式可改寫為：

(-b + sqrt(表達式))/((2 * a))

☞ **STEP 6**：但是平方根裡面的表達式同樣也包含左右兩個部分，因此上述等式將進一步改寫為：

(-b + sqrt(左邊 - 右邊))/((2 * a))

☞ **STEP 7**： 現在左邊的部分包含表達式 b ** 2，而右邊的部分包含表達式 4 * a * c。不需要為 b ** 2 加上括號，因為指數運算子的優先等級高於 * 運算子，由於表達式 4 * a * c 出現在右邊。因此上述等式可改寫為：

$$(-b + sqrt(b ** 2 - 4 * a * c)/(2 * a))$$

我們將此數學公式轉換為 Python 表達式，在轉換的過程中，只需記住運算子的優先等級和結合順序的規則即可。

— 程式 3.10

使用 Python 撰寫並計算以下數學公式。

$$\frac{2+8P}{2} - \frac{(P-Q)(P+Q)}{2} + 4*\frac{(P+Q)}{2}$$

變數 P 和 Q 的值分別設為 4 和 2。

```
P = 4
Q = 2
Z =(2 + 8 * P)/2 - ((P - Q) * (P + Q))/2 + 4 * ((P + Q)/2)
print('(2 + 8 * P)/2 - ((P - Q) * (P + Q))/2 + 4 * ((P + Q)/2)')
print('Where P = ', P, 'and Q = ', Q)
print('Answer of above expression = ', Z)
```

輸出

```
(2 + 8 * P)/2 - ((P - Q) * (P + Q))/2 + 4 * ((P + Q)/2)
 Where P =  4 and Q =  2
 Answer of above expression =  23.0
```

解釋 上述的程式中，最初的算式為：

$$\frac{2+8P}{2} - \frac{(P-Q)(P+Q)}{2} + 4*\frac{(P+Q)}{2}$$

被轉換成 Python 表達式為：

$$(2 + 8 * P)/2 - ((P - Q) * (P + Q))/2 + 4 * ((P + Q)/2)$$

一旦數學公式轉換為 Python 表達式後，P 跟 Q 的值將由 Python 直譯器直接代入，最後考慮 Python 的優先等級和結合順序規則來評估表達式。

3.9 位元運算子

Python 有六種用於位元操作的位元運算子，位元運算子讓程式設計師存取和操作一段數據中的各個位元，表 3.12 列出 Python 支援的各種位元運算子。

表 3.12 位元運算子

運算子	涵義
&	AND 位元
|	OR 位元
^	XOR 位元
>>	右移
<<	左移
~	NOT 位元

3.9.1 AND 位元運算子 (&)

此運算子對輸入數字的位元進行 AND 運算，AND 位元運算子表示為 **&**。**&** 位元運算子會對兩個運算元進行逐個位元的運算。表 3.13 解釋了 AND 位元運算子。

表 3.13 AND 位元運算子

輸入	輸出
X Y	X & Y
0 0	0
0 1	0
1 0	0
1 1	1

我們可以從這個表中得出結論：輸出是透過將輸入位元進行相乘所獲得的。

AND 位元運算子範例

```
>>>1 & 3
1       #1 和 3 進行位元運算子 & 後回傳
>>>5 & 4
4       #5 和 4 進行位元運算子 & 後回傳 4
```

AND 位元運算子的計算如下：

```
1 和 3 被轉換成等效的二進位制格式
                    0       0       0       1       (一)
         &
                    0       0       1       1       (三)
         ------------------------------------
進行位元運算       (0 & 0) (0 & 0) (0 & 1) (1 & 1)
         ------------------------------------
         結果       0       0       0       1       (一)
(0 0 0 1)的十進位制為 1
因此, 1 & 3 = 1
```

程式 3.11

撰寫一個程式，讀取使用者所輸入的兩個數字，並對數字使用 AND 位元運算子，最後顯示其結果。

```
num1 = int(input('Enter First Number: '))
num2 = int(input('Enter Second Number: '))
print(num1,' & ',num2,' = ', num1 & num2)
```

輸出
```
#測試範例 1
Enter First Number: 1
Enter Second Number: 3
   1 & 3 = 1

#測試範例 2
Enter First Number: 5
Enter Second Number: 6
5 & 6 = 4
```

3.9.2　OR 位元運算子 (|)

此運算子對輸入數字進行 OR 位元運算，OR 位元運算子表示為 |。| 位元運算子會對兩個運算元進行逐個位元的運算。表 3.14 解釋了 OR 位元運算子。

表 3.14　OR 位元運算子

輸入	輸出
X　Y	X｜Y
0　0	0
0　1	1
1　0	1
1　1	1

我們可以從表中得出結論，當輸入位元其中之一為 1 時，輸出為 1。

OR 位元運算子範例

```
>>>3 | 5
7        #3 和 5 進行位元運算子 | 後回傳 7

>>>1 | 5
5        #1 和 5 進行位元運算子 | 後回傳 5
```

OR 位元運算子的計算如下：

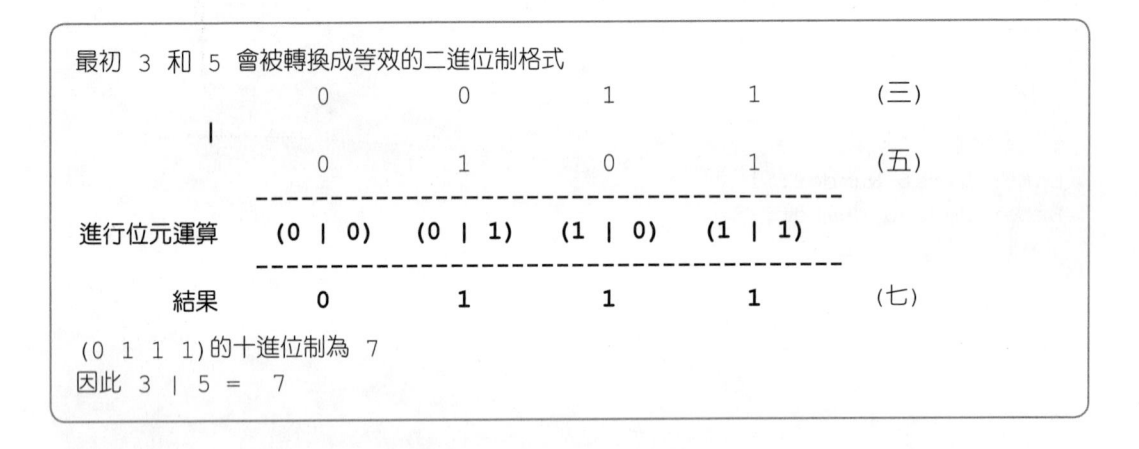

```
最初 3 和 5 會被轉換成等效的二進位制格式
                   0       0       1       1      (三)
     |
                   0       1       0       1      (五)
                 ---------------------------------
進行位元運算     (0 | 0) (0 | 1) (1 | 0) (1 | 1)
                 ---------------------------------
        結果       0       1       1       1      (七)
(0 1 1 1)的十進位制為 7
因此 3 | 5 = 7
```

程式 3.12

撰寫一個程式，讀取使用者所輸入的兩個數字，並對數字使用 OR 位元運算子，最後顯示其結果。

```
num1 = int(input('Enter First Number: '))
num2 = int(input('Enter Second Number: '))
print(num1,' | ',num2,' = ', num1 | num2)
```

輸出
```
#測試範例 1
Enter First Number: 3
Enter Second Number: 5
3  |  5  =  7

#測試範例 2
Enter First Number: 6
Enter Second Number: 1
6  |  1  =  7
```

3.9.3　XOR 位元運算子 (^)

此運算子對輸入數字進行 **XOR** 位元運算，**XOR** 位元運算子表示為 **^**。^ 位元運算子會對兩個運算元進行逐個位元的運算。表 3.15 解釋了 XOR 位元運算子。

表 3.15　XOR 位元運算子

輸入	輸出
X Y	X^Y
0 0	0
0 1	1
1 0	1
1 1	0

我們可以從這個表中得出結論，輸出是透過將輸入位元逐個進行比較所獲得。

XOR 位元運算子範例

```
>>>3 ^ 5
6     #3 和 5 進行位元運算子 ^ 後回傳 6
>>>1 ^ 5
4     #1 和 5 進行位元運算子 ^ 後回傳 4
```

XOR 位元運算子的計算如下：

```
最初 3 和 5 會被轉換成等效的二進位制格式
                      0      0      1      1      (三)
         ^
                      0      1      0      1      (五)
                   ------------------------------
進行位元運算        (0 ^ 0)  (0 ^ 1)  (1 ^ 0)  (1 ^ 1)
                   ------------------------------
        結果          0      1      1      0      (六)
(0 1 1 0)的十進位制為 6
因此 3 ^ 1 = 6
```

── **程式 3.13**

撰寫一個程式，讀取使用者所輸入的兩個數字，並對數字使用 XOR 位元運算子，最後顯示其結果。

```
num1 = int(input('Enter First Number: '))
num2 = int(input('Enter Second Number: '))
print(num1,' ^ ',num2,' = ', num1 ^ num2)
```

輸出

#測試範例 1
```
Enter First Number: 3
Enter Second Number: 5
3 ^ 5 = 6
```
#測試範例 2
```
Enter First Number: 1
Enter Second Number: 2
1 ^ 2 = 3
```

3.9.4 右移運算子 (>>)

右移運算子表示為 >>，它還需要兩個運算元，用於將其向右移動 N 個位元。右移運算子的工作原理解釋如下：

範例

```
>>>4 >> 2    # 輸入資料 4 被向右移動 2 個位元
1
>>>8>>2
2
```

解釋

一開始數字 4 被轉換為對應的二進位制格式，也就是 0100

    0 0 0 0 0 0 **1 0 0** 二進位制的 4 ←

    8 7 6 5 4 3 2 1 0 位元索引位置 ←

輸入資料 4 將向右移動 2 個位元

二進位制的答案是

    0 0 0 0 0 0 0 0 **1** 二進位制的 1 ←

    8 7 6 5 4 3 2 1 0 位元索引位置 ←

注意

將輸入數字 N 向右移動 S 個位元，意味著該數字除以 2^S，也就是 $Y = N/2^S$。

當

$$N = 數字$$
$$S = 數字移動的位元數$$

讓我們用此公式來解決上述範例 4 >> 2，也就是

$$Y = N / 2^S$$
$$= 4 / 2^2$$
$$= 4 / 4$$
$$= 1$$

因此，4 >> 2 在 Python 互動模式下會回傳 1。

程式 3.14

撰寫一個將輸入資料向右移動 2 位元的程式。

```
N = int(input('Enter  Number: '))
S = int(input('Enter Number of Bits to be shift Right: '))
print(N, '>>', S, '=', N >> S)
```

輸出

```
Enter  Number: 8
Enter Number of Bits to be shift Right: 2
8 >> 2 = 2
```

3.9.5 左移運算子 (<<)

左移運算子表示為 **<<**，它需要兩個運算元，用於將其向左移動 N 個位元。左移運算子的工作原理解釋如下：

範例

```
>>>4 << 2    #輸入資料 4 被向左移動 2 個位元
16

>>>8 << 2    #輸入資料 8 被向左移動 2 個位元
32
```

解釋

> 一開始數字 4 被轉換為對應的二進位制格式，也就是 0 1 0 0
>
>   0 0 0 0 0 0 1 0 0   二進位制的 4 ←
>
>   8 7 6 5 4 3 2 1 0   索引位元位置 ←
>
> 輸入資料 4 將向左移動 2 個位元
>
> 二進位制的答案是
>
>   0 0 0 0 1 0 0 0 0   二進位制的 16 ←
>
>   8 7 6 5 4 3 2 1 0   索引位元位置 ←

> **❗注意**
>
> 將輸入數字向左移動 S 個位元意味著該數字乘以 2^s，也就是 $Y = N * 2^S$。
>
> 當
>
> $$N = 輸入的數字$$
> $$S = 數字移動的位元數$$
>
> 讓我們用此公式來解決上述範例 4 << 2，也就是
>
> $$Y = N * 2^S$$
> $$= 4 * 2^2$$
> $$= 4 * 4$$
> $$= 16$$
>
> 因此，4 << 2 在 Python 互動模式下會回傳 16。

程式 3.15

撰寫一個將輸入資料向左移動 2 位元的程式。

```
N = int(input('Enter  Number: '))
S = int(input('Enter Number of Bits to be shift Left: '))
print(N, '<<', S, '=', N << S)
```

輸出

```
Enter  Number: 4
Enter Number of Bits to be shift Left: 2
4  <<  2  =  16
```

3.10 複合指派運算子

運算子 +、*、//、/、% 和 ** 與指派運算子 (=) 一起使用，形成複合或增量指派運算子。

範例

以下範例，其中變數 X 的值增加了 1。

$$X = X + 1$$

Python 允許程式設計師結合指派運算子和加法運算子，因此，上述的敘述式 X = X + 1 也可以寫成：

$$X += 1$$

+= 運算子也稱為加法運算子，表 3.16 列出所有複合指派運算子。

表 3.16 複合指派運算子

運算子	範例	等同於	解釋
+=	Z += X	Z = Z + X	將 Z 的值加到 X。
-=	Z -= X	Z = Z - X	從 Z 中減去 X。
*=	Z *= X	Z = Z * X	將 X、Y 的值相乘，並將結果儲存在 Z。
/=	Z /= X	Z = Z /	執行浮點數除法運算，並將結果儲存在 Z。
//=	Z //= X	Z = Z // X	執行向下取整除法運算，並將結果儲存在 Z。
**=	Z **= X	Z = Z ** X	變數 X 的值作為變數 Z 的次方數，並將結果儲存在變數 Z 中。
%=	Z %= X	Z = Z % X	X 對 Z 執行餘除運算，並且結果儲存在變數 Z 中。

程式 3.16

撰寫一個使用複合指派運算子計算圓面積的程式。

```
radius = eval(input('Enter the Radius of Circle: ')) #讀取 Radius (半徑)
print('Radius = ', radius) #顯示 Radius (半徑)
area = 3.14
radius **= 2 #Radius = Radius ** 2
area *= radius #Area = Area * Radius
print('Radius of Circle is = ', area)  #輸出面積

輸出
Enter the Radius of Circle: 4
Radius =   4
Radius of Circle is =   50.24
```

因此,要在上述程式中執行各種運算,我們必須使用複合指派運算子,例如 **= 和 *=。

▶ 小專案:商品服務稅計算機

什麼是商品服務稅?

商品和服務稅 (GST) 是印度對**商品、服務製造、銷售和消費**徵收的綜合稅種,商品服務稅取代了印度中央政府早期對商品和服務徵收的**所有間接稅**。

問題陳述

我們從商店購買各種商品,除了我們希望購買的商品價格外,還必須支付額外的稅款,該稅款是按照商品總價的特定百分比計算,稱為 GST。

使用商品服務稅模型的範例

商品服務稅由兩種稅種組成,一種為**中央徵收(簡稱中央 GST 或 CGST)**,另一種為**地方政府徵收(簡稱州 GST 或 SGST)**。中央 GST 和州 GST 的**稅率**如下:

稅種	稅率
CGST	@9%
SGST	@9%

範例

產品發票

明細	商品和服務稅明細
產品價格	5,000
增加：CGST @ 9%	450
增加：SGST @ 9%	450
產品總價格	₹5,900

計算稅率總額的公式

$$(CGST\ 產品的稅率) + (SGST\ 產品的稅率)$$

> **注意**
> 使用適當的運算子來解決上述問題。

演算法

☞ **STEP 1**：讀取產品價格。
☞ **STEP 2**：輸入 CGST 稅率。
☞ **STEP 3**：輸入 SGST 稅率。
☞ **STEP 4**：計算並輸出產品的總價格。

程式

```
CP = float(input('Enter the Cost of Product: '))
CGST = float(input('Enter tax % imposed by Centre, i.e., CGST: '))
SGST = float(input('Enter tax % imposed by State,  i.e., SGST: '))
total = 0
Amount_CGST = ((CGST/100) * CP)
Amount_SGST = ((SGST/100) * CP)
total = CP + Amount_CGST + Amount_SGST
print('Total Cost of Product: Rs', total)
```

輸出

```
Enter the Cost of Product: 5000
Enter tax % imposed by Centre, i.e., CGST: 9
Enter tax % imposed by State, i.e., SGST: 9
Total Cost of Product: Rs.  5900.0
```

上述範例中，我們根據稅率計算出產品的最終價格。

總結

✦ Python 支援各種運算子，例如算術、布林、關係、位元和複合指派運算子。
✦ 一元運算子僅對一個運算元執行運算，而二元運算子需要兩個運算元。
✦ 除法運算子 (/) 應用於兩個運算元，並回傳一個浮點數的值。
✦ 餘除運算子 (%) 會在第一個數字除以第二個數字時回傳餘數。
✦ 指數運算子 (**) 會計算數字的次方。
✦ 運算子優先等級決定了 Python 計算表達式中運算子的執行順序。
✦ 結合順序決定了執行方向，也就是**從左到右**或**從右到左**。

關鍵術語

✦ **算術運算子 (Arithmetic Operator)**：二元和一元運算子。
✦ **位元運算子 (Bitwise Operator)**：AND (&)、OR (|)、xor (^)、左移 (<<) 和右移 (>>)。
✦ **增強指派運算子 (Augmented Assignment Operator)**：與指派運算子一起使用的一種運算子。
✦ **運算子優先等級 (Operator Precedence)**：決定 Python 直譯器執行表達式的順序。
✦ **結合順序 (Associativity)**：決定先執行哪項運算。

問題回顧

A. 選擇題

1. 以下的表達式如果在 Python 互動模式下執行，輸出的結果為何？

   16 % 3

   a. 5　　　　　　　　　　　　　b. 1
   c. 0　　　　　　　　　　　　　d. -1

2. 以下程式的輸出為何？

   ```
   X = 5
   Y = 5
   print(X/Y)
   ```

   a. 1　　　　　　　　　　　　　b. 1.0
   c. 0.1　　　　　　　　　　　　d. 以上皆非

3. 以下敘述式的輸出為何？
   ```
   print(15 + 20 / 5 + 3 * 2 - 1)
   ```
   a. 19.0   b. 19
   c. 12.0   d. 24.0

4. 以下程式的輸出為何？
   ```
   A = 7
   B = 4
   C = 2
   print(a//b/c)
   ```
   a. 0.85   b. 0
   c. 0.5   d. 0.0

5. 以下哪個運算子屬於向下取整除法？
   a. %   b. /
   c. //   d. 以上皆非

6. 以下表達式的輸出為何？
   ```
   4 * 1 ** 2
   ```
   a. 16   b. 4
   c. 8   d. 1

7. 以下程式的輸出為何？
   ```
   X = 4.6
   Y = 15
   Z = X//Y
   print(Z)
   ```
   a. 0   b. 0.0
   c. 0.30   d. 以上皆非

8. 具有相同優先等級的運算子按以下哪個順序執行？
   a. 由左至右   b. 由右至左
   c. 不可預測   d. 以上皆非

9. 如果輸入資料5向左移動2位元，則輸出為何？
   a. 20   b. 10
   c. 1   d. 25

10. 下列何種運算子在表達式中具有最高優先等級？
    a. 加法運算子   b. 減法運算子
    c. 指數運算子   d. 括號

11. 以下敘述式的輸出為何？

    `>>>4 != 4`

    a. None　　　　　　　　　　b. True

    c. False　　　　　　　　　　d. Error

12. 以下比較運算子的輸出為何？

    `>>>10 >= 10`

    a. False　　　　　　　　　　b. True

    c. None　　　　　　　　　　d. Error

13. and 運算子有什麼特性？

    a. 僅當兩個運算子都為 True 時，and 運算子會回傳 True。

    b. 如果僅有一個運算子為 True，則 and 運算子會回傳 True。

    c. 如果至少有一個運算子為 True，則 and 運算子會回傳 True。

    d. 如果兩個運算子都不為 True，則 and 運算子會回傳 True。

14. or 運算子有什麼特性？

    a. 僅當兩個運算子都為 True 時，or 運算子會回傳 True。

    b. 如果僅有一個運算子為 True，則 or 運算子會回傳 True。

    c. 如果至少有一個運算子為 True，則 or 運算子會回傳 True。

    d. 如果兩個運算子都不為 True，則 or 運算子會回傳 True。

B. 是非題

1. 運算子是對運算元進行運算。
2. 二元運算子對至少兩個運算子進行運算。
3. Python 中的 - 運算子可以為一元或二元運算子。
4. 4.5 - 1.5 會回傳 3.0。
5. 一元運算子可以對多個運算元進行算術運算。
6. 運算子優先等級決定了 Python 直譯器對表達式中運算子的執行順序。
7. 結合順序代表著表達式的執行方向。
8. 將輸入的數字向左移動 N 個位元，表示該數字除以 2^N。
9. 將輸入的數字向右移動 N 個位元，表示該數字除以 2^N。
10. 右移運算子表示為 >>。
11. ( ) 運算子在所有算術運算子中具有最高優先等級。

C. 練習題

1. 試著描述以下表達式的結果。

表達式	結果
40/8	
40//8	
50%5	
3%2	
3 ** 3	

2. 假設 X 的值為 4，試著計算以下表達式的輸出。

表達式	輸出
X += 10	
X -= 4	
X *= 6	
X **= 2	
X %= 2	
X /= 2	

3. 假設 A = 10, B = 20, C = 40, D = 4, E = 5，試著計算以下每個 Python 表達式。

   a. (A + B) * C

   b. A + (B - E)

   c. A * B/E

   d. C/B//5

   e. C + (A * E)/(B - A)

4. 試著將以下表達式轉換為其最短形式。

表達式	等同於表達式
Z = Z * 10 + 4	
A = A % 20	
B = B ** 10 + 2	
C = C/3	

5. 試著計算以下表達式的輸出，假設 X 的值為 4。

初始值 **X = 4**

表達式	輸出
X = X << 2	
X = X >> 2	
X = X >> 3	
X = X << 3	

6. 試著說明運算的順序並評估以下表達式。

   X = 4/2 * 2 + 16/8 + 5

   Y = 3 * 4/2 + 2/2 + 6 - 4 + 4/2

7. 試著將以下方程式轉換為對應的 Python 表達式。

   a. $\dfrac{2XY}{C+10} - \dfrac{X}{4(Z+D)}$

   b. $Z = \dfrac{\dfrac{10Y(ab+C)}{d} - 0.8 + 2b}{(x+a)\left(\dfrac{1}{z}\right)}$

8. 某位程式設計師必須找出矩形的面積，但他有一個限制條件：必須從使用者那獲取矩形長和寬的值。程式設計師撰寫了以下程式，但他無法檢測到程式中的錯誤。請找出以下程式的錯誤，並重寫整個程式。

```
area = 0
length = 0
breadth = 0
area = length * breadth
length = eval(input('Enter the Length of Rectange: '))
breadth = eval(input('Enter the Breadth of Rectangle: '))
print('Area of Rectange = ', area)
```

9. 試著用以下條件計算表達式 (X + Y - abs(X - Y))//2。

   X = 4 and Y = 6

   X = 5 and Y = 4

D. 程式練習題

1. 撰寫一個程式，讀取鍵盤所輸入的 5 個科目的分數，並找出學生分數總和與百分比（假設學生在每個科目中可以獲得的最高分數為 100）。

2. 撰寫一個程式，讀取鍵盤所輸入的一個四位數字，並計算其數字的總和。

3. 撰寫一個程式，以公里 (km) 為單位，讀取任意兩個城市之間的距離，並以公尺、公分和英里為單位輸出其距離。

   注意：1 公里 = 1,000 公尺

   　　　1 公里 = 100,000 公分

   　　　1 公里 = 0.6213 英里

4. 撰寫一個程式，以公斤為單位讀取物品的重量，並以磅和公噸為單位輸出其重量。

   注意：1 公斤 = 2.20 磅

   　　　1 公斤 = 0.001 公噸

5. 以公尺為距離單位和以秒為時間單位，撰寫一個程式來透過鍵盤輸入的數字計算汽車的速度。

   注意：速度 = $\dfrac{距離}{時間}$

6. 撰寫一個讀取使用者輸入的球體半徑，並計算球體體積的程式。

   注意：球體體積 = 4/3 * 3.14 * 半徑^3

7. ATM 中有 100、500 和 1,000 幣值的印度貨幣，要從該 ATM 提領現金，使用者必須輸入想要的每種貨幣數量。撰寫一個程式，計算使用者從 ATM 取款的總金額（以盧比計）。

Chapter 4
判斷敘述式

學習成果

完成本章後，學生將會學到：

✦ 描述布林表達式和布林資料型態。
✦ 使用布林和關係運算子 (<、>、<=、>= 和 !=) 對數值和字串執行操作。
✦ 撰寫簡單判斷敘述式（if 敘述式）、雙向判斷敘述式（if-else 敘述式）、巢狀敘述式和多向判斷敘述式（if-elif-else 敘述式）。
✦ 解釋並使用條件表達式來撰寫程式。
✦ 使用布林表達式撰寫非循序程式。

章節大綱

4.1 簡介
4.2 布林型態
4.3 布林運算子
4.4 使用含有布林運算子的數值
4.5 使用含有布林運算子的字串
4.6 布林表達式和關係運算子
4.7 決策敘述式
4.8 條件表達式

▶ 4.1 簡介

到目前為止，我們已經看到包含一連串指令的程式，這些程式是由編譯器按照程式逐行執行的。這種程式的流程控制是循序的，流程控制是指程式的執行順序，即當一個敘述式執行完畢後，電腦會將控制權轉移給程式碼中的下一個敘述式。這個過程類似於閱讀同一頁書中的文字、圖形和表格。

在一個程式中，指令會按照它們在程式中出現的順序一個接一個執行。當然，這是初學者開發程式的基本概念，一般而言，不建議只使用循序的方式撰寫程式來解決所有問題。通常在程式中，需要根據情況改變敘述式的執行順序。在即時應用中，多數情形下必須根據特定條件變更敘述式的執行順序。因此，當程式設計師希望控制流程是非循序時，可以使用控制結構或決策敘述式。所以，決策敘述式能幫助程式設計師在程式中將控制權從一個敘述式轉移到另一個敘述式。簡言之，**程式設計師會根據條件決定要執行哪一個敘述式**，決策敘述式使用類似於**布林表達式**的條件。

學習完本章後，程式設計師將能夠透過包含條件敘述式的 Python 程式，來實作實際生活中的問題與應用，如計分單、成績單、電費單，或是以距離為基礎的鐵路票價表、銀行的存款利息計算問題等程式設計模式，現今正存在著無限多的問題等待程式設計師提供解決方案。

▶ 4.2　布林型態

Python 有一種稱為「**bool**」的型態，bool 只有兩個值，即 **true** 和 **false**。「布林」一詞來自英國數學家喬治・布林 (George Boole) 的名字，在 1840 年代，布林提出了邏輯規則可以用純數學形式，即使用 true 和 false 來表示。Python 中最簡單的布林表達式是 True 和 False。在 Python 互動模式中，程式設計師可以下列方式檢查 true 和 false 是否屬於 **bool** 型態。

```
>>>True
True
>>>False
False
>>>type(True)
<class 'bool'>        #數值 True 屬於 bool 型態
>>>type(False)
<class 'bool'>        #數值 False 屬於 bool 型態
```

> **❗注意**
>
> 布林只有 **True** 和 **False** 這兩個值。第一個大寫字母對於這些值很重要，因此 **true** 和 **false** 在 Python 中不被視為布林值。如下方所示，如果程式設計師檢查 true 或 false 的型態，Python 直譯器將顯示錯誤。
>
> ```
> >>>type(true)
> Traceback (most recent call last):
> File "<pyshell#10>", line 1, in <module>
>     type(true)
> NameError: name 'true' is not defined
> ```

4.3 布林運算子

and、**or** 和 **not** 是僅有的三個基本布林運算子，布林運算子也稱為**邏輯運算子**。其中 not 運算子的優先等級最高，其次是 **and**，然後是 **or**。

4.3.1 not 運算子

not 是一元運算子，它僅適用於一個值，**not** 運算子讀取一個運算元並反轉該布林值。如果我們在一個有 False 值的表達式中使用 not 運算子，那麼它將回傳為 True；同樣的，如果我們將 not 運算子用在一個有 True 值的表達式中，它將會回傳為 False。

範例

在 Python 的布林表達式（即 True 和 False）中使用 **not** 運算子。

```
>>>True
True
>>>not True
False
>>>False
False
>>>not False
True
```

4.3.2 and 運算子

and 是一個二元運算子，and 運算子讀取兩個運算元並從左至右計算來確定兩者是否為 True。因此，當兩個運算元都為 **True** 時，兩個運算元 and 後的值為 **True**。表 4.1 解釋了 and 運算子的運算結果。

表 4.1　**and** 運算子

X	Y	X and Y
True	**True**	**True**
True	**False**	**False**
False	**True**	**False**
False	**False**	**False**

範例

在 Python 互動模式下使用 **and** 運算子。

```
>>>True and True
True
>>>True and False
False
>>>False and True
False
>>>False and False
False
```

4.3.3　or 運算子

如果兩個運算元中至少有一個為 True，則這兩個布林運算元 **or** 後的結果為 True。表 4.2 解釋了 **or** 運算子的運算結果。

表 4.2　or 運算子

X	Y	X or Y
True	True	True
True	False	True
False	True	True
False	False	False

範例

在 Python 互動模式下使用 **or** 運算子。

```
>>>True or True
True
>>>True or False
True
>>>False or True
True
>>>False or False
False
```

▶ 4.4　使用含有布林運算子的數值

程式設計師可以在 Python 中將數值與布林運算子一起使用，請看以下範例。

範例

```
>>>not 1
False
>>>5
5
>>>not 5
False
>>>not 0
True
>>>not 0.0
True
```

解釋 在此，Python 使用布林運算子 **not** 對數值進行運算，並將所有非 0 數值視為 **True**。因此，透過撰寫表達式 **not 1**，Python 會將 1 更換為 **True**，並再次執行表達式 **not True**，然後回傳 **False**。同樣地，**not** 在 5 之前使用，Python 會使用 **True** 代替 5，並再次計算表達式 **not True**，最後回傳 **False**。但是對於數值 0 和 0.0，Python 會將它視為 **False**。因此，在計算 **not 0** 時，Python 會用 **False** 取代 0，並再次執行表達式 **not False**，最後回傳 **True**。

▶ 4.5 使用含有布林運算子的字串

跟數值一樣，程式設計師可以在 Python 中使用含有布林運算子的字串，請看以下範例。

範例

```
>>>not 'hello'
False
>>>not ''
True
```

解釋 在此，Python 在字串上使用布林運算子 **not**。因為 Python 將除了空字串之外所有字串都視為 **True**，所以執行表達式 **not 'hello'** 時，會先用 **True** 代替 'hello'，並再次計算表達式 **not True** 然後回傳 **False**；但是，如果它是一個空字串，Python 會將其視為 **False**。因此，Python 會用 **False** 取代空字串 ''，並再次計算表達式 **not False**，然後回傳 **True**。

▶ 4.6 布林表達式和關係運算子

布林表達式是一個不是 True 就是 False 的表達式，以下範例使用 == 運算子來比較兩個運算元是否相等，如果兩個運算元相等，則結果為 True。

範例

使用 == 運算子比較兩個值並產生一個布林值。

```
>>>2 == 2
True
>>>a = 2
>>>b = 2
>>>a == b
True
```

> **注意**
> 關係運算子 == 包含兩個等號,而指派運算子 = 僅包含一個等號。

從上述範例中,我們可以了解如何比較兩個值或兩個運算元,因此,== 是 Python **關係運算子**之一。Python 支援的其他關係運算子可見表 4.3。

表 4.3 關係運算子

運算子	涵義	範例	Python 回傳值
>	大於	4 > 1	True
<	小於	4 < 9	True
>=	大於或等於	4 >= 4	True
<=	小於或等於	4 <= 3	True
!=	不等於	5 != 4	True

程式 4.1

撰寫一個程式,提示使用者輸入三個不同變數值並輸出以下表達式。

a. p > q > r

b. p < q < r

c. p < q and q < z

d. p < q or q < z

```
p, q, r = eval(input('Enter Three Numbers: '))
print('p = ', p, 'q = ', q, 'r = ', r)
print('(p > q > r) is', p > q > r)
print('(p < q < r) is', p < q < r)
print('(p < q) and (q < r ) is', (p < q) and (q < r ))
print('(p < q) or (q < r) is', (p < q) or (q < r ))
```

輸出
```
Enter Three Numbers: 1, 2, 3
 p = 1  q =  2  r =  3
(p > q > r) is  False
(p < q < r) is  True
(p < q) and (q < r ) is  True
(p < q) or (q < r) is  True
```

> **！注意**
> 表達式永遠會回傳一個值，而敘述式不會回傳任何值。一個敘述式可以包含一個或多個表達式。

▶ 4.7 決策敘述式

Python 支援各種決策敘述式，像是：
1. if 敘述式。
2. if-else 敘述式。
3. 巢狀 if 敘述式。
4. 多向 if-elif-else 敘述式。

4.7.1 if 敘述式

if 敘述式在條件為 True 時執行敘述式，if 敘述式的語法如圖 4.1 所示。

```
if condition:                          if condition:
    statement(s)           或              Block
```

圖 4.1　**if** 敘述式的語法

if 敘述式的細節說明

　　關鍵字 **if** 代表 **if** 敘述式的開始。條件是一個布林表達式，它決定是否執行 **if** 下方的敘述式，且條件後方必須要有一個冒號 (:)。該區塊可能包含一個或多個敘述式，且當 **if** 敘述式中的條件為 True 時，才會執行一個或多個敘述式。**if** 敘述式的流程圖如圖 4.2 所示。

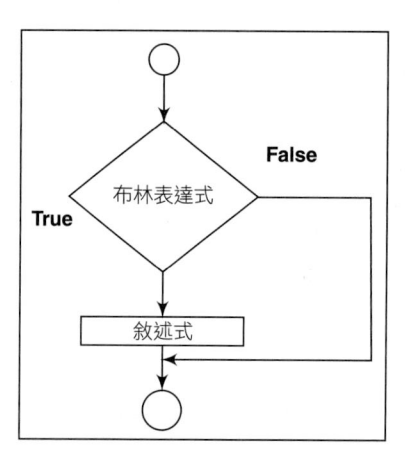

図 4.2　**if** 敘述式流程圖

要記住的重點

1. 敘述式必須在以 **if** 敘述式為基準向右縮排至少一個空格。
2. 如果 **if** 條件後面有多個敘述式,則每個敘述式必須使用相同數量的空格縮排,以避免縮排錯誤。如果布林表達式的計算結果為 True,則執行 if 區塊中的敘述式。

程式 4.2

撰寫一個程式,提示使用者輸入兩個整數值,如果兩個輸入值相等,則輸出 **Equals** 訊息。

流程圖

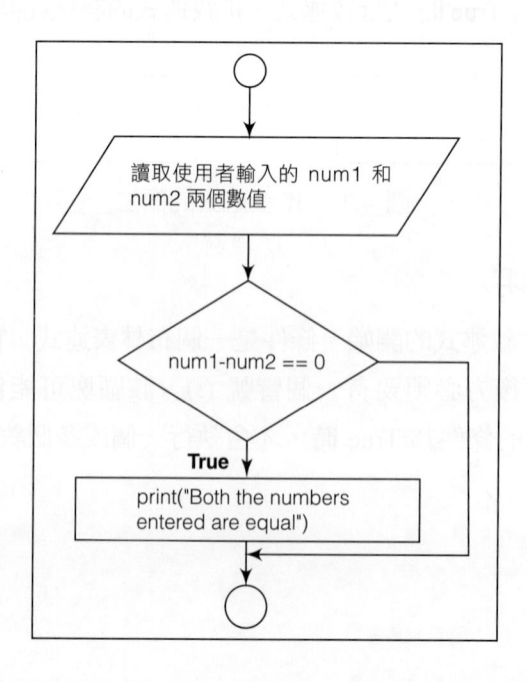

```
num1 = eval(input("Enter First Number:  "))
num2 = eval(input("Enter Second Number:  "))
if  num1 - num2 == 0:
    print("Both the numbers entered are Equal")
```

輸出

```
Enter First Number:  12
Enter Second Number:  12
Both the numbers entered are Equal
```

解釋 在上述程式中，使用者提供變數 num1 和 num2 兩個數值。當布林表達式 num1 - num2 的計算結果為 0 時，if 區塊中的敘述式才會執行。

> **注意**
>
> 有時候一個程式在 if 區塊中可能只包含一個敘述式，在這種情形下，程式設計師可以用兩種不同的方式撰寫程式碼區塊。
>
> 1. 請看以下程式碼：
>
>    ```
>    Number = eval(input("Enter the Number:  "))
>    if Number>0:
>        Number = Number * Number
>    ```
>
>   這段程式碼也可以寫成：
>
>    ```
>    Number = eval(input("Enter the Number:  "))
>    if Number>0:Number = Number * Number
>    ```
>
> 2. 上述程式碼**不能**寫成以下形式：
>
>    ```
>    Number = eval(input("Enter the Number:  "))
>    if Number>0:
>    Number =  Number * Number
>    ```
>
> 上述程式碼不會被執行並會顯示**縮排錯誤**。總而言之，Python 使用縮排來確定哪些敘述式會被組成一個區塊。

程式 4.3

撰寫一個程式，提示使用者輸入圓的半徑，如果半徑大於 0，則計算並輸出圓面積和周長。

```
from math import pi
Radius = eval(input("Enter Radius of Circle:  "))
if  Radius > 0:
    Area = Radius * Radius * pi
    print("Area of Circle is= ", format(Area, ".2f"))
    Circumference = 2 * pi * Radius
    print("Circumference of Circle is= ", format(Circumference, ".2f"))
```

輸出

```
Enter Radius of Circle: 5
 Area of Circle is= 78.54
Circumference of Circle is= 31.42
```

4.7.2　if-else 敘述式

在上述程式中已經解釋過 **if** 敘述式和執行，我們知道，當 **if** 後面的條件為 True 時，就會執行 **if** 敘述式；當條件為 False 時，不會執行任何敘述式。而 **if-else** 敘述式則會同時處理條件為 True 和 False 的情況，**if-else** 敘述式的語法如圖 4.3 所示。

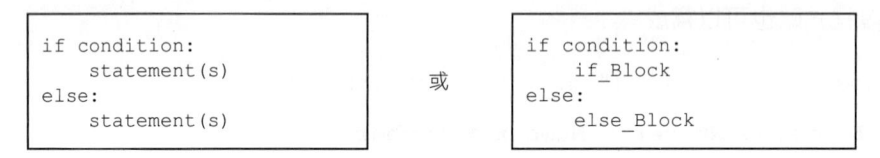

```
if condition:
    statement(s)
else:
    statement(s)
```
或
```
if condition:
    if_Block
else:
    else_Block
```

圖 4.3　**if-else** 敘述式的語法

if-else 敘述式的細節說明

　　if-else 敘述式同時處理條件為 True 和 False 的情況，該述敘式會有兩個區塊，一個區塊是用於 **if**，其中可能包含一個或多個敘述式，當條件為 True 時會執行該區塊；另一個區塊則用於 **else**，**else** 區塊也可以有一個或多個敘述式，當條件為 False 時執行該區塊。條件跟關鍵字 **else** 後方必須要有一個冒號 (:)。**if-else** 敘述式的流程圖如圖 4.4 所示。

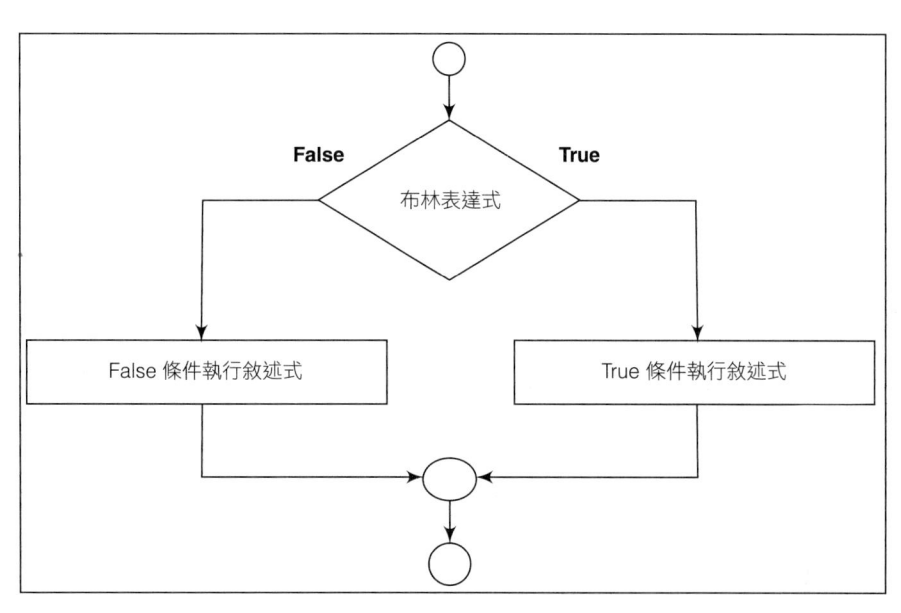

```
                    ┌─────┐
                    ▼     
          False  ╱─────╲  True
           ┌───╱ 布林表達式 ╲───┐
           │   ╲─────────╱    │
           ▼                   ▼
    ┌─────────────┐     ┌─────────────┐
    │False 條件執行敘述式│     │True 條件執行敘述式 │
    └─────────────┘     └─────────────┘
           │                   │
           └────────┬──────────┘
                    ▼
```

圖 4.4　if-else 敘述式流程圖

程式 4.4

撰寫一個程式，來提示使用者輸入兩個數值，並在當中找出比較大的數值。

```
num1 = int(input("Enter the First Number: "))
num2 = int(input("Enter the Second Number: "))
if num1 > num2:
    print(num1, "is greater than", num2)
else:
    print(num2, "is greater than", num1)
```

輸出

```
Enter the First Number: 100
Enter the Second Number: 43
100 is greater than 43
```

解釋　上述程式提示使用者輸入任意兩個數值，輸入的兩個數值分別儲存在變數 num1 和 num2 中，並使用 **if** 條件檢查變數 num1 和 num2 的值。如果 num1 的值大於 num2，則顯示訊息 num1 is greater than num2。否則將會顯示訊息 num2 is greater than num1。

程式 4.5

撰寫一個程式,來計算業務人員的薪水,其中銷售獎金和獎勵是基於總銷售額計算的。如果銷售額超過或等於 ₹100,000,請按照欄位 1 的資訊來實作,否則依照欄位 2 的資訊來實作。

欄位 1	欄位 2
Basic(基本薪水)= ₹4,000	Basic(基本薪水)= ₹4,000
HRA(房屋租金津貼)= 20% of Basic	HRA(房屋租金津貼)= 10% of Basic
DA(親屬津貼)= 110% of Basic	DA(親屬津貼)= 110% of Basic
Conveyance(交通費)= ₹500	Conveyance(交通費)= ₹500
Incentive(獎金)= 10% of Sales(銷售額)	Incentive(獎金)= 4% of Sales(銷售額)
Bonus(紅利)= ₹1,000	Bonus(紅利)= ₹500

```
Sales = float(input('Enter Total Sales of the Month: '))
if Sales >= 100000:
    basic = 4000
    hra = 20 * basic/100
    da  = 110 * basic/100
    incentive = Sales * 10/100
    bonus = 1000
    conveyance = 500
else:
    basic = 4000
    hra = 10 * basic/100
    da  = 110 * basic/100
    incentive = Sales * 4/100
    bonus = 500
    conveyance = 500

salary = basic + hra + da + incentive + bonus + conveyance
print('Salary Receipt of Employee')
print('Total Sales = ', Sales)
print('Basic = ', basic)
print('HRA = ', hra)
print('DA = ', da)
print('Incentive = ', incentive)
print('Bonus = ', bonus)
print('Conveyance = ', conveyance)
print('Gross Salary = ', salary)
```

輸出

```
Enter Total Sales of the Month: 100000
Salary Receipt of Employee
 Total Sales =  100000.0
 Basic =  4000
 HRA =  800.0
 DA =  4400.0
 Incentive =  10000.0
 Bonus =  1000
 Conveyance =  500
 Gross Salary =  20700.0
```

解釋 　上述程式根據產品的總銷售額計算業務人員的薪水。其中基本薪水是固定的，但其他津貼和獎勵會根據總銷售額來變化。**如果**總銷售額超過 ₹100,000，則津貼和獎勵的比率會按照欄位 1 的方式計算，**否則**會按照欄位 2 來計算。**if** 條件檢查指定的總銷售額數值，如果總銷售額超過 ₹100,000，則執行 **if** 敘述式之後的第一個區塊，否則執行 **else** 區塊。

要記住的重點

1. 在 Python 中縮排是非常重要的，**else** 關鍵字必須與 if 敘述式正確的對齊。
2. 如果程式設計師沒有把 **if** 和 **else** 排在完全相對齊的欄位中，那麼 Python 將不知道 **if** 和 **else** 會一起出現，因此就會顯示縮排錯誤。
3. if 和 else 區塊中的兩個敘述式必須縮排在相同的位置上。

── 程式 4.6

撰寫程式，來測試一個數是否能被 5 and 10 或 5 or 10 整除。

```
num = int(input('Enter the number: '))
print('Entered Number is: ', num)
if(num % 5 == 0 and num % 10 == 0):
     print(num, 'is divisible by both 5 and 10')
if(num % 5 == 0 or num % 10 == 0):
     print(num, 'is divisible by 5 or 10')
else:
     print(num, 'is not divisible either by 5 or 10')
```

輸出

#測試範例 1：
```
 Enter the number: 45
```

```
Entered Number is:   45
45 is divisible by 5 or 10
#測試範例 2:
Enter the number: 100
Entered Number is:   100
100   is divisible by both 5 and 10
100 is divisible by 5 or 10
```

解釋 上述程式會從使用者讀取數值。布林表達式 **num % 5 == 0 and num % 10 == 0** 會檢查數值是否可以被 5 和 10 整除;布林表達式 **num % 5 == 0 or num % 10 == 0** 會再次檢查輸入的數值是否可以被 5 或 10 整除。

> **❗注意**
>
> **條件或短路求值 and 運算子**:如果在使用 **and** 運算子時,其中一個運算元為 False,則該表達式為 False。假設在程式中有兩個運算元 OP1 和 OP2,在計算 **OP1 and OP2** 時,Python 會先計算 **OP1**;如果 **OP1** 為 **True** 時,則 Python 會計算第二個運算元 **OP2**。Python 提高了 **and** 運算子的性能,如果運算元 **OP1** 為 **False**,它就不會計算第二個運算元 **OP2** 的值,所以 and 運算子也稱為**條件或短路求值 and 運算子**。
>
> **條件或短路求值 or 運算子**:我們在表 4.2 中看到,在使用 **or** 運算子時其中一個運算元為 **True**,則該表達式也會為 **True**。Python 提升了 **or** 運算子的性能,假設在程式中有兩個運算元 OP1 和 OP2,在計算表達式 **OP1 or OP2** 時,Python 會先計算 **OP1**,如果 **OP1** 為 **False**,則接著計算 **OP2**;如果 **OP1** 為 **True**,則它不會計算 **OP2**。所以 or 運算子也稱為**條件或短路求值 or 運算子**。

4.7.3　巢狀 if 敘述式

當程式設計師在一個 if 敘述式中撰寫另一個 if 敘述式時,它會被稱為**巢狀 if 敘述式**,**巢狀 if 敘述式**的一般語法如下。

```
if 布林表達式 1:
    if 布林表達式 2:
        敘述式 1
    else:
        敘述式 2
else:
    敘述式 3
```

在上述語法中，如果布林表達式 1 和布林表達式 2 為 True 時，則執行敘述式 1；如果布林表達式 1 為 True 而布林表達式 2 為 False 時，則執行敘述式 2；如果布林表達式 1 和布林表達式 2 都為 False 時，則執行敘述式 3。

以下是使用**巢狀 if** 敘述式的範例程式。

— 程式 4.7

撰寫一個程式，讀取使用者輸入的三個數值，並檢查第一個數值大於或小於其他兩個數值。

```
num1 = int(input("Enter the number: "))
num2 = int(input("Enter the number: "))
num3 = int(input("Enter the number: "))
if num1 > num2:
    if num2 > num3:
        print(num1, "is greater than", num2, "and", num3)
else:
    print(num1, "is less than", num2, "and", num3)
print("End of Nested if")
```

輸出

```
Enter the number: 12
Enter the number: 34
Enter the number: 56
12 is less than 34 and 56
End of Nested if
```

解釋 在上述程式中，使用者通過鍵盤輸入了 num1、num2 和 num3 三個數值。一開始會先檢查布林表達式 **num1 > num2** 的 **if** 條件判斷是否為 True，然後檢查其他巢狀 **if** 條件判斷，即布林表達式 **num2 > num3**。如果兩個 **if** 條件判斷都為 True 時，則執行第二個 if 敘述式之後的敘述式。

4.7.4　多向 if-elif-else 敘述式

以下是多向 **if-elif-else** 敘述式的語法。

```
if 布林表達式 1:
    敘述式 1
elif 布林表達式 2:
    敘述式 2
elif 布林表達式 3:
    敘述式 3
```

```
-    - - - - - - - - - - - - - -
-    - - - - - - - - - - - - - -
elif 布林表達式 n:
     敘述式 N
else:
     敘述式(s)
```

這類敘述式會從上到下檢查條件，即布林表達式。當找到一個條件為 True 時，就會執行相對應的敘述式，其餘條件敘述式將會被跳過；如果沒有發現任何條件為 True 時，則執行最後一個 else 敘述式；如果所有條件都為 False，並且沒有最後一個 else 敘述式時，則不會執行任何動作。

程式 4.8

撰寫一個程式，提示使用者輸入五個不同科目的分數，計算總分和總分百分比，並根據下表提供的百分比範圍顯示相對應的訊息。

百分比	訊息
90 到 100 之間的百分比	Distinction（優異）
80 到 89 之間的百分比	First class（一等）
70 到 79 之間的百分比	Second class（二等）
60 到 69 之間的百分比	Pass（通過）
0 到 59 之間的百分比	Fail（不通過）

```python
Subject1 = float(input("Enter the Marks of Data-Structure: "))
Subject2 = float(input("Enter the Marks of Python: "))
Subject3 = float(input("Enter the Marks of Java: "))
Subject4 = float(input("Enter the Marks of C Programming: "))
Subject5 = float(input("Enter the Marks of HTML: "))
sum = Subject1+Subject1+Subject3+Subject4+Subject5
per = sum/5
print("Total Marks Obtained", sum, "Out of 500")
print("Percentage = ", per)

if per >= 90:
    print("Distinction")
else:
    if per >= 80:
        print("First Class")
    else:
        if  per >= 70:
```

```
                print("Second Class")
        else:
            if per >= 60:
                print("Pass")
            else:
                print("Fail")
```

輸出

```
Enter the Marks of Data-Structure: 60
Enter the Marks of Python: 70
Enter the Marks of Java: 80
Enter the Marks of C Programming: 90
Enter the Marks of HTML: 95
Total Marks Obtained 385.0 out of 500
Percentage = 77.0
Second Class
```

解釋 上述程式是在使用鍵盤輸入五個科目的分數後,計算它們的總和以及平均值,並將計算後的百分比儲存在變數 **per** 中。使用 if-else 區塊對獲得的百分比進行不同條件下的檢查,並根據檢查結果執行對應敘述式。

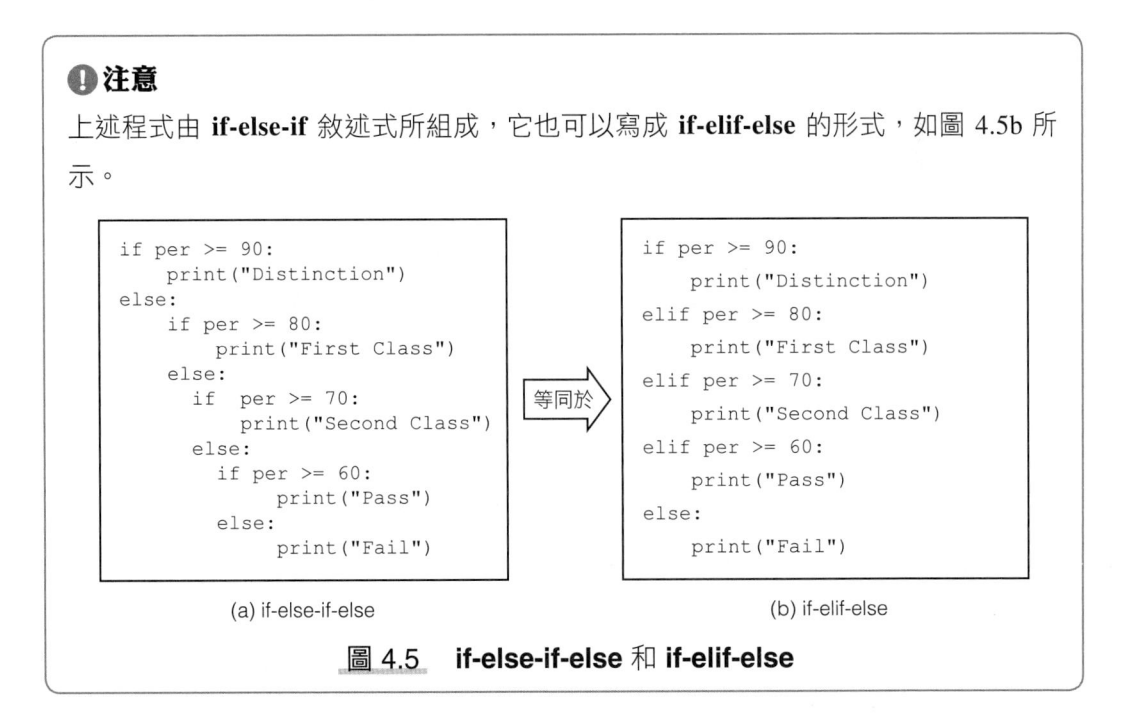

> **!注意**
> 上述程式由 **if-else-if** 敘述式所組成,它也可以寫成 **if-elif-else** 的形式,如圖 4.5b 所示。
>
> ```
> if per >= 90:
>     print("Distinction")
> else:
>     if per >= 80:
>         print("First Class")
>     else:
>         if  per >= 70:
>             print("Second Class")
>         else:
>             if per >= 60:
>                 print("Pass")
>             else:
>                 print("Fail")
> ```
> 等同於
> ```
> if per >= 90:
>     print("Distinction")
> elif per >= 80:
>     print("First Class")
> elif per >= 70:
>     print("Second Class")
> elif per >= 60:
>     print("Pass")
> else:
>     print("Fail")
> ```
> (a) if-else-if-else   (b) if-elif-else
>
> 圖 4.5　**if-else-if-else** 和 **if-elif-else**

上述程式的多向 **if-else-if** 敘述式流程圖如圖 4.6 所示。

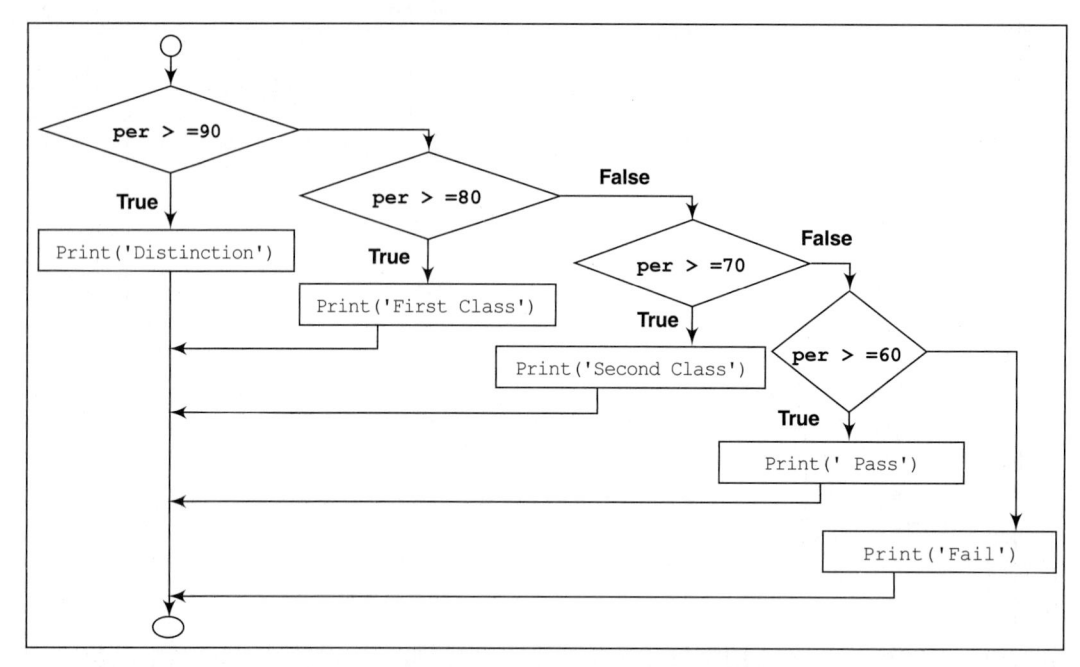

图 4.6　多向 **if-else-if** 叙述式的流程图

程式 4.9

撰写一个程式，提示使用者输入一个数值，如果输入的数值在 1 到 7 之间，则显示相对应的星期名称。

```python
day = int(input("Enter the day of week: "))
if day == 1:
    print("Its Monday")
elif day == 2:
    print("Its Tuesday")
elif day == 3:
    print("Its Wednesday")
elif day == 4:
    print("Its Thursday")
elif day == 5:
    print("Its Friday")
elif day == 6:
    print("Its Saturday")
elif day == 7:
    print("Its Sunday")
else:
    print("Sorry!!! Week contains only 7 days")
```

輸出

```
Enter the day of week: 7
Its Sunday
```

程式 4.10

撰寫一個程式，提示使用者輸入兩個不同的數值，然後根據選擇執行相對應的運算方式。

```python
num1 = float(input("Enter the first number: "))
num2 = float(input("Enter the Second number: "))

print("1) Addition")
print("2) Subtraction")
print("3) Multiplication")
print("4) Division")

choice = int(input("Please Enter the Choice: "))
if choice == 1:
    print("Addition of", num1, "and", num2, "is: ", num1 + num2)
elif choice == 2:
    print("Subtraction of", num1, "and", num2, "is: ", num1 - num2)
elif choice == 3:
    print("Multiplication of", num1, "and", num2, "is: ", num1 * num2)
elif choice == 4:
    print("Division of", num1, "and", num2, "is: ", num1/num2)
else:
    print("Sorry!!! Invalid Choice")
```

輸出

```
Enter the first number: 15
Enter the Second number: 10
1) Addition
2) Subtraction
3) Multiplication
4) Division
Please Enter the Choice: 3
 Multiplication of 15.0 and 10.0 is:  150.0
```

4.8 條件表達式

請見以下程式碼。

```
if x%2 == 0:
    x = x * x
else:
    x = x * x * x
```

在上述程式碼中,變數 x 一開始被除以 2,如果 x 可以被 2 整除時,指派 x 的平方給變數 x,否則會指派 x 的立方給變數 x。為了提高 if-else 敘述式的效能,Python 提供了一個條件表達式的語法。上述程式碼透過條件表達式可以改寫為:

$$x = x * x \text{ if } x \% 2 == 0 \text{ else } x * x * x$$

因此,條件表達式的一般形式為:

表達式$_1$, if 條件 else 表達式$_2$

表達式$_1$ 是條件為 True 時,條件表達式的值。

條件是一個普通的布林表達式,通常會出現在 if 敘述式的前方。

表達式$_2$ 是條件為 False 時,條件表達式的值。

請見以下沒有條件表達式的程式。

程式 4.11

撰寫一個程式,找出兩個數值中比較小的數值。

```
num1 = int(input('Enter two Numbers: '))
num2 = int(input('Enter two Numbers: '))
if num1 < num2:
    min = num1
    print('min =', min)
else:
    min = num2
    print('min =', min)
```

輸出

```
Enter two Numbers: 20
Enter two Numbers: 30
min = 20
```

相同程式也可以使用條件表達式撰寫如下。

```
num1 = int(input('Enter two Numbers: '))
num2 = int(input('Enter two Numbers: '))
min = print('min =', num1) if num1 < num2 else print('min =', num2)
```

輸出

```
Enter two Numbers: 45
Enter two Numbers: 60
min = 45
```

> **注意**
>
> 許多程式語言，如 Java、C++ 都有一個符號為 ?: 的三元運算子。這是一個條件運算子，以下是 ?: 三元運算子的語法。
>
> **布林表達式 ? `if_true_return_value1`: `if_false_return_value2`**
>
> 三元運算子的運作方式類似於 if-else。如果布林表達式為 True 時，回傳數值 1，如果布林表達式為 False 時，則回傳數值 2。
>
> Python 並沒有三元運算子，所以 Python 在程式中使用條件表達式來代替。

▶ 小專案：找出一個月的天數

這個小專案將利用 **if** 敘述式和 **elif** 敘述式等程式功能，幫助程式設計師了解一個月的天數。

提示：如果輸入的月份為 2，則讀取相對應的年份，並檢查輸入的年份是否為閏年。如果該年份為閏年，則 2 月天數為 **num_days = 29**；如果不是閏年，則 2 月天數為 **num_days = 28**。

閏年：閏年可以被 **4** 整除，但不能被 **100** 或 **400** 整除。

演算法

☞ **STEP 1**： 提示使用者輸入月份。

☞ **STEP 2**： 檢查輸入月份是否為 2（二月）。如果是，則轉到 **STEP 3**，否則轉到 **STEP 4**。

☞ **STEP 3**： 如果輸入月份為 **2** 時，檢查該年是否為**閏年**。如果是，則儲存 **num_days** = 29，否則儲存 **num_days** = 28。

☞ **STEP 4**： 如果輸入月份是列表中 (1、3、5、7、8、12) 的其中一個，則儲存

num_days = 31。或者，如果輸入的月份是列表中 (4、6、9、11) 其中一個，則儲存 **num days** = 30。如果輸入的月份不在 1 到 12 的範圍內，則顯示錯誤訊息 Invalid Month。

☞ **STEP 5**： 如果有效輸入的話，則顯示 there are **N** number of days in the month **M** 的訊息。

程式
```
#月份天數

print('Program will print number of days in a given month')
#初始化

flag  = 1    #假設使用者輸入了有效的數值

#從使用者讀取月份
month =   (int(input('Enter the month(1-12): ')))
#檢查輸入的月份是否等於二月
if month == 2:
        year = int(input('Enter year: '))

        if (year % 4 == 0) and (not(year % 100 == 0)) or
        (year % 400 == 0):
                num_days = 29
        else:
                num_days = 28
#如果輸入的月份是（一月、三月、五月、七月、八月、十月或十二月）其中一個
elif month in (1, 3, 5, 7, 8, 10, 12):
        num_days = 31
#如果輸入的月份是（四月、六月、九月或十一月）其中一個
elif month in (4, 6, 9, 11):
        num_days = 30
else:
        print('Please Enter Valid Month')
        flag = 0

#最後輸出 num_days
if flag == 1:
        print('There are', num_days, 'days in', month, 'month')
```

輸出（範例 1）
```
Program will print number of days in a given month
Enter the month(1-12): 2
Enter year: 2020
There are 29 days in 2 month
```

輸出（範例 2）
```
Program will print number of days in a given month
Enter the month(1-12): 4
There are 30  days in 4 month
```

因此，上述範例有助於使用者了解輸入年份的天數。

總結

+ 一個布林表達式包含 True 和 False 兩個值。
+ True 和 False 的型態為 bool。
+ and、or 和 not 是三個基本的布林運算子。
+ not 運算子的優先等級最高，其次是 and，然後是 or。
+ 程式設計師可以使用含有布林運算子的字串。
+ == 運算子可比較兩個值並產生一個布林值。
+ Python 支援各種關係運算子，例如 >、<、>=、<= 和 !=。
+ 在數值和字元上使用關係運算子會產生一個布林值。
+ Python 支援各種決策敘述式，例如 if、if-else 和多向 if-elif-else 敘述式。
+ 由於 Python 沒有三元運算子，因此 Python 使用條件表達式來取代。

關鍵術語

+ **布林表達式 (Boolean Expression)**：值為 **True** 或 **False** 的表達式。
+ **邏輯運算子 (Logical Operator)**：包括 and、or 和 not 運算子。
+ **關係運算子 (Relational Operator)**：關係運算子用於比較兩個值，例如 <、<=、>、>=、!= 和 == 運算子。在比較兩個運算元時，會使用上述其中一個運算子。
+ **條件表達式 (Conditional Expression)**：根據條件評估表達式。
+ **條件或短路求值 and 運算子 (Conditional or Short Circuit and Operator)**：如果第一個運算元為 False 時，Python 將不會執行第二個運算元來提升程式效能。
+ **條件或短路求值 or 運算子 (Conditional or Short Circuit or Operator)**：如果第一個運算元為 True 時，Python 將不會執行第二個運算元來提升程式效能。

問題回顧

A. 選擇題

1. 以下程式執行後輸出為何？

    ```
    x = 0
    y = 0
    if x > 0:
        y = y + 1
    else:
        if x < 0:
            y = y + 2
        else:
            y = y + 5
    print('Y = ', y)
    ```

    a. 1   b. 0
    c. 2   d. 5

2. 以下程式碼被執行後變數 num 中會儲存什麼數值？

    ```
    i = 10
    j = 20
    k = 30
    if j > k:
        if i > j:
            num = i
        else:
            num = j
    else:
        if i > k:
            num = i
        else:
            num = k
    print('Num = ', num)
    ```

    a. 10   b. 20
    c. 30   d. 以上皆非

3. 以下哪個 Python 邏輯表達式可以判斷 x 以及 y 是否都大於 z？

    a. x & y > z   b. (x > z) & (y > z)
    c. (y > z) & (x > y)   d. 選項 b 和選項 c 皆是
    e. 以上皆是

4. 評估以下 Python 表達式，並判斷程式輸出為 True 或 False？

   a. ```
   i = 5
   j = 10
   k = 15
   print(i == k / j)
   ```

   b. ```
   i = 5
   k = 15
   print( k % i < k / i)
   ```

5. 假設 num 為 10，以下程式碼的輸出為何？

   ```
   num = 10
   if num == 20:
       print('Apple')
       print('Grapes')
   print('No Output')
   ```

   a. Apple
   b. Grapes
   c. Apple Grapes
   d. No Output

6. 以下程式的輸出為何？

   ```
   P = int(True)
   q = int(False)
   print('P = ', p)
   print('q = ', q)
   ```

   a. Error
   b. p = 0 q = 1
   c. p = True q = False
   d. p = 1 and q = 0

7. 計算以下布林表達式，其中 P、Q 和 R 的值分別為 4、5 和 6。

   a. P > 7
   b. P < 7 and Q > 2
   c. P == 1
   d. P > 2 || Q > 6

8. 如果變數 num 中儲存的值是 19，那麼以下程式的輸出為何？

   ```
   if num % 2 == 1:
       print(num, 'is odd number')
   print(num, 'is even number')
   ```

9. 請看以下兩個不同的程式碼 a 和 b，並解釋以下哪個程式碼比較好，為什麼？

   a. ```
   weight = 10
   if weight >= 55:
       print('The person is eligible for Blood Donation')
   if weight<55:
       print('The person is not eligible for Blood Donation')
   ```

   b. ```
   weight = 10
   if weight >= 55:
       print('The person is eligible for Blood Donation')
   else:
       print('The person is not eligible for Blood Donation')
   ```

a. 19 is odd number　　　　b. 19 is even number

c. 以上皆是　　　　　　　　d. 以上皆非

10. 以下程式的輸出為何？

```
if ( 20 < 1) and (1 < -1):
        print("Hello")
elif (20 > 10) or False:
        print('Hii')
else:
        print('Bye')
```

a. Hello　　　　　　　　　b. Hii

c. Bye　　　　　　　　　　d. Error

11. 以下程式的輸出為何？

```
if(0):
        print('True Block Executed')
else:
        print('False Block Executed')
```

a. True Block Executed　　　b. Error

c. False Block Executed　　　d. 1

12. 以下敘述式的輸出為何？

```
if (2,1):
   print("Hello")
```

a. Error　　　　　　　　　b. Hello

c. True　　　　　　　　　　d. False

13. 以下程式的輸出為何？

```
a = True
b = False
c = True

if not a or b:
    print("Hello")
elif not a or not b and c:
    print("Bye")
elif not a or b or not b and a:
    print("Welcome")
else:
    print("Sorry!!")
```

a. Sorry!!　　　　　　　　b. Welcome

c. Bye　　　　　　　　　　d. Hello

14. 以下程式的輸出為何？

    ```
    num1, num2 = 16, 15
    print("num1 is less than num2") if (num1 < num2) else print("num2 is  less than num1")
    ```

    a. Error
    b. num1 小於 num2
    c. num2 小於 num1
    d. 以上皆非

15. 以下程式的輸出為何？

    ```
    x = 10
    if x > 9:
        print("high")
    elif x > 5:
        print("ok")
    else:
        print("low")
    ```

    a. low
    b. ok
    c. high
    d. 輸出 high 和 ok。

B. 是非題

1. 在一個程式中，指令是一個接一個循序執行的。
2. Python 只有三個布林值。
3. and、or 和 not 是三個基本的布林運算子。
4. not 是二元運算子。
5. 在 Python 中，程式設計師不能將數值和布林運算子一起使用。
6. Python 程式設計師可以使用含有布林運算子的字串。
7. if 敘述式在條件為 True 時執行敘述式。
8. == 運算子比較兩個值並產生一個布林值。
9. 使用 if-elif-else 敘述式，從上到下檢查所有布林表達式，當找到一個條件為 True 時，會執行相對應條件的敘述式。
10. 整數 0 等同於 True。

C. 練習題

1. 試著將以下敘述式轉為 Python 中的 if-else 敘述式。

    a. 如果溫度大於 50 時，溫度為 hot，否則溫度為 cold。

    b. 如果年齡大於 18 歲，則票價為 400 美元，否則票價為 200 美元。

2. 試著為以下敘述式建立布林表達式。

    a. 如果年齡大於 5 歲且小於 10 歲，則顯示半價機票訊息 "Half Price Air Fare"。

b. 如果年齡小於 3 歲且大於 70 歲，則顯示免費機票訊息 "No Air Fare"。
3. 試著描述並解釋每一種布林運算子。
4. 程式中的流程控制是否需要被改變？
5. 試著解釋在 Python 中可以改變流程控制的不同方式。
6. 試著列出幾個含有關係運算子的布林表達式。
7. 試著給出 if-else 敘述式的語法。
8. 試著舉出一個適合的範例來解釋巢狀 if 敘述式。
9. 試著定義什麼是條件表達式？
10. 試著畫出並解釋多向 if-elif-else 敘述式。

D. 程式練習題

1. 撰寫一個程式，檢查輸入年份是否為閏年。
2. 撰寫一個程式，使用以下指定條件計算上網費用：

    a. 1 小時：₹20

    b. 1/2 小時：₹10

    c. 一天無限時數：₹100

    使用者應輸入瀏覽網站所花費的小時數。
3. 撰寫一個程式，根據溫度和濕度這兩個變數值撰寫巢狀 if 敘述式，並輸出以下相對應的訊息。

   假設溫度只有 Cold（冷）或 Warm（暖），濕度只有 Dry（乾）或 Humid（濕）。

溫度	濕度	輸出對應活動
Warm	Dry	Play Basketball（打籃球）
Warm	Humid	Play Tennis（打網球）
Cold	Dry	Play Cricket（打板球）
Cold	Humid	Swim（游泳）

4. 撰寫一個程式，當個位數為 5 時，計算數值的平方。

    範例：輸入數值：25

    平方：25 * 25 = 625
5. 假設一大學板球俱樂部，其中學生只有在小於 18 歲和大於 15 歲之間才能參加，使用 not 運算子撰寫一個程式來判斷年齡是否可參加。

Chapter 5
迴圈控制敘述式

學習成果

完成本章後,學生將會學到:

✦ 使用 for 和 while 迴圈撰寫程式來重複執行一系列指令。
✦ 撰寫程式並執行任務,直到滿足條件為止。
✦ 使用迴圈讀取字串中的字元序列或讀取整數序列。
✦ 應用 range() 函式的語法。
✦ 使用 break 或 continue 敘述式控制程式的執行。

章節大綱

5.1 簡介
5.2 while 迴圈
5.3 range() 函式
5.4 for 迴圈
5.5 巢狀迴圈
5.6 break 敘述式
5.7 continue 敘述式

▶ 5.1 簡介

日常生活中,我們總會反復執行某些工作,如果是使用筆和紙來執行此類工作可能會感到相當乏味。例如,教師如果使用帶有迴圈指令的電腦程式來取代紙和筆的話,那麼向多個班級教導乘法表將會變得更加容易。

讓我們嘗試在這種情況下理解控制敘述式的概念。假設程式設計師想要將訊息 I Love Python 顯示 50 次,不論在電腦上打字或是於紙上寫下 50 次訊息都是令人感到乏味的。但如果程式設計師使用電腦程式語言撰寫的迴圈指令,來完成這項工作,將會變得非常簡單、快速和準確。幾乎所有電腦程式語言都利用迴圈控制敘述式來重複執行程式碼,直到滿足條件為止。

以下為將敘述式 "I Love Python" 輸出 50 次的範例。假設程式設計師不了解控制敘述式的概念，便會按照以下方式撰寫程式。

範例

```
print("I Love Python")
print("I Love Python")
print("I Love Python")
    .
    .
    .
    .
    .
print('I Love Python')
```
⎫
⎬ 輸出 "I Love Python" 50 次
⎭

上述範例中，print 敘述式是為了顯示訊息 50 次而撰寫的，在 Python 中可以使用迴圈更輕鬆地完成。迴圈用於執行多次重複相同的程式碼，Python 提供了兩種類型的迴圈敘述式，**while** 迴圈和 **for** 迴圈。**while** 迴圈是一種**條件控制**的迴圈，透過 True 或 False 控制；**for** 迴圈是一種**次數控制**的迴圈，它會重複執行特定的次數。

理解迴圈的概念後，程式設計師可以處理任何需要重複執行敘述式／動作的應用程式。

▶ 5.2 while 迴圈

while 迴圈是 Python 的迴圈控制敘述式，在程式撰寫中經常用於重複執行敘述式，只要條件為 True，它便會一直重複執行敘述式。while 迴圈的語法如下：

```
While 測試條件：
        #迴圈本體
        敘述式
```

5.2.1 while 迴圈細節說明

while 敘述式使用保留關鍵字 **while** 開頭，測試條件為一個布林表達式，冒號 (:) 必須跟在測試條件之後，也就是 **while** 敘述式要以冒號 (:) 結尾。while 迴圈中的敘述式將一直執行，直到條件為 True；也就是當條件被計算後如果為 True，繼續執行迴圈本體，如果為 False，則將完成迴圈執行，也就是跳出迴圈。圖 5.1 為 while 迴圈執行的流程圖。

5.2.2　while 迴圈執行流程圖

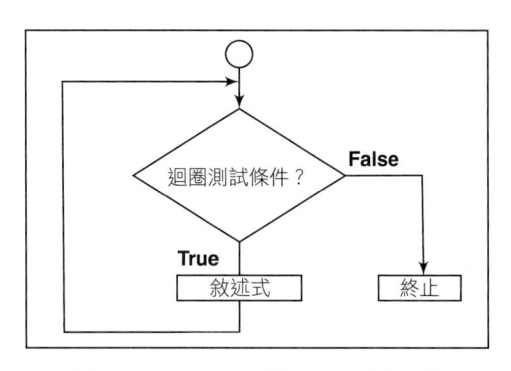

圖 5.1　while 迴圈執行流程圖

程式 5.1

撰寫一個使用 while 迴圈輸出數字 1 到 5 的程式。

```
count = 0                      #計數器初始化
while count<= 5:               #測試條件
    print("Count = ", count)   #輸出 count 的值
    count = count + 1          #將 count 的值加 1
```

輸出

```
Count = 0
Count = 1
Count = 2
Count = 3
Count = 4
Count = 5
```

解釋　在上述程式中，變數 **count** 的初始值為 0，透過迴圈檢查 count 的值是否小於 5 **(count<=5)**。如果條件為 **True**，它會執行迴圈內的程式碼，其中包含要重複執行的敘述式，並顯示 count 的值，之後將 count 的值加 1。當 **count 的值 <=5** 時，重複執行迴圈內的敘述式；當 count 的值等於 6 時，迴圈終止。

> **!注意**
> 使用 while 迴圈撰寫程式時要注意以下事項。

以圖 5.2 的程式寫法為例。

```
count = 0
while count <= 5:
    print("Count = ", count)
count = count + 1
```
(a) 不正確的寫法

```
count = 0
while count <= 5:
    print("Count = ", count)
    count = count + 1
```
(b) 正確的寫法

圖 5.2 關於 while 迴圈的注意事項

在圖 5.2b 中，count 的初始值設置為 0，然後遞增到 2、3、4 和 5，當 count 的值變為 6 時，條件 **count <= 5** 為 False，迴圈終止。

在圖 5.2a 中，迴圈中不正確的寫法為：

```
count = 0
while count <= 5:
    print("Count = ", count)
count = count + 1
```

上述的程式碼之所以被稱為**不正確的寫法**，是因為迴圈本體的部分必須縮排到迴圈內，由於語句 **count = count + 1** 不在迴圈內，因此條件 **count <= 5** 始終為 True，因為 count 的值永遠為 0，所以迴圈將會執行無限次。

> **⚠ 注意**
> while 迴圈中的所有敘述式必須使用相同數量的空格縮排。

── 程式 5.2

撰寫一個使用 while 迴圈從 1 累加到 10 的程式。

```
count = 0       #計數器初始化
sum = 0         #sum 的值初始化為 0
while count <= 10:                      #測試條件是否為 True
    sum= sum + count                    #sum 和 count 相加
    count = count + 1                   #count 的值加 1
print("Sum of First 10 Numbers = ", sum) #輸出總和
```

輸出

```
Sum of First 10 Numbers = 55
```

── 程式 5.3

撰寫一個程式，讀取使用者輸入的數字，並算出所有位數數字的總和。

例如使用者輸入 123，則程式將輸出 (3 + 2 + 1)，也就是 6，作為數字中所有位數數字的總和。

```python
num = int(input("Please Enter the number: "))   #向使用者讀取數字
x = num                                          #將 num 的值傳給 x
sum = 0
rem = 0
while num>0:
    rem = num % 10
    num = num // 10
    sum = sum + rem
print("Sum of the digits of an entered number", x, "is = ", sum)
```

輸出

```
Please Enter the number: 12345
Sum of the digits of an entered number 12345 is = 15
```

解釋　讀取使用者以鍵盤輸入的整數，並儲存於變數 num 中。一開始 sum 和 rem 的值都被初始化為 0，除非 num 的值沒有大於 0，否則迴圈內的敘述式將繼續執行餘除運算子，也就是 **num%10**，和向下取整除法運算子，也就是 **num//10**，用於計算所有位數數字的總和。

5.2.3　更多關於 while 迴圈的程式

— 程式 5.4

撰寫一個能將輸入數字反轉倒置顯示出來的程式。

例如，使用者輸入 12345，則程式將輸出 (54321)，這就是輸入數字的反轉倒置。

```python
num =int(input("Please Enter the number: "))
x = num
rev = 0
while num>0:
    rem = num % 10
    num = num // 10
    rev = rev * 10 + rem
print("Reverse of a entered number", x, "is = ", rev)
```

輸出

```
Please Enter the number: 8759
Reverse of a entered number 8759 is = 9578
```

━ 程式 5.5

撰寫一個程式，使用 while 迴圈輸出 1 到 20 中（包括 1 和 20）可以被 5 整除的數字總和。

```
count = 1
sum = 0
while count<=20:
    if count%5 == 0:
        sum = sum + count
    count = count + 1
print("The Sum of Numbers from 1 to 20 divisible by 5 is: ", sum)
```

輸出

```
The Sum of Numbers from 1 to 20 divisible by 5 is: 50
```

━ 程式 5.6

撰寫一個使用 while 迴圈輸出數字階乘的程式。

6 的階乘 = 6 * 5 * 4 * 3 * 2 * 1 = 720。

```
num = int(input("Enter the number: "))
fact = 1
ans = 1
while fact <= num:
    ans = ans * fact
    fact = fact + 1
print("Factorial of", num, "is: ", ans)
```

輸出

```
Enter the number: 6
Factorial of 6 is: 720
```

> **❶ 注意**
> 階乘的定義為從 1 到 n 所有數的乘積。

━ 程式 5.7

撰寫一個程式，檢查輸入的數字是否為阿姆斯壯數。

例如，$153 = 1^3 + 5^3 + 3^3 = 153$。

```
num = int(input("Please enter the number: "))
sum = 0
x = num
while num>0:
    d = num%10
    num = num // 10
    sum = sum+(d * d * d)
if(x == sum):
    print("The number", x, "is Armstrong Number")
else:
    print("The number", x, "is not Armstrong Number")
```

輸出

```
Please enter the number: 153
The number 153 is Armstrong Number
```

> **注意**
> 阿姆斯壯數的定義：一個數字與其所有位數數字的立方和相等。

▶ 5.3 range() 函式

range() 函式為 Python 內建的函式之一，用於生成整數串列，**range()** 函式中擁有三個參數，其中最後兩個參數是可以自行調整設置的。

range() 函式的一般形式為：

range(開始, 結束, 遞增值)

開始為串列中的起始值編號。

結束為串列中最後一個值的編號。

遞增值為串列中每個數字之間的差異。

5.3.1 range() 函式範例

範例 1

創建一個從 1 到 5 的整數串列。

```
>>>list(range(1, 6))
   [1, 2, 3, 4, 5]
```

上述範例使用了 `range(1, 6)` 函式，因此生成一個從 1 到 5 的整數串列。值得注意的是，第二個數字 (6) 並不包含在此串列元素中。預設情況下，兩個連續數字的差為 1。

> **注意**
> 上述的 `range(1, 6)` 等同於 `range(6)`，這兩個函式的輸出都是相同的。

範例 2

創建一個從 1 到 20 的整數串列，兩個連續整數之間的差為 2。

```
>>>list(range(1, 20, 2))
[1, 3, 5, 7, 9, 11, 13, 15, 17, 19]
```

上述範例使用了 `range(1, 20, 2)` 函式，因此生成一個從 1 到 20 且遞增值為 2 的整數列表。

表 5.1 為透過 **range()** 函式輸出的不同範例。

表 5.1　range() 函式範例

range() 函式範例	輸出
list(range(5))	[0, 1, 2, 3, 4]
list(range(1, 5))	[1, 2, 3, 4]
list(range(1, 10, 2))	[1, 3, 5, 7, 9]
list(range(5, 0, -1))	[5, 4, 3, 2, 1]
list(range(5, 0, -2))	[5, 3, 1]
list(range(-4, 4))	[-4, -3, -2, -1, 0, 1, 2, 3]
list(range(-4, 4, 2))	[-4, -2, 0, 2]
list(range(0, 1))	[0]
list(range(1, 1))	empty
list(range(0))	empty

▶ 5.4　**for** 迴圈

Python 的 **for** 迴圈與其他程式語言的 **for** 迴圈略有不同，Python 的 `for` 迴圈會重複執行序列中的物件，也就是重複執行序列中的每個值，其中包含儲存多個項目的序列物件。

接下來的章節中,我們將學習 Python 各種序列型態的物件,例如字串、串列和元組。for 迴圈的語法如下。

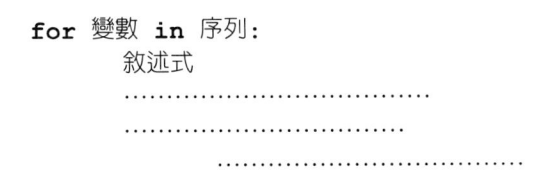

for 變數 in 序列:
　　　敘述式
　　　………………………………
　　　……………………
　　　　　………………………………

5.4.1 `for` 迴圈的細節

for 迴圈為 Python 的一種敘述式,用於將一組敘述式重複執行指定的次數。在 Python 語法中,**for** 和 **in** 為序列中的必要關鍵字,變數 **var** 則是獲取每次序列執行的值以及每次序列執行的敘述式,以下為 `for` 迴圈的簡單範例。

for var **in** range(m, n):
　　print var

如 5.3 節所述,函式 **range(m, n)** 將回傳從 m, m+1, m+2, m+3………… n-1 的整數序列。

── 程式 5.8 ────────────────────────────────

使用 `for` 迴圈輸出從 1 到 5 的數字。

```
for i in range(1, 6):
    print(i)
print("End of The Program")
```

輸出
```
1
2
3
4
5
End of The Program
```

解釋　上述程式輸出了從 1 到 5 的數字序列,這些數字是透過 **range()** 函式生成的。表達式 **range(1, 6)** 創建了一個可迭代的物件,它允許 `for` 迴圈將值 1、2、3、4 和 5 分別分配給變數 i。在此期間,迴圈的第一次執行 i 的值為 1,第二次迭代 i 的值為 2,以此類推。

━ 程式 5.9

顯示從 A 到 Z 的大寫字母。

```
print(" The Capital Letters A to Z are as follows: ")
for i in range(65, 91, 1):
    print(chr(i),end=" ")
```

輸出

```
The Capital Letters A to Z are as follows:
A B C D E F G H I J K L M N O P Q R S T U V W X Y Z
```

解釋 `range()` 函式中包含三種不同的參數（**開始、結束、遞增值**）。在上述程式中，`range()` 函式包含 65、90 和 1 三個值，表示輸出從 ASCII 值 65 到 90 之間的字元。因此，敘述式 print(chr(i),end=" ") 用於輸出與 ASCII 值等效的字元值。

5.4.2　更多 `for` 迴圈的程式

━ 程式 5.10

使用 for 迴圈以相反的順序輸出從 1 到 10 的數字。

```
print("Numbers from 1 to 10 in Reverse Order: ")
for i in range(10, 0, -1):
    print(i, end=" ")
print("\n End of Program")
```

輸出

```
Numbers from 1 to 10 in Reverse Order:
10 9 8 7 6 5 4 3 2 1
End of Program
```

━ 程式 5.11

撰寫一個計算 1 到 5 平方的程式。

```
for i in range(1, 6):
    square = i * i
    print("Square of", i, "is: ", square)
print("End of Program")
```

輸出

```
Square of 1 is: 1
Square of 2 is: 4
Square of 3 is: 9
Square of 4 is: 16
Square of 5 is: 25
End of Program
```

程式 5.12

撰寫一個輸出 0 到 10 的偶數,並求出它們總和的程式。

```
sum = 0
print("Even numbers from 0 to 10 are as follows")
for i in range(0, 11, 1):
    if i%2 == 0:
        print(i)
        sum = sum + i
print("Sum of Even numbers from 0 to 10 is = ", sum)
```

輸出

```
Even numbers from 0 to 10 are as follows
0
2
4
6
8
10
Sum of Even numbers from 0 to 10 is = 30
```

程式 5.13

撰寫一個程式,計算 1 到 20 中不能被 2、3 或 5 整除的數,以及它們的總和。

```
sum = 0
print("Numbers from 1 to 20 which are not divisible by 2, 3, or 5")
for i in range(1, 20):
    if i%2 == 0 or i%3 == 0 or i%5 == 0:
        print("")
    else:
        print(i)
        sum = sum + i
print("Sum of Even numbers from 1 to 10 is = ", sum)
```

輸出

```
Numbers from 1 to 20 which are not divisible by 2, 3, and 5
1
7
11
13
17
19
Sum of Even numbers from 1 to 10 is = 68
```

程式 5.14

撰寫一個程式,提示使用者輸入四個數字,並在輸入的四個數字中找出最大數字。

```
num1 = int(input("Enter the first Number:"))
num2 = int(input("Enter the first Number:"))
num3 = int(input("Enter the first Number:"))
num4 = int(input("Enter the first Number:"))
sum = num1 + num2 + num3 + num4
print("The sum of Entered 5 Numbers is = ", sum)
for i in range(sum):
    if i == num1 or i == num2 or i == num3 or i == num4:
        Large = i
print("Largest Number = ", Large)
print("End of Program")
```

輸出

```
Enter the first Number: 4
Enter the first Number: 3
Enter the first Number: 12
Enter the first Number: 2
The sum of Entered 5 Numbers is = 21
Largest Number = 12
End of Program
```

程式 5.15

撰寫一個生成三角形數的程式。

如果輸入的數字是 5,那麼它的三角形數即為 (1 + 2 + 3 + 4 + 5) = 15。

```
Num = int(input("Please enter the Number: "))
Triangular_Num = 0
for i in range(Num, 0,-1):
    Triangular_Num = Triangular_Num + i
print("Triangular Number of", Num, "is = ", Triangular_Num)
```

輸出

```
Please enter the Number: 10
Triangular Number of 10 is = 55
```

> **注意**
> 三角形數為 1 到指定數字之總和。

程式 5.16

撰寫一個程式，向使用者讀取 2 個數字，並輸出費氏數列前 10 個數字，包含使用者輸入的 2 個數字。

例如：輸入的第一個數字為 0，第二個數字為 1，則前 10 個費氏數列為 0 1 1 2 3 5 8 13 21 34。

```
First_Number = int(input("Please enter First Number: "))
Second_Number = int(input("Please enter First Number: "))
Limit = int(input(" Number of Fibonacci Numbers to be Print: "))
print(First_Number, end=" ")
print(Second_Number, end=" ")
for i in range(Limit):
    sum=First_Number+Second_Number
    First_Number=Second_Number
    Second_Number = sum
    print(sum, end=" ")
```

輸出

```
Please enter First Number: 0
Please enter First Number: 1
 Number of Fibonacci Numbers to be Print: 8
0 1 1 2 3 5 8 13 21 34
```

5.5 巢狀迴圈

`for` 和 `while` 迴圈使用巢狀的方式與 `if` 敘述式使用的方式相同。迴圈內還有一層迴圈或是當一個迴圈內部完全插入另一個迴圈時，稱之為**巢狀迴圈**。

— 程式 5.17

撰寫一個使用巢狀迴圈的範例程式。

```
for i in range(1, 4, 1):                    #外部迴圈
    for j in range(1, 4, 1):                #內部迴圈
        print("i = ", i, "j = ", j, "i + j = ", i + j)
print("End of Program")
```

輸出

```
i = 1 j = 1 i + j = 2
i = 1 j = 2 i + j = 3
i = 1 j = 3 i + j = 4
i = 2 j = 1 i + j = 3
i = 2 j = 2 i + j = 4
i = 2 j = 3 i + j = 5
i = 3 j = 1 i + j = 4
i = 3 j = 2 i + j = 5
i = 3 j = 3 i + j = 6
End of Program
```

解釋 在上述程式中，我們使用了兩層迴圈，第一層為外部迴圈，另一層為內部迴圈。當內部迴圈 j 的值超過 3 時，內部迴圈便會終止；而當外部迴圈 i 的值超過 3 時，外部迴圈便會終止。

— 程式 5.18

撰寫一個程式，顯示從 1 到 5 的乘法表。

```
print("Multiplication Table from 1 to 5")
for i in range(1, 11, 1):                   #外部迴圈
    for j in range(1, 6, 1):                #內部迴圈
        print(format(i * j, "4d"), end=" ")
    print()
print("End of Program")
```

輸出

```
Multiplication Table from 1 to 5
   1    2    3    4    5
   2    4    6    8   10
   3    6    9   12   15
   4    8   12   16   20
   5   10   15   20   25
   6   12   18   24   30
   7   14   21   28   35
   8   16   24   32   40
   9   18   27   36   45
  10   20   30   40   50
End of Program
```

解釋 該程式包含兩個 for 迴圈，j for 迴圈是最內層的 for 迴圈，i for 迴圈是最外層的 for 迴圈。最外層迴圈 i 一共執行 10 次，對應 i 的每個值，也就是內部迴圈 j 執行 5 次，同時執行 i * j 的乘積。為了能夠將計算後的數字對齊，使用到 **format(i * j, "4d")**，**format()** 中的數字 **4d** 代表指定寬度為 4 的十進位制整數格式。

5.5.1 更多關於巢狀迴圈的程式

— 程式 5.19

撰寫一個程式，使用星星排列並顯示出以下的圖案。

```
    *    *    *    *    *
    *    *    *    *
    *    *    *
    *    *
    *
```

```
print("Star Pattern Display")
num = 7
x = num
for i in range(1, 6, 1):
    num = num-1;
        for j in range(1, num, 1):
            print(" * ",end=" ")
        x = num-1
    print()
print("End of Program")
```

輸出

```
Star Pattern Display
 *    *    *    *    *
 *    *    *    *
 *    *    *
 *    *
 *
End of Program
```

程式 5.20

撰寫一個程式，使用星星排列並顯示出以下的圖案。

```
 *
 *    *
 *    *    *
 *    *    *    *
 *    *    *    *    *
```

```python
print("Star Pattern Display")
num = 1
x = num
for i in range(1, 6, 1):
    num = num + 1;
    for j in range(1, num, 1):
        print(" * ",end=" ")
        x = num + 1
    print()
print("End of Program")
```

輸出

```
Star Pattern Display
 *
 *    *
 *    *    *
 *    *    *    *
 *    *    *    *    *
End of Program
```

程式 5.21

撰寫一個程式，使用數字排列並顯示出以下的圖案。

```
1
1   2
1   2   3
1   2   3   4
1   2   3   4   5
```

```
print(" Number Pattern Display")
num = 1
x = num
for i in range(1, 6, 1):
    num = num + 1;
    for j in range(1, num, 1):
        print(j, end=" ")
        x = num + 1
    print()
print("End of Program")
```

輸出

```
Number Pattern Display
1
1  2
1  2  3
1  2  3  4
1  2  3  4  5
End of Program
```

程式 5.22

撰寫一個程式，使用數字排列並顯示出以下的圖案。

```
1
1   2
1   2   3
1   2   3   4
1   2   3
1   2
1
```

```python
print("Number Pattern Display")
num = 1
x = num
for i in range(1, 5, 1):
    num = num + 1;
    for j in range(1, num, 1):
        print(j, end=" ")
        x = num + 1
    print()
num = 5
x = num
for i in range(1, 5, 1):
    num = num-1;
    for j in range(1, num, 1):
        print(j, end=" ")
        x = num-1
    print()
```

輸出

```
Number Pattern Display
1
1 2
1 2 3
1 2 3 4
1 2 3
1 2
1
```

▶ 5.6　break 敘述式

　　關鍵字 **break** 用於終止迴圈，當迴圈中遇到 break 時，迴圈會立即終止，程式便會自動跳到迴圈外的第一條敘述式，中斷流程圖如圖 5.3 所示。

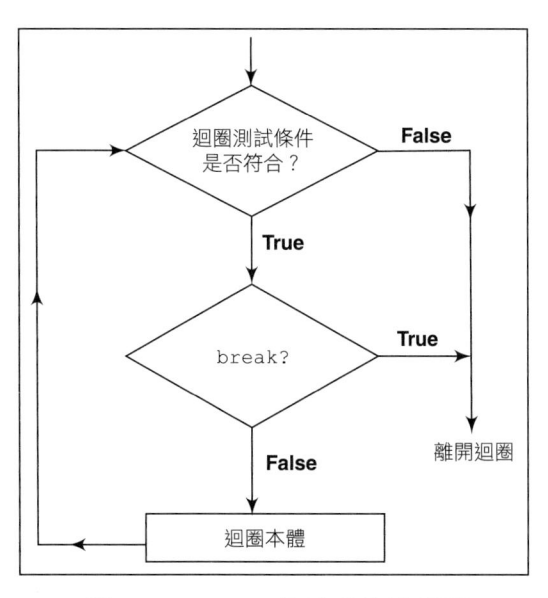

圖 5.3　**break** 敘述式的流程圖

while 和 for 迴圈中，break 的工作原理如下圖所示。

在 **while** 迴圈中使用 break 中斷工作

```
while 使用布林表達式測試：
    while 迴圈本體
    if 條件符合：
        ─────── break
    while 迴圈本體
  ↳ 敘述式
```

在 **for** 迴圈中使用 break 中斷工作

```
for 變數 in 序列：
    for 迴圈本體
    if 條件符合：
        ─────── break
    迴圈本體
  ↳ 敘述式
```

━━ 程式 5.23

撰寫一個使用 break 敘述式的程式。

```
print("The Numbers from 1 to 10 are as follows: ")
for i in range(1, 100, 1):
    if(i==11):
        break
    else:
        print(i, end=" ")
```

輸出

```
The Numbers from 1 to 10 are as follows:
1 2 3 4 5 6 7 8 9 10
```

解釋 上述程式輸出了 0 到 10 的數字後，由於 break 敘述式的緣故，因此程式立即退出迴圈。

程式 5.24

檢查輸入的數字是否為質數。

```
num = int(input("Enter the Number: "))
x = num
for i in range(2, num):
        if num%i==0:                    #檢查輸入的數字是否可以被 i 整除
                flag = 0
                break
        else:
                flag = 1
if(flag==1):
    print(num, "is Prime")
else:
    print(num, "is not prime")
```

輸出

```
#測試範例 1:
Enter the Number: 23
23 is Prime
#測試範例 2:
Enter the Number: 12
12 is not prime
```

解釋 讀取使用者通過鍵盤輸入的數字，質數應該只能被 1 和自己整除，因此，變數 i 從 2 開始遞增，直到比輸入的數字小 1，i 的每個值用於檢查是否可以整除使用者輸入的數字。

5.7　continue 敘述式

continue 敘述式與 break 敘述式完全相反,當在迴圈中遇到 continue 時,將跳過迴圈本體中的剩餘敘述式,同時檢查迴圈條件判斷是否應該繼續或退出,continue 語句的流程圖如圖 5.4 所示。

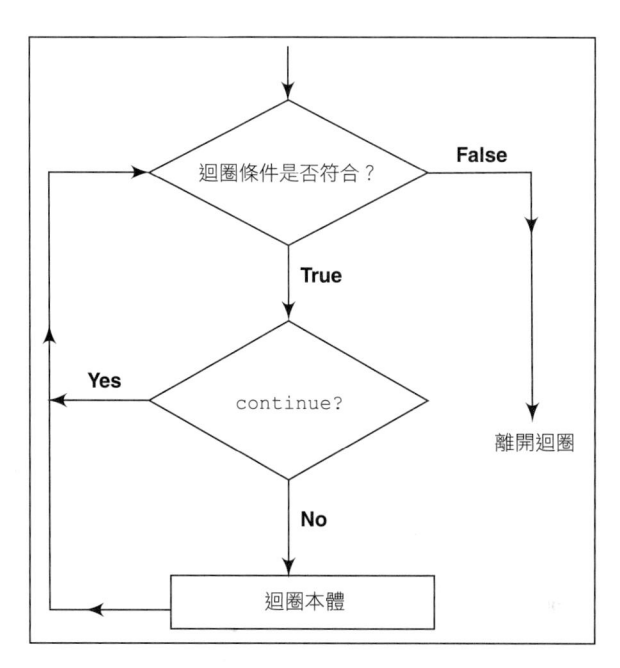

圖 5.4　continue 敘述式的流程圖

應用於 while 迴圈中的 continue 範例如下所示。

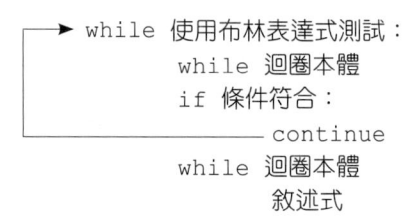

```
while 使用布林表達式測試:
    while 迴圈本體
    if 條件符合:
        continue
    while 迴圈本體
        敘述式
```

另外一種應用於 for 迴圈中的 continue 範例如下所示。

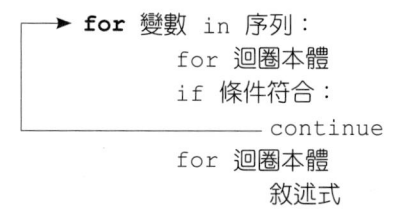

```
for 變數 in 序列:
    for 迴圈本體
    if 條件符合:
        continue
    for 迴圈本體
        敘述式
```

表 5.2 比較 break 和 continue 之間的差異。

表 5.2　break 和 continue 敘述式的區別

break	continue
退出目前區塊或迴圈。	跳過迴圈剩餘的敘述式，離開目前的迴圈迭代。
跳到迴圈外下一條敘述式。	跳到迴圈開始時的條件判斷。
終止迴圈。	不會終止迴圈。

程式 5.25

示範了關鍵字 continue 的使用。

```
for i in range(1, 11, 1):
    if i == 5:
        continue
    print(i, end=" ")
```

輸出

```
1 2 3 4 6 7 8 9 10
```

解釋　在上述程式中，每次執行迴圈都會檢查變數 i 的值，如果 i 的值為 5，則執行 continue，並跳過 continue 後面的敘述式。

程式 5.26

讀取使用者輸入的字串 Hello World，並且使用關鍵字 continue 刪除空格。

```
str1 = str(input("Please Enter the String: "))
print("Entered String is: ", str1)
print("After Removing Spaces, the String becomes: ")
for i in str1:
    if i == " ":
        continue
    print(i, end="")
```

輸出

```
Please Enter the String: Hello World
Entered String is: Hello World
After Removing Spaces, the String becomes:
HelloWorld
```

解釋 使用字串 str1 讀取使用者輸入的字串，透過迴圈將輸入字串中的每個字元都使用變數 i 進行迭代。透過 **if i ==" ":** 敘述式判斷，檢查輸入的字串是否包含空格，如果它包含空格，則執行 **continue**，跳過後面剩餘的敘述式，最後便可得到沒有包含空格的字串。

▶ 小專案：使用查爾斯・巴貝奇函式生成質數

查爾斯・巴貝奇 (Charles Babbage) 發現了第一台可以透過給定的方程式計算出質數的計算機，本小專案將利用 **if**、**if-else**、**if-elif** 和 `for` 迴圈的概念來撰寫。

以下為查爾斯・巴貝奇使用的公式：

$$T = x^2 + x + 41$$

上述公式產生的數字 T 皆為質數，以下將計算 x 為 0 到 5 所產生的 T。表 5.3 為使用查爾斯・巴貝奇函式生成質數。

表 5.3　執行查爾斯・巴貝奇質數函式計算

D2	D1	$T = x^2 + x + 41$	x 的值
		41	0
2	2	43	1
2	4	47	2
2	6	53	3
2	8	61	4
2	10	71	5

表 5.3 中，我們使用查爾斯・巴貝奇函式計算了 x 從 0 到 5 所產生的質數。其中 D1 是質數與前一個質數間的差異值，D2 則為 D1 與前一個 D1 間的差異值。

程式敘述

撰寫一個使用查爾斯・巴貝奇函式 ($T = x^2 + x + 41$) 生成質數的程式，輸出如表 5.3 所示。

演算法

☞ **STEP 1：** 由於我們想要計算 5 個 x 的值，也就是從 0 到 5，因此，將 x 作為 i 進行 5 次迭代。

☞ **STEP 2：** 將每個 i 的值，分配給 x。

☞ **STEP 3**： 使用 x 計算出 T 的值。
☞ **STEP 4**： 如果 i 的值等於 0，則輸出 T 和 i 的值。
☞ **STEP 5**： 如果 i 的值大於 0 且小於 2，則輸出 D、T 和 i 的值，否則跳到 STEP 6。
☞ **STEP 6**： 輸出 D2、D、T 和 i 的值。

程式

```
########## x2 + x + 41 = T ##############
###### Charles Babbage Function #########
########### for second order #############
x = 0;
print('{}\t{}\t{}\t{}'.format('D2', 'D1', 'T', 'X'))
print('--------------------------')
for i in range(0, 5):
    x = i
    T = (x * x) + x + 41
    if(i == 0):
        print('\t\t{}\t{}'.format(T,i))
    elif(i > 0 and i < 2):
        a = ((x-1)*(x-1) + (x-1) + 41)
        print('\t{}\t{}\t{}'.format(T -(a),T,i))
    else:
        a = ((x-1)*(x-1) + (x-1) + 41)
        b = ((x-2)*(x-2) + (x-2) + 41)
        c = (T - a)-(a - b)
        print('{}\t{}\t{}\t{}'.format(c,(T - a),T,i))
```

因此，上述程式透過公式 T = x² + x + 41 計算出 x 為 0 到 5 生成的所有質數，**format()** 函式用於將資料以格式的方式輸出。

總結

✦ 迴圈是一種將一組敘述式執行固定次數的過程。

✦ 迴圈中敘述式執行一次稱之為一次迭代。

✦ Python 支援兩種迴圈控制敘述式，for 迴圈和 while 迴圈。

✦ while 迴圈是一種條件控制迴圈。

✦ for 迴圈是一種計數控制迴圈，它是在迴圈內執行固定次數的敘述式。

✦ 關鍵字 break 和 continue 可以在迴圈中使用。

✦ 使用 break 敘述式會從目前的區塊或迴圈中退出，並且跳到下一條敘述式。
✦ continue 敘述式會跳過當前的迭代，也就是跳過迴圈本體中剩餘的敘述式。

關鍵術語

✦ `while` 迴圈 (while Loop)：條件控制迴圈。
✦ `for` 迴圈 (for Loop)：計數控制迴圈。
✦ `range()`：生成整數列表。
✦ 巢狀迴圈 (Nested Loop)：迴圈內還有迴圈。
✦ `break` 敘述式 (break Statement)：迴圈中的 break 敘述式可以幫助程式設計師立即終止迴圈。
✦ `continue` 敘述式 (continue Statement)：跳過當前的迭代，也就是跳過迴圈本體中剩餘的敘述式。

問題回顧

A. 選擇題

1. 使用 range(5) 函式執行迴圈，則迴圈本體中的敘述式將執行多少次？
   a. 5 次   b. 4 次
   c. 6 次   d. 3 次

2. 以下程式的輸出為何？
   ```
   count = 35
   for x in range(0, 10):
       count = count - 1
       if x == 2:
           break
   print(count)
   ```
   a. 35   b. 32
   c. 35, 34, 33   d. 34, 33, 32

3. 以下程式的輸出為何？
   ```
   Z = 1
   while Z<5:
       if Z % 7 == 0:
           break
       Z = Z + 2
   print(Z)
   ```

a. 5   b. 3
c. 4   d. 2

4. 以下程式的輸出為何？

```
My_str = "I LOVE PHYTHON"
count = 0
for char in my_str:
    if char == "O":
        continue
    else:
        count = count + 1
print(count)
```

a. 10   b. 9
c. 11   d. 12

5. 以下程式的輸出為何？

```
my_str = "I LOVE PYTHON"
count = 0
for char in my_str:
    count = count + 1
    if char == "E":
        break
print(count)
```

a. 11   b. 13
c. 10   d. 12

6. 以下程式的輸出為何？

```
i = 1
for x in range(1, 4):
    for y in range(1, 3):
        i = i +(i * 1)
print(i)
```

a. 32   b. 62
c. 63   d. 64

7. 以下程式的輸出為何？

```
count = 0
for x in range (1, 3):
    for y in range (4, 6):
        count = count + (x * y)
print (count)
```

a. 32   b. 27
c. 57   d. 64

8. 以下程式的輸出為何？
   ```
   i = 0
   for x in range (1, 3):
       j = 0
       for y in range (-2, 0):
           j = j + y
           i = i + j
   print (i)
   ```
   a. 10   b. -10
   c. 0   d. 以上皆非

9. 預設情況下，while 迴圈為一種：
   a. 條件控制敘述式   b. 迴圈控制敘述式
   c. 選項 a 和選項 b 皆是   d. 以上皆非

10. 以下程式的輸出為何？
    ```
    Count = 0
    num = 10
    while num > 8:
        for y in range(1, 5):
            count = count + 1
        num = num - 1
    print(count)
    ```
    a. 10   b. 8
    c. 12   d. 11

11. 以下程式的輸出為何？
    ```
    while True:
        print('Hello')
    ```
    a. Hello
    b. Hello
       Hello
       Hello
       (重複輸出)
    c. True
    d. Error

12. 以下哪個敘述式用於立即終止迴圈？
    a. continue   b. for
    c. while   d. break

13. 以下程式的輸出為何？

    ```
    for i in range(1, 3):
       for j in range(1, 3):
           if(i==j):
               continue
           print(i, j)
    ```

    a. 11　　　　　　　　　　　　b. 12
       22　　　　　　　　　　　　　 12

    c. 12　　　　　　　　　　　　d. 12
       21　　　　　　　　　　　　　 22

14. 以下程式的輸出為何？

    ```
    for i in range(1, 3):
       for j in range(1, 3):
           if(i==j):
               break
       print(i, j)
    ```

    a. 11　　　　　　　　　　　　b. 12
       22　　　　　　　　　　　　　 12

    c. 12　　　　　　　　　　　　d. 12
       21　　　　　　　　　　　　　 22

15. 計算以下程式中輸出 Hello 的次數。

    ```
    x = 8
    while x>2:
        print("Hello")
        x = x -2
    ```

    a. 1　　　　　　　　　　　　 b. 2
    c. 4　　　　　　　　　　　　 d. 3

B. 是非題

1. Python 可以使用控制敘述式來改變程式的執行流程。
2. while 不是 Python 支援的關鍵字。
3. 迴圈不能用於指定敘述式重複執行的次數。
4. 迴圈不能套用於巢狀方式。
5. continue 為一個關鍵字。
6. break 敘述式可用於終止迴圈。
7. break 不是關鍵字。

8. while 敘述式以分號 (;) 結束。
9. while(1) 的等同於 True。
10. 縮排對於迴圈本體中的敘述式來說不重要。

C. 練習題

1. 試著寫出 Python 控制敘述式的語法。
2. 試著用流程圖解釋 while 迴圈的運作流程。
3. 如果我們創建一個無限循環的迴圈會發生什麼事？
4. 試著定義巢狀迴圈並用適當的範例進行解釋。
5. 試著找出以下程式的錯誤。

   a.
   ```
   count = 0
   s = 0
   while count<10:
   s += count
       count = count + 1
       print(s)
   ```

   b.
   ```
   count = 0
   for i in range(10, 0,-1)
       print(i)
   ```

6. 試著回想並解釋我們是否可以將 while 巢狀迴圈套用在 for 迴圈中？
7. 試著解釋什麼情況下適合使用 break 敘述式？
8. 試著解釋什麼情況下適合使用 continue 敘述式？
9. 試著將以下 for 迴圈轉換為 while 迴圈。

   ```
   for i in range(50, 0, -2):
       print(i, end=' ')
   ```

10. 以下程式的迴圈將執行多少次，以及程式 a 和 b 的輸出分別為何？

    a.
    ```
    sum = 0
    for i in range(20, 0, -2):
        sum = sum + i
        print(i)
        if i==14:
            continue
    print(sum)
    ```

    b.
    ```
    sum = 0
    for i in range(20, 0, -2):
        sum = sum + i
        print(i)
        if i==14:
            break
    print(sum)
    ```

11. 試著將以下 while 迴圈轉換為 for 迴圈。

    ```
    i = 0
    s = 0
    while i<=50:
        if i%7==0:
            s = s + i
            i = i + 7
    print(s)
    ```

D. 程式練習題

1. 撰寫一個程式，要求使用者輸入數字 n，並在同一行中輸出 5 的冪序列（5 的 0 次方到 5 的 n 次方）。

   注意：輸入的數字 n 必須為正整數。

   範例：

   輸入：n = 4

   輸出：1
   　　　5
   　　　25
   　　　125
   　　　625

2. 撰寫一個程式顯示以下列表。

公斤	公克
1	1,000
2	2,000
3	3,000

   注意：1 公斤 = 1,000 公克。

3. 撰寫一個程式，向使用者讀取數字 n，並使用 `for` 迴圈撰寫一個顯示 1, 4, 9, 16, 25,......n 的數列。

4. 使用 `while` 迴圈撰寫一個程式，並輸出 0 到 500 中（包括 0 和 500），每五個數字的和。

5. 撰寫一個程式，使用 `while` 迴圈讀取正整數，並計算所輸入數字的位數。

6. 撰寫一個程式，來讀取使用者輸入的密碼，如果使用者輸入了正確的密碼 "Python"，則顯示訊息 Welcome to Python Programming。

   注意：只允許輸入三次密碼。

7. 使用 `while` 迴圈撰寫出以下方程式。

   a. $x + x^2/2! + x^3/3! + ..n$

   b. $1 + x + x^2 + x^3 + ...x^n$

8. 假設兒子每天吃五塊巧克力，且每種巧克力的價格都不一樣，他的父親在每週結束時需向巧克力供應商支付帳單。

   請開發一個程式，可以生成巧克力帳單發送給父親，同時說明將使用哪種迴圈來解決此問題。

Chapter 6
函式

學習成果

完成本章後,學生將會學到:

✦ 描述程式語言中函式的必要性和重要性。
✦ 使用實際參數呼叫函式,並透過使用關鍵字或位置引數呼叫函式來撰寫程式。
✦ 適當地使用區域和全域變數。
✦ 定義遞迴函式,並使用程式來實作。
✦ 通過程式撰寫回傳多個值的函式。

章節大綱

6.1 簡介
6.2 基礎函式語法
6.3 使用函式撰寫程式
6.4 函式中的參數和引數
6.5 可變長度的非關鍵字和關鍵字引數
6.6 區域和全域變數範圍
6.7 回傳敘述式
6.8 遞迴函式
6.9 `lambda()` 函式

6.1 簡介

對程式設計師而言,準備和維護大型程式是件困難的事,同時對資料流程順序的辨識也將越來越難以理解。建立程式的最佳方法是將一個大程式劃分為小模組,並反覆呼叫這些模組。

在函式的幫助下,整個程式可被劃分為一些獨立的小模組(每個小模組被稱為一個函式),這提高了程式碼的可讀性,因為小模組的執行流程較容易管理和維護。

6.2 基礎函式語法

函式是一個或多個敘述式組成的獨立區塊,當被呼叫時可執行一項特殊的任務。函式的語法如下:

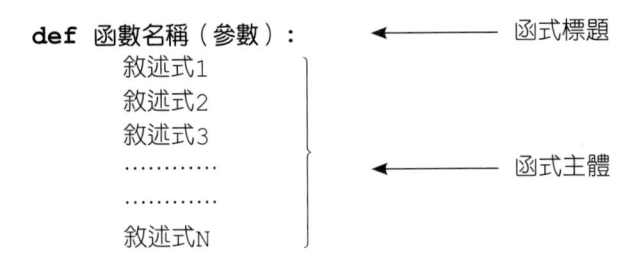

```
def 函數名稱（參數）:          ← 函式標題
      敘述式1
      敘述式2
      敘述式3
      ‧‧‧‧‧‧‧‧‧‧‧          ← 函式主體
      ‧‧‧‧‧‧‧‧‧‧‧
      敘述式N
```

　　Python 的函式語法包含**標題**和**主體**。函式標題以 **def** 關鍵字開頭，def 關鍵字代表函式定義的開始，函式名稱則緊接著在 def 關鍵字後。函式標題可能包含 0 個或多個參數，這些參數被稱為**形式參數** (formal parameter)，如果一個函式包含多個參數，那麼所有參數之間就需要用逗號分隔。函式主體是一個敘述式區塊，函式主體內的敘述式定義了函式需要執行的動作。

　　以下是一個建立函式的程式範例。

▬ 程式 6.1

　　撰寫一個程式，建立名為 Display() 的函式，並在函式內輸出訊息 Welcome to Python Programming。

```
def Display():
    print("Welcome to Python Programming")
Display()                    #呼叫函式
```

輸出
```
Welcome to Python Programming
```

解釋　　在上述程式中，建立一個名為 **Display()** 的函式。這個函式不讀取任何參數，且該函式主體只包含一個敘述式。定義完函式 **Display()** 後呼叫該函式並輸出訊息 Welcome to Python Programming。

▬ 程式 6.2

　　撰寫程式提示使用者輸入名稱，並輸出歡迎訊息 Dear Name_of_user Welcome to Python Programming!!!。

```
def print_msg():
    str1 = input("Please Enter Your Name:")
    print("Dear", str1, "Welcome to Python Programming")
print_msg()  #呼叫函式
```

輸出

```
Please Enter Your Name: Virat
Dear Virat Welcome to Python Programming
```

解釋 在上述程式中，建立一個名為 `print_msg()` 的函式。一開始呼叫函式 `print_msg()`，之後程式會將控制權轉移給被呼叫的函式 `print_msg()`，該函式透過使用 **input** 保留關鍵字讀取使用者的名稱，並輸出歡迎訊息。

▶ 6.3 使用函式撰寫程式

如果程式設計師想分別找出從 1 到 25、50 到 75 以及 90 到 100 的數字總和。如果不使用函式，程式設計師將按照下列方式撰寫程式碼。

── 程式 6.3

撰寫程式，使用三個不同的 `for` 迴圈分別將 1 到 25，50 到 75 以及 90 到 100 的數字做相加。

```
sum = 0
for i in range(1, 26):
    sum = sum + i
print('Sum of integers from 1 to 25 is: ', sum)

sum = 0
for i in range(50, 76):
    sum = sum + i
print('Sum of integer from 50 to 75 is: ', sum)

sum = 0
for i in range(90, 101):
    sum = sum + i
print('Sum of integer from 90 to 100 is: ', sum)
```

輸出

```
Sum of integers from 1 to 25 is: 325
Sum of integer from 50 to 75 is: 1625
Sum of integer from 90 to 100 is: 1045
```

在上述程式中，計算三組數值總和的程式碼除了迴圈範圍，即起始整數和結束整數外都是一致的。在程式碼中，三個 `for` 迴圈包含了不同的範圍，分別是 1 到

26、50 到 76 和 90 到 101。通過觀察上述程式碼，如果我們可以重複使用數值總和計算程式將會更加方便。程式設計師可以通過定義函式，並重複使用它來完成這個目的，上述程式碼可以使用程式 6.4 中所撰寫的函式範例來進行簡化。

程式 6.4

撰寫一個程式來說明函式的使用方式。

```
def sum(x, y):
    s = 0;
    for i in range(x, y + 1):
        s = s + i
    print('Sum of integers from', x, 'to', y, 'is', s)
sum(1, 25)
sum(50, 75)
sum(90, 100)
```

解釋　在上述程式中，函式 sum(x, y) 使用了兩個參數 **x** 和 **y**。一開始程式呼叫第一個函式 **sum(1, 25)** 來計算從 1 到 25 的數字總和；在計算了從 1 到 25 的數字總和後，控制權被轉移到下一個被呼叫的函式 **sum(50, 75)**；在計算 50 到 75 的數字總和後，最後呼叫第三個函式 **sum(90, 100)** 計算 90 到 100 的數字總和。

因此，程式設計師可以更有效率地使用函式來撰寫這個程式。

1. 如果程式設計師想要重複執行一項任務時，就沒有必要重複撰寫程式的特定區塊。一個特定的敘述式區塊可以被轉移到使用者定義的函式中，然後透過多次呼叫函式來執行任務。
2. 使用函式可以將大型程式簡化為小型程式，較容易除錯，也就是容易找出程式碼中的錯誤，因此對程式設計師來說也增加了可讀性。

▶ 6.4　函式中的參數和引數

參數用於為函式提供輸入，在函式定義中使用一對小括號來指定參數。當程式設計師呼叫函式時，這些數值也會被傳遞給這個函式。

參數是由函式中的名稱來定義的，而引數則是呼叫函式時實際傳遞的數值，因此，參數定義了一個函式可以接受哪些型態的引數。

請看以下將參數傳遞給函式的範例，並使用它來區分參數和引數。

範例

```
def printMax(num1, num2):
            敘述式1
            敘述式2
            …………
            …………                #定義一個函式
            敘述式N

printMax(10, 20)    ←────── 呼叫函式
```

在上述範例中，printMax(num1, num2) 有兩個參數 **num1** 和 **num2**，參數 **num1** 和 **num2** 也被稱為形式參數。通過使用函式名稱 printMax(10, 20) 來呼叫函式，其中 10、20 為實際參數，實際參數也被稱為引數。**num1** 和 **num2** 是函式的參數。程式 6.5 示範了在函式中使用參數和引數。

程式 6.5

撰寫一個程式，找出兩個數的最大值。

```
def printMax(num1, num2):       #函式定義
    print("num1 = ", num1)
    print("num2 = ", num2)

    if num1 > num2:
        print("The Number", num1, "is Greater than", num2)
    elif num2 > num1:
        print("The Number", num2, "is Greater than", num1)
    else:
        print("Both Numbers", num1, "and", num2, "are equal")
printMax(20, 10)            #呼叫函式 printMax()
```

輸出

```
num1 = 20
num2 = 10
The Number 20 is Greater than 10
```

解釋 在上述程式中，我們定義了一個函式 `printMax()`，該函式包含 **num1** 和 **num2** 兩個參數，函式 **printMax()** 透過呼叫將引數值傳遞給函式。敘述式 **printMax(10, 20)** 將數值 10 和 20 分別指派給參數 **num1** 和 **num2**，最後，根據函式中 num1 和 num2 的兩個數值計算，並顯示這兩個數值中的最大值。

程式 6.6

撰寫一個程式，計算一個數字的階乘。

```
def calc_factorial(num):
    fact = 1
    print("Entered Number is: ", num)
    for i in range(1, num + 1):
        fact = fact * i
    print("Factorial of Number", num, "is = ", fact)
number = int(input("Enter the Number:"))
calc_factorial(number)
```

輸出

```
Enter the Number:5
Entered Number is: 5
Factorial of Number 5 is = 120
```

6.4.1 位置引數

如果函式有多個參數時，Python 該如何知道呼叫敘述式中的引數應該指派給哪個參數？

答案很簡單。在預設情形下，參數是根據它們所在位置來分配的，例如：呼叫敘述式中的第一個引數被分配給函式中的第一個參數；同樣地，呼叫敘述式中的第二個引數被分配給函式中的第二個參數，依此類推。

請看以下使用位置引數 (positional arguments) 的範例。

範例

```
def Display(Name, age):
    print("Name = ", Name, "age = ", age)
Display("John", 25)
Display(40, "Sachin")
```

在上述範例中，敘述式 **Display("John", 25)** 將計算結果輸出為 Name = John 和 age = 25。但是，敘述式 **Display(40, "Sachin")** 則有不同的涵義，該敘述式把 40 傳給參數 Name，Sachin 傳給參數 age。這表示第一個引數綁定給第一個參數，第二個引數綁定給第二個參數，這種配對引數和參數的形式稱為**位置引數**或**位置參數**。

在上述範例中，在函式定義 Display(Name, age) 中包含兩個參數，因此，透過剛好傳遞兩個參數來呼叫函式 **Display()**。

以下程式的輸出將會為何？

```
def Display(Name, age):
    print("Name = ", Name, "age = ", age)
Display("John")
```

輸出

```
Prints the error message
Traceback (most recent call last):
File "C:\Python34\keyword_1.py", line 3, in <module>
Display("John")TypeError: Display() missing 1 required positional argument: 'age'
```

解釋 在上述程式中，由於程式發生錯誤所以沒有輸出。程式的第三行包含敘述式 Display("John")，即該敘述式呼叫了函式 Display(name, age)。由於與函式定義相比，函式被呼叫時包含的引數數量太少，所以 Python 將顯示缺少引數的錯誤訊息。

> **❗注意**
> 當將不正確的引數數量透過呼叫傳遞給函式時，Python 將會顯示錯誤。引數的順序、數量和型態必須與函式中定義的參數一致。

6.4.2　關鍵字引數

代替位置引數的方法是使用關鍵字引數，如果程式設計師知道函式中使用的參數名稱，就可以在呼叫函式時明確的使用該參數名稱。程式設計師可以將關鍵字引數傳遞給函式，透過使用相對應的參數名稱而不是位置，這可以透過在函式呼叫中輸入**參數名稱 = 數值**來完成。

使用關鍵字引數呼叫函式的語法為：

　　　　函式名稱(位置引數，關鍵字1 = 數值1，關鍵字2 = 數值2………)

── 程式 6.7

撰寫一個使用關鍵字引數的簡單程式。

```
def Display(Name, age):
    print("Name = ", Name, "age = ", age)
Display(age = 25, Name = "John")  #使用關鍵字引數呼叫函式
```

> **輸出**
> ```
> Name = John age = 25
> ```

解釋 因此在上述程式中，敘述式 **Display(age = 25, Name = "John")** 將數值 25 傳給參數 age，並將字串 John 傳給參數 Name，這代表引數可以使用關鍵字引數以任意順序的方式出現。

使用關鍵字引數的注意事項

1. 位置引數不能在關鍵字引數之後。

    範例：請看以下函式定義：

    def Display(num1, num2):

    因此，程式設計師可以呼叫上述 Display() 函式為：

    Display(40, num2 = 10)

    但是，程式設計師不能用以下方式呼叫 Display() 函式：

    Display(num2 = 10, 40)

    因為位置引數 **40** 出現在關鍵字引數 **num2 = 10** 之後。

2. 程式設計師不能同時使用位置引數和關鍵字引數。

    範例：請看以下函式定義：

    def Display(num1, num2):

    因此，程式設計師不能用以下方式呼叫上述 Display() 函式：

    Display(40, num1 = 40)   #錯誤

    因為程式設計師將會指派多個數值參數 num1。

6.4.3 參數預設值

在一個函式定義中的參數可以有預設值，透過使用指派運算子 (=) 來為參數提供預設值。

── **程式 6.8**

撰寫一個程式，說明在函式定義中使用預設值。

```
def greet(name, msg = "Welcome to Python!!"):
    print("Hello", name, msg)
greet("Sachin")
```

輸出

```
Hello Sachin Welcome to Python!!
```

在上述範例中，函式 greet() 有一個參數 **name**，但該參數**名稱**沒有任何預設值，所以在呼叫函式時必須提供數值給參數 **name**。另一方面，參數 **msg** 的預設值為 **Welcome to Python!!**，因此在呼叫函式時可以選擇是否要提供新數值給參數 msg。如果在呼叫函式時提供數值，將會覆寫參數 msg 的預設值。以下是一些呼叫這個函式的有效範例。

#測試範例 1
```
>>>greet("Amit")
```

輸出

```
Hello Amit Welcome to Python!!
```

#測試範例 2
```
>>>greet("Bill Gates", "How are You?")
```

輸出

```
Hello Bill Gates How are You?
```

上述有兩個測試範例。在測試範例 1 中，呼叫函式時只有一個引數被遞給函式 **greet()**，而第二個引數沒有被傳遞。在這種情形下，Python 會使用函式定義時指定的參數預設值。但是在測試範例 2 中，兩個參數 **greet("Bill Gates", "How are You?")** 在呼叫函式時被傳遞。在這種情形下，新的引數值將會覆寫參數的預設值。

> **❗ 注意**
>
> 在函式定義時，函式中所有的參數都可以設定預設值；但是一旦我們為一個參數指派了預設值，那該參數右邊的所有參數也必須有預設值。例如，如果我們將函式定義為：
>
> **def greet(msg="Welcome to Python!!", name):**   #錯誤
>
> Python 會顯示以下錯誤：
>
> **Syntax Error:** Non-default argument follows default argument

程式 6.9

撰寫一個程式，使用下列公式計算圓面積：

$$圓面積 = pi*(r)^2$$

其中 pi（圓周率）的參數預設值為 3.14，radius（半徑）為 1。

```
def area_circle(pi = 3.14, radius = 1):
    area = pi * radius * radius
    print("radius = ", radius)
    print("The area of Circle = ", area)
area_circle()
area_circle(radius = 5)
```

輸出
```
radius = 1
The area of Circle = 3.14
radius = 5
The area of Circle = 78.5
```

以下程式的輸出將會為何？

```
def disp_values(a, b = 10, c = 20):
    print("a = ", a, "b = ", b, "c= ", c)
disp_values(15)
disp_values(50, b = 30)
disp_values(c = 80, a = 25, b = 35)
```

輸出
```
a =  15 b =  10 c =  20
a =  50 b =  30 c =  20
a =  25 b =  35 c =  80
```

解釋 在上述程式中，函式 `disp_values()` 有一個沒有預設值的參數 a，之後跟著兩個有預設值的參數 b 和 c。

在第一次函式呼叫 **disp_values(15)** 時，參數 a 讀取數值 15，而參數 b 和 c 分別使用預設值 10 和 20。

在函式呼叫 disp_values(50, b = 30) 時，參數 a 讀取數值 50，參數 b 讀取數值 30 並覆寫 b 的預設值，而參數 c 使用預設值 20。

在函式呼叫 disp_values(c = 80, a = 25, b = 35) 時，參數 b 和 c 的預設值分別被取代為新數值 35 和 80。

6.5 可變長度的非關鍵字和關鍵字引數

可變長度的引數允許函式傳遞或接受 n 個任意數量的引數。函式中的引數沒有在函式宣告時被明確命名，因為在執行過程中，連續呼叫的引數數量可能是不同的，或者在程式執行之前引數的數量是未知的。通過使用 * 運算子，函式可以接受或傳遞任意長度的**非關鍵字**引數。建立一個可變長度的非關鍵字引數函式語法如下。

語法

```
def 函式名稱 (*引數)):
    .....................
    .....................   函式主題
    .....................
    .....................
```

以下程式 6.10 說明了可變長度的非關鍵字引數概念。

━━ 程式 6.10

撰寫一個函式，來讀取或傳遞 n 個可變長度的非關鍵字引數，以計算 n 個數字的總和。

```
def Calc(*args):
    s = 0
    print('The number are as follows:')
    for num in args:
        print(num, end=' ')
        s = s + num
    return s

Total = Calc(10, 20)    #呼叫有 2 個引數的函式
print('Sum = ', Total)

Total = Calc(10, 20, 30)  #呼叫有 3 個引數的函式
print('\nSum = ', Total)

Total = Calc(10, 20, 30, 40)  #呼叫有 4 個引數的函式
print('\nSum = ', Total)
```

輸出

```
The number are as follows:
10 20 Sum =  30
The number are as follows:
10 20 30
Sum =  60
The number are as follows:
10 20 30 40
Sum =  100
```

解釋 在上述程式中建立了一個函式 **Calc()**。當使用可變長度的非關鍵字引數呼叫該函式時，就會形成這些物件的元組 (tuple)，並將其儲存在變數 args 中。函式 Calc() 會回傳所有引數數字的總和。最初我們傳遞了 2 個引數，然後是 3 個，依此類推，無論我們傳給函式多少個引數，它會接受所有引數並對其執行以上操作。

可變長度的關鍵字引數

使用 ** 運算子，函式就可以讀取可變長度的**關鍵字**引數。以下是建立讀取可變長度關鍵字引數的函式語法。

語法

```
def 函數名稱 (**關鍵字引數):
        ..............................
        ..............................       函式主體
        ..............................
        ..............................
```

函數名稱 (變數名稱 = 數值)   **#當傳遞關鍵字引數**

以下 Python 程式 6.11 說明可變長度**關鍵字**引數的概念。

━━ 程式 6.11

撰寫一個函式，來讀取任意數量的關鍵字引數。

```
def Kwargs_demo(**kwrgs):
    print(kwrgs)

#呼叫函式 Kwargs_demo()
Kwargs_demo(Country = 'India', Population = 100000000)
Kwargs_demo(Team = 'India', Game = 'Cricket', Captain = 'Virat
            Kohli')
```

輸出
```
{'Country': 'India', 'Population': 100000000}
{'Team': 'India', 'Game': 'Cricket', 'Captain': 'Virat Kohli'}
```

解釋 上述函式 `Kwargs_demo()` 讀取 n 個**變數名稱 = 數值**格式的關鍵字。以上程式碼讀取所有關鍵字引數並回傳字典 (dictionary)。

6.5.1 有回傳值的函式

參考以下程式，該程式碼計算並回傳三個數值的平均值。

```
1. def Calc_Average(Maths,Eng,Sci):
2.     Average = ( float(Maths + Eng + Sci)/3)
3.     return Average
```

上述程式碼中，在撰寫第一行定義函式的程式後，第二行用於計算平均值，第三行 **return Average** 用於回傳計算結果。不過這兩行可以被簡化，藉著**有回傳值的函式**機制下可以寫在同一行中。

在 return 關鍵字後面跟著的**表達式**是一個**有回傳值的函式**，以下為有回傳值的函式語法。

語法

return 表達式

上述敘述式 **return 表達式**用於計算表達式，並馬上回傳表達式的結果。因此，我們可以將上述範例中的第二行和第三行寫在同一行，如下所示。

```
def Calc_Average(Maths,Eng,Sci):
    return ( float(Maths + Eng + Sci)/3)
```

▶ 6.6 區域和全域變數範圍

在函式中初始化的變數和參數僅存在於該函式的區域範圍內，存在區域範圍內的變數稱為**區域變數**；被分配到函式之外的變數可存在全域範圍內，因此被稱為**全域變數**。

── **程式** 6.12 ──────────────────────

撰寫一個顯示區域和全域範圍變數的程式。

```
p = 20              #全域變數 p
def Demo():
    q = 10              #區域變數 q
    print('The value of Local variable q:', q)
    #在 Demo() 函式中存取全域變數 p
    print('The value of Global Variable p:', p)
Demo()
#在 Demo() 函式之外存取全域變數 p
print('The value of global variable p:', p)

輸出

The value of Local variable q: 10
The value of Global Variable p: 20
The value of global variable p: 20
```

解釋 在上述範例中，我們建立了一個**區域變數 q** 和**全域變數 p**。由於全域變數是在所有函式外建立的，並且可以被範圍內的所有函式存取，因此在上述範例中，全域變數 p 可以在 Demo() 函式中存取，也可以在 Demo() 函式外存取。

區域變數不能在全域範圍內使用

── 程式 6.13

撰寫一個程式，來存取函式外的區域變數。

```
def Demo():
    q = 10          #區域變數 q
    print('The value of Local variable q:', q)
Demo()
#在 Demo() 函式之外存取區域變數 q
print('The value of local variable q:', q)          #錯誤

輸出

The value of Local variable q: 10
Traceback (most recent call last):
    File "C:/Python34/loc1.py", line 6, in <module>
        print('The value of local variable q:', q)          #錯誤
NameError: name 'q' is not defined
```

解釋 區域變數 q 是被定義在 Demo() 函式中，當在函式 Demo() 存取變數 q 時，區域變數的範圍是在函式區塊中；也就是說，當變數被建立後，會一直持續到函式

6.6.1 從區域範圍讀取全域變數

請看以下程式,其中全域變數可以從區域範圍內讀取。

── 程式 6.14

撰寫一個從區域範圍讀取全域變數的程式。

```
def Demo():
    print(S)
S = 'I Love Python'
Demo()
```

輸出

```
I Love Python
```

解釋 在呼叫函式 `Demo()` 之前,變數 s 被定義為一個 I Love Python 的字串。 然而,函式 `Demo()` 的主體只包含一個 **print(s)** 敘述式。由於函式 `Demo()` 中沒有定義區域變數 s,所以 **print(s)** 敘述式使用全域變數的值。因此,上述程式的輸出將是 I Love Python。

6.6.2 相同名稱的區域和全域變數

如果我們在函式 `Demo()` 中改變變數 s 的值,上述程式的輸出將會為何?它是否會影響全域變數的值?程式 6.15 示範了在 `Demo()` 函式中改變變數 s 的值。

── 程式 6.15

撰寫一個程式來改變函式中變數 s 的值。

```
def Demo():
    S = 'I Love Programming'
    print(S)
S = 'I Love Python'
```

```
Demo()
print(S)
```

輸出

```
I Love Programming
I Love Python
```

解釋 眾所周知，區域變數的範圍位於一個函式區塊內。一開始變數 s 的值被指派為 I Love Python，但是在呼叫函式 `Demo()` 之後，變數 s 的值被更改為 I Love Programming。因此，`Demo()` 函式中的 print 敘述式將輸出區域變數 s 的值，即 I Love Programming；而在 `Demo()` 函式之後的 print 敘述式將輸出全域變數 s 的值，即 I Love Python。

6.6.3 全域敘述式

假如程式設計師需要在函式中修改全域變數的值，在這種情形下，就要透過使用**全域 (global)** 敘述式。以下是 **global** 敘述式的程式範例。

程式 6.16

撰寫一個不使用 global 敘述式的程式。

```
a = 20
def Display():
    a = 30
    print('The value of a in function:', a)
Display()
print('The value of an outside function:', a)
```

輸出

```
The value of a in function: 30
The value of an outside function: 20
```

解釋 在上述程式中，變數 a 在函式外被指派數值為 20。碰巧程式設計師也在函式內部使用了相同的變數名稱 a，在這種情形下，函式中的變數 a 是在此函式的區域變數。因此，任何與函式內部名稱相對應的值都將更改為區域變數，而不是全域變數 a 的值。

程式 6.17

使用 global 敘述式來撰寫程式。

```
a = 20
def Display():
    global a
    a = 30
    print('The value of a in function:', a)
Display()
print('The value of an outside function:', a)
```

輸出

```
The value of a in function: 30
The value of an outside function: 30
```

解釋 上述程式示範了 **global** 關鍵字的使用，在變數名稱之前使用 **global** 關鍵字來更改區域變數的值。由於全域變數的值在函式中被改變，所以函式外變數 a 的值也將會是修改後的最新值。

6.7 回傳敘述式

回傳 (return) 敘述式用於從**函式回傳一個（或多個）值**。它也被用於從函式回到原呼叫處，即跳出函式。

程式 6.18

撰寫一個程式，回傳兩個數值中的最小值。

```
def minimum(a, b):
    if a < b:
        return a
    elif b < a:
        return b
    else:
        return "Both the numbers are equal"
print(minimum(100, 85))
```

輸出

```
85 is minimum
```

解釋 函式 minimum() 使用簡單的 if..elif..else 敘述式，尋找兩個參數中的最小值，並回傳該值。

程式 6.19

撰寫一個函式 calc_Distance(x1, y1, x2, y2) 來計算點 1 (x1, y1) 和點 2 (x2, y2) 兩點間的距離，以下為距離的計算公式：

$$距離 = \sqrt{(x2-x1)^2 + (y2-y1)^2}$$

```
import math
def calc_Distance (x1, y1, x2, y2):
    print("x1 = ", x1)
    print("x2 = ", x2)
    print("y1 = ", y1)
    print("y2 = ", y2)
    dx = x2 - x1
    dx = math.pow(dx, 2)
    dy = y2 - y1
    dy = math.pow(dy, 2)
    z = math.pow((dx + dy), 0.5)
    return z
print("Distance = ", (format(calc_Distance(4, 4, 2, 2), ".2f")))
```

輸出
```
x1 = 4
x2 = 2
y1 = 4
y2 = 2
Distance = 2.83
```

程式 6.20

對於形式為 $ax^2 + bx + c$ 的二次方程式來說，其判別式 D 為 $b^2 - 4ac$。撰寫一個函式來計算二次方程式的判別式 D，該函式會根據判別式 D 的情形回傳以下輸出。

如果 D > 0：方程式有兩個實根

如果 D = 0：方程式有一個實根

如果 D < 0：方程式有兩個複數根

```
def quad_D(a, b, c):
    d = b * b - 4 * a * c
```

```
        print("a = ", a)
        print("b = ", b)
        print("c = ", c)
        print("D = ", d)
        if d > 0:
            return "The Equation has two Real Roots"
        elif d < 0:
            return "The Equation has two Complex Roots"
        else:
            return "The Equation has one Real Root"
print(quad_D(1, 2, 3))
```

輸出

```
a =  1
b =  2
c =  3
D =  -8
The Equation has two Complex Roots
```

> **注意**
> 沒有回傳值的 return 敘述式等同於 return 'None'。其中，None 是 Python 中的一種特殊型態，代表無值。

程式 6.21

撰寫一個程式，將圓的半徑作為參數傳遞給函式 **area_of_circle()**。如果半徑的值為負數，回傳 None；若不是負數，則回傳圓面積。

```
def area_of_Circle(radius):
    if radius < 0:
        print("Try Again, Radius of circle cannot be Negative")
        return
    else:
        print("Radius = ", radius)
        return 3.1459 * radius ** radius
print("Area of Circle = ", area_of_Circle(2))
```

輸出

```
Radius =  2
Area of Circle =  12.5836
```

解釋 在上述程式中，使用者必須將圓的半徑作為參數傳給函式 `area_of_circle()`。如果圓的半徑為正數，則計算並回傳圓面積；而當圓的半徑為負數時，則回傳 None，即不回傳任何值。

以下程式的輸出將會為何？

```
def calc_abs(x):
    if x<0:
        return -x
    elif x>0:
        return x
print(calc_abs(0))
```

輸出
```
None
```

解釋 上述程式碼是不正確的，因為當使用者將數值 0 作為參數傳給函式 `calc_abs()` 時，變數 x 的值恰好為 0，那麼函式裡的兩個條件式都不成立，函式不會執行任何return 敘述式。在這種情形下，函式會回傳一個稱為 **None** 的特殊值。

6.7.1　回傳多個數值

在 Python 中可以使用 return 述敘式回傳多個數值。

── 程式 6.22

撰寫一個函式 calc_arith_op(num1, num2) 來計算，並一次回傳兩種算術結果（例如加法和減法）。

```
def calc_arith_op(num1, num2):
    return num1 + num2, num1-num2        #回傳多個數值
print(" ",calc_arith_op(10, 20))
```

輸出
```
(30, -10)
```

解釋 在上述程式中，兩個參數 num1 和 num2 被傳遞給函式 `calc_arith_op()`。在函式主體中，**單個 return** 敘述式計算兩個數值的加法和減法，然後回傳這兩種算術結果。

6.7.2　將回傳的多個數值指派給變數

函式也可以執行某些操作,例如回傳多個數值,將回傳的多個數值指派給多個變數等。

程式 6.23

撰寫一個程式,從函式中回傳多個數值。

```
def compute(num1):
    print("Number = ", num1)
    return num1 * num1, num1 * num1 * num1
square, cube = compute(4)
print("Square = ", square, "Cube = ", cube)
```

輸出

```
Number =  4
Square =  16 Cube =  64
```

解釋　數值 4 會被當作參數傳給函式 compute(),然後 return 敘述式會利用參數計算數值的平方和立方,並同時回傳兩個計算結果。其中數值平方被指派給變數 square,數值立方被指派給變數 cube。

▶ 6.8　遞迴函式

到目前為止,我們知道使用函式呼叫另一個函式在 Python 中是可行的。在程式設計中,可能會出現函式需要呼叫函式自己本身的情形,在 Python 中函式也支援遞迴特性,這代表一個函式可被自己重複呼叫。因此,**如果函式主體內的敘述式呼叫函式自己本身**,則稱該函式為遞迴函式。

讓我們考慮一個簡單的遞迴範例。假設我們想計算一個整數的階乘,一個數的階乘是 1 和該數之間所有整數的乘積,即 n! = n * (n-1)!,請看以下範例。

計算數字 n 的階乘公式 n! = n * (n-1)!

$$5! = 5 * (4)!$$
$$= 5 * 4 * (3)!$$
$$= 5 * 4 * 3 * (2)!$$
$$= 5 * 4 * 3 * 2 * (1)$$
$$= 120$$

程式 6.24

使用遞迴函式計算一個整數階乘。

```
def factorial(n):
    if n == 0:
        return 1
    return n * factorial(n-1)
print(factorial(5))
```

輸出

```
120
```

解釋 在上述程式中，factorial() 是一個遞迴函式，參數 n 被傳遞給函式 factorial()。當函式階乘被執行時，它會被自己反復呼叫，每次呼叫函式時，'n' 的值都會減 1 並執行乘法運算。遞迴函式會產生數字 5、4、3、2、1，執行並回傳這些數字的乘法結果。最後，使用 print 敘述式輸出該數字的階乘結果。

程式 6.25

撰寫一個計算第 n 個費氏 (Fibonacci) 數列的遞迴函式。其中費氏數列被定義為：

$$Fib(0) = 1$$
$$Fib(1) = 1$$
$$Fib(n) = Fib(n - 1) + Fib(n - 2)$$

將上述轉換為 Python 程式碼，然後找到第 8 個費氏數列。

```
def fib(n):
    if n == 0:
        return 1
    if n == 1:
        return 1
    return fib(n - 1) + fib(n - 2)
print("The Value of 8th Fibonacci number = ", fib(8))
```

輸出

```
The Value of 8th Fibonacci number =  34
```

6.9　`lambda()` 函式

lambda 函式以希臘字母 λ (lambda) 為名，也被稱為**匿名函式**，此函式沒有名稱，只有一行程式碼來執行與其相關的內容。lambda() 函式的基本語法為：

名稱 = lambda(變數): 表達式

請看以下範例，它使用簡單的函式概念計算一個數值的立方。

```
>>>def func(x):
    return x * x * x
>>>print(func(3))
27
```

定義 `lambda()` 函式

現在我們將使用 lambda() 函式來計算一個數值的立方。

```
>>>cube = lambda x: x * x * x        #定義 lambda() 函式
>>>print(cube(2))                    #呼叫 lambda() 函式
8
```

使用 `lambda()` 函式

因此，在上述範例中，函式 `func()` 和 `cube()` 做的事情完全相同。敘述式 **cube = lambda x: x * x * x** 建立了一個名為 cube 的 `lambda()` 函式，該函式會讀取一個參數，並根據參數回傳數值立方。

> **❗注意**
> 1. lambda() 函式不包含 return 敘述式。
> 2. lambda() 函式僅包含單一的表達式作為函式主體，而不是一個敘述式區塊。

▶ 小專案：複利計算以及利息和本金的年度分析

這個小專案將使用**決策**、**控制敘述式**和**函式**等程式功能，來計算本金在一定期間 **n** 以某個利息 **r** 存入的本金利息。

解釋與計算複利

複利是將利息加到初始本金以及之前存款或貸款期間的累積利息上。複利不同於單利，在單利中只將利息加在本金利息上，所以沒有累積利息的問題。

計算包括本金在內的年複利公式為：

$$CI = P*\left(1+\frac{r}{t}\right)^{tn} - P$$

其中，P = 本金金額

　　　r = 年利率

　　　n = 投資年數

　　　t = 每年複利的次數

如果每年複利一次，計算利息的公式為：

$$I = P*(1+r)^n \text{------\{A\}}$$

因此，I 提供了投資或貸款的未來價值，即複利加本金。因此，我們將使用公式 A。

假設

本金金額 (P) = ₹10,000

利率 (r) = 5

年數 = 7

每年複利數值 (t) = 1

我們將使用上述公式 A 來計算每年累積的利息。

年數	期初總額	利息	期末總額
1	10,000.00	500.00	10,500.00
2	10,500.00	525.00	11,025.00
3	11,025.00	551.25	11,576.25
4	11,576.25	578.81	12,155.06
5	12,155.06	607.75	12,762.82
6	12,762.82	638.14	13,400.96
7	13,400.96	670.05	14,071.00

計算複利的演算法

☞ **STEP 1**：讀取本金金額、利率和存款年數（假設利息每年複利一次）。

☞ **STEP 2**：將本金、利率和年數傳給函式 `Calculate_Compund_Interest()`。

☞ **STEP 3**：使用 `for` 迴圈循環 n 次，並利用上述複利公式計算每年產生的利息。

☞ **STEP 4**：顯示最終的複利結果。

程式敘述式

撰寫一個程式，計算本金為 ₹10,000，複利利率為 5%，且存入年數為 7 的期末總額。

```python
def Calculate_Compund_Interest(p, n, r):
    print('StartBalance\t', '\tInterest\t', 'Ending Balance')
    total = 0
    x = r/100
    tot = 0
    for i in range(1, n + 1):
        z_new = p*(1 + x) **i - p
        z_old = p*(1 + x)**(i-1) - p
        tot = tot + (z_new - z_old)
        if(i == 1):
            print('{0:.2f}\t'.format(p), end='')
            print('\t{0:.2f}\t'.format(z_new - z_old), end='')
            print('\t\t{0:.2f}\t'.format(z_new + p))
        else:
            print('{0:.2f}\t'.format(p + z_old), end='')
            print('\t{0:.2f}\t'.format(z_new - z_old ), end='')
            print('\t\t{0:.2f}\t'.format(z_new + p))
    print('Total Interest Deposited:Rs {0:.2f}'.format(tot))
p = int(input('Enter the Principal amount: '))
r = int(input('Enter the rate of interest: '))
n = int(input('Enter number of year: '))
Calculate_Compund_Interest(p, n, r)
```

輸出

```
Enter the Principal amount: 10000
Enter the rate of interest: 5
Enter number of year: 7

Start Balance           Interest                Ending Balance
10000.00                500.00                  10500.00
10500.00                525.00                  11025.00
11025.00                551.25                  11576.25
11576.25                578.81                  12155.06
12155.06                607.75                  12762.82
12762.82                638.14                  13400.96
13400.96                670.05                  14071.00

Total Interest Deposited: Rs 4071.00
```

在上述程式中,最初從使用者那裡讀取本金金額、複利利率和年數,然後作為參數傳遞給函式 `Calculate_Compund_Interest()`,接著使用 for 迴圈循環 **n** 次來計算每年產生的利息。上述程式中 **Z_new** 和 **Z_old** 之間的差異為每年產生的利息。最後,顯示複利結果。

總結

+ 函式是一個或多個敘述式組成的獨立區塊,當被呼叫時可執行一項特殊的任務。
+ 在 Python 中的函式定義以 def 關鍵字開頭,接著是函式名稱、參數和函式主體。
+ 函式標題可能包含 0 個(沒有)或多個參數。
+ 參數是出現在函式定義中的名稱。
+ 引數是在呼叫函式時實際傳遞給函式的值。
+ 函式的引數可以作為位置引數或關鍵字引數傳遞。
+ 引數必須按照函式中定義的順序、編號和類型與參數匹配。
+ 在函式範圍內定義的變數稱為區域變數。
+ 指派在函式之外的變數稱為全域變數。
+ return 敘述式用於從函式回傳數值。
+ Python 中的函式可以回傳多個值。
+ Python 支援遞迴函式,即一個函式可以被自己反復呼叫。

關鍵術語

+ **def 關鍵字 (def Keyword)**:保留字,用於定義一個函式。
+ **位置引數 (Positional Argument)**:在預設情形下,引數是根據參數位置來分配的。
+ **關鍵字引數 (Keyword Argument)**:使用語法**關鍵字 = 數值**,呼叫含有關鍵字引數的函式。
+ **區域和全域變數範圍 (Local and Global Scope of a Variable)**:描述兩種不同範圍的變數。
+ **return 關鍵字 (return Keyword)**:用於回傳單個或多個數值。
+ `lambda()`:匿名函式。

問題回顧

A. 選擇題

1. 在函式外定義的變數稱為？
   a. 區域變數
   b. 唯一變數
   c. 全域變數
   d. 以上皆非

2. 以下哪個函式標題是正確的？
   a. def Demo(P, Q = 10):
   b. def Demo(P = 10, Q = 20):
   c. def Demo(P = 10, Q)
   d. 選項 a 和選項 b 皆是

3. 以下程式的輸出為何？
   ```
   x = 10
   def f():
       x = x + 10
       print(x)
   f()
   ```
   a. 20
   b. 10
   c. Error: Local variable X referenced before assignment
   d. 以上皆非

4. 以下程式的輸出為何？
   ```
   def Func_A(P = 10, Q = 20):
       P = P + Q
       Q = Q + 1
       print(P, Q)
   Func_A(Q = 20, P = 10)
   ```
   a. Error: P and Q are not defined
   b. 20 10
   c. 10 20
   d. 30 21

5. 以下程式的輸出為何？
   ```
   def test():
       x = 10
   # 主程式 #
   x = 11
   test()
   print(x)
   ```
   a. 10
   b. 11
   c. 無意義的值
   d. 以上皆非

6. 如果函式不回傳任何值,那麼預設情況下函式會回傳哪種型態的值?

   a. int
   b. double
   c. str
   d. None

7. 以下程式的輸出為何?

   ```
   def test():
       global x
       x = 'A'
   # 主程式 #
   x = 'Z'
   test()
   print(x)
   ```

   a. Z
   b. A
   c. 無意義的值
   d. 以上皆非

8. 以下程式的輸出為何?

   ```
   def test(x):
       x = 200
   # 主程式 #
   x = 100
   test(x)
   print(x)
   ```

   a. 100
   b. 無意義的值
   c. 200
   d. 以上皆非

9. 以下程式的輸出為何?

   ```
   def test(x):
       p = 90

   # 主程式 #
   p = 50
   print(test(p))
   ```

   a. 90
   b. 50
   c. Error
   d. None

10. 以下程式的輸出為何?

    ```
    def evaluate_expression_1(Z):
        Z = Z + 5
        def evaluate_expression_2(Z):
            print('Hello')
            return Z
        return Z
    value = 10
    print(evaluate_expression_1(value))
    ```

a. Hello 10　　　　　　　　　b. 10

c. 15 Hello　　　　　　　　　d. 15

11. 以下程式的輸出為何？

```
def evaluate_expression_1():
    global x
    x = x - 5

    def evaluate_expression_2():
        global x
        return x + 3

    return evaluate_expression_2()
# 主程式 #
x = 10
print(evaluate_expression_1())
```

a. 5　　　　　　　　　　　　b. 8

c. 10　　　　　　　　　　　 d. 13

12. 以下程式的輸出為何？

```
def perform_multiplication(Num1, Num2):
    Num2 = Num1 * Num2
    return Num1, Num2

# 主程式 #
Num2, Num1 = perform_multiplication(5, 4)
print(Num1, Num2)
```

a. 5, 4　　　　　　　　　　　b. 5, 20

c. 20, 5　　　　　　　　　　 d. 4, 5

13. 以下程式的輸出為何？

```
def Display(Designation, Salary):
    print("Designation = ", Designation, "Salary = ", Salary)
Display("Manager", 25000)
Display(300000, 'Programmer')
```

a. Error: Type Mismatch

b. Manger 25000

   300000 Programmer

c. 300000 Programmer

   Manger 25000

d. 以上皆非

14. 以下程式的輸出為何？

    ```
    def func1():
        print("Outer function")
        def func2():
            print("Inner function")
    func2()
    ```

    a. Outer Function   b. Inner Function

    c. Outer Function, Inner Function   d. Error

15. 以下程式的輸出為何？

    ```
    def func(a, b = 40, c = 50):
        print(a, b, c)

    func(100, "Welcome")
    ```

    a. 100, Welcome, 50   b. 100, 40, 50

    c. Error   d. Welcome, 40, 50

16. 以下程式的輸出為何？

    ```
    def compute(arg):
        arg += '3'
        arg *= 3
        return arg

    print(compute('abc'))
    ```

    a. abc3   b. abcabcabc

    c. abc3abc3abc3   d. Error

17. 以下程式的輸出為何？

    ```
    x = 100
    y = 200
    def demo():
        global y
        x = 450
        y = 900
    demo()
    print(x, y)
    ```

    a. 100 200   b. 450 900

    c. 100 900   d. 450 200

18. 以下程式的輸出為何？

    ```
    def arg_demo(p = 5,*args):
        print(args)
    foo(5, 6, 7, 8)
    ```

a. (5, 6, 7, 8)　　　　　　　　b. Error
c. (6, 7, 8)　　　　　　　　　d. [6, 7, 8]

B. 是非題

1. 一個函式將一個程式劃分為一些獨立的小模組。
2. Python 函式的語法包含標題和主體。
3. 函式標題以 def 關鍵字開頭。
4. 參數用於為函式提供輸入值。
5. 參數在函式定義中用一對小括號來指定。
6. 在函式中，參數由函式中出現的名稱來定義。
7. 引數是在呼叫函式時實際傳遞給函式的值。
8. return 敘述式用於從函式中回傳數值。
9. 呼叫自己本身的函式被稱為遞迴函式。
10. 如果函式主體內的敘述式呼叫自己本身，這個函式就被稱為遞迴函式。

C. 練習題

1. 試著列出函式的優點。
2. 試著解釋函式的功能為何？
3. 試著定義函式。
4. 試著寫出函式的語法。
5. 試著區分使用者定義函式和函式庫定義函式。
6. 試著解釋函式的運作原理，並說明如何從函式中回傳結果。
7. 試著解釋引數，並說明如何將引數傳遞給函式？
8. 試著解釋 return 敘述式的用途為何？
9. 試著舉例說明是否可以從一個函式回傳多個值？
10. 試著解釋區域和全域變數。

D. 程式練習題

1. 撰寫一個函式 **eval_Quadratic_Equa(a, b, c, x)**，回傳以下二次方程式的值：
$$ax^2 + bx + c$$
2. 撰寫一個函式 **calc_exp(base, exp)**，計算任意數值的指數，即 **base^{exp}**。該函式應以兩種數值作為基數 (base)，包括浮點數或整數。exp 將是一個大於 0 的整數。
3. 撰寫一個函式 **Calc_GCD_Recurr(a, b)**，用於遞迴計算兩個數的 GCD。該函式應讀取兩個正整數並回傳一個整數作為 GCD。

注意：兩個正整數的最大公因數 (GCD) 是指能夠整除兩個正整數的最大整數。

範例：

gcd(12, 2) = 2

gcd(6, 12) = 6

gcd(9, 12) = 3

4. 撰寫一個函式 **reverse_number( )** 來回傳輸入數值的反轉數值。

範例：

reverse_number(1234) 顯示反轉數值 4321

5. 通過鍵盤輸入一個四位數字的整數，然後分別撰寫一個不使用遞迴和使用遞迴的函式來計算四位數字的總和。

6. 通過鍵盤輸入一個正整數，然後撰寫一個函式 factor(num) 來獲得指定數值的因數。

7. 撰寫一個程式，定義函式 **dec_bin(num)** 來將現有的十進位制數值轉換為二進位制。

Chapter 7
字串

學習成果

完成本章後,學生將會學到:

✦ 在程式中創建並使用字串。
✦ 透過索引運算子存取字串中的字元,包括存取字元的負數索引。
✦ 使用 str[start : end] slicing 運算子從較大的字串中獲取子字串。
✦ 使用字串的各種內建函式,例如 len()、min() 和 max()。
✦ 將 Python 內建運算子 (+、*) 應用於字串,並使用運算子 (>、>=、<、<=、==、!=) 比較兩個不同的字串。
✦ 使用各種字串函式,如 capitalise()、upper()、lower()、swapcase() 和 replace(),將字串轉換為另一種形式。
✦ 使用各種字串函式,例如 find()、rfind()、endswith()、startwith(),從指定字串中搜索子字串。
✦ 使用函式 ljust()、rjust()、center()、format() 格式化字串。

章節大綱

7.1 簡介
7.2 `str` 類別
7.3 Python 用於字串的內建函式
7.4 索引 `[]` 運算子
7.5 使用 `for` 和 `while` 迴圈讀取字串
7.6 不可變字串
7.7 字串運算子
7.8 字串的運算

▶ 7.1 簡介

字元為建構起 Python 的區塊之一,程式由一系列的字元所組成,當一系列的字元序列組合在一起時,便會創建出一個有意義的字串。因此，字串可以視為一系列處理過的字元。

許多程式語言中，字串被處理為陣列中的字元，但是在 Python 中，字串屬於 `str` 類別的物件，這個字串類別中有許多的構造函式。

下一節將介紹構造函式以及如何存取字串。

▶ 7.2 `str` 類別

字串為 `str` 類別的物件，我們可以透過 `str` 類別的構造函式創建一個字串，如下所示：

```
S1 = str()              #創建一個空字串
S2 = str("Hello")       #為 Hello 創建一個字串
```

另一種創建字串的方法為，將字串值分配給變數。

範例

```
S1 = ""                 #創建一個空字串
S2 = "Hello"            #等同於 S2 = str("Hello")
```

可以透過索引運算子一次存取字串中的所有字元，7.4 節中將有更詳細的解釋。

▶ 7.3 Python 用於字串的內建函式

Python 有幾個可用於字串的內建函式，程式設計師可以使用函式 `min()` 和 `max()` 回傳字串中最大和最小的字元。我們也可以使用函式 `len()` 回傳字串中的字元數。

以下範例說明了字串相關的函式使用。

```
>>>a = "PYTHON"
>>>len(a)   #回傳字串長度，也就是輸入的字元數
6
>>>min(a)   #回傳字串中最小的字元
'H'
>>>max(a)   #回傳字串中最大的字元
'Y'
```

▶ 7.4 索引 [ ] 運算子

由於字串是一系列字元，因此，可以通過索引運算子一次存取字串中的所有字元。字串中的字元是**從 0 開始排序**，也就是字串的第一個字元儲存在位置 0，而字串

的最後一個字元儲存於比字串長度減 1 的位置。圖 7.1 說明如何儲存字串。

```
S → | I | N | D | I | A |
      ↑   ↑   ↑   ↑   ↑
    S[0] S[1] S[2] S[3] S[4]
```

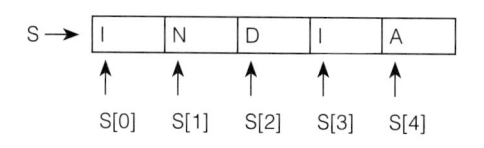

圖 7.1 使用索引運算子存取字串中的字元

範例

```
>>>S1 = "Python"
>>>S1[0]  #存取字串中的第一個元素
'P'
>>>S1[5]  #存取字串中的最後一個元素
'n'
```

> **!注意**
>
> 長度為 n 的字串，也就是該字串的有效索引是從 0 到 n-1。如果嘗試存取大於 n-1 的索引，Python 將跳出錯誤訊息 string index out of range，以下將示範說明。
>
> ```
> >>>a = 'IIT'
> >>>a[3]
> Traceback (most recent call last):
>   File "<pyshell#1>", line 1, in <module>
>     a[3]
> IndexError: string index out of range
> ```

7.4.1 通過負數索引存取字元

負數索引透過由後向前的順序來存取字串中的字元，任何非空字串的最後一個字元**索引**編號為 **-1**，如圖 7.2 所示。

```
S → | P | Y | T | H | O | N |
      ↑   ↑   ↑   ↑   ↑   ↑
    S[-6] S[-5] S[-4] S[-3] S[-2] S[-1]
```

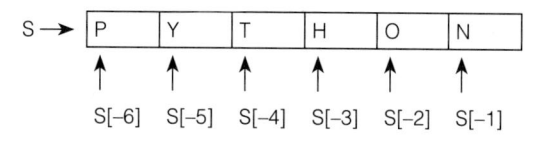

圖 7.2 使用負數索引存取字串中的字元

範例

```
>>>S = "PYTHON"
>>>S[-1]  #存取字串中的最後一個元素
```

```
'N'
>>>S[-2]
'O'
>>>S[-3]
'H'
>>>S[-4]
'T'
>>>S[-5]
'Y'
>>>S[-6]#存取字串中的第一個元素
'P'
```

> **！注意**
>
> $$S[-n] == S[Length\_of(S)-n]$$
>
> 範例：
> ```
> S = "IIT-Bombay"
> >>>S[-3]
> >>>'b'
> ```

解釋

$$S[-3]==S[Len(S)-3]=S[10-3]=S[7]$$

因此，S[-3] == S[7] 會輸出由前向後，儲存在索引 7 的字元；或者我們可以說它輸出由後往前，儲存在索引 -3 的字元。

▶ 7.5　使用 for 和 while 迴圈讀取字串

程式設計師可以使用 for 迴圈讀取字串中的所有字元，以下程式將顯示字串的所有字元。

── 程式 7.1

撰寫一個程式，使用 for 迴圈讀取字串中的所有字元。

```
S = "India"
for ch in S:
    print(ch, end="")
```

輸出

```
India
```

解釋 字串 India 被指派給變數 S，利用 for 迴圈輸出字串 S 中的所有字元，敘述式 **for ch in S:** 可以解讀為「使用 for 迴圈將字串 S 中的每個字元輸出」。

━━ 程式 7.2

撰寫一個程式，使用 for 迴圈讀取字串中索引編號為偶數的字元。

```
S = "ILOVEPYTHONPROGRAMMING"
for ch  in range(0, len(S), 2):#讀取索引編號為偶數的字元
    print(S[ch], end=" ")
```

輸出
```
I O E Y H N R G A M N
```

7.5.1 用 while 迴圈讀取

程式設計師也可以使用 while 迴圈讀取字串的所有元素，以下範例將說明如何使用 while 迴圈讀取字串的所有字元。

━━ 程式 7.3

撰寫一個程式，使用 while 迴圈讀取字串的所有元素。

```
S = "India"
index = 0
while index<len(S):
    print(S[index], end="")
    index = index + 1
```

輸出
```
India
```

解釋 透過 while 迴圈讀取一個字串，並顯示每個字元，在每次迭代中將檢查條件 index<len(S) 是否滿足。當索引編號等於字串的長度時，條件為 False，將不繼續執行迴圈本體。存取的最後一個字元索引編號會比字串長度 –1。

▶ 7.6 不可變字串

字元序列區分為兩類：可變的和不可變的。可變是指可以直接更改其中的字元，不可變的則是指不可直接更改其中的字元，因此字串屬於不可變的字元序列。

參考以下範例，讓我們看看如果我們嘗試改變字串的內容會發生什麼事。

範例

```
Str1 = "I Love Python"
Str1[0] = "U"
print(Str1)
```

ERROR:
TypeError: 'str' object does not support item assignment

解釋　上述範例中，我們將字串 I Love Python 指派給了 Str1，索引 [] 運算子用於更改字串的內容。最後它跳出錯誤訊息，因為字串是**不可變的**，這意味著無法更改現有的字串。

> **❶ 注意**
> 如果要更改現有的字串，最好的方法是創建一個新的字串，作為原始字串的變數。
>
> ```
> Str1 = "I Love Python"
> Str2 = "U"+Str1[1:]
> print(Str2)
> ```
>
> **輸出**
> ```
> U Love Python
> ```

參考以下兩個相似的字串，Hello 被指派給兩個不同的變數：

```
Str1 = "Hello"
Str2 = "Hello"
```

上述範例中，變數 Str1 和 Str2 具有相同的內容，因此，Python 為具有相同內容的字串視為同一個物件，如圖 7.3 所示。Str1 和 Str2 指的是同一個字串，且 Str1 和 Str2 具有相同的 ID 編號。

```
>>>Str1 = "Hello"
>>>Str2 = "Hello"
>>>id(Str1)
53255968
>>>id(Str2)
53255968
```

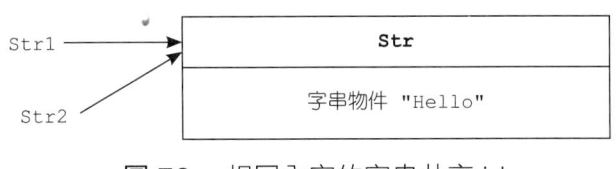

```
    Str1 ─────┐    ┌─────────────────────┐
              ├───▶│         Str         │
    Str2 ─────┘    ├─────────────────────┤
                   │   字串物件 "Hello"    │
                   └─────────────────────┘
```

圖 7.3　相同內容的字串共享 id

▶ 7.7　字串運算子

字串包含切片運算子，使用參數設定存取長度，獲取子字串，同時具有基本的連接 +、in 和重複 * 運算子。下一節將更詳細地描述字串運算子。

7.7.1　字串切片運算子 [start: end]

切片運算子透過指定兩個索引編號 [**開始: 結束**] 來回傳字串的子集合。
用於回傳字串子集合的語法為：

```
Name_of_Variable_of_a_String[Start_Index: End_Index]
```

範例

```
>>>S = "IIT-BOMBAY"
>>>S[4:10] #返回字串的子集合
'BOMBAY'
```

　　S[4:10] 從切片運算子中的開始索引（也就是 4）開始，到結束索引減 1（也就是 10 - 1 = 9）結束。

7.7.2　帶有遞增值的切片

在上一節中，我們學習如何選擇字串的一部分，但是程式設計師如何跳著選取字串？

這可以**遞增值**來完成，切片中，前兩個參數是**開始索引**和**結束索引**，我們需要添加第三個參數作為**遞增值**。

語法

`Name_of_Variable_of_a_String`[Start_Index:End_Index:Step_Size]

範例

```
>>>S = "IIT-BOMBAY"
>>>S[0:len(S):2]
>>>'ITBMA'
```

> **解釋** 一開始我們為 S 指派了一個字串 IIT-BOMBAY，敘述式 **S[0:len(S):2]** 表示我們將擷取字串中從索引編號 0 開始到索引編號 10 結束的部分，也就是字串 IIT-BOMBAY 的長度。遞增值為 2，代表著我們將從字串 S 中每隔兩個字元擷取一次。

一些更複雜的字串切片範例

```
>>>S = "IIT-MADRAS"
>>>S[::]#輸出整個字串
'IIT-MADRAS'

>>>S[::-1]
'SARDAM-TII'#以相反的順序顯示字串

>>>S = "IIT-MADRAS"
>>>S[-1:0:-1]#從索引 -1 開始存取字串的字元
>>>'SARDAM-TI'

>>>S[:-1]
#從儲存在索引 0 的字元開始，並排除儲存於索引 -1 的最後一個字元。
'IIT-MADRA'
```

7.7.3　應用於字串中的 +、* 和 in 運算元

1. + 運算子：加法 (+) 運算子用於連接兩個字串。

　　範例：
```
>>>S1 = "IIT"        #"IIT" 指派給 S1 字串
>>>S2 = "Delhi"      #"Delhi" 指派給 S1 字串
>>>S1 + S2
'IIT Delhi'
```

2. * 運算子：乘法 (*) 運算子用於多次連接相同的字串，也被稱為**重複運算子**。

　　範例：
```
>>>S1 = "Hello"
>>>S2 = 3 * S1#輸出字串 "Hello" 三遍
>>>S2
'HelloHelloHello'
```

　　注意：S2 = 3 * S1 和 S2 = S1 * 3 會得到相同的輸出

3. in 和 not in 運算子：in 和 not in 運算子都被用於檢查字串是否包含於另一個字串中。

字串 Chapter 7   197

範例：

```
>>>S1 = "Information Technology"
#檢查字串 S1 中是否存在字串 "Technology"
>>>"Technology" in S1
True
#檢查字串 S1 中是否存在字串 "Technology"
>>>"Engineering" in S1
False
>>>S1 = "Information Technology"
#檢查字串 S1 中是否存在字串 "Hello"
>>>"Hello" not in S1
True
```

程式 7.4

撰寫一個程式，來輸出字串 word1 中所有出現在字串 word2 的字母。

範例：

word1 = USA North America

word2 = USA South America

```
#輸出出現於字串 word1 與字串 word2 的字母
```

輸出

```
USA orth America
```

解決方法

```
word1 = "USA North America"
word2 = "USA South America"
print("word1 =", word1)
print("word2 =", word2)
print("The words that appear in word1 also appears in word2")
for letter in word1:
    if letter in word2:
        print(letter, end="")
```

輸出

```
word1 = USA North America
word2 = USA South America
The words that appear in word1 also appears in word2
USA orth America
```

> **解釋** 上述程式中，字串 USA North America 被指派給 word1，字串 USA South America 被指派給 word2。在 `for` 迴圈中，將 word1 的每個字母與 word2 的每個字母進行比較，如果 word2 中出現 word1 的字母，則輸出該字母。程式設計師可以將上述 `for` 迴圈理解為，**如果 word1 中的任何一個字母，出現在 word2 中，則輸出該字母**。

▶ 7.8 字串的運算

`str` 類別提供了許多不同的方法來對字串執行各種操作，它有助於計算**字串的長度**、從指定的字串中檢視單個字元，以及比較、連接兩個不同的字串。

7.8.1 字串比較

運算子 ==、<、>、<=、>= 和 != 用於比較字串，Python 會利用字串對應的字元來比較字串。

範例

```
>>>S1 = "abcd"
>>>S2 = "ABCD"
>>>S1>S2
True
```

> **解釋** 將字串 abcd 指派給 S1，字串 ABCD 指派給 S2，則敘述式 S1 > S2 回傳 True，因為 Python 會比較每個字元的數值。在上述範例中，a 的數值為其對應的 ASCII 值，也就是 97；A 的數值為其對應的 ASCII 值，也就是 65。97 > 65，因此它回傳 True，字元將逐個比較，一直持續到字串的末尾。

更多字串比較的範例

```
>>>S1 = "abc"
>>>S2 = "abc"
>>>S1 == S2
True
>>>S1 = "ABC"
>>>S2 = "DEF"
>>>S1 > S2
False

>>>S1 = "AAA"
>>>S2 = "AAB"
>>>S2 > S1
True
```

```
>>>S1 = "ABCD"
>>>S2 = "abcd".upper()
>>>S2
'ABCD'
>>>S1 > S2
False
>>>S1 >= S2
True
```

7.8.2 應用於字串的 `format()` 函式

在 Python 2 和 Python 3 中,程式設計師可以在字串中使用 %,並為每個 % 提供一個值。

範例

```
>>>"My Name is %s and I am from %s"%("JHON","USA")
'My Name is JHON and I am from USA'
```

上述範例中,我們已經了解如何使用 %(餘除)運算子格式化字串,然而對於更複雜的格式化,Python 3 增加了一個新的字串方法,稱為 **`format()`** 函式。我們可以使用 {0}、{1} 等,代替 %,format() 函式的語法為:

`template.foramt(P0, P1, ........, k0=V0, K1=V1...)`

函式 format() 的引數有兩種型態,參數 P_i 由 0 個或多個位置所組成,$K_i = V_i$ 為 0 個或多個形式為關鍵字的引數所組成。

範例

```
>>>'{} plus {} equals {}'.format(4, 5,'Nine')
'4 plus 5 equals Nine'
```

解釋 透過參數 4、5 和 Nine 將 format() 函式套用於字串,空的 {} 會按照順序被所設的引數替換,第一個 {} 會被第一個引數替換,依此類推,預設情況下,format() 中第一個引數索引是從 **0** 開始,同時也可以在 {} 內給出引數的位置,以下範例說明了在 {} 內使用索引作為引數。

範例

```
>>>"My Name is {0} and I am from {1}".format("Milinda", "USA")
'My Name is Milinda and I am from USA'
```

解釋 函式 format() 包含了各種引數，在上述範例中，format() 函式有兩個引數，分別為 Milinda 和 USA。由於 format() 函式的第一個引數的索引編號從 0 開始，因此，{0} 替換了格式的第 0 個引數；相同原理，{1} 替換格式的第 1 個引數。

關鍵字引數和 format() 函式

我們也可以在大括號中插入文字以及索引數字，但是，文字必須對應 format() 函式的關鍵字引數。

範例

```
>>>"I am {0} years old.I Love to work on {PC} Laptop".format(25,PC
= "APPLE")
'I am 25 years old. I Love to work on APPLE Laptop'
```

7.8.3　split() 函式

split() 函式會回傳字串中所有的單字，主要用於將一個長的字串拆解成更小的字串。

範例

參考以下範例，將 C、C++、Java 和 Python 等不同的名稱指派給變數 Str1，並將 **split()** 函式套用於 Str1，將會回傳 C、C++、Java 和 Python。

```
>>>Str1 = "C C++ JAVA Python"#將 C、C++、Java 和 Python 等不同的名稱指派給 Str1
>>>Str1.split()
['C,C++,JAVA,Python']
```

━ 程式 7.5

輸入一個字串，其中包含各種跨國公司的名稱列表，例如 TCS、INFOSYS、MICROSOFT、YAHOO 和 GOOGLE，並且使用 split() 函式，在不同的行中顯示每間公司的名稱。

```
TOP_10_Company = "TCS,INFOSYS,GOOGLE,MICROSOFT,YAHOO"
Company = TOP_10_Company.split(",")
print(Company)
for c   in Company:
    print(end="")
    print(c)
```

輸出

```
['TCS', 'INFOSYS', 'GOOGLE', 'MICROSOFT', 'YAHOO']
TCS
INFOSYS
GOOGLE
MICROSOFT
YAHOO
```

> **!注意**
> split() 函式也可以不帶引數使用，如果在沒有分隔號的情況下調用它，則預設會使用空格做為分隔號。

7.8.4 測試字串

字串中可能包含數字、字母或兩者都有，因此，可以透過各種函式來測試輸入的字串是否包含數字、字母還是兩者都有，表 7.1 給出了不同應用於字串中的函式範例。

表 7.1 用於測試字元的 str 類別方法

用於測試字元的 str 類別方法	涵義

bool isalnum()
範例：
`>>>S = "Python Programming"`
`>>>S.isalnum()`
`False`
`>>>S = "Python"`
`>>>S.isalnum()`
`True`
`>>>P = "1Jhon"`
`>>>P.isalnum()`
`True`
	如果字串中至少有一個字元，且字元由字母和數字組成，則回傳 True。

bool isalpha()
範例：
`>>>S = "Programming"`
`>>>S.isalpha()`
` True`
`>>>S = "1Programming"`
`>>>S.isalpha()`
`False`
	如果字串中至少有一個字元，且所有的字元都是字母，則回傳 True。

用於測試字元的 `str` 類別方法	涵義

`bool isdigit()`
範例：
`>>>Str1 = "1234"`
`>>>Str1.isdigit()`
`True`
`>>>Str2 = "123Go"`
`>>>Str2.isdigit()`
`False`
	如果字串中的字元只有包含數字，則回傳 True。

`bool islower()`
範例：
`>>>S = "hello"`
`>>>S.islower()`
`True`
	如果字串中的所有字元都是小寫，則回傳 True。

`bool isupper()`
範例：
`>>>S = "HELLO"`
`>>>S.isupper()`
`True`
	如果字串中的所有字元都是大寫，則回傳 True。

`bool isspace()`
範例：
`>>>S = " "`
`>>>S.isspace()`
`True`
`>>>Str1 = "Hello Welcome to Programming World"`
`>>>Str1.isspace()`
`False`
	如果字串只有空格字元，則回傳 True。

7.8.5 在字串中搜索子字串

表 7.2 包含了 `str` 類別提供了在指定字串中搜索子字串的方法。

表 7.2　在指定字串中搜索子字串的方法

`str` 類別中用於在指定字串中搜索子字串的方法	涵義

`bool endswith(str Str1)`
範例：
`>>>S = "Python Programming"`
`>>>S.endswith("Programming")`
`True`
	如果字串以子字串 Str1 結尾，則回傳 True。

str 類別中用於在指定字串中搜索子字串的方法	涵義

`bool startswith(str Str1)`
範例:
`>>>S = "Python Programming"`
`>>>S.startswith("Python")`
`True`
	如果字串以子字串 Str1 開始,則回傳 True。

`int find(str Str1)`
範例:
`>>>Str1 = "Python Programming"`
`>>>Str1.find("Prog")`
`7 #回傳字串中 "Prog" 的索引`
`>>>Str1.find("Java")`
`-1 #如果在字串 Str1 中找不到子字串 "Java",則回傳 -1`
	如果在字串中找到子字串 Str1,回傳 Str1 在字串中開始的最低索引編號,如果未找到,則回傳 -1。

`int rfind(str Str1)`
範例:
`>>>Str1 = "Python Programming"`
`>>>Str1.rfind("o")`
`9 #回傳 Str1 最後一次出現的字串 "o" 的索引編號`
	如果在字串中找到子字串 Str1,回傳 Str1 在字串中開始的最高索引編號,如果未找到,則回傳 -1。

`int count(str S1)`
範例:
`>>>Str1 = "Good Morning"`
`>>>Str1.count("o")`
`3`
	回傳子字串的出現次數。

7.8.6 將一個字串轉換為另一個字串的方法

字串可能以小寫或大寫的形式呈現,可以透過函式將小寫轉換為大寫,反之亦然。表 7.3 包含了將一個字串轉換為另一個字串的方法。

表 7.3 將字串從一種形式轉換為另一種形式的方法

str 類別中將一個字串轉換為另一個字串的方法	涵義

`str capitalize()`
範例:
`>>>Str1 = "hello"`
`>>>Str1.capitalize()`
`'Hello' #將字串 Str1 的第一個字母轉換為大寫`
	回傳一個只有第一個字母大寫的字串。

str 類別中將一個字串轉換為另一個字串的方法	涵義

str lower()
範例：
`>>>Str1 = "INDIA"`
`>>>Str1.lower()`
`'india'`
	回傳一個將所有字母都轉換為小寫的字串。

str upper()
範例：
`>>>Str1 = "iitbombay"`
`>>>Str1.upper()`
`'IITBOMBAY'`
	回傳一個將所有字母都轉換為大寫的字串。

str title()
範例：
`>>>Str1 = "welcome to the world of programming"`
`>>>Str1.title()`
`'Welcome To The World Of Programming'`
	回傳一個將每個單字的字首都轉換為大寫的字串。

str swapcase()
範例：
`>>>Str1 = "IncreDible India"`
`>>>Str1.swapcase()`
`'iNCREdIBLE iNDIA'`
	回傳一個將大寫轉換為小寫字，並將小寫轉換為大寫的字串。

str replace (str old, str new [, count])
範例：
`>>>S1 = "I have brought two chocolates, two cookies and two cakes"`
#使用新字串 `"three"` 替換舊字串 `"two"`。
`>>>S2 = S1.replace("two","three")`
#將所有出現的舊字串 `"two"` 替換為 `"three"`
`>>>S2`
`'I have brought three chocolates, three cookies and three cakes'`
 	
Q. 試著將以下字串的 two chocolates 和 two cookies 替換為 three chocolates 和 three cookies。
 	
`>>>S1 = "I have brought two chocolates, two cookies and two cakes"`
`>>>S1.replace("two","three", 2)`
#只將前 **2** 次出現的舊字串 `"two"` 替換為 `"three"`
`'I have brought three chocolates, three cookies and two cakes'`
	replace() 函式會將新字串取代所有的舊字串，而第三個參數是可設置的，它告訴字串有多少個舊字串需被新字串替換。

7.8.7 從字串中去除不需要的字元

當我們解析文本時,一個常見問題便是如何刪除字串開頭或結尾的剩餘字元,Python 提供了多種方法來刪除字串開頭、結尾或兩端的空白字元。

> **注意**
> " "、\f、\r 和 \n 等字元都稱為空白字元。

表 7.4 中提供去除開頭及結尾空白字元的方法。

表 7.4 去除開頭和結尾空白字元的方法

str 類別中去除空白字元的方法	涵義

str lstrip()
範例:
`>>>Scentence1 = "Hey Cool!!."`
`>>>Scentence1`#顯示 **Scentence1**
`'Hey Cool!!.'`#去除左邊空白字元之前
`>>>Scentence1.lstrip()`#去除左邊空白字元
`'Hey Cool!!.'`#去除左邊空白字元之後
範例:
`>>>Bad_Sentence = "\t\tHey Cool!!."`
`>>>Bad_Sentence`#輸出去除空白字元之前的 **Bad_Sentence**
`'\t\tHey Cool!!.'`
`>>>Bad_Sentence.lstrip()`#輸出去除之後的 **Bad_Sentence**
`'Hey Cool!!.'`
	回傳一個去除了開頭空白字元的字串。

str rstrip() 範例: `>>>Scentence1 = "Welcome!!!\n\n"` `>>>Scentence1.rstrip()` #去除結尾空白字元 `'Welcome!!!'` #去除空白字元之後	回傳一個去除了結尾空白字元的字串。

str strip()
範例:
`>>>Str1 = "Hey,How are you!!!\t\t\t"`
`>>>Str1` #輸出去除字元之前的 **str1**
`'Hey,How are you!!!\t\t\t'`
`>>>Str1.strip()`#輸出去除字元之後的 **str1**
`'Hey,How are you!!!'`
	回傳一個去除了開頭和結尾空白字元的字串。

str 類別中去除空白字元的方法	涵義

範例：
`>>>s1 = "@Cost Prize of Apple Laptop is at Rs = 20 Dollars $$$$"`
`>>>s1`#去除不需要的字元 `@` 和 `$` 之前
`'@Cost Prize of Apple Laptop is at Rs = 20 Dollars $$$$'`
`>>>s1.strip('@$')`
`'Cost Prize of Apple Laptop is at Rs = 20 Dollars'`
`#`去除後	

> **！注意**
> 不適用於字串中間的任何文字，只適用於去除字串開頭和結尾的空白字元。

範例

```
>>>S1 = "Python     Programming"
>>>S1#輸出去除之前的 S1
'Python     Programming'
>>>S1.strip()
'Python     Programming'#輸出去除之後的 S1
```

上述範例中，兩個字串 Python 和 Programming 之間有多個空格，即使於 S1 上使用了 `strip()` 函式之後，字串 S1 仍保持不變，並不會從字串 S1 中刪除空格字符。

7.8.8 字串格式化

表 7.5　格式化字串的方法

str 類別中格式化字串的方法	涵義

str center(int width)
範例：
`>>>S1 = "APPLE MACOS"`
#將字串 `S1` 放在一個 `11` 個字元的字串中心
`>>>S1.center(15)`
`'  APPLE MACOS  '`
	將字串放在給定寬度的中心，並回傳字串。

str ljust(int width) 範例： `>>>S1 = "APPLE MACOS"`	透過指定的寬度，將字串向左對齊，並回傳字串。

str 類別中格式化字串的方法	涵義

#將字串 S1 放在一個 15 個字元的字串左邊
`>>>S1.ljust(15)`
`'APPLE MACOS   '`	

`str rjust(int width)`
範例：
`>>>S1 = "APPLE MACOS"`
#將字串 S1 放在一個 15 個字元的字串右邊
`>>>S1.rjust(15)`
`'    APPLE MACOS'`
	透過指定的寬度，將字串向右對齊，並回傳字串。

7.8.9 應用於字串上的一些程式

── 程式 7.6

撰寫一個程式，使用函式 countB(word)，將一個單字作為引數，並回傳該單字中字母 b 的個數。

```
def countB(word):
  print(word)
  count = 0
  for b in word:
     if (b == 'b'):
         count = count + 1
  return count
print("Number of  'b' = ", countB("abbbabbaaa"))
```

輸出

```
abbbabbaaa
Number of 'b' =  5
```

── 程式 7.7

撰寫一個程式，使用函式 count_Letter(word, letter)，將一個單字和一個字母作為引數，並回傳該字母在單字中出現的次數。

```
def count_Letter(word, letter):
    print("Word = ", word)
    print("Letter to count = ", letter)
```

```
        print("Number of occurrences of '", letter, "'is =", end="")
        count = 0
        for i in word:
            if (i == letter):
                count = count + 1
        return count
x = count_Letter('INIDA', 'I')
print(x)
```

輸出

```
Word = INIDA
Letter to count = I
Number of occurrences of 'I' is = 2
```

程式 7.8

撰寫一個程式，使用函式 modify_Case(word) 改變單字中所有字母的大小寫，並回傳更改後的單字。

```
def modify_Case(word):
    print("Original String = ", word)
    print("After Swapping String  = ", end="")
    return word.swapcase()
print(modify_Case("hi Python is intresting, isn't it ? "))
```

輸出

```
Original String =  hi Python is intresting, isn't it ? 
After Swapping String  = HI PYTHON IS INTRESTING, ISN'T IT ?
```

程式 7.9

一個字串包含一個字元序列，可以從索引編號 0 開始存取字元中的元素。撰寫一個程式，使用函式 getChar(word, pos)，使用單字和數字作為引數，並回傳該位置字元。

```
def getChar(word, pos):
    print("Word = ", word)
    print("Character at Position  ", pos, "=", end="")
    counter = 0
    for i in word:
        counter = counter + 1
        if (counter == pos):
```

```
            return i
print(getChar("Addicted to Python", 3))
```

輸出

```
Word = Addicted to Python
Character at Position 3 = d
```

程式 7.10

撰寫一個程式，使用函式 Eliminate_Letter(word, Letter)，將一個單字和一個字母作為引數，並從單字中刪除所有指定的字母，回傳單字中剩餘的字母。

```
def Eliminate_Letter(word,Letter):
    print("String = ", word)
    print("After Removing Letter : ", Letter)
    print("String = ", end="")
    newstr = ''
    newstr = word.replace(Letter, "")
    return newstr
#測試範例
x = Eliminate_Letter('PYTHON PROGRAMMING', 'P')
print(x)
```

輸出

```
String =    PYTHON PROGRAMMING
After Removing Letter:   P
String = YTHON ROGRAMMING
```

程式 7.11

撰寫一個程式，使用函式 countVowels(word)，將一個單字作為引數，並回傳該單字中的母音 (a、e、i、o、u)。

```
def countVowels(word):
    print(" Word = ", word)
    word  = word.lower()
    return {v:word.count(v) for v in 'aeiou'}
print(countVowels("I Love Python Programming"))
```

輸出

```
Word =  I Love Python Programming
{'u': 0, 'i': 2, 'o': 3, 'e': 1, 'a': 1}
```

程式 7.12

撰寫一個程式,使用函式 UpperCaseVowels (word),將一個單字作為參數,回傳所有母音並將之轉換為大寫。

```python
def UpperCaseVowels(word):
    new = ''
    print("string = ", word)
    print(" After Capitializing Vowels")
    print("String = ", end="")
    for i in word:
        if(i == 'a' or i == 'e' or i == 'i' or i == 'o' or i == 'u' ):
            new = new + i.upper()
        else:
            new = new + i
    return new
#測試範例
x = UpperCaseVowels('aehsdfiou')
print(x)
```

輸出

```
string =  aehsdfiou
 After Capitializing Vowels
String = AEhsdfIOU
```

程式 7.13

撰寫一個程式,使用函式 replaceVowels(word) 刪除單字中的所有母音 (a、e、i、o、u),並回傳單字中剩餘的字母。

```python
def removeVowels(word):
    new = ''
    print("String =", word)
    print("String After Removing Vowels =", end="")
    for i in word:
        if(i != 'a' and i != 'e' and i != 'i' and i != 'o' and i != 'u'):
            new = new + i
    return new
#執行測試
x = removeVowels('abceiodeuf')
print(x)
```

輸出

```
String = abceiodeuf
String After Removing Vowels = bcdf
```

── **程式 7.14** ──

撰寫一個程式，使用函式 isReverse (word1, word2)，將兩個單字作為引數，如果第二個單字為第一個單字的反轉，則回傳 True。

```
def isReverse(word1, word2):
    print("First Word = ", word1)
    print("Second Word = ", word2)
    if(word1 == word2[::-1]):
        return True
    else:
        return False
x = isReverse('Hello','olleH')
print(x)
```

輸出

```
First Word =  Hello
Second Word =  olleH
True
```

── **程式 7.15** ──

撰寫一個程式，使用函式 mirrorText(word1, word2)，將兩個單字作為引數，並按以下順序回傳一個新的單字：word1word2word2word1。

```
def mirrorText(word1, word2):
    print("String1 = ", word1)
    print("String2 = ", word2)
    print("Mirror String = ", end="")
    return word1 + word2 + word2 + word1
x = mirrorText('PYTHON','STRONG')
print(x)
```

輸出

```
String1 =  PYTHON
String2 =  STRONG
Mirror String = PYTHONSTRONGSTRONGPYTHON
```

小專案：將十六進位制數轉換為等效的二進位制數

表 7.6 為十六進位制數所轉換的等效二進位制數。

表 7.6　十六進位制數所轉換的等效二進位制數

十六進位制數	等效的二進位制數	等效的十進位制數
1	0001	1
2	0010	2
3	0011	3
4	0100	4
5	0101	5
6	0110	6
7	0111	7
8	1000	8
9	1001	9
A	1010	10
B	1011	11
C	1100	12
D	1101	13
E	1110	14
F	1111	15

程式敘述式

撰寫一個程式，將作為字串輸入的十六進位制數轉換為等效的二進位制格式。

> **注意**
> 使用 `ord()` 函式讀取字元的 ASCII 值。

輸入範例

```
Please Enter Hexadecimal Number: 12FD
```

輸出範例

```
Equivalent Binary Number is
0001 0010 1111 1101
```

演算法

☞ **STEP 1**： 透過字串格式向使用者讀取十六進位制數字。
☞ **STEP 2**： 透過參數 h，將數字傳遞給名為 **hex_to_bin(h)** 的函式。
☞ **STEP 3**： 在函式 **hex_to_bin(h)** 中，將檢查字串 h 的每個字元是否介於 **A** 和 **F** 之間，然後轉換為等效的 ASCII 值，並且將數值加 10，也就是 (ord('ch') - ord('A')) + 10，最後將加總後的字串 X 回傳到 **dec_bin(X)** 函式。
☞ **STEP 4**： 計算 X 的等效二進位制數，並將其輸出。

```python
def dec_bin(x):      #十進位制轉二進位制
    k = []
    n = x
    while (n>0):
        a = int(float(n%2))
        k.append(a)
        n = (n-a)/2
    k.append(0)
    string = ""
    for j in k[::-1]:
        string = string + str(j)
    if len(string)>4:
        print(string[1:], end=' ')
    elif len(string)>3:
        print(string, end=' ')
    elif len(string)>2:
        print('0'+string, end=' ')
    else:
        print('00'+string, end=' ')

def hex_to_bin(h):   #十六進位制數字透過參數 h 傳給函式
    print('', end='')
    for ch in range(len(h)):
        ch = h[ch]
        if 'A' <= ch <='F':
            dn = 10 + (ord(ch)-ord('A'))
            dec_bin(dn)
        else:
            dn = (ord(ch)-ord('0'))
            dec_bin(dn)

n = input('Please Enter Hexadecimal Number: ')
print('Equivalent Binary Number is as follows: ')
hex_to_bin(n)
```

輸出

```
Please Enter Hexadecimal Number: 12FD
Equivalent Binary Number is as follows:
0001 0010 1111 1101
```

　　上述程式中，向使用者讀取作為字串的數字，並將其傳給 **hex_to_bin()** 函式，該函式會讀取字串中的所有字元，將每個字元轉換為等效的十進位制 X，之後傳遞給 **dec_bin(X)** 函式，得以計算等效的二進位數。因此，最終我們可以將指定的十六進位制數轉換為等效二進位制數。

總結

✦ 字串是 str 類別的物件。
✦ 字串物件是不可變的。
✦ 索引 [] 運算子用於存取字串中的每個字元。
✦ 可以透過 for 迴圈和 while 迴圈來存取字串的內容。
✦ 可以使用各種函式來操作並執行，例如從小寫到大寫的轉換、反轉、連接、比較、搜索和替換字串元素。

關鍵術語

✦ **索引 [] 運算子 (index[] Operator)**：存取字元。
✦ **+、* 和 in 運算子 (+, * and in Operator)**：用於連接字串、重複字串、檢查字串中的字元。
✦ **切片運算式 [開始: 結尾] 運算式 (Slicing str[start: end] Operation)**：獲取子字串。
✦ **比較運算子 (Comparison Operator)**：==、!=、>=、<=。
✦ **字串的不可變性 (Immutable String)**：無法更改現有的字串。
✦ **split() 函式 (split() Method)**：回傳單字列表。
✦ **format() 函式 (format() Method)**：格式化字串，向左對齊、向右對齊或置中。
✦ **測試字串 (Testing String)**：檢查字串中的字元是否包含數字、字母或是數字和字母皆有。

問題回顧

A. 選擇題

1. 以下程式的輸出為何？

    ```
    S1 = "Welcome to JAVA Programming"
    S2 = S1.replace("JAVA","Python")
    print(S1)
    print(S2)
    ```

    a. Welcome to JAVA Programming　　b. Welcome to Python Programming

    c. Welcome to Java Python Programming　d. 以上皆非

2. 以下程式的輸出為何？

    ```
    Str1 = "Hello"
    Str2 = Str1[:-1]
    print(Str2)
    ```

    a. olle　　　　　　　　　　　b. Hello

    c. el　　　　　　　　　　　　d. Hell

3. 以下程式的輸出為何？

    ```
    Str1 = "The Sum of {0:b} and {1:b} is {2:b}".format(2, 2, 4)
    print(Str1)
    ```

    a. The Sum of 10 and 10 is 0100　　b. The Sum of 2 and 2 is 100

    c. The Sum of 10 and 10 is 100　　d. The Sum of 2 and 2 is 4

4. 以下程式的輸出為何？

    ```
    Str1 = "ABBCCDEEBBFFERBBJJUIBB"
    print(Str1.count("BB"), end=' ')
    print(Str1.count("BB", 1), end=' ')
    print(Str1.count("BB", 2), end=' ')
    print(Str1.count("BB", 3), end=' ')
    ```

    a. 4 4 3 3　　　　　　　　　b. 4 3 4 3

    c. 3 4 3 4　　　　　　　　　d. 4 4 4 3

5. 以下程式的輸出為何？

    ```
    Str1 = "Python Programming"
    Str1[0] = "J"
    print(Str1)
    ```

    a. Jython Programming　　　　b. Jython

    c. Jython Jrogramming　　　　d. Error

6. 以下程式的輸出為何？

    ```
    S = "Programming"
    for char in S:
        print(char, end="")
    ```

    a. Programming
    b. P r o g r a m m i n g
    c. Error
    d. 以上皆非

7. 以下程式的輸出為何？

    ```
    S = "ILOVEWORLD"
    for ch in range(0, len(S), 3):
        print(S[ch], end=" ")
    ```

    a. I V O D
    b. I O W L
    c. I V W L
    d. I L O V

8. 以下程式的輸出為何？

    ```
    def countbc(word):
    print(word)
    count = 0
    for bc in word:
        if (bc == 'bc'):
        count = count + 1
    return count
    print("Number of  'bc' = ", countbc("abcbabcaaa"))
    ```

    a. 0
    b. 10
    c. 2
    d. 1

9. 如何用以下的列表輸出 'UK'？

    ```
    Countries = ['India', 'USA', 'UK']
    ```

    a. Countries[2]
    b. Countries[-1:]
    c. 選項 a 和選項 b 皆是
    d. 只有選項 a

10. 以下程式的輸出為何？

    ```
    a = '\t\t\tPython\n\n'
    print(a.strip())
    ```

    a. Python\n
    b. Python\n\n
    c. Python
    d. \t\tPython

11. 以下哪個選項等同於 s[:-1]？

    a. s[:len(s)]
    b. s[len(s):]
    c. s[::]
    d. s[:-1]

12. 以下程式的輸出為何？

    ```
    S='ABC'
    n = 1
    for ch in S:
        print(ch * n)
        n = n + 1
    ```

    a. ABC

    b. A
       BB
       CCC

    c. 1
       22
       333

    d. A BB CCC

13. 以下哪個選項並非有效操作？

    a. "Hello" + "World"　　　　b. "Hello" + 123

    c. '$' * 5　　　　　　　　　d. 以上皆非

14. 以下程式的輸出為何？

    ```
    str1 = 'I love Python programming. Python is very easy.'
    print(str1.find("Python"),',', str1.rfind("Python"))
    ```

    a. True, True　　　　　　　b. 7, 27

    c. 6, 26　　　　　　　　　　d. 以上皆非

15. 以下敘述式的輸出為何？

    a. "Python".isalpha( )　　　b. "".isalpha( )

    c. "123".isalpha( )

B. 是非題

1. 我們不能創建一個空字串。
2. 負數索引編號從字串的開頭存取字元。
3. 程式設計師不能使用 for 迴圈來讀取字串中的所有字元。
4. 使用 for 迴圈不能以三個為單位讀取字串的字元。
5. 程式設計師只能使用 while 迴圈來讀取字串中的所有字元。
6. 可變字串是指可變的字串。
7. 切片運算式會回傳字串的子字串。

8. ＋運算子用於連接兩個字串。
9. ＜是字串中的比較運算子。
10. `format()` 函式是適用於字串的方法之一。
11. `isdigit()` 函式用於測試整數。
12. Python 提供了多種去除空白字元的方法。
13. 字串不能被格式化。
14. rjust(int width) 函式會回傳一個在指定寬度並向右對齊的字串。
15. Python 中可以使用 isReverse(word1, word2)。

C. 練習題

1. 試著定義什麼是字串。
2. 試著敘述如何使用 `str` 類別的函式來創建字串。
3. 舉例說明如何利用索引運算子來讀取字元。
4. 試著描述以下給出的字串範例。

    Str1="Welcome to Python Programming"

    Str2 ="Welcome to Python Programming"

    Str3=Str1

    Str4="to"

    以下表達式的敘述為何？

    a. len(Str1)　　　　　　　　e. Str1[5:10]
    b. Str1[-7]　　　　　　　　 f. Str1.count('m')
    c. Str1[-3-1]　　　　　　　 g. Str1[8].capitalize( )
    d. Str3==Str1　　　　　　　 h. Str1+" "+Str1

5. 試著創建一個字串，以三個字元為單位，讀取字串。
6. 如何使用 while 迴圈讀取字串中的所有元素？
7. 用適當的範例來定義什麼是不可變字串。
8. 試著說明切片運算子的用途。
9. 試著描述我們如何獲得字串的子字串。
10. 試著描述字串的存取長度。
11. 試著列出用於字串中的比較運算子，並且創建一個表說明不同比較運算子所代表的涵義。
12. 試著說明 `format()` 函式的用途。
13. 如何拆解一個字串？

14. 試著定義一個方法，檢查字串是否包含數字或字母。
15. 試著定義如何格式化一個字元？

D. 程式練習題

1. 撰寫一個程式，讀取字串並顯示出大寫字母和小寫字母的數量。
2. 撰寫一個函式 Echo_Word(word)，使用一個單字作為引數，並根據單字中的字母數量來重複回傳該單字。
3. 撰寫一個函式 Reverse_Word(word)，使用相反順序回傳該單字。
4. 撰寫一個函式 startEndVowels(word)，如果該單字以母音開頭或結尾，則回傳 True。
5. 撰寫一個函式 getVowels(word)，它將一個單字作為引數，並回傳該單詞中的母音 (a、e、i、o、u)。
6. 撰寫一個函式，讀取一個包含二進位制數字的字串，並將其轉換為等效的十進位制整數。

Chapter 8
串列

學習成果

完成本章後,學生將會學到:

✦ 解釋程式語言中串列的必要性和重要性。
✦ 建立一個不同型態以及混合型態的串列。
✦ 撰寫程式,使用正負數索引數運算子存取串列元素。
✦ 透過不同的特徵和程式來解釋串列切片。
✦ 在串列上使用各種運算子,如 +、* 和 in 運算子。
✦ 從現有的串列中建立一個新的串列,學習將串列傳給函式,並撰寫程式從函式中回傳串列。

章節大綱

8.1 簡介
8.2 建立串列
8.3 存取串列中的元素
8.4 負數串列索引
8.5 串列切片 [開始索引: 結束索引]
8.6 使用含有讀取間隔的串列切片
8.7 Python 內建的串列函式
8.8 串列運算子
8.9 串列解析
8.10 串列方法
8.11 字串和串列
8.12 在串列中分割一個字串
8.13 將串列傳遞給函式
8.14 從函式中回傳串列

▶ 8.1 簡介

我們在許多場合中可能會需要儲存相同資料型態的變數。例如,在印度日常生活中使用的貨幣面額為 ₹5、10、20、100、500 和 2,000。如果程式設計師希望顯示所有面額的貨幣,那麼通過一般的程式設計方法,程式設計師可以通過讀取所有貨幣幣值,接著使用六個不同的變數來輸出它們。然而,透過串列,程式設計師可以使用一個變數來儲存所有相同或不同資料型態的元素,甚至可以輸出它們。同樣地,程式設計師也可以透過建立各式各樣的串列來顯示,如世界上排名前 100 的國家、GRE 考試合格的學生、購買的雜貨等。

在 Python 中,串列是一個稱為**項目**或**元素**的數值序列,元素可以是任何型態,串列的結構類似於字串的結構。

8.2 建立串列

list 類別定義了串列，程式設計師可以使用串列的建構子 (constructor) 來建立一個串列，請看以下範例。

範例：使用 list 類別的建構子建立一個串列

1. 建立一個空串列。

    ```
    L1 = list();
    ```

2. 建立一個含有三個任意整數元素的串列，例如 10、20 和 30。

    ```
    L2 = list([10, 20, 30])
    ```

3. 建立一個包含 Apple、Banana 和 Grapes 三個字串元素的串列。

    ```
    L3 = list(["Apple", "Banana", "Grapes"])
    ```

4. 使用內建的 `range()` 函式建立一個串列。

    ```
    L4 = list(range(0, 6))     #建立一個元素從 0 到 5 的串列
    ```

5. 用內建的字元 x、y 和 z 建立一個串列。

    ```
    L5 = list("xyz")
    ```

範例：不使用 list 類別的建構子來建立一個串列

1. 建立一個含有三個任意整數元素的串列，例如 10、20 和 30。

    ```
    L1 = [10, 20, 30]
    ```

2. 建立一個包含 Apple、Banana 和 Grapes 三個字串元素的串列。

    ```
    L2 = ["Apple", "Banana", "Grapes"]
    ```

> **❶ 注意**
>
> 一個串列可以包含混合型態的元素。
>
> 範例：
>
> ```
>     L3 = list(["Jhon", "Male", 25, 5.8])
> ```
>
> 上述範例建立了一個混合型態的串列 L3，即包含不同型態的元素，例如字串、浮點數和整數。

8.3 存取串列中的元素

串列中的元素是無法通過它們的位置來識別。因此，**索引 []** 運算子被用來存取它們。其語法為：

串列中的變數名稱[索引]

範例

```
>>>L1 = ([10, 20, 30, 40, 50])   #建立一個有五個不同元素的串列
>>>L1                            #輸出完整的串列
[10, 20, 30, 40, 50]
>>>L1[0]              #輸出串列中的第一個元素
10
```

解釋 在上述範例中，L1 建立一個有五個元素的串列：

$$L1 = [10, 20, 30, 40, 50]$$

其中 L1 是串列變數。

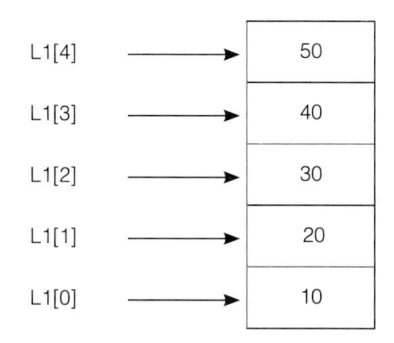

```
L1[4] ──────→  50
L1[3] ──────→  40
L1[2] ──────→  30
L1[1] ──────→  20
L1[0] ──────→  10
```

圖 8.1　串列中有五個元素，其索引值分別為 0 到 4

> **注意**
> 串列保留了它的原始順序，因此，串列是一個有順序被放置於中括號中的元素集合，並使用逗號分隔。如圖 8.1 所示，非空串列的索引總是從 0 開始。

▶ 8.4　負數串列索引

負數索引是從一個串列的末端開始向前計算來存取元素，任何非空串列的最後一個元素的**負數索引**為 **-1**，如圖 8.2 所示。

```
List1 = | 10 | 20 | 30 | 40 | 50 | 60 |
         -6   -5   -4   -3   -2   -1
```

圖 8.2　含有負數索引的串列

使用負數索引讀取串列中的元素。

範例

```
>>>List1 = [10, 20, 30, 40, 50, 60]    #建立串列
>>>List1[-1]              #讀取串列的最後一個元素
60
>>>List1[-2]              #讀取串列的倒數第二個元素
50
>>>List1[-3]              #讀取串列的倒數第三個元素
40
>>>List1[-6]              #讀取串列的第一個元素
10
```

> **！注意**
>
> List[-n] == List[Length_of(List)-n]
>
> 範例：
>
> ```
> >>>List1 = [10, 20, 30, 40, 50, 60]
> >>>List1[-3]
> 40
> ```
>
> 解釋：
>
> List1[-3]==List1[Len(List1)-3] = List1[6-3] = List1[3]
>
> 因此，List1[-3]==List1[3] 輸出了儲存在從串列中索引為 3 的元素，或者我們可以說它輸出了儲存在從串列中負數索引為 -3 的元素。

▶ 8.5　串列切片 [開始索引: 結束索引]

切片運算子會回傳一個被稱為**切片**的串列子集合。透過指定兩個索引，即**開始**和**結束**，其語法為：

一個串列的變數名稱 [開始索引： 結束索引]

範例

```
>>>L1 = ([10, 20, 30, 40, 50])    #建立一個有五個不同元素的串列
>>>L1[1:4]
  20, 30, 40
```

L1[1:4] 回傳從開始索引 1 到比結束索引少一個索引的串列子集合，即 4-1 = 3。

範例

```
>>>L1 = ([10, 20, 30, 40, 50])    #建立一個有五個不同元素的串列
>>>L1[2:5]
[30, 40, 50]
```

上述範例中，L1 建立了一個有五個元素的串列。索引運算子 L1[2:5] 回傳儲存在索引 2 和比結束索引少一個索引的所有元素，即 5-1 = 4。

▶ 8.6 使用含有讀取間隔的串列切片

到目前為止，我們已經學習了如何選擇串列中的一部分，在這一節中，我們將探討如何使用**讀取間隔** (step size) 從串列中每兩個或三個選出其中第一個元素。在切片中，前兩個參數是**開始索引**和**結束索引**，因此，我們需要增加第三個參數作為**讀取間隔**，用來輸出串列中每個讀取間隔中第一個元素所組成的子串列。為了能夠做到這一點，我們使用以下語法：

串列名稱[開始索引:結束索引:讀取間隔]

範例

```
>>>MyList1 = ["Hello", 1, "Monkey", 2, "Dog", 3, "Donkey"]
>>>New_List1 = MyList1[0:6:2]
>>>print(New_List1)
['Hello', 'Monkey', 'Dog']
```

解釋 一開始我們建立了一個有五個元素的串列 **Mylist1**。敘述式 **MyList1[0:6:2]** 表示程式設計師選擇串列中從索引 0 開始到索引 6 前結束的部分，其中讀取間隔為 2。這代表著我們會先從串列中抽出索引 0 開始到索引 6 前結束的片段或切片，然後依序選出索引 0、索引 2、索引 4 之串列切片。

範例

```
>>>List1 = ["Python", 450, "C", 300, ", C++", 670]
>>>List1[0:6:3]        #從 0 開始，每三個元素選出第一個
['Python', 300]        #輸出
```

8.6.1 較複雜的串列切片範例

```
>>>MyList1 = [1, 2, 3, 4] #含有四個元素的串列

>>>MyList1[:2]     #存取串列中的前兩個元素
[1, 2]

>>>MyList1[::-1]    #以相反的順序顯示串列
[4, 3, 2, 1]
```

```
#索引 -1 開始,於索引 0 結束,讀取間隔為 -1
>>>MyList1[-1:0:-1]
[4, 3, 2]
```

8.7 Python 內建的串列函式

Python 有多種可以跟串列一起使用的內建函式,表 8.1 列出了其中幾種函式。

表 8.1　可用於串列的內建函式

內建函式	涵義
`len()`	回傳串列中元素的數量。
`max()`	回傳具有最大值的元素。
`min()`	回傳具有最小值的元素。
`sum()`	回傳所有元素的總和。
`random.shuffle()`	隨機排序串列中的元素。

範例

```
#建立一個串列來儲存顏色名稱,並回傳串列的長度。

>>>List1 = ["Red", "Orange", "Pink", "Green"]
>>>List1
['Red', 'Orange', 'Pink', 'Green']
>>>len(List1)          #回傳串列的長度
4


#建立一個串列,從串列中找出最大和最小值。
>>>List2 = [10, 20, 30, 50, 60]
>>>List2
[10, 20, 30, 50, 60]
>>>max(List2)     #回傳串列中的最大元素。
60
>>>min(List2)     #回傳串列中的最小元素。
10

#建立一個串列,並使用隨機的方式排列串列中的元素。
#測試範例 1
>>>import random
>>>random.shuffle(List2)
>>>List2
[30, 10, 20, 50, 60]
>>>List2
[30, 10, 20, 50, 60]
```

#測試範例 2
```
>>>random.shuffle(List2)
>>>List2
[20, 10, 30, 50, 60]
```

#建立一個串列,並找出串列中所有元素的總和。
```
>>>List2 = [10, 20, 30, 50, 60]
>>>List2
[10, 20, 30, 50, 60]
>>>sum(List2)      #回傳所有元素的總和
170
```

8.8 串列運算子

1. + 運算子:連接運算子被用於連接兩個串列。

範例

```
>>>a = [1, 2, 3]        #建立一個有三個元素 1、2 和 3 的串列
>>>a                    #輸出串列
[1, 2, 3]
>>>b = [4, 5, 6]        #建立一個有三個元素 4、5 和 6 的串列
>>>b                    #輸出串列
[4, 5, 6]
>>>a + b                #連接串列 a 和 b
[1, 2, 3, 4, 5, 6]
```

2. * 運算子:乘法運算子被用於複製一個串列的元素。

範例

```
>>>List1 = [10, 20]
>>>List1
[10, 20]
>>>List2 = [20, 30]
>>>List2
[20, 30]
>>>List3 = 2 * List1    #將 List1 中每個元素複製輸出兩次。
>>>List3
[10, 20, 10, 20]
```

3. in 運算子:in 運算子用於確認一個元素是否在串列中。如果該元素存在串列中,Python 會回傳 True;如果該元素不在串列中,則 Python 會回傳 False。

範例

```
>>>List1 = [10, 20]
>>>List1
[10, 20]
>>>40 in List1    #檢查數值 40 是否存在於 List1 中
False
>>>10 in List1    #檢查數值 10 是否存在於 List1 中
True
```

4. is 運算子：讓我們執行以下兩個敘述式：

A = 'Python'

B = 'Python'

我們知道 A 和 B 都代表一個字串，但我們不知道它們是否代表同一個字串。考慮以下兩種可能的情形：

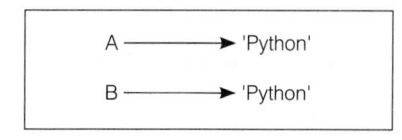

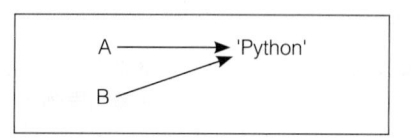

```
A ────▶ 'Python'              A ────▶ 'Python'
B ────▶ 'Python'              B ────╱
```

在第一種情形下，A 和 B 代表兩個不同的物件，但這兩個物件儲存相同的值；在第二種情形下，A 和 B 則代表同一個物件。為了了解兩個變數是否代表同一個物件，程式設計師可以使用 **is** 運算子。

範例

```
>>>A = 'Microsoft'
>>>B = 'Microsoft'
>>>A is B  #檢查兩個變數是否代表同一個物件
True
```

從上述範例中可以看出，Python 只建立一個字串物件，而且 A 和 B 也都代表同一個物件。然而，當我們分別建立兩個具有相同元素的串列時，Python 也會建立兩個不同的物件。

範例

```
>>>A = ['A', 'B', 'C']
>>>B = ['A', 'B', 'C']
>>>A is B    #檢查兩個串列是否代表同一個物件
False
```

> **解釋** 在上述範例中，兩個串列 A 和 B 所包含的元素數量完全相同。is 運算子被用來檢查變數 A 和 B 是否代表同一個物件，檢查結果回傳值是 False。這代表即使這兩個串列是相同的，但 Python 分別建立了兩個不同的物件。圖 8.3 中提供上述範例的狀態圖。

```
A ──────► ['A', 'B', 'C']
B ──────► ['A', 'B', 'C']
```

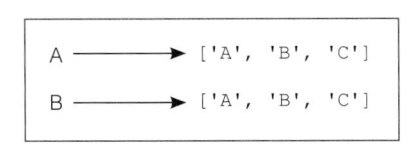

圖 8.3 串列狀態圖

其中需要注意的是，在上述範例中，我們可以說這兩個串列是**相等**的，因為它們有相同的元素。但我們不能說這兩個串列是**相同**的，因為它們並不代表同一個物件。

> **⚠ 注意**
> 1. 在字串型態下，如果兩個變數都包含相同的值，那麼這兩個變數代表同一個物件。
> 2. 在串列型態下，即使兩個變數為包含相同元素的串列，這兩個變數仍然代表兩個不同的物件。
> 3. 如果兩個變數代表**同一個物件**，那麼它們會包含**相同**的元素。
> 4. 即使兩個物件包含**相同**元素，它們也不一定代表**同一個物件**。

5. del 運算子：del 運算子代表刪除，可用於刪除串列中的元素。要刪除一個串列中的元素，需要使用它們的索引位置來存取串列中的元素，並將 del 運算子放在它們前面。

範例

```
Lst = [10, 20, 30, 40, 50, 60, 70]
>>>del Lst[2]        #從串列中刪除第三個元素
>>>Lst
[10, 20, 40, 50, 60, 70]

Lst = [10, 20, 30, 40, 50, 60, 70]
>>>del Lst[-1]
>>>Lst               #從串列中刪除最後一個元素
[10, 20, 30, 40, 50, 60]

>>>Lst = [10, 20, 30, 40, 50, 60, 70]
>>>del Lst[2:5]      #刪除從索引位置 2 到 4 的元素
>>>Lst
[10, 20, 60, 70]
```

```
>>>Lst = [10, 20, 30, 40, 50, 60, 70]
>>>del Lst[:]      #從串列中刪除所有的元素
>>>Lst
[]
```

> **❗注意**
>
> del 運算子使用索引來存取一個串列的元素。如果索引值超出範圍，Python 將會顯示一個執行時的錯誤。
>
> 範例：
>
> ```
>     >>>del Lst[4]
> ```
>
> 回溯錯誤 [Traceback (most recent call last)] 顯示錯誤程式碼的所在行數如下：
>
> ```
>     File "<pyshell#37>", line 1, in <module>
>       del Lst[4]
> ```
> IndexError: list assignment index out of range

▶ 8.9 串列解析

串列解析是用來從現有的串列中建立一個新的串列，它是將一個指定的串列轉換為另一個串列的工具。

範例：不使用串列解析

建立一個串列來儲存五個不同的數值，如 10、20、30、40 和 50。使用 for 迴圈，將數值 5 添加到串列中每個現有元素上。

```
>>>List1 = [10, 20, 30, 40, 50]
>>>List1
    [10, 20, 30, 40, 50]
>>>for i in range(0, len(List1)):
    List1[i] = List1[i] + 5    #將 List1 的每個元素加上數值 5
>>>List1                #輸出執行後的 List1
    [15, 25, 35, 45, 55]
```

上述程式碼是可行的，**但不是最佳程式碼**，也不是使用 Python 編寫程式碼的最佳方式。使用串列解析，我們可以用一個表達式取代迴圈，產生同樣的結果。

串列解析的語法是基於數學中的集合建構式符號 (set-builder notation)，集合建構式符號是一種數學符號，通過一個集合描述其成員應滿足的屬性。其語法為：

[<表達式> for <元素> in <串列> if <條件>]

該語法被設計為**如果條件為 True 時,對串列中每個元素進行計算的表達式**。

範例:使用串列解析

```
>>>List1 = [10, 20, 30, 40, 50]
>>>List1
    [10, 20, 30, 40, 50]
>>>for i in range(0, len(List1)):
    List1[i] = List1[i] + 10
>>>List1
[20, 30, 40, 50, 60]
```

不使用串列解析

```
>>>List1 = [10, 20, 30, 40, 50]
>>>List1 = [x + 10 for x in List1]
>>>List1
[20, 30, 40, 50, 60]
```

使用串列解析

在上述範例中,不使用串列解析和使用串列解析的輸出結果是相同的。使用串列解析只需要**較少的程式碼**,而且執行速度更快。參考以上範例,我們可以說,串列解析包含:
1. 一個輸入串列。
2. 一個代表輸入串列的變數。
3. 一個表達式。
4. 一個輸出表達式或輸出變數。

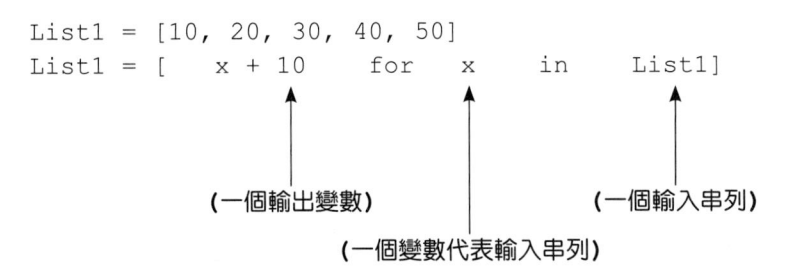

範例

```
List1 = [10, 20, 30, 40, 50]
List1 = [   x + 10    for    x    in    List1]
```

(一個輸出變數)　　(一個變數代表輸入串列)　　(一個輸入串列)

輸出
[20, 30, 40, 50, 60]

── 程式 8.1

撰寫一個程式,建立元素為 1、2、3、4、5 的串列,並使用串列解析顯示該串列中為偶數的所有元素。

```
List1 = [1, 2, 3, 4, 5]
print("Content of List1")
print(List1)
List1 = [x for x in List1 if x%2==0]
```

```
print("Even elements from the List1")
print(List1)
```

輸出
```
Content of List1
[1, 2, 3, 4, 5]
Even elements from the List1
[2, 4]
```

解釋 List1 包含元素 1、2、3、4、5。敘述式 **List1 = [x for x in List1 if x%2 == 0]**，由一個輸出變數 x 和輸入串列 List1 以及表達式 x%2==0 所組成。

8.9.1 更多有關串列解析的範例

— 程式 8.2

參考以下數學表達式：

A = {: x in {O........9}}

B = {: x in {O.....9}}

C = {x : x 在 A 中為偶數的所有元素}

撰寫一個程式，建立一個串列 A 用於生成一個數值從 1 到 10 的平方，串列 B 用於生成一個數值從 1 到 10 的立方，串列 C 包含在串列 A 中為偶數的所有元素。

```
print("List A = ", end=" ")
A = [x**2 for x in range(11)]   #計算數值 x 的平方
print(A)
B = [x**3 for x in range(11)]   #計算數值 x 的立方
print("List B = ", end=" ")
print(B)
print("Only Even Numbers from List A = ", end=" ")
C = [x   for x  in  A if x%2==0]
print(C)
```

輸出
```
List A = [0, 1, 4, 9, 16, 25, 36, 49, 64, 81, 100]
List B = [0, 1, 8, 27, 64, 125, 216, 343, 512, 729, 1000]
Only Even Numbers from List A = [0, 4, 16, 36, 64, 100]
```

程式 8.3

請見以下含有五個不同攝氏溫度數值的串列，試著將所有攝氏溫度數值轉為華氏溫度。

```
print("All the elements with Celsius  Value: ")
print("Celsius = ", end="")
Celsius = [10, 20, 31.3, 40, 39.2]    #有攝氏溫度數值的串列
print(Celsius)
print("Celsius to Fahrenheit Conversion")
print("Fahrenheit = ", end="")
Fahrenheit = [ ((float(9)/5) * x + 32) for x in Celsius]
print(Fahrenheit)
```

輸出

```
All the elements with Celsius Value:
Celsius = [10, 20, 31.3, 40, 39.2]
     Celsius to Fahrenheit Conversion
Fahrenheit = [50.0, 68.0, 88.34, 104.0, 102.56]
```

> **注意**
>
> 將攝氏溫度數值轉換為華氏溫度的公式為：
>
> $$華氏溫度 = (9/5) * 攝氏溫度 + 32$$

程式 8.4

請將具有混合型態元素的串列 L1 = [1, 'x', 4, 5.6, 'z', 9, 'a', 0, 4]，使用串列解析建立另一個串列，該串列只包含串列 L1 中所有為整數的元素。

```
print("List With Mixed Elements")
L1 = [1, 'x', 4, 5.6, 'z', 9, 'a', 0, 4]
print(L1)
print("List With only Integer Elements: ")
L2 = [e for e in L1 if type(e) == int]
print(L2)
```

輸出

```
List With Mixed Elements
[1, 'x', 4, 5.6, 'z', 9, 'a', 0, 4]
List With only Integer Elements:
[1, 4, 9, 0, 4]
```

8.10　串列方法

一旦串列被建立，我們就可以使用串列類別的方法來操作這個串列。表 8.2 列出了串列類別的方法和範例。

表 8.2　串列的方法和範例

串列方法	涵義

`None append(object x)`
範例：
`>>>List1 = ['X', 'Y', 'Z']`
`>>>List1`
`['X', 'Y', 'Z']`
`>>>List1.append('A')　#將元素 'A' 添加到 List1 的尾端`
`>>>List1`
`['X', 'Y', 'Z', 'A']`
 	
注意：append 方法等同於：
　　　`List1[len(List1):] = [元素名稱]`
範例：
`>>>List1 = ["Red", "Blue", "Pink"]`
`>>>List1`
`['Red', 'Blue', 'Pink']`
`>>>List1[len(List1):] = ['Yellow']`
`>>>List1`
`['Red', 'Blue', 'Pink', 'Yellow']`
	將一個元素 x 添加到串列尾端。None 是 append 方法的回傳型態。

`None clear()`
範例：
`>>>List1 = ["Red", "Blue", "Pink"]`
`>>>List1`
`['Red', 'Blue', 'Pink']`
`>>>List1.clear()　　　#刪除串列中的所有元素`
`>>>List1　　　　　　　#在刪除所有元素後將回傳空串列`
`[]`
	移除串列中的所有元素。

`int count(object x)`
範例：
`>>>List1 = ['A', 'B', 'C', 'A', 'B', 'Z']`
`>>>List1`
`['A', 'B', 'C', 'A', 'B', 'Z']`
`#計算元素 'A' 在串列中出現的次數`
`>>>List1.count('A')`
`2　　　#因此，'A' 在 List1 中出現 2 次`
	回傳元素 x 在串列中出現的次數。

串列方法	涵義

`List copy()`
範例：
`>>>List1 = ["Red", "Blue", "Pink"]`
`>>>List1`
`['Red', 'Blue', 'Pink']`
`>>>List2 = List1.copy()` #將 List1 的內容複製到 List2 中
`>>>List2`
`['Red', 'Blue', 'Pink']`
注意：copy() 方法等同於
`List2 = List1[:]` #將 List1 的內容複製到 List2 中
範例：
`>>>List1 = ["Red", "Blue", "Pink"]`
`>>>List2 = List1[:]`
`>>>List2`
`['Red', 'Blue', 'Pink']`
	該方法回傳一個包含相同元素的新串列。

`None extend(list L2)`
範例：
`>>>List1 = [1, 2, 3]`
`>>>List2 = [4, 5, 6]`
`>>>List1`
`[1, 2, 3]`
`>>>List2`
`[4, 5, 6]`
`>>>List1.extend(List2)` #將 List2 的所有元素添加到 List1 後
`>>>List1`
`[1, 2, 3, 4, 5, 6]`
	將串列 L2 中的所有元素添加到串列中。

`int index(object x)`
範例：
`>>>List1 = ['A', 'B', 'C', 'B', 'D', 'A']`
`>>>List1`
`['A', 'B', 'C', 'B', 'D', 'A']`
#回傳元素 'B' 在 List1 中第一次出現的索引位置
`>>>List1.index('B')`
`1` #回傳元素 'B' 的索引位置
	回傳串列中第一次出現元素 x 的索引位置。

`None insert(int index,Object X)`
範例：
`>>>Lis1 = [10, 20, 30, 40, 60]`
`>>>Lis1`
`[10, 20, 30, 40, 60]`
`>>>Lis1.insert(4, 50)` #在索引位置為 4 處插入元素 50
`>>>Lis1`
`[10, 20, 30, 40, 50, 60]`
	在指定的索引位置插入元素。
	注意：串列中第一個元素的索引位置永遠為 0。

串列方法	涵義

`Object pop(i)`
範例：
`>>>Lis1 = [10, 20, 30, 40, 60]`
`>>>Lis1`
`[10, 20, 30, 40, 60]`
`>>>Lis1.pop(1)    #刪除索引位置為 1 的元素`
`20`
`>>>Lis1    #在刪除索引位置為 1 的元素後顯示串列`
`[10, 30, 40, 60]`
`>>>Lis1.pop() #刪除串列中最後一個元素`
`60`
`>>>Lis1`
`[10, 30, 40]    #顯示刪除最後一個元素後的串列`
	刪除指定位置的元素；同時，它會回傳被刪除的元素。
	注意：參數 i 代表索引位置，如果沒有指定它，那麼將刪除串列中最後一個元素。

`None remove(object x)`
範例：
`>>>List1 = ['A', 'B', 'C', 'B', 'D', 'E']`
`>>>List1`
`['A', 'B', 'C', 'B', 'D', 'E']`
`>>>List1.remove('B')#刪除第一次出現的元素 'B'`
`>>>List1`
`['A', 'C', 'B', 'D', 'E']`
	刪除在串列中第一次出現的元素 x。

`None reverse()`
範例：
`>>>List1 = ['A', 'B', 'C', 'B', 'D', 'E']`
`>>>List1`
`['A', 'B', 'C', 'B', 'D', 'E']`
`>>>List1.reverse() #反轉串列中的所有元素`
`>>>List1`
`['E', 'D', 'B', 'C', 'B', 'A']`
	反轉串列中的元素。

`None sort()`
範例：
`>>>List1 = ['G', 'F', 'A', 'C', 'B']`
`>>>List1`
`['G', 'F', 'A', 'C', 'B']    #未排序的串列`
`>>>List1.sort()`
`>>>List1    #已排序的串列`
`['A', 'B', 'C', 'F', 'G']`
	對串列中的元素進行排序。

Q. 以下程式的輸出將會為何？

```
my_list = ['two', 5, ['one', 2]]
print(len(my_list))
```

輸出

3

解釋 ['one', 2] 是一個元素，所以該串列的總長度為 3。

Q. 以下程式的輸出將會為何？

```
Mixed_List = ['pet', 'dog', 5, 'cat', 'good', 'dog']
Mixed_List.count('dog')
```

輸出

2

解釋 程式會回傳在串列中出現過 dog 的次數。

Q. 以下程式的輸出將會為何？

```
Mylist = ['Red', 3]
Mylist.extend('Green')
print(Mylist)
```

輸出

['Red', 3, 'G', 'r', 'e', 'e', 'n']

解釋 extend 方法會透過添加每個字元來擴展串列。

Q. 以下程式的輸出將會為何？

```
Mylist = [3, 'Roses', 2, 'Chocolate']
Mylist.remove(3)
Mylist
```

輸出

['Roses', 2, 'Chocolate']

解釋 從串列中刪除數值為 3 的元素。

8.11　字串和串列

字串是一個字元序列,而串列是一個數值序列,但字串和字元串列不同。我們可以透過 `list()` 將字串轉換為字元串列。

範例:將字串轉換為字元串列

```
>>>p = 'Python'
>>>p
'Python'
>>>L = list(p)
>>>L
['p', 'y', 't', 'h', 'o', 'n']
```

8.12　在串列中分割一個字串

在上面的範例中,我們使用了內建的函式 `list()`,`list()` 函式可將字串分割成個別的字母。在本節中,我們將會探討如何將一個字串分割成單字。

str 類別包含 **split()** 方法,用於將一個字串分割成單字。

範例

```
>>>A = "Wow!!! I Love Python Programming"    #A 的完整字串
>>>B = A.split()              #把一個字串分割成單字
>>>B                          #輸出 B 的內容
['Wow!!!', 'I', 'Love', 'Python', 'Programming']
```

解釋　在上述範例中,我們將變數 A 初始化為字串 "Wow!!! I Love Python Programming"。在下一行中,敘述式 B = A.split( ) 被用來將字串 "Wow!!! I Love Python Programming" 分割成單字串列 ['Wow!!!', 'I', 'Love', 'Python', 'Programming']。

> **❶ 注意**
>
> 在上述程式中,我們使用以下兩行來將字串分割成單字:
>
> ```
> >>>A = "Wow!!! I Love Python Programming"
> >>>B = A.split()
> ```
>
> 我們也可以把 `split()` 方法寫為以下形式:
>
> ```
> >>>A = "Wow!!! I Love Python Programming".split()
> ```

分割一個沒有分隔符號的字串是可行的，但如果字串中含有分隔符號呢？透過去除分隔符號可將含有分隔符號的字串分割成許多單字，也可以從字串中移除分隔符號，並將整個字串轉換為一個以單字為元素的串列。為了要去除分隔符號，**split()** 方法可以使用參數 **split(分隔符號)**，其中參數**分隔符號**可指定要從字串中刪除的字元。以下範例說明了在 split() 方法中使用分隔符號的情形。

範例

```
>>>P = "My-Data-of-Birth-03-June-1991"    #含有分隔符號 '-' 的字串
>>>P                                       #輸出整個字串
    'My-Data-of-Birth-03-June-1991'
>>>P.split('-')                            #使用 split() 方法刪除分隔符號 '-'
    ['My', 'Data', 'of', 'Birth', '03', 'June', '1991']
```

▶ 8.13　將串列傳遞給函式

　　串列是一個可變動的物件，程式設計師可以將串列傳給一個函式，並對它進行各種操作。我們可以在把串列傳給函式後改變它的內容，由於串列是一個物件，所以把串列傳給函式就像把物件傳給函式一樣。

　　參考以下範例，將一個串列傳給函式，並輸出該串列的內容。

━ 程式 8.5

　　建立一個有五個元素的串列，將該串列傳給一個函式，並在函式中輸出串列的內容。

```
def Print_List(Lst):
    for num in Lst:
        print(num, end=" ")
Lst = [10, 20, 30, 40, 100]
Print_List(Lst)      #呼叫函式，透過傳遞串列作為參數
```

輸出

```
10 20 30 40 100
```

━ 程式 8.6

　　建立一個有五個元素的串列，將該串列傳給一個函式，並計算出五個數值的平均值。

```
def Calculate_Avg(Lst):
    print('Lst = ', Lst)
    print('Sum = ', sum(Lst))
    avg=sum(Lst)/len(Lst)
    print('Average = ', avg)
Lst = [10, 20, 30, 40, 3]
Calculate_Avg(Lst)
```

輸出

```
Lst = [10, 20, 30, 40, 3]
Sum = 103
Average = 20.6
```

程式 8.7

撰寫一個函式 Split_List(Lst, n)，其中串列 Lst 被分割成兩個串列，第一個串列的長度為 n。

Lst = [1, 2, 3, 4, 5, 6]

Split_List(Lst, 2)

Lst1 = [1, 2]

Lst2 = [3, 4, 5, 6]

```
def Split_List(Lst, n):
    list1 = Lst[:n]
    list2 = Lst[n:]
    print('First List with', n, 'elements')
    print(list1)
    print('Second List with', len(Lst)-n, 'elements')
    print(list2)
#測試範例
Lst = [100, 22, 32, 43, 51, 64]
print('List Lst Before Splitting')
print(Lst)
Split_List(Lst, 4)
```

輸出

```
List Lst Before Splitting
[100, 22, 32, 43, 51, 64]
First List with 4 elements
[100, 22, 32, 43]
Second List with 2 elements
[51, 64]
```

8.14 從函式中回傳串列

我們可以在呼叫函式時傳遞串列，同樣地，函式也可以回傳串列。

參考以下範例，將一個串列傳遞給函式，傳遞後，反轉串列中的元素並回傳該串列。

程式 8.8

撰寫一個程式，傳遞串列給函式。

```python
def Reverse_List(Lst):
    print('List Before Reversing = ',Lst)
    Lst.reverse()        #使用 reverse() 來反轉串列的元素
    return Lst           #回傳串列
Lst = [10, 20, 30, 40, 3]
print('List after Reversing = ', Reverse_List(Lst))
```

輸出
```
List Before Reversing =  [10, 20, 30, 40, 3]
List after Reversing =  [3, 40, 30, 20, 10]
```

程式 8.9

撰寫一個函式，讀取一個正整數 k，並回傳一個包含 k 的前五個倍數的串列。

範例

3 的前五個倍數為 3、6、9、12 和 15。

```python
def list_of_multiples(k):
    my_list = []
    for i in range(1, 6):
        res = k * i
        my_list.append(res)
    return my_list
print(list_of_multiples(3))
```

輸出
```
[3, 6, 9, 12, 15]
```

更多有關串列的程式

程式 8.10

撰寫一個函式，讀取兩個正整數 a 和 b，並回傳 a 到 b 之間所有偶數的串列（包含 a 但不包含 b）。

以下為 10 到 20 之間的偶數串列：

$$[10, 12, 14, 16, 18]$$

```python
def list_of_even_numbers(start, end):
    output_list = []
    for number in range(start, end):
        #檢查該數值是否為偶數
        if number % 2 == 0:
            #如果為 True 時，將數值放在輸出串列
            output_list.append(number)
    return output_list
print(list_of_even_numbers(10, 20))
```

輸出

```
[10, 12, 14, 16, 18]
```

程式 8.11

撰寫一個函式 is_Lst_Palindrome(Lst)，來檢查一個串列是否為迴文串列。如果 Lst 是迴文串列時，則回傳 True；如果 Lst 不是迴文串列時，則回傳 False。

> **注意**
> 如果正向串列與其反轉串列都為相同的串列時，那麼它就是迴文串列。

Lst = [1, 2, 3, 2, 1]　　#應該回傳 True

Lst = [1, 2, 3]　　　　　#應該回傳 False

```python
def is_Lst_Palindrome(Lst):
    r = Lst[::-1]
    for i in range (0, (len(Lst) + 1)//2):
        if r[i] != Lst[i]:
            return False
    return True
```

```
#測試範例
Lst = [1, 2, 3, 2, 1]
x   = is_Lst_Palindrome(Lst)
print(Lst, "(is palindrome): ", x)
Lst1 = [1, 2, 3, 4]
x   = is_Lst_Palindrome(Lst1)
print(Lst1, "(is palindrome): ", x)
```

輸出

```
[1, 2, 3, 2, 1] ( is palindrome):  True
[1, 2, 3, 4] (is palindrome):   False
```

程式 8.12

撰寫一個函式 check_duplicate(Lst)，如果串列 Lst 中包含有重複的元素，則回傳 True；如果串列 Lst 中的所有元素都不重複時，則回傳為 False。

  Lst = [4, 6, 2, 1, 6, 7, 4] #應該回傳 True，因為 4 和 6 不止出現一次

  Lst = [1, 2, 3, 12, 4] #應該回傳 False，因為所有元素都只出現一次

```
def check_duplicate(Lst) :
    dup_Lst = []
    for i in Lst:
        if i not in dup_Lst:
            dup_Lst.append(i)
        else:
            return True
    return False
#測試範例
Lst = [4, 6, 2, 1, 6, 7, 4]
print(Lst)
x = check_duplicate(Lst)
print(x)
Lst1 = [1, 2, 3, 12, 4]
print(Lst1)
x = check_duplicate(Lst1)
print(x)
```

輸出

```
[4, 6, 2, 1, 6, 7, 4]
True                    #回傳 True，因為 4 和 6 重複出現了兩次
[1, 2, 3, 12, 4]
False
#回傳 False，因為上述串列中沒有元素重複出現兩次
```

程式 8.13

撰寫一個程式，提示使用者輸入元素，並將這些元素添加到串列中，接著撰寫函式 **maximum(Lst)** 和 **minimum(Lst)**，從串列中找出最大和最小的數值。

Lst = [12, 34, 45, 77]　　#應該回傳最小值為 12，最大值為 77

```python
lst = []
for i in range(0, 4):
    x = input('Enter element to add to the list:')
    x = int(x)
    lst.append(x)
print('Elements of List are as follows:')
print(lst)
def maximum(lst):
    myMax = lst[0]
    for num in lst:
        if myMax < num:
            myMax = num
    return myMax
def minimum(lst):
    myMin = lst[0]
    for num in lst:
        if myMin > num:
            myMin = num
    return myMin
#測試範例
y = maximum(lst)
print('Maximum Element from List = ', y)
y = minimum(lst)
print('Minimum Element from the List = ', y)
```

輸出

```
Enter element to add to the list:665
Enter element to add to the list:234
Enter element to add to the list:213
Enter element to add to the list:908
Elements of List are as follows:
[665, 234, 213, 908]
Maximum Element from List = 908
Minimum Element from the List = 213
```

程式 8.14

撰寫一個函式 **Assign_grade(Lst)**，該函式從串列中讀取學生的分數，並根據以下條件分配等級：

如果分數 >=90，則成績為 A 級

如果分數 >=80 且 <90，則成績為 B 級

如果分數 >65 且 <80，則成績為 C 級

如果分數 >=40 且 <=65，則成績為 D 級

如果分數小於 40 分，則成績為 F 級

參考以下五個學生英語科目的分數串列：

Lst=[78, 90, 34, 56, 89]　#應該回傳

Student 1 Marks 78 grade C

Student 2 Marks 90 grade A

Student 3 Marks 34 grade F

Student 4 Marks 56 grade D

Student 5 Marks 89 grade B

也就是：

學生 1 的分數為 78 分，等級為 C 級

學生 2 的分數為 90 分，等級為 A 級

學生 3 的分數為 34 分，等級為 F 級

學生 4 的分數為 56 分，等級為 D 級

學生 5 的分數為 89 分，等級為 B 級

```python
def Assign_grade(Lst):
    for Marks in Lst :
        if Marks >= 90:
            print('Student', Lst.index(Marks) + 1, 'Marks = ',
                  Marks, 'grade A')
        elif Marks >= 80 and Marks < 90:
            print('Student', Lst.index(Marks) + 1, 'Marks = ',
                  Marks, 'grade B')
        elif Marks > 65 and Marks < 80:
            print('Student', Lst.index(Marks) + 1, 'Marks = ',
                  Marks, 'grade C')
        elif Marks >= 40 and Marks <= 65:
            print('Student', Lst.index(Marks) + 1, 'Marks = ',
                  Marks, 'grade D')
```

```
            else:
                print('Student', Lst.index(Marks) + 1, 'Marks = ',
                       Marks, 'grade F')
#測試範例
Lst = [78, 90, 34, 56, 89]
print('Marks of 5 Student = ', Lst)
Assign_grade(Lst)
```

輸出

```
Marks of 5 Student = [78, 90, 34, 56, 89]
Student 1 Marks = 78 grade C
Student 2 Marks = 90 grade A
Student 3 Marks = 34 grade F
Student 4 Marks = 56 grade D
Student 5 Marks = 89 grade B
```

程式 8.15

撰寫一個函式 print_reverse(Lst) 來反轉串列中的元素。

> **注意**
> 在不使用串列的 reverse() 方法和不使用切片的情形下，反轉串列的內容。

　　Lst = [12, 23, 4, 5]　　#應該反轉串列中的內容，如下所示

　　Lst = [5, 4, 23, 12]

```
def print_reverse(Lst):
    print('List Before Reversing')
    print(Lst)
    lst = []
    count = 1
    for i in range(0, len(Lst)):
        lst.append(Lst[len(Lst)-count])
        count += 1
    lst = str(lst)
    lst = ''.join(lst)
    return lst
#測試範例
Lst=[12, 23, 4, 5, 1, 9]
x = print_reverse(Lst)
print('List After Reversing')
print(x)
```

輸出

```
List Before Reversing
[12, 23, 4, 5, 1, 9]
List After Reversing
[9, 1, 5, 4, 23, 12]
```

程式 8.16

撰寫一個函式，讀取兩個正整數 a 和 b（其中 a 小於 b），並回傳一個串列包含整數 a 到 b 之間的所有奇數（包含 a 和 b），並按照降序的方式排列。

例如：在 10 和 20 之間的奇數應該建立以下串列，並按降序的方式輸出如下：

[19, 17, 15, 13, 11]

```python
def list_of_odd_numbers(start, end):
    output_list = []
    for number in range(start, end + 1):
        #檢查該數字是否為奇數
        if number % 2 == 1:
            #如果為 True 時，將該數字放入輸出串列中
            output_list.append(number)
            #對串列進行排序
            output_list.sort()
            #反轉串列，並按照降序的方式顯示元素
            output_list.reverse()
    return output_list
print(list_of_odd_numbers(10, 20))
```

輸出

```
[19, 17, 15, 13, 11]
```

程式 8.17

撰寫一個程式，從串列中回傳為質數的元素。

```python
List1 = [3, 17, 9, 2, 4, 8, 97, 43, 39]
print('List1 = ', List1)
lst = []
print('Prime Numbers from the List are as Follows: ')
for a in List1 :
    prime = True
```

```
        for i in range(2, a):
            if (a%i == 0):
                prime = False
                break
        if prime:
            lst.append(a)
print(lst)
```

輸出

```
List1 = [3, 17, 9, 2, 4, 8, 97, 43, 39]
Prime Numbers from the List are as Follows:
[3, 17, 2, 97, 43]
```

總結

✦ 串列是一個由 0 個或多個元素組成的序列。

✦ 串列中的元素可以是任何資料型態。

✦ 串列是一種可變動的資料結構。

✦ 串列可以使用或不使用建構子來進行初始化。

✦ 索引運算子被用於存取串列中的元素。

✦ 負數索引是從串列的末端開始向前計算來存取元素。

✦ 切片運算子和使用含有讀取間隔的串列切片運算子回傳一個串列的子集合。

✦ 各種內建的函式可以跟串列一起使用。

✦ `for` 迴圈可被用於讀取一個串列中的元素。

✦ 串列解析可用來從現有串列中建立一個新的串列，它可將一個指定串列轉換為另一個串列。

✦ `copy()`、`reverse()` 和 `sort()` 等方法可以被用於複製、反轉和排序一個串列中的元素。

✦ `append()`、`extend()`、`insert()` 等方法被用於在串列中插入元素，而 `pop()`、`remove()` 等方法則被用於從串列中刪除元素。

✦ 如果不解決難以回答的問題，就無法熟練串列的使用方法。

關鍵術語

✦ 索引 `[]` 運算子 (`index[]` Operator)：存取串列中的元素。
✦ 串列切片 (List Slicing)：回傳串列中的子集合。
✦ 串列解析 (List Comprehensions)：從現有的串列中建立一個新的串列。
✦ `split()` 方法 (`split()` Method)：將一個字串分割成單字。
✦ 串列內建方法 (List Inbuilt Method)：`min()`、`max()`、`shuffle()`、`len()` 和 `sum()`。

問題回顧

A. 選擇題

1. 給定：List1 = ['a', 'b', 'c', 'd']。

   以下敘述式的輸出為何？

   ```
   List1 = [x for x in List1 if ord(x) > 97]
   print(List1)
   ```

   a. ['a', 'b', 'c']   b. ['b', 'c', 'd']

   c. ['a', 'b', 'c', 'd']   d. 以上皆非

2. 根據串列 L = ['a', 'b', 'c', 'd', 'e', 'f', 'g', 'h', 'i', 'j']，以下哪個輸出是正確的？

   a. >>>L[0::3]   b. >>>L[0:-1]

      ['a', 'c', 'f', 'i']   ['a', 'b', 'c', 'd', 'e', 'f', 'g', 'h', 'i']

   c. >>>L[0:2]   d. 以上皆非

      ['a', 'b', 'c"]

3. 假設 L1 為包含元素 1、2、3 的串列，L1 = [1, 2, 3]。

   以下敘述式的輸出為何？

   ```
   L1 = L1 + [4, 5, 6]
   ```

   a. L1 = [1, 2, 3, 5, 7, 9]   b. L1 = [4, 5, 6]

   c. L1 = [5, 7, 9]   d. L1 = [1, 2, 3, 4, 5, 6]

4. 以下敘述式的輸出為何？

   ```
   List1 = [[n, n + 1, n + 2] for n in range(0, 3)]
   ```

   a. [0, 1, 2]   b. [[0, 1, 2],[0, 1, 2],[0, 1, 2]]

   c. [[0, 1, 2],[1, 2, 3],[2, 3, 4]]   d. [[0, 1, 2],[2, 3, 4],[4, 5, 6]]

5. 以下敘述式的輸出為何?

    ```
    >>>string = 'DONALD TRUMPH'
    >>>k = [print(i) for i in string if i not in "aeiou"]
    >>>print(k)
    ```

    a. DONALD TRUMPH
    b. DNLD TRMPH
    c. DNLD
    d. 以上皆非

6. 以下程式的輸出為何?

    ```
    def func1(L):
        L[0] = 'A'
    L1 = [1, 2, 3]
    func1(L1)
    print(L1)
    ```

    a. [1, 2, 3]
    b. [1, 'A', '2']
    c. ['A', 1, 2]
    d. ['A', '1', '2']

7. 以下敘述式的輸出為何?

    ```
    >>>L1 = ['A', 'B', 3, 4, 5]
    >>>L1[::-1]
    >>>print(L1)
    ```

    a. [5, 4, 3, 'B', 'A']
    b. ['A', 'B', 3, 4, 5]
    C. ['A', 3, 5]
    d. [5, 3, 'A']

8. 如何將一個新的元素添加到空串列 L1 中?

    a. L1.append(10)
    b. L1.add(10)
    c. L1.appendLast(10)
    d. L1.addLast(10)

9. 以下程式的輸出為何?

    ```
    list1 = [10, 30]
    list2 = list1
    list1[0] = 40
    print(list2)
    ```

    a. 10, 30
    b. 40, 30
    c. 10, 40
    d. 30, 40

10. 假設 List1 = ['A', 'B', 'C'] 和 List2 = ['B', 'A', 'C'],那麼 List1 是否會等於 List2?

    a. 是
    b. 否
    c. 不能預測
    d. 以上皆非

11. 以下指定串列中刪除元素 15 的最佳程式碼為何?

    numbers = [20, 30, 15, 23, 45]

a. numbers[2] = ' '　　　　　　　　b. numbers[2].delete( )

c. del numbers[2]　　　　　　　　d. numbers.remove(2)

12. 以下程式碼的輸出為何？

    ```
    Numbers = [10, 20, 30]
    total = 0
    while Numbers:
       total = total + Numbers.pop()
    print('Numbers = ', Numbers)
    print('total = ', total)
    ```

    a. Numbers = [10, 20, 30], total = 60　　b. Numbers = [ ], total = 60

    c. Numbers = [ ], total = [ ]　　　　　　d. Numbers = [10, 20, 30], total = 30

13. 針對以下字母串列，哪種是使用 for 迴圈的最佳方法？

    Letters = ['A', 'B', 'C', 'D', 'E']

    a. for character in Letters:　　　　b. for range[5] in Letters:

    c. for char in L:　　　　　　　　　d. 以上皆是

14. 在 Python 中需要使用哪一項符號來設定串列子集合？

    a. 小括號 ( )　　　　　　　　　　b. 大括號 { }

    c. 中括號 [ ]　　　　　　　　　　d. 引號 " "

B. 是非題

1. list() 可用於建立一個空串列。
2. range() 可用於建立一個元素從 0 到 5 的串列。
3. 串列可以不使用建構子建立。
4. 串列中的元素不以它們的索引位置來識別。
5. 負數索引可以從串列的前面開始存取元素。
6. List1[-1] 存取串列的第一個元素。
7. L1[2:5] 回傳所有儲存在開始索引位置 2 到比結束索引少 1 的所有元素，即結束索引為 5-1 = 4。
8. 只能以循序的方式存取串列中的元素。
9. len() 回傳一個串列中的元素數量。
10. sum() 回傳串列中所有元素的總和。
11. 串列中的元素不能以隨機的方式排列。
12. 連接 (+) 運算子用於連接兩個串列。
13. 乘法 (*) 運算子用於複製串列中的元素。

14. del 運算子用於從串列中刪除特定的元素。
15. 可以使用串列解析顯示串列中為奇數的所有元素。
16. 可以在指定的索引位置上插入一個元素。
17. pop(1) 刪除串列中索引位置為 1 的元素。
18. pop() 刪除串列中最後一個元素。
19. 字串是一個字元序列。
20. 程式設計師可以將串列傳給函式並進行各種操作。
21. 如果串列不是空串列，pop() 方法將從串列中刪除一個元素。

C. 練習題

1. 試著定義 Python 中的串列。
2. 試著舉例解釋建立串列的不同方法。
3. 簡要描述串列上的切片操作。
4. 描述串列中讀取間隔的使用方法。
5. 試著寫出一個用於建立串列的內建函式名稱。
6. 試著列出串列所支援的運算子。
7. 試著解釋 Python 中 is 運算子的用法。
8. 指出用於從串列中刪除元素的運算子。
9. 試著舉例解釋串列解析的用法。
10. 如何計算串列中相同元素的數目？
11. 試著描述如何反轉串列中的所有元素。
12. 試著使用串列將字串轉換為字元串列。
13. 試著建立空串列，並在串列中加入 10、15、30、50 和 40 五個整數元素。
14. 假設串列 List1 和 List2 的值被指定如下，下列敘述式的輸出為何？

    List1 = ['a', 'b', 'c', 'd', 'e']

    List2 = [1, 2, 3]

    a. List1   b. List1 + List2

    c. List2 * 2   d. 2 * List2

15. 假設串列 List1 的值被指定如下，下列敘述式的輸出為何？

    List1 = [100, 200, 300, 400, 500]

    a. min(List1)   b. max(List1)

    c. sum(List1)   d. List1.count(400)

    e. List1.count(100) + List1.count(200)

16. 假設串列 List1 的值被指定如下，下列敘述式的輸出為何？

    List1 = [12, 23, 45, 23]

    a. List1 * List1.count(23)
    b. List1 + List1[:]
    c. List1 + List1[-1:]
    d. List1 + List1[::]
    e. List1 + List1[::-1]

17. 假設 Lst = [10, 23, 5, 56, 78, 90]，計算以下敘述式結果。

    a. Lst[:]
    b. Lst[0:4]
    c. Lst[:-1]
    d. Lst[-1:]
    e. Lst[-1]
    f. Lst[::-1]
    g. Lst[:-1:]
    h. Lst[:-2:]

18. 假設 List1 = [12, 45, 7, 89, 90]，以下敘述式的輸出為何？

    a. List1.reverse( )
    b. List1.sort( )
    c. List1.append(10)
    d. List.pop(2)
    e. List1.clear( )

19. 找出以下程式中的錯誤。

    ```
    List1 = ['a', 'b', 'c', 'd']
    List2 = [] + List1
    List1[1] = 'f'
    print(List1 * List2)
    print(List2)
    ```

20. 撰寫一個程式，將一個串列傳給函式，並以反轉的順序回傳串列。

D. 程式練習題

1. 撰寫函式 Replicate_n_times(Lst,n)，將串列 Lst 中的元素複製 n 次，也就是將串列中的元素根據指定的次數複製。

    範例：

    ```
    Lst = [1, 2, 3, 4]
    Replicate_n_time(Lst,2)
    Lst = [1,1,2,2,3,3,4,4]
    ```

2. 撰寫一個程式，計算串列中每個元素出現的次數。

    範例：

    ```
    Lst = [1, 23, 0, 9, 0, 23]
        1 出現 1 次
    23 出現 2 次
        0 出現 2 次
        9 出現 1 次
    ```

3. 撰寫一個函式 remove_negative(Lst)，刪除串列 Lst 中為負數的所有元素，並回傳不含有負數的串列。

   範例：
   ```
   Lst = [-1,0,2,-4,12]
   #應該回傳不含有負數的串列
   Lst = [0,2,12]
   ```

4. 撰寫一個程式，複製串列中的所有元素。

   範例：
   ```
   Lst = [1,2,3]
   #結果回傳如下
   Lst = [1,1,2,2,3,3]
   ```

5. 撰寫一個程式，檢查串列中的元素是否為質數。如果是質數時，回傳結果為 True，否則回傳結果為 False。

   範例：
   ```
   List1 = [3,17,9,2,4,8]
   #結果回傳如下
   Lsit1 = [True, True, False, False, False, False]
   ```

6. 撰寫一個函式 remove_first_last(list)，刪除串列中第一個和最後一個元素。

   範例：
   ```
   List1 = [10,20,30,40,50]
   removeFirstAndLast(Lis1)
   #結果回傳如下
   [20, 30, 40]
   ```

7. 撰寫一個函式 Extract_Even(List)，回傳所有在串列中為偶數的所有元素。

   範例：
   ```
   List1 = [1,2,3,4,5,6]
   Extract_Even(List1)
   #結果回傳如下
   [2,4,6]
   ```

Chapter 9
串列處理：搜尋與排序

學習成果

完成本章後，學生將會學到：

✦ 使用各種搜尋與排序技術開發應用程式。
✦ 解釋資訊檢索的重要性。
✦ 實作並分析線性／循序搜尋程式。
✦ 使用二元搜尋法從串列中搜尋元素。
✦ 使用不同的排序技術對串列的元素進行排序，例如氣泡排序法、選擇排序法、快速排序法、插入排序法以及合併排序法等。

章節大綱

9.1 簡介
9.2 搜尋技術
9.3 排序相關簡介

▶ 9.1 簡介

現今有許多應用程式都可用於搜索和排序物件或項目，而大多數時候，官方文件或者基於分數來排序的優秀學生名單，都是按字母順序儲存並使用降序排列來排序的。因此，可以更容易地從列表中搜尋特定的項目，從大型數據集中搜索資訊，是一項常見且耗時的任務，這需要廣泛的研究。電腦正是可以輕鬆地管理此任務，例如，電腦可以儲存少量個人數據、電話簿訊息、照片目錄到詳細的財務紀錄、員工信息、醫療紀錄等所有內容，更被廣泛用於搜尋音樂、電影、閱讀等不同的資訊。電腦會重新排列搜尋到的資訊，讓使用者更容易找到所需的內容，例如，對聯絡人名單依姓名筆劃進行排序、對電影列表依字母順序進行排序、對文件列表依檔案大小遞增排列等。為了能夠執行以上任務，必須使用到兩個基本的操作，也就是**搜尋**和**排序**。

9.2 搜尋技術

搜尋是一種從指定項目列表（如電話簿中的號碼）中快速查詢特定項目的技術，每條紀錄都有一個或多個欄位，例如姓名、地址和電話號碼，其中用來區分記錄的欄位稱之為**索引鍵**。想像一下平時查詢電話號碼的情況，如果你想要找到與朋友姓名對應的紀錄，則「姓名」欄位將可作為索引鍵。有時同一個人可能會有好幾個不同的電話號碼，因此，索引鍵的選擇在定義搜尋法中起到了重要的作用。如果索引鍵是唯一的，則紀錄也將是唯一的，例如電話號碼可以用作搜尋特定人的索引鍵。如果搜尋結果指到所需的紀錄，則稱之為搜尋成功，否則稱之為搜尋不成功。根據上述方式，相關資訊會被儲存用於搜尋特定的紀錄，而搜尋技術可分類為：
1. 線性或循序搜尋法。
2. 二元搜尋法。

本章將詳細介紹這些搜尋技術。

9.2.1 線性／循序搜尋法

在線性搜尋中，會從第一個元素開始依序搜尋，要搜索的元素稱之為**關鍵元素**，按順序與串列中的每個元素進行比較。當關鍵元素與串列中的元素匹配，或是沒有在串列中找到匹配項目時，搜尋將終止。如果在串列中找到要搜尋的元素，則線性搜尋法將回傳匹配元素的索引編號；如果未找到該元素，則回傳 -1。

—— 程式 9.1

撰寫一個程式，從串列中搜尋一個元素。

```
def Linear_Search(My_List, key):
    for i in range(len(My_List)):
        if(My_List[i] == key):
            #print(key, "is found at index", i)
            return i
            break
    return -1
My_List = [12, 23, 45, 67, 89]
print("Contents of List are as follows: ")
print(My_List)
key = (int(input("Enter the number to be searched: ")))
L1 = Linear_Search(My_List, key)
if(L1!=-1):
    print(key, "is found at position", L1 + 1)
```

```
else:
    print(key, "is not present in the List")
```

輸出

#測試範例 1
```
Contents of List are as follows:
[12, 23, 45, 67, 89]
Enter the number to be searched: 23
23 is found at position 2
```
#測試範例 2
```
Contents of List are as follows:
[12, 23, 45, 67, 89]
Enter the number to be searched: 65
65 is not present in the List
```

解釋 上述程式中，我們定義了一個 `Linear_Search()` 的函式，要搜尋的串列和元素稱之為關鍵元素，會被傳送到函式，從串列開始按照順序進行比較，直到關鍵元素與串列中存在的元素匹配，或者沒有找到匹配的元素。

未排序的串列——循序搜尋法分析

表 9.1 對未排序的串列進行了分析，假設串列長度為 N，且串列中的內容沒有按任何順序排列。

表 9.1 未排序串列中的循序搜尋法分析

情況	最佳情況	最糟情況	平均情況
元素存在於串列中	1	N	N/2
元素不存在於串列中	N	N	N

已排序的串列——循序搜尋法分析

如果已經對串列進行排序，可以減少搜尋不成功的預期比較次數。

範例

```
List1[] = 10 15 20 25 50 60 70 80
```
要搜尋的元素 = 30

搜尋應在此終止（箭頭指向 50）

假設元素是按照升序排列儲存的，只要串列中元素的值大於關鍵元素（要搜索的元素）的值或找到關鍵元素，搜尋就應該終止（表 9.2）。

表 9.2　針對已排序串列的循序搜尋法分析

情況	最佳情況	最糟情況	平均情況
元素存在於串列中	1	N	N/2
元素不存在於串列中	1	N	N/2

9.2.2　二元搜尋法

在上一節中，我們學習了線性搜尋法，對於小型串列來說，使用線性搜尋法相當方便，但是如果遇到大型串列，會發生什麼事？讓我們假設串列的大小為 100 萬 (2^{20})，如果我們繼續使用循序搜尋法進行搜尋，那麼在最糟的情況下，我們需要進行 2^{20} 次比較。因此，循序搜尋法並不適用於大型串列，我們需要更有效率的演算法。本節中我們將探討二元搜尋法如何成為一種簡單而高效率的演算法。

要使用二元搜尋法，串列中的元素必須先經過排序，我們假設串列是按照升序排列的，二元搜尋法會比較關鍵元素與串列中間的元素。以下為二元搜尋法判斷的四個條件：

1. 如果關鍵元素小於串列的中間元素，那麼程式設計師只需要在串列的前半部分進行搜尋。
2. 如果關鍵元素大於串列的中間元素，那麼程式設計師只需要在串列的後半部分進行搜尋。
3. 如果關鍵元素等於串列的中間元素，則搜尋結束。
4. 如果要尋找的元素不在串列中，則回傳 None 或 -1，表示要搜尋的元素不存在於串列中。

二元搜尋法的範例

參考以下由 10 個整數排序組成的串列範例。

10 18 19 20 25 28 48 55 62 70

要搜尋的元素 = **48**

第一次搜尋

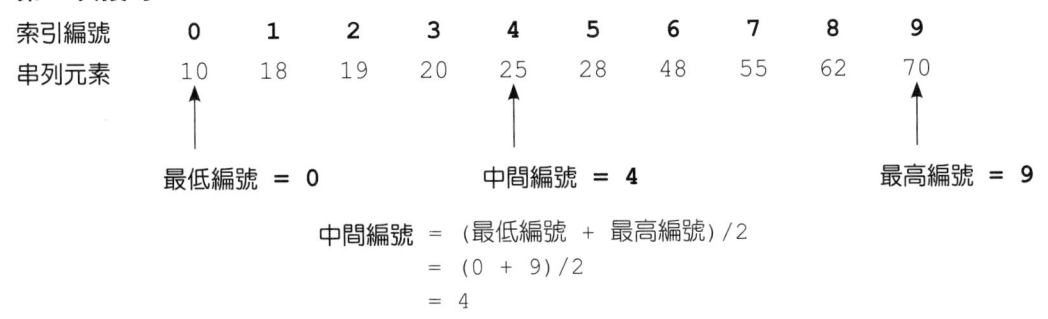

索引編號	0	1	2	3	4	5	6	7	8	9
串列元素	10	18	19	20	25	28	48	55	62	70

最低編號 = 0　　中間編號 = 4　　最高編號 = 9

```
中間編號 = (最低編號 + 最高編號)/2
       = (0 + 9)/2
       = 4
```

現在我們將中間的元素 **25** 與我們要搜尋的元素 48 進行比較,由於 48 大於 25,因此我們將刪除串列的前半部分,並在串列的後半部分重新搜尋。

現在調整各項編號如下:

最低編號 = 中間編號 + 1 = 4 + 1 = 5　#改變最低編號的位置

最高編號 = 9　#最高編號的位置將保持原狀

第二次搜尋

索引編號	0	1	2	3	4	5	6	7	8	9
串列元素	10	18	19	20	25	28	48	55	62	70

最低編號 = 5　　中間編號 = 7　　最高編號 = 9

```
中間編號 = (最低編號 + 最高編號)/2
       = (5 + 9)/2
       = 7
```

現在我們將中間的元素 **55** 與我們要搜尋的元素 48 進行比較,由於 **48 小於 55**,因此我們將刪除串列後半部分的元素。

現在調整各項編號如下:

最低編號 = 5　#保持原狀

最高編號 = 中間編號 - 1 = 7 - 1 = 6　#改變最高編號的位置

第三次搜尋

索引編號	0	1	2	3	4	5	6	7	8	9
串列元素	10	18	19	20	25	28	48	55	62	70

最低編號 = 5　　最高編號 = 6
中間編號 = 5

中間編號 = (最低編號 + 最高編號)/2
　　　　 = (5 + 6)/2
　　　　 = 5

現在我們將中間的元素 **28** 與我們要搜尋的元素 **48** 進行比較，由於 **28 小於 48**，因此我們將搜尋串列後半部分的元素。

現在調整各項編號如下：

最低編號 = 中間編號 +1 = 6　#改變最低編號的位置
最高編號 = 6　#保持原狀

第四次搜尋

索引編號	0	1	2	3	4	5	6	7	8	9
串列元素	10	18	19	20	25	28	48	55	62	70

最低編號 = 6　最高編號 = 6　中間編號 = 6

中間編號 = (最低編號 + 最高編號)/2
　　　　 = 6

現在我們將中間的元素 48 與我們要搜尋的元素 48 進行比較，由於 48 等於 48，因此該數字位於索引編號 6 的位置。

程式 9.2

撰寫一個二元搜尋法的程式。

```
def Binary_Search(MyList, key):
    low = 0
    high = len(MyList)-1
    while low<=high:
        mid = (low + high)//2    #找到中間的索引編號
```

```
            if MyList[mid]==key:    #如果關鍵元素匹配到中間索引編號的元素
                return mid          #回傳索引編號
            elif key>MyList[mid]:   #如果關鍵元素更大的話
                low = mid + 1
            else:
                high = mid-1
        return -1   #如果沒有匹配的話,回傳 -1
MyList = [10, 20, 30, 34, 56, 78, 89, 90]
print(MyList)
key = (eval(input("Enter the number to Search:")))
x = Binary_Search(MyList, key)
if(x==-1):
    print(key, "is not present in the list")
else:
    print("The Element", key, "is found at position", x + 1)
```

輸出

```
#測試範例 1
[10, 20, 30, 34, 56, 78, 89, 90]
Enter the number to Search: 20
The Element 20 is found at position 2

#測試範例 2
[10, 20, 30, 34, 56, 78, 89, 90]
Enter the number to Search: 43
43 is not present in the list
```

解釋 在上述程式中,我們首先定義了一個 [10 20 30 34 56 78 89 90] 的串列,要搜尋的號碼由使用者輸入,將串列和要搜尋的數字都作為參數傳遞給函式,透過每次搜尋迭代,計算最低、中間、最高的編號。再將要搜尋的元素(關鍵元素)與中間元素進行比較,然後根據關鍵元素的值和在中間位置找到的元素比較,來改變最低和最高的編號。

二元搜尋法類似於從字典中搜尋單字串列

二元搜尋法的搜尋方式類似於從字典中搜尋單字,假設我們要搜尋以特定字母開頭的單字,例如 L 開頭的單字,打開字典後翻開的頁面如果出現以 L 開頭的單字,那麼代表我們已經找到了我們正在尋找的單字。但是如果我們翻開的頁面出現的是以 G 開頭的單字,那麼代表我們必須再次搜尋;同時我們將不需要再搜尋字典的左側部分,也就是跳過從 A 到 G 的單字。

接下來，我們將搜尋字典剩餘的右側，也就是從 H 到 Z 的單字。和前面一樣，我們將打開從 H 到 Z 的任何頁面，並檢查該頁面上出現的單字，如果我們翻開的頁面為以 L 開頭的單字，那麼代表我們的搜尋成功了；如果不是的話，我們檢查頁面上出現的單字，如果它們開頭的字母順序在 L 之後，那麼我們將刪除後半部分，並繼續在剩餘的部分中搜尋。

我們將在剩餘的部分重複此過程，也就是再次打開頁面檢查，重複該過程，每次要搜尋的字典大小都會不斷減少約一半，直到在目前的頁面上找不到該單字為止。

▶ 9.3 排序相關簡介

參考以下情況，使用者想要從圖書館中取書，但發現這些書沒有按特定順序排放，在這種情況下，很難快速或輕鬆地找到任何書籍。但是，如果將書籍按照某種順序排放，例如按字母順序排放，那麼便可以毫不費力地找到所需的書籍，因此在各種應用程式中常常會使用排序來增加搜尋資訊的效率。

排序意味著重新排列串列中的元素，使它們以某種相關的順序排列，順序可以是升序或降序。參考以下串列 L1，其中的元素按升序排列，也就是 **L1[0] < L1[1] < .... < L1[N]**。

範例

假設串列初始化為：

$$L1 = [9, 3, 4, 2, 1]$$

按升序排列後為：

$$L1 = [1, 2, 3, 4, 9]$$

上述範例可以看出，排序是將雜亂的元素串列轉換為有序串列的過程。

9.3.1 排序的類型

排序演算法分為兩大類：
1. 內部排序法。
2. 外部排序法。

　　如果所有要排序的紀錄都儲存在主記憶體內部的話，那麼可以透過內部排序法進行排列，但是，如果要對儲存於第二級儲存裝置中的大量資料進行排序，則必須使用外部排序法對它們進行排序。

1. **內部排序演算法**：任何僅在**主記憶體**中執行的排序演算法，稱之為**內部排序法**。利用了主記憶體隨機存取的特性，因此，內部排序法比外部排序法還要快速。
2. **外部排序演算法**：外部排序法在**第二級儲存裝置**中進行，因此，任何在排序過程中使用到外部儲存裝置（如磁帶或光碟）的排序演算法都稱之為**外部排序法**。如果要儲存的資料數量太大而無法放入主記憶體，則便會執行外部排序法。輔助記憶體和主記憶體之間的數據傳輸，最佳移動方式可藉由搬遷連續元素組成的區塊來完成。

　　本章將介紹各種排序相關演算法的實作細節，例如氣泡排序法、選擇排序法、插入排序法、快速排序法以及合併排序法。

9.3.2 氣泡排序法

　　氣泡排序法是最簡單、最古老的排序演算法，氣泡排序法透過重複將最大元素移動到串列的最高索引位置來對元素進行排序。將串列中連續的兩個元素進行比較，如果索引編號較低的元素大於索引編號較高的元素，則交換這兩個元素的位置，以便將數值較小的元素放在數值較大的元素之前，此演算法會重複此過程，直到將串列中的元素都進行排序，整個排序過程稱之為氣泡排序法。該演算法的名稱之所以稱之為氣泡排序法，是因為較小的元素會像氣泡一樣浮到串列的頂部。

氣泡排序法的範例

　　假設串列中的元素為：

$$L1 = [30, 40, 45, 20, 90, 78]$$

使用氣泡排序法對串列進行排序。

解決方法
第一次排序

30	40	45	20	90	78	不做交換
30	40	45	20	90	78	不做交換
30	40	45	20	90	78	進行交換
30	40	20	45	90	78	不做交換
30	40	20	45	90	78	進行交換
30	40	20	45	78	90	第一次使用氣泡排序法後的輸出仍然不是最終的排序順序，因此，重複上述步驟進行第二次排序。

第二次排序

對第一次排序的輸出進行氣泡排序法。

30	40	20	45	78	90	不做交換
30	40	20	45	78	90	進行交換
30	20	40	45	78	90	不做交換
30	20	40	45	78	90	不做交換
30	20	40	45	78	90	第二次使用氣泡排序法後的輸出仍然不是最終的排序順序，因此，重複上述步驟進行第三次排序。

第三次排序

對第二次排序的輸出進行氣泡排序法。

30	20	40	45	78	90	進行交換
20	30	40	45	78	90	不做交換
20	30	40	45	78	90	不做交換
20	30	40	45	78	90	不做交換
20	30	40	45	78	90	不做交換

因此，在第三次排序後，我們獲得了一個按升序排列的串列。

氣泡排序法的工作原理

在上述範例中，我們可以將氣泡排序法的工作原理概括為：

1. 在每次排序迭代中，將串列的第一個元素 L[1]，與串列的第二個元素 L[2] 進行比較，然後將 L[2] 與 L[3] 進行比較，L[3] 與 L[4] 進行比較，依此類推，最後 L[N-1] 是與 L[N] 相比，整個過程持續到我們獲得排序的串列。
2. 在第二次排序中，將 L[1] 與 L[2] 進行比較，L[2] 與 L[3] 進行比較，依此類推，最後將 L[N-2] 與 L[N-1] 進行比較。在第二次排序迭代中只需要進行 N-2 次比較，因此，當第二次排序迭代結束時，第二大的元素被放置在串列的第二大的索引編號位置。
3. 同樣原理，繼續進行上述過程，我們便可在最後一次排序迭代中，獲得所有元素都經過排序的串列。

── 程式 9.3

撰寫一個實作氣泡排序法的程式。

```
def Bubble_Sort(MyList):
    for i in range(len(MyList)-1, 0,-1):
        for j in range(i):
            if MyList[j]>MyList[j + 1]:
                temp, MyList[j] = MyList[j], MyList[j + 1]
                MyList[j + 1] = temp
MyList = [30, 50, 45, 1, 6, 3, 20, 90, 78]
print('Elements of List Before Sorting: ', MyList)
Bubble_Sort(MyList)
print('Elements of List After Sorting: ', end='')
print(MyList)
```

輸出

```
Elements of List Before Sorting: [30, 50, 45, 1, 6, 3, 20, 90, 78]
Elements of List After Sorting: [1, 3, 6, 20, 30, 45, 50, 78, 90]
```

解釋　上述程式中，首先初始化一個未排序的串列，將串列作為引數傳遞給函式進行氣泡排序法。串列切片用於將每個元素與其相鄰元素進行比較，如果前一個元素大於後一個元素，則將其進行交換。使用 Python 完成元素的交換，如下所示。

```
if MyList[j]>MyList[j + 1]:
        temp,MyList[j]= MyList[j],MyList[j + 1]
        MyList[j + 1] = temp
```

上述程式碼用於交換兩個元素，而上述程式碼等同於以下程式碼，因此，程式設計師應該選擇使用上述程式碼，因為它減少了程式碼行數的數量。

```
if MyList[j]>MyList[j + 1]:
        temp = MyList[j]
        MyList[j]= MyList[j + 1]
        MyList[j + 1] = temp
```

9.3.3 選擇排序法

　　假設一個包含 10 個元素的串列，list[0], list[1], ...list[N-1]，首先，將從 list[0] 到 list[N-1] 搜尋最小元素的位置，然後將最小元素與 list[0] 進行交換。再來將搜尋從 list[1] 到 list[n-1] 中，第二小的元素位置，然後將該元素與 list[1] 進行交換，持續這個過程直到最後，便可得到了一個已排序的串列。選擇排序法的過程如下所示。

第一次排序

1. 從 list[0] 到 list[N-1] 中尋找最小的元素。
2. 最小的元素與 list[0] 進行交換。

結果：list[0] 已排序。

第二次排序

1. 從 list[1] 到 list[N-1] 中尋找最小的元素。
2. 最小的元素與 list[1] 進行交換。

結果：list[0]、list[1] 已排序。

第 N-1 次排序

1. 從 list[N-2] 到 list[N-1] 中尋找最小的元素。
2. 最小的元素與 list[N-2] 交換。

結果：list[0]..............list[N-1] 已排序。

選擇排序法的範例

　　參考以下範例，由 8 個未排序整數組成的串列

$$[74, 34, 42, 13, 87, 24, 64, 57]$$

操作

　　選擇最小元素 **13**，並將其與 **74** 進行交換後，13 成為串列中的第一個元素。

74　34　42　13　87　24　64　57

選擇最小元素 **24**,並與串列中的 **34** 進行交換。

13 34 42 74 87 24 64 57

選擇最小元素 **34**,並與串列中的 **42** 進行交換。

13 **24** 42 74 87 34 64 57

選擇最小元素 **42**,並與串列中的 **74** 進行交換。

13 **24** **34** 74 87 42 64 57

選擇最小元素 **57**,並與串列中的 **87** 進行交換。

13 **24** **34** **74** 87 42 64 57

選擇最小元素 **64**,並與串列中的 **74** 進行交換。

13 **24** **34** **42** **57** 74 64 87

最終已排序的串列

13 **24** **34** **42** **57** **64** **74** **87**

> **注意**
> 選擇排序法會重複選擇最小的元素,並將其與剩餘串列中的第一個元素進行交換。

程式 9.4

撰寫一個選擇排序法的程式。

```
def Selection_Sort(MyList):
    #i 為外部迴圈
    #j 為內部迴圈
    #k 為最小元素的索引編號
    for i in range(len(MyList)-1):
        k = i            #假設第 i 個元素為最小的值
        for j in range(i + 1, len(MyList)):
            if(MyList[j]<MyList[k]):
                k = j
```

```
            if (k!=i):
                temp = MyList[i]
                MyList[i] = MyList[k]
                MyList[k] = temp
MyList = [12, 34, 2, 7, 45, 90, 89, 9, 1]
print('Elements before Sorting')
print(MyList)
Selection_Sort(MyList)
print('Elements After Sorting')
print(MyList)
```

輸出

```
Elements before Sorting
[12, 34, 2, 7, 45, 90, 89, 9, 1]
Elements After Sorting
[1, 2, 7, 9, 12, 34, 45, 89, 90]
```

9.3.4 插入排序法

插入排序法是透過將元素插入到先前已排序串列中的正確位置，它始終有一個已排序的子串列，每個新的元素都被插入回前面的一個子串列中。因此，插入排序法通過將新元素插入已排序的子串列中，並重複地對串列進行排序，直到整個串列完成排序，以下為插入排序法的範例。

範例

參考以下未排序的串列：

MyList = [15, 0, 11, 19, 12, 16, 14]

首先，將串列中的第一個元素 15 放入已排序的子字串中。

| 15 | 0 | 11 | 19 | 12 | 16 | 14 |

> **注意**
> 灰色格子表示已完成排序的子串列。

☞ **STEP 1**： 首先，將串列中的第一個元素 15 放入已排序的子字串，接下來要將串列中的下一個元素 0 插入子串列。

| 0 | 15 | 11 | 19 | 12 | 16 | 14 |

☞ **STEP 2**： 排序後的子串列為 [0, 15]，再來將 11 插入子串列中。

| 0 | 11 | 15 | 19 | 12 | 16 | 14 |

☞ **STEP 3**： 排序後的子串列為 [0, 11, 15]，再來將 19 插入子串列中。

| 0 | 11 | 15 | 19 | 12 | 16 | 14 |

☞ **STEP 4**： 排序後的子串列為 [0, 11, 15, 19]，再來將 12 插入子串列中。

| 0 | 11 | 12 | 15 | 19 | 16 | 14 |

☞ **STEP 5**： 排序後的子串列為 [0, 11, 12, 15, 19]，再來將 16 插入子串列中。

| 0 | 11 | 12 | 15 | 16 | 19 | 14 |

☞ **STEP 6**： 排序後的子串列為 [0, 11, 12, 15, 16, 19]，再來將 14 插入子串列中。

| 0 | 11 | 12 | 15 | 16 | 19 | 14 |

☞ **STEP 7**： 排序後的子串列為 [0, 11, 12, 14, 16, 19]。

| 0 | 11 | 12 | 14 | 15 | 16 | 19 |

最後，我們在 STEP 7 中獲得了排序完成的串列。

── **程式 9.5**

撰寫一個實作插入排序法的程式。

```
def Insertion_Sort(MyList):
    for i in range(1, len(MyList)):
        CurrentElement = MyList[i]
        k = i-1
        while k>=0 and MyList[k]>CurrentElement:
            MyList[k + 1] = MyList[k]
            k = k-1

        MyList[k + 1] = CurrentElement
MyList = [12, 23, 5, 2, 21, 1, 4]
print('Elements before Sorting')
print(MyList)
Insertion_Sort(MyList)
print('Elements After Sorting')
print(MyList)
```

輸出

```
Elements before Sorting
[12, 23, 5, 2, 21, 1, 4]
Elements After Sorting
[1, 2, 4, 5, 12, 21, 23]
```

9.3.5 快速排序法

快速排序法為最快的內部排序演算法之一，主要基於以下三個策略：

1. **切割 (split)** 或**分割 (partition)**：從未排序的元素串列中，隨機選擇一個元素作為**基準值** (pivot)，假設所選元素為 X，其中 X 為任意數字，再來將串列劃分為兩個子串列 Y 和 Z，使得：

   第一個子串列 Y 中，所有元素都小於所選擇的基準值。

   第二個子串列 Z 中，所有元素都大於所選擇的基準值。

2. 對子串列進行**排序**。
3. **合併**已排序的子串列。

將串列切割成兩個較小的子串列後，這些子串列最終透過遞迴的方式進行排序，稱之為**征服**。因此，快速排序法也被稱之為**切割與征服演算法**。

假設有 N 個元素分為 a[0], a[1], a[2], ...a[N-1]，以下為使用快速排序法的步驟。

☞ **STEP 1**： 選擇一個元素作為**基準值**，例如選擇儲存在串列第一個位置的元素作為基準值。儘管有很多方法可以選擇基準值，但我們會使用串列中的第一個元素，因為它有助於將串列分成兩個部分。

   Pivot = a[First] //**選擇第一個元素作為基準值**

   其中第一個索引位置 First 的值為 0。

☞ **STEP 2**： 初始化兩個指標 i 和 j。

   i = First + 1 (串列第一個索引 (編號最小的索引))

   j = Last (串列最後一個索引 (編號最大的索引))

☞ **STEP 3**： 現在增加 i 的值，直到我們找到一個大於基準值的元素。

   while i <= j and a[i] <= Pivot

   i++

☞ **STEP 4**： 減小 j 的值，直到我們找到一個小於基準值的元素。

　　　　　while i <= j and a[j] >= Pivot
　　　　　　　　j--

☞ **STEP 5**： 如果 i < j，則交換 a[i] 和 a[j]。
☞ **STEP 6**： 重複 STEP 2 到 STEP 4，直到 i > j 為止。
☞ **STEP 7**： 交換選定的基準值和 a[j]。

範例

參考一個包含以下元素的串列：50、30、10、90、80、20、40 和 60。

☞ **STEP 1**： 選擇第一個元素作為基準值。

0	1	2	3	4	5	6	7
50	30	10	90	80	20	40	60

STEP 1 中，可以清楚地看出，我們選擇了第一個元素作為**基準值**，也就是 **50**。

☞ **STEP 2**： 初始化兩個指標 i 和 j。

基準值的目的是將小於基準值的元素放在左側，將大於基準值的元素放在右側。

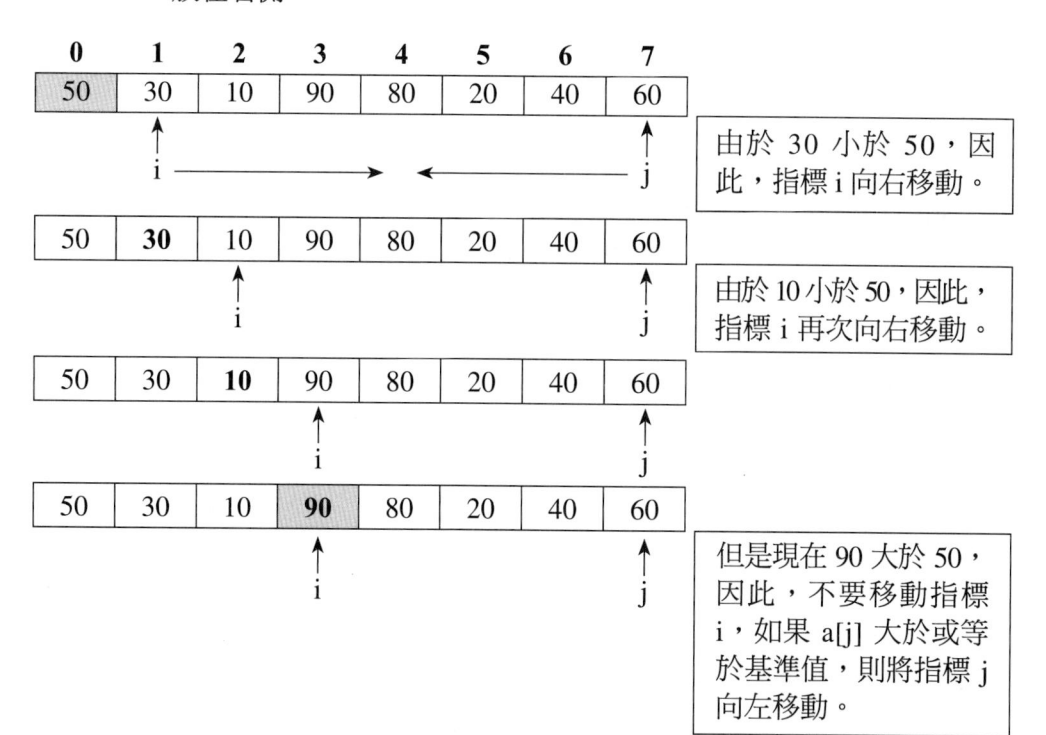

0	1	2	3	4	5	6	7
50	30	10	90	80	20	40	60

　　　i　　　　　　　　　　j

> 由於 30 小於 50，因此，指標 i 向右移動。

0	1	2	3	4	5	6	7
50	**30**	10	90	80	20	40	60

　　　　　i　　　　　　　　j

> 由於 10 小於 50，因此，指標 i 再次向右移動。

0	1	2	3	4	5	6	7
50	30	**10**	90	80	20	40	60

　　　　　　　i　　　　　　j

0	1	2	3	4	5	6	7
50	30	10	**90**	80	20	40	60

　　　　　　　　　i　　　　j

> 但是現在 90 大於 50，因此，不要移動指標 i，如果 a[j] 大於或等於基準值，則將指標 j 向左移動。

| 50 | 30 | 10 | **90** | 80 | 20 | 40 | 60 |

　　　　　　　　↑　　　　　　↑
　　　　　　　　i　　　　　　j

a[j] 的值為 60，當 a[j] 大於或等於 50 時，指標位置將減 1。

| 50 | 30 | 10 | **90** | 80 | 20 | 40 | 60 |

　　　　　　　　↑　　　　　　↑
　　　　　　　　i　　　　　　j

由於 a[j] 不大於基準值 50，因此，不需要將指標 j 向左移動。

| 0 | 1 | 2 | 3 | 4 | 5 | 6 | 7 |
| 50 | 30 | 10 | **90** | 80 | 20 | 40 | 60 |

　　　　　　　　↑　　　　　　↑
　　　　　　　　i　　　　　　j

現在我們得到 i 和 j 的值，索引編號分別為 3 和 6，當 i 小於 j 時，使用 swap(a[i], a[j]) 進行交換。

進行交換 a[i] 和 a[j] 後，串列將變為：

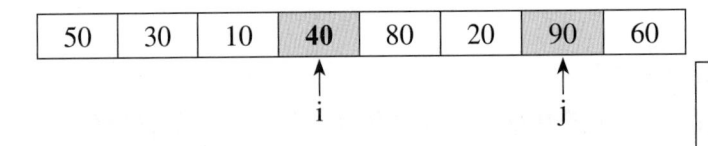

| 50 | 30 | 10 | **40** | 80 | 20 | **90** | 60 |

　　　　　　　　↑　　　　　　↑
　　　　　　　　i　　　　　　j

當 40 小於 50（基準值）時，將 i 的值增加 1。現在 80 大於基準值，因此停止將 i 向右移動，並開始將 j 向左移動。

現在繼續左右移動直到 i 超過 j。

| 50 | 30 | 10 | 40 | **80** | 20 | **90** | 60 |

　　　　　　　　　　　　↑　　　　　↑
　　　　　　　　　　　　i　　　　　j

| 0 | 1 | 2 | 3 | 4 | 5 | 6 | 7 |
| 50 | 30 | 10 | 40 | **80** | **20** | 90 | 60 |

　　　　　　　　　　　　↑　↑
　　　　　　　　　　　　i　j

a[j] 的值為 90，當 a[j] 大於等於 50 時，將指標 j 減 1。此時 a[j] 新的值為 20，且 a[j] 沒有大於基準值 50，因此，不需要將指標 j 向左移動。至此，我們找到了 i 和 j 的最終值。

當 i 小於 j 時，會執行 swap(a[i], a[j]) 進行交換，交換後的串列內容如下。

| 50 | 30 | 10 | 40 | **20** | **80** | 90 | 60 |

↑　　　↑
i　　　j

| 0 | 1 | 2 | 3 | 4 | 5 | 6 | 7 |
| 50 | 30 | 10 | 40 | **20** | **80** | 90 | 60 |

↑
i, j

進行交換之後我們必須將指標 i 向右移動，j 向左移動。現在 20 小於 50 (基準值)，所以將 i 的值向右增加 1。而 i 的新索引編號為 5，當 80 大於 50 時，停止向右移動 i，並找到 j 的索引編號。

| 0 | 1 | 2 | 3 | 4 | 5 | 6 | 7 |
| 50 | 30 | 10 | 40 | **20** | **80** | 90 | 60 |

↑
i, j

| 0 | 1 | 2 | 3 | 4 | 5 | 6 | 7 |
| 50 | 30 | 10 | 40 | **20** | **80** | 90 | 60 |

↑　　↑
j　　i

由於 a[j](80) 大於基準值 (50)，因此將指標 j 向左移動。

上述條件中，明顯發現 i 與 j 交錯而過，因此，j 的值會小於 i 的值，此時 j 的位置就是**切割點** (split point)，或稱之為分割點 (partition point)。

當 j < i　　Swap(pivot, a[j])

進行交換後，

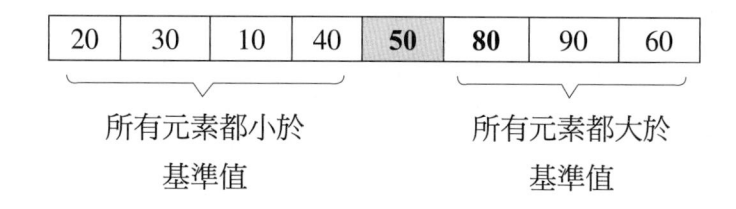

| 20 | 30 | 10 | 40 | **50** | 80 | 90 | 60 |

　　　所有元素都小於　　　　　　所有元素都大於
　　　　　基準值　　　　　　　　　　基準值

上述範例中，50 被放置在了適當的位置，而小於 50 的元素均放在左側，大於 50 的元素均放在右側，接著透過遞迴對兩個子串列 **Y(20, 30, 10, 40)** 和 **Z(80, 90, 60)** 進行上述操作。

程式 9.6

撰寫一個 Python 程式，使用**快速排序法**將串列中的元素進行排序。

```python
def quickSort( MyList ):
    """ 使用遞迴快速排序法對陣列或串列進行排序 """
    print('Elements of List are as follows')
    print(MyList)
    n = len( MyList )
    Rec_Quick_Sort( MyList, 0, n-1 )

def Rec_Quick_Sort( MyList, first, last ):
    """ 遞迴實作的方法 """
    if first < last:
        pos = Partition( MyList, first, last )
        """ 將串列拆分為左右兩個子串列 """
        Rec_Quick_Sort( MyList, first, pos - 1 )
        Rec_Quick_Sort( MyList, pos + 1, last )

def Partition(MyList, first, last ):
    """ 使用第一個關鍵元素作為基準值，對子串列或子陣列進行分割 """

    pivot = MyList[first]   #選擇作為基準值的元素

    #找到基準值，並移動元素到基準值
    i = first + 1
    j = last
    while i < j :

            #找到大於基準值的第一個關鍵元素
            while i <= j and MyList[i] <= pivot :
                i = i + 1

#從串列中找出小於或等於基準值的關鍵元素
    while j >= i and pivot <= MyList[j] :
        j = j - 1

    #如果我們還沒有完成這個部分的分割，則交換兩個關鍵元素
    if i < j :
        temp= MyList[i]
        MyList[i] = MyList[j]
        MyList[j] = temp
#將基準值放在適當的位置
#將 MyList[j] 與基準值進行交換
    temp = MyList[first]
    MyList[first] = MyList[j]
    MyList[j] = temp

    #回傳索引編號，進行左右分割
    return j
```

```
MyList = [50, 30, 10, 90, 80, 20, 40, 60];
quickSort(MyList)
print('Elements of List after Sorting Using Quick Sort')
print(MyList)
```

輸出

```
Elements of List are as follows
[50, 30, 10, 90, 80, 20, 40, 60]
Elements of List after Sorting Using Quick Sort
[10, 20, 40, 30, 50, 60, 80, 90]
```

9.3.6 合併排序法

　　如前幾節所述，所有排序演算法主要應用於內部排序，要排序的資料適合儲存於主記憶體。但是如果要排序的資料需儲存於檔案或硬碟中，並無法儲存於主記憶體時，可以使用合併排序法，合併排序法是一種眾所周知的高效率外部排序法。

　　與快速排序法類似，合併排序法也是基於以下三個策略：

1. 將串列拆分為兩個子串列 **(分割)**：意味著將串列中的 n 個元素分割為兩個子串列，其中每個子串列擁有 n/2 個元素。
2. 子串列排序 **(解決)**：對兩個子串列透過遞迴的方式，使用合併排序法進行排序。
3. 合併已排序的子串列 **(合併)**：意味著合併兩個已排序的子串列，其中，每個大小為 n/2，同時產生 n 個元素的已排序串列。

合併排序法的範例

　　參考圖 9.1 串列中的元素。

　　圖 9.1 中的串列有 8 個元素，第一個元素的索引編號為 i = 0，最後一個元素的索引編號為 j = 7，為了從串列中間元素分割出兩個子串列，透過 mid = (i + j)/2 找到中間元素的索引編號。

　　因此，i = 0 和 j = 7，

$$中間索引編號 = (i + j)/ 2 = (0 + 7)/2 = 3$$

　　合併排序法透過遞迴從 i = 0 到 j = 3 對串列的左半部分進行排序，右半邊同樣使用遞迴，從 i = 4 到 j = 7 對串列的右半部分進行排序，再來將兩個子串列合併以產生一個已排序的串列。

[24, 11, 9, 2, 17, 16, 14, 3]

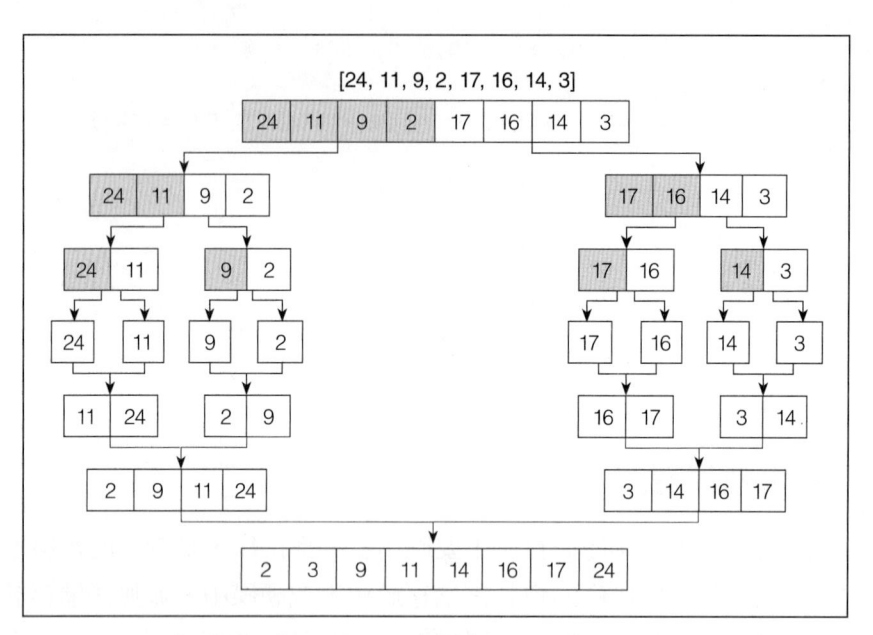

圖 9.1　合併排序法的範例

合併排序法中的合併動作

　　合併排序法的基本動作為合併兩個已排序的串列，合併演算法採用兩個已排序串列 a[ ] 和 b[ ]（也就是左串列和右串列）作為輸入，而第三個串列 c[ ] 作為輸出。將串列中的每個元素，也就是 a[i]（**左串列**）與 b[j]（**右串列**）進行比較，a[i] 和 b[j] 中較小的元素被複製到輸出串列 c[k]，當其中一個輸入串列用盡時，則另一個串列的剩餘部分直接複製到輸出串列 c。

　　在上述範例中，我們獲得了兩個已排序的子串列，a[ ] 作為左串列，b[ ] 作為右串列，如下圖所示。

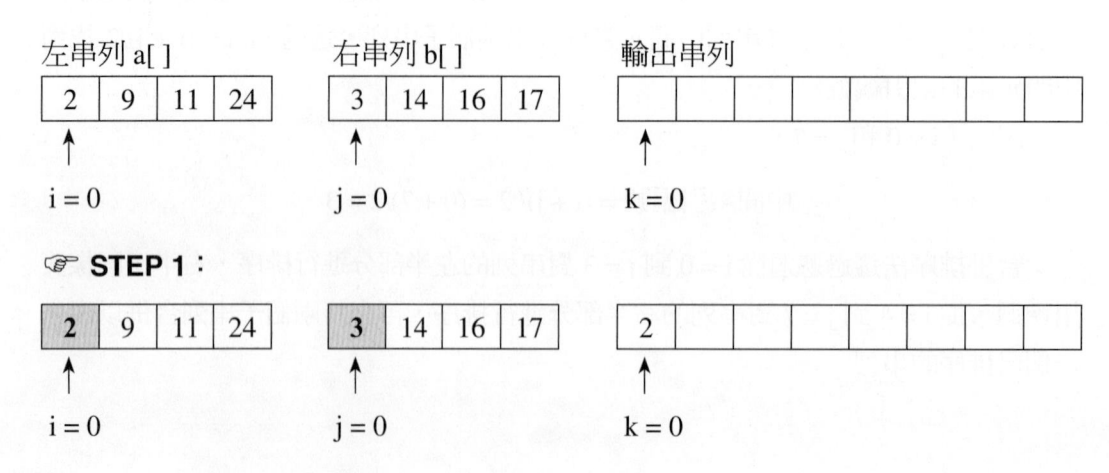

左串列 a[ ]　　　　　　右串列 b[ ]　　　　　　輸出串列

| 2 | 9 | 11 | 24 |　　| 3 | 14 | 16 | 17 |

i = 0　　　　　　　　　j = 0　　　　　　　　　k = 0

☞ **STEP 1**：

| **2** | 9 | 11 | 24 |　　| **3** | 14 | 16 | 17 |　　| 2 | | | | | | | |

i = 0　　　　　　　　　j = 0　　　　　　　　　k = 0

☞ **STEP 2**：

| 2 | 9 | 11 | 24 |

　　↑
　i = 1

| 3 | 14 | 16 | 17 |

↑
j = 0

| 2 | 3 | | | | | |

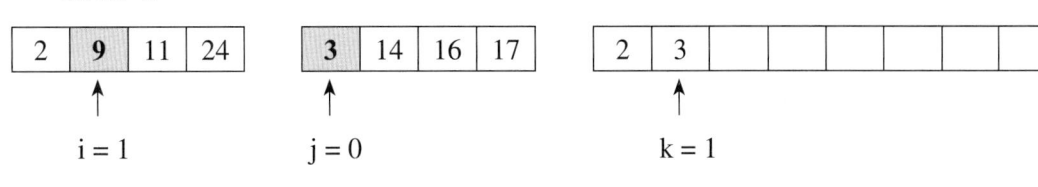

　　↑
　k = 1

☞ **STEP 3**：

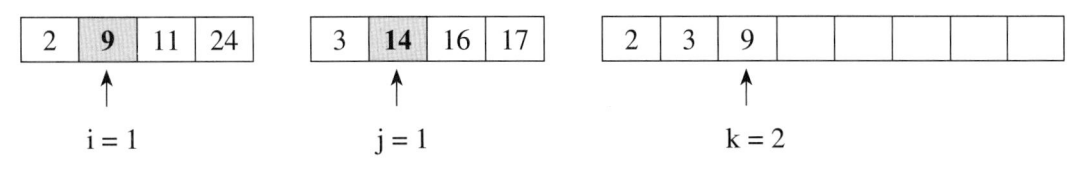

| 2 | 9 | 11 | 24 |

　　↑
　i = 1

| 3 | 14 | 16 | 17 |

　　↑
　j = 1

| 2 | 3 | 9 | | | | |

　　　↑
　　k = 2

☞ **STEP 4**：

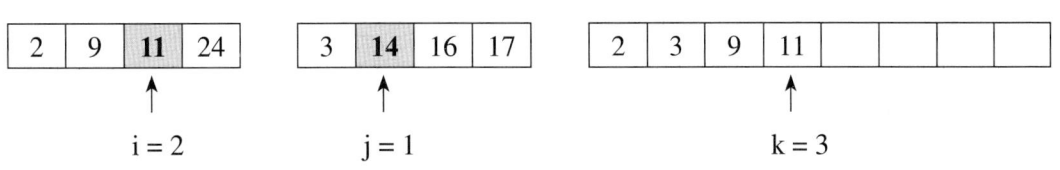

| 2 | 9 | 11 | 24 |

　　　↑
　　i = 2

| 3 | 14 | 16 | 17 |

　　↑
　j = 1

| 2 | 3 | 9 | 11 | | | |

　　　　↑
　　　k = 3

☞ **STEP 5**：

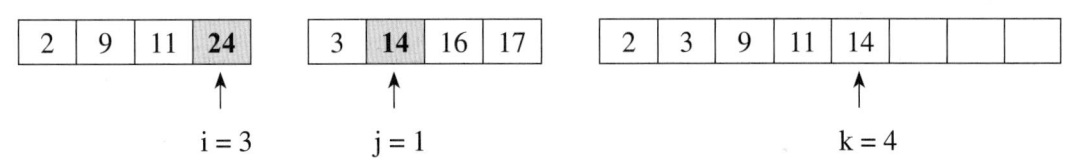

| 2 | 9 | 11 | 24 |

　　　　↑
　　　i = 3

| 3 | 14 | 16 | 17 |

　　↑
　j = 1

| 2 | 3 | 9 | 11 | 14 | | |

　　　　　↑
　　　　k = 4

☞ **STEP 6**：

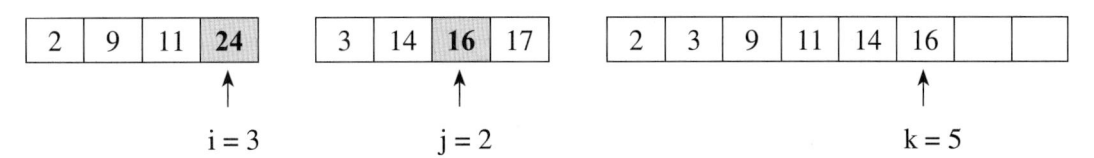

| 2 | 9 | 11 | 24 |

　　　　↑
　　　i = 3

| 3 | 14 | 16 | 17 |

　　　　↑
　　　j = 2

| 2 | 3 | 9 | 11 | 14 | 16 | |

　　　　　　↑
　　　　　k = 5

☞ **STEP 7**：

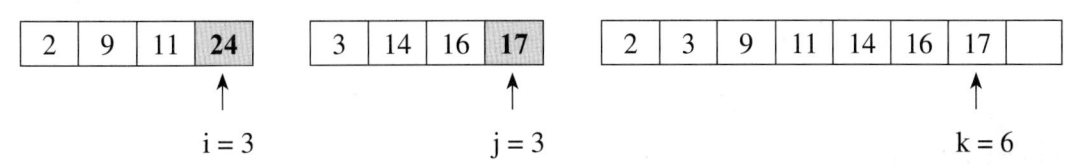

| 2 | 9 | 11 | 24 |

　　　　↑
　　　i = 3

| 3 | 14 | 16 | 17 |

　　　　　↑
　　　　j = 3

| 2 | 3 | 9 | 11 | 14 | 16 | 17 |

　　　　　　　↑
　　　　　　k = 6

☞ **STEP 8**：　在 STEP 7 中，串列 b[ ] 已用盡，因此，串列 a[ ] 的剩餘元素將全部添加到輸出串列中。

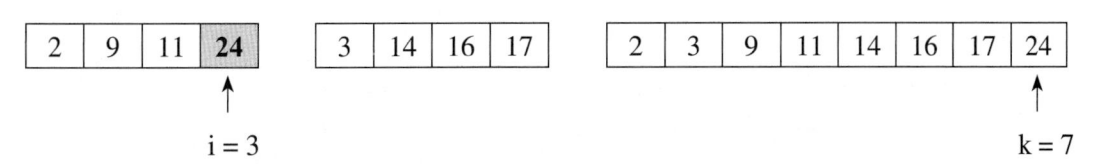

| 2 | 9 | 11 | 24 |

　　　　↑
　　　i = 3

| 3 | 14 | 16 | 17 |

| 2 | 3 | 9 | 11 | 14 | 16 | 17 | 24 |

　　　　　　　　↑
　　　　　　　k = 7

最終，在 STEP 8 中，所有元素完成排序。

程式 9.7

撰寫一個實作合併排序法的程式。

```
def mergeSort(MyList):
    if len(MyList)>1:
        mid = len(MyList)//2
        leftList = MyList[:mid]
        rightList = MyList[mid:]
   '''合併串列的左側部分(從索引編號 0 到中間編號 -1)'''
        mergeSort(leftList)
'''合併串列的右側部分(從中間編號到最末端)'''
        mergeSort(rightList)
        i = 0
        j = 0
        k = 0
        '''合併左側串列以及右側串列'''
        while i < len(leftList) and j < len(rightList):
            if leftList[i] < rightList[j]:
                MyList[k]=leftList[i]
                i = i + 1
            else:
                MyList[k]=rightList[j]
                j = j + 1
            k = k + 1

        while i < len(leftList):
            MyList[k]=leftList[i]
            i = i + 1
            k = k + 1

        while j < len(rightList):
            MyList[k]=rightList[j]
            j = j + 1
            k = k + 1

MyList = [54, 26, 93, 17, 77, 31, 44, 55, 20]
print('List Before Sorting', MyList)
mergeSort(MyList)
print('List After Sorting', MyList, end='')
```

輸出

```
List Before Sorting [24, 11, 9, 2, 17, 16, 14, 3]
List After Sorting [2, 3, 9, 11, 14, 16, 17, 24]
```

解釋　上述程式中，創建了一個元素串列，該串列作為引數傳遞給函式 **mergesort()**。如果串列中包含多個元素，則首先計算中間元素的索引編號，並將串列分割為兩部分，在串列的左右部分使用了合併排序函式後，剩餘的程式碼將負責將兩個較小已排序的串列合併成為一個較大的已排序串列。

在合併兩個排序串列時，將左側串列的元素與右側串列的元素進行比較，其中元素較小的會被放置在輸出串列中，持續進行此過程，直到我們獲得排序完成的串列。

▶ 小專案：根據每個元素的長度進行排序

這個小專案將使用程式語言的特性，例如**串列**、**函式**和**排序演算法**，根據某些條件，從串列中排序元素。

程式敘述

根據元素的長度將串列中的元素進行排序，假設串列中的元素為整數型態。

輸入

假設一個元素串列為（排序前）：

[23, 10, 4566, 344, 123, 121]

輸出

基於元素長度排序後的串列為（排序後）：

[23, 10, 344, 123, 121, 4566]

演算法

☞ **STEP 1**：定義一個包含 n 個元素的串列。
☞ **STEP 2**：將串列傳遞給函式 **Bubble_Sort()**。
☞ **STEP 3**：透過使用函式 **calc()** 計算每個元素的長度。
☞ **STEP 4**：在每次迭代中，將每個元素的長度與相鄰元素的長度進行比較，並根據比較結果進行交換。
☞ **STEP 5**：根據每個元素的長度輸出排序串列。

程式

```python
def calc(n):          #計算元素長度的函式
    c = 0
    while n > 0:
        n = n//10
        c = c + 1
    return c  #回傳元素的長度

def  Bubble_Sort(MyList):
    for i in range(len(MyList)-1, 0,-1):
        for j in range(i):
            if calc(MyList[j]) > calc(MyList[j + 1]):
                temp,MyList[j]=MyList[j],MyList[j + 1]
                MyList[j + 1] = temp
MyList = [23, 10, 4566, 344, 123, 121]
print('List before sorting based on length of each element: ')
print(MyList)
Bubble_Sort(MyList)
print('List after Sorting based on length of each element: ')
print(MyList)
```

輸出

```
List before sorting based on length of each element:
[23, 10, 4566, 344, 123, 121]
List after Sorting based on length of each element:
[23, 10, 344, 123, 121, 4566]
```

此程式可以幫助使用者依據每個元素的長度,將串列中的元素進行排序。

總結

✦ 二元搜尋法比線性搜尋法還來得快速,但是,在使用二元搜尋法搜尋串列中的元素時,串列中的元素必須按順序排列。

✦ 排序是一種重新排列串列中元素的方法,以使它們保持某種相關的順序,順序可以為升序或降序。

關鍵術語

✦ **線性搜尋法 (Linear Search)**：循序搜索。
✦ **二元搜尋法 (Binary Search)**：將已排序的串列分割為兩部分，直到找到元素。
✦ **氣泡排序法 (Bubble Sort)**：反覆比較串列中相鄰的元素。
✦ **選擇排序法 (Selection Sort)**：選擇最小的元素，並將其與剩餘串列中的第一個元素進行交換。
✦ **插入排序法 (Insertion Sort)**：將新元素插入到先前已排序的子串列中。
✦ **快速排序法 (Quick Sort)**：串列中元素的排序是基於基準值元素的選擇。

問題回顧

A. 選擇題

1. 下列哪種排序演算法會從串列中選擇最小的元素，並將其與第一個元素進行交換？
   a. 插入排序法　　　　　　　b. 選擇排序法
   c. 氣泡排序法　　　　　　　d. 快速排序法

2. 插入排序法是基於什麼原理？
   a. 在先前未排序的串列中找到正確的位置插入元素。
   b. 在先前已排序的串列中找到正確的位置插入元素。
   c. 無法預測
   d. 以上皆非

3. 快速排序法又稱之為：
   a. 合併排序法　　　　　　　b. 分割和交換排序法
   c. 希爾排序法　　　　　　　d. 以上皆非

4. 以下哪種排序演算法為分割與征服演算法？
   a. 氣泡排序法　　　　　　　b. 插入排序法
   c. 選擇排序法　　　　　　　d. 快速排序法

5. 在線性搜尋法中，搜尋結果最糟的情況為：
   a. 元素出現在串列中間　　　b. 元素出現在串列最後
   c. 元素不在串列中　　　　　d. 元素出現在串列第一個位置

6. 用於分割未排序串列的基準值用於：
   a. 選擇排序法　　　　　　　　b. 合併排序法
   c. 插入排序法　　　　　　　　d. 快速排序法
7. 合併排序法採用什麼策略？
   a. 分割與征服　　　　　　　　b. 分割
   c. 貪婪演算法　　　　　　　　d. 以上皆非
8. 如果一個串列是已排序的或幾乎已排序，那麼使用哪種演算法的效能較佳？
   a. 選擇排序法　　　　　　　　b. 插入排序法
   c. 快速排序法　　　　　　　　d. 合併排序法
9. 哪種搜尋演算法需用於已排序的串列？
   a. 線性搜尋法　　　　　　　　b. 二元搜尋法
   c. 選項 a 和選項 b 皆是　　　　d. 以上皆非
10. 在二元搜尋法中搜尋元素的最佳情況為：
    a. 元素出現在串列第一個位置　　b. 元素出現在串列最後一個位置
    c. 元素出現在串列中間位置　　　d. 以上皆非

B. 是非題

1. 在線性搜尋法中，會從第一個元素開始依次檢查元素。
2. 在二元搜尋法中，串列中的元素必須是已排序的。
3. 任何在排序過程中只使用主記憶體的排序演算法，稱之為內部排序法。
4. 二元搜尋法在每次排序迭代中，會將搜尋的元素與串列的最後一個元素進行比較。
5. 內部排序法比外部排序法還慢。
6. 插入排序法的原理：將元素插入到先前已排序子串列中的正確位置。
7. 插入排序法總是在串列的前面保有一個已排序的子串列。
8. 快速排序法會將一個串列分成兩個較小的子串列。
9. 在選擇排序法中，會從一個串列中獲取最小的元素，並將其放在串列的最後一個位置。
10. 內部記憶體適用於外部排序演算法。

C. 練習題

1. 試著描述實作二元搜尋法的步驟。
2. 使用選擇排序法，按升序對以下串列進行排序。

   List1 = [55, 58, 90, 33, 42, 89, 59, 71]

3. 試著解釋循序搜尋法，並給出時間複雜度分析。
4. 試著簡單說明排序演算法和搜尋演算法，同時列出不同類型的搜尋演算法和排序演算法。

D. 程式練習題

1. 撰寫一個 Python 程式，實作氣泡排序法。
2. 撰寫一個 Python 程式，實作快速排序法。
3. 使用選擇排序法，透過遞迴將元素進行排序。
4. 撰寫一個 Python 程式，使用二元搜尋法在串列中找到所需的元素。
5. 撰寫一個 Python 程式，實作合併排序法。

Chapter 10
物件導向程式設計：類別、物件與繼承

學習成果

完成本章後，學生將會學到：

✦ 解釋在程式設計中物件導向特性的必要性和重要性。
✦ 描述物件的屬性和方法。
✦ 使用點 (dot) 運算子的類別方法來存取物件屬性和成員函式。
✦ 使用 self 參數引用物件。
✦ 使用特殊方法來多載 (overload) 內建函式。
✦ 學習使用繼承的概念來建立 super 類別和子類別。
✦ 學習不同的繼承類型，並在程式設計中有效地使用它們。

章節大綱

10.1 簡介
10.2 定義類別
10.3 Self 參數和為一個類別添加方法
10.4 顯示類別屬性和方法
10.5 特殊類別屬性
10.6 可存取性
10.7 __init__ 方法（建構子）
10.8 將物件作為參數傳遞給方法
10.9 __del__ 方法（解構子）
10.10 類別成員測試
10.11 Python 中的方法多載
10.12 運算子多載
10.13 繼承
10.14 繼承類型
10.15 物件類別
10.16 繼承的更多細節介紹
10.17 存取父類別屬性的子類別
10.18 多層繼承
10.19 多重繼承
10.20 使用 super()
10.21 方法覆寫
10.22 注意事項：多重繼承中的方法覆寫

▶ 10.1 簡介

Python 是一種物件導向的程式語言。物件導向程式語言可以幫助程式設計師透過重複使用現有的模組或函式來降低程式複雜度。物件導向程式語言的概念是以**類別**為主，類別是 Python 中**類型 (type)** 的另一個名稱，這代表程式設計師可以建立屬於自己類別的物件。

到目前為止，我們已經學習各種內建的類別，例如：**int**、**str**、**bool**、**float** 和 **list**，由於這些類別都是屬於 Python 內建的，所以 Python 定義了這些類別的外觀和行為。總而言之，在任何物件導向的語言中，類別定義了其類型的物件外觀和行為。例如，我們知道整數的外觀，它的「行為」代表我們可以對它進行的操作。

▶ 10.2　定義類別

如上所述，類別是 Python 類型 (type) 的另一個名稱，可以包含**欄位**型態的資料。欄位也被稱為**屬性**，並使用稱為**方法的程序**進行編碼。最後，程式設計師可以建立屬於自己的類別物件，這個物件代表一個可以被識別的實體，例如：人、車、風扇、書等真實物件，每個物件都有一個唯一的識別碼、狀態和行為。物件的狀態也被稱為**特性**或是**屬性**，例如：圓形 (circular) 物件有一個描述圓形屬性的資料欄位稱為半徑 (radius)。在 Python 中定義類別的語法如下。

```
Class 類別名稱:
      初始化器 (initializer)
      屬性
      方法()
      一個或多個敘述式
```

— 程式 10.1

撰寫一個簡單的類別程式。

```
class Demo:
     pass
D1 = Demo()                    #類別 Demo 的實例或物件
print(D1)
```

輸出

<__main__.Demo object at 0x029B3150>

解釋　在上述範例中，我們使用 **class** 關鍵字建立一個名為 **Demo** 的新**類別**，該類別下方是一個有縮排的敘述式區塊，構成了該類別的主體。在上述程式中，我們有一個空的區塊，並以敘述式 **pass** 表示。這個類別的物件或實例可以用類別名稱以及一對括號建立。敘述式 print 用於顯示變數 D1 的型態，因此，print 敘述式告訴我們，在 __main__ 模組中存在一個 Demo 的類別實例。print 敘述式的輸出是 **<_main_. Demo object at 0x029B3150>**，這代表電腦儲存物件 D1 的記憶體位址，這個位址的

值在不同的電腦上是不同的，Python 會尋找一個記憶體空間儲存該物件，我們可以說 print(D1) 的回傳值是類別 Demo 指派給 D1 的參考位址。建立新物件也被稱為**實例化**，也就是該物件是類別的一個**實例**。

> **❗注意**
> 在上述程式中，我們已經建立一個類別的物件或實例為：
> $$D1 = Demo()$$
> 在 Python 中建立物件等同於以下在 Java 或 C++ 中的程式碼：
> $$Demo\ D1 = new\ Demo();$$
> 因此，Python 並無關鍵字 **new**。

── 程式 10.2

撰寫一個程式，建立類別並輸出訊息 Welcome to Object-oriented Programming，以及該類別實例的位址。

```
class MyFirstProgram:
    print('Welcome to Object-oriented Programming')
C = MyFirstProgram()      #產生類別實例
print(C)
```

輸出
```
Welcome to Object-oriented Programming
<__main__.MyFirstProgram object at 0x028B6C90>
```

解釋 該類別的名稱為 **MyFirstProgram**，上述程式可以建立類別實例 C。在 MyFirstProgram 類別中，print 敘述式用於顯示歡迎訊息。此外，最後一個 print 敘述式用於顯示物件實例 C 儲存在電腦記憶體中的位址。

10.2.1　為一個類別添加屬性

在程式 10.1 中，我們建立了一個名為 Demo 的簡單類別，類別 Demo 不包含任何資料，所以它也不會做任何事情。程式設計師如何指派屬性給一個物件呢？以下程式將解釋如何添加屬性給一個現有的類別。

讓我們考慮一個名為**長方形 (Rectangle)** 的類別，它定義了兩個實例變數**長度 (length)** 和**寬度 (breadth)**。目前，長方形類別不包含任何方法。

長方形類別：

```
length = 0;        #屬性長度
breadth = 0;       #屬性寬度
```

從上述範例中，必須注意的是類別宣告只是建立一個模板，也就是說，它並沒有建立一個實例物件，因此，上述程式碼也沒有建立任何**長方形**類型的物件。為了產生一個**長方形**的實例物件，我們將使用下列敘述式：

```
R1 = Rectangle()  #產生類別實例
```

執行上述敘述式後，R1 將會是長方形類別的實例。每當我們建立類別實例時，也同時建立一個包含該類別的實例變數或屬性的物件，因此，每個長方形物件將包含一組實例變數：長度和寬度。

10.2.2 存取類別屬性

用於存取類別屬性的語法為：

<物件>.<屬性>

── 程式 10.3

撰寫一個程式來存取類別屬性。

```
class Rectangle:
    length = 0;         #屬性長度
    breadth = 0;        #屬性寬度
R1 = Rectangle()        #產生類別實例
print(R1.length)        #顯示屬性長度
print(R1.breadth)       #顯示屬性寬度

輸出
0
0
```

解釋 在上述範例中，長方形類別被建立。該類別包含 length 和 breadth 兩個屬性，一開始這兩個屬性的數值都被指派為 0。R1 是該類別的實例，可同時使用物件 R1 和點 (dot) 運算子來顯示該類別的屬性值。

10.2.3 指派數值給屬性

用於指派數值給物件屬性的語法為

<物件>.<屬性> = <數值>

其中數值可以是任何內建資料型態或另一個物件等，它甚至可以是一個函式或另一個類別。

範例

R1.length = 20;

R1.breadth = 30;

── 程式 10.4

撰寫一個程式，通過指派數值給 Rectangle 的屬性（即 length 和 breadth）來計算長方形面積。

```
class Rectangle:
    length = 0;           #屬性長度
    breadth = 0;          #屬性寬度
R1 = Rectangle()          #產生類別實例
print('Initial values of Attribute')
print('Length = ', R1.length)              #顯示屬性長度
print('Breadth = ', R1.breadth)            #顯示屬性寬度
print('Area of Rectangle = ', R1.length * R1.breadth)
R1.length = 20            #指派數值給屬性長度
R1.breadth = 30           #指派數值給屬性寬度
print('After reassigning the value of attributes')
print('Length = ', R1.length)
print('Breadth = ', R1.breadth)
print('Area of Rectangle is ', R1.length * R1.breadth)
```

輸出

```
Initial values of Attribute
Length = 0
Breadth = 0
Area of Rectangle = 0
After reassigning the value of attributes
Length = 20
Breadth = 30
Area of Rectangle is 600
```

10.3 Self 參數和為一個類別添加方法

10.3.1 為一個類別添加方法

正如本章開頭所描述，一個類別通常由**實例變數**和**實例方法**所組成。為一個類別添加方法的語法為：

```
class 類別名稱:
    實例變數;      #初始化實例變數
def 方法名稱(self, 參數列表)：  #參數列表是可有可無的
    敘述式區塊
```

10.3.2 Self 參數

要為一個存在的類別添加方法，每個方法的第一個參數應為 **self**。類別方法和普通函式之間只有一個區別，self 參數引用物件本身，在定義方法時必須使用 self 參數，但在呼叫普通函式時則不需使用 self 參數。程式 10.5 說明如何使用 self 參數，並為一個現有的類別添加方法。

程式 10.5

撰寫一個程式，在一個名為 MethodDemo 的類別中建立方法 Display_Message()，並顯示訊息 Welcome to Python Programming。

```
class MethodDemo:
    def Display_Message(self):
        print('Welcome to Python Programming')
ob1 = MethodDemo()                    #產生類別實例
ob1.Display_Message()                 #呼叫方法

輸出
Welcome to Python Programming
```

解釋　在上述程式中，呼叫 Display_Message() 方法並不需要讀取參數，因為該方法在函式定義中時已使用 self 參數，self 參數代表引用當前物件本身。最後，呼叫該方法並顯示訊息。

> **❗注意**
> 1. 類別中每個方法的第一個參數應該使用 **self** 這個名稱來定義。
> 2. 變數 **self** 代表引用物件本身，因此才被命名為 self。
> 3. **Python 中 self** 相當於 C++ 的 **this** 指標 (pointer) 和 Java 的 **this** 參考 (reference)。
>
> **重要說明：**
> 4. 儘管程式設計師可以指定任何名稱給參數 self，但強烈建議使用「self」此名稱。使用標準名稱 self 有很多好處，例如任何程式的讀者都能立即認出它。

10.3.3　在類別方法中定義 Self 參數和其他參數

程式 10.6 解釋如何為現有類別的方法定義 self 和其他參數。

── 程式 10.6

撰寫一個程式，建立名為 Circle 的類別，將參數 radius 傳給名為 `Calc_Area()` 的方法，並計算圓面積。

```
import math
class Circle:
    def Calc_Area(self, radius):
        print('radius = ', radius)
        return math.pi * radius ** 2
ob1 = Circle()
print('Area of circle is', ob1.Calc_Area(5))
```

輸出

```
radius = 5
Area of circle is 78.53981633974483
```

解釋　上述程式碼建立了名為 Circle 的類別，額外的參數 radius 被傳給在類別定義中的方法 `Calc_Area()`，類別實例 ob1 被建立並用於呼叫現有類別的方法。儘管方法 `Calc_Area()` 包含兩個參數 self 和 radius，但在呼叫該方法時，應該僅傳遞一個參數，即圓的半徑 (radius)。

── 程式 10.7

撰寫一個程式，將長方形的長度和寬度傳給名為 `Calc_Rect_Area()` 的方法，並計算長方形的面積。

```
class Rectangle:
    def Calc_Area_Rect(self, length, breadth):
        print('length = ', length)
        print('breadth = ', breadth)
        return length*breadth
ob1 = Rectangle()
print('Area of Rectangle is', ob1.Calc_Area_Rect(5, 4))
```

輸出

```
length = 5
breadth = 4
Area of rectangle is 20
```

10.3.4 含有實例變數的 Self 參數

如上所述,呼叫方法時 self 會引用當前的物件。在實例方法中,**self** 可用來引用當前物件的任何**屬性/成員變數**或**實例變數**,self 也可用來處理各種變數。

原則上,我們不能建立兩個相同名稱的實例變數/區域變數。然而,建立擁有相同名稱的實例變數和區域變數或是方法參數,在 Python 中是可行的,但在這種情形下,區域變數往往會隱藏實例變數的值。程式 10.8 說明這種隱藏變數的概念。

── 程式 10.8

撰寫一個用於隱藏變數的程式。

```
class Prac:
    x = 5                              #屬性 x
    def disp(self, x):
        x = 30
        print('The value of local variable x is', x)
        print('The value of instance variable x is', x)
ob = Prac()
ob.disp(50)
```

輸出

```
The value of local variable x is 30
The value of instance variable x is 30
```

解釋 實例變數 x 被初始化為數值 5,同樣地,方法 `disp()` 有一個名為 x 的區域變數被初始化為數值 30。物件實例 ob 被建立,並呼叫方法 `disp()`,之後它將 x 的值都顯示為 30。

因此，在上述程式中，我們看到實例變數的數值被區域變數所隱藏，如果程式設計師不想隱藏實例變數的數值，就必須使用 **self** 和實例變數的名稱。程式 10.9 示範使用 self 和實例變數來解決變數隱藏的問題。

── 程式 10.9

撰寫一個程式，使用 self 和實例變數來解決變數隱藏的問題。

```
class Prac:
    x = 5
    def disp(self, x):
        x = 30
        print('The value of local variable x is', x)
        print('The value of instance variable x is', self.x)
ob = Prac()
ob.disp(50)
```

輸出

```
The value of local variable x is 30
The value of instance variable x is 5
```

解釋　self 用於區分實例變數和區域變數。這裡 x 顯示的是區域變數值，而 **self.x** 顯示的是實例變數值。

10.3.5　使用 Self 參數呼叫方法

self 也可以被用於從相同類別中呼叫另一個方法。

── 程式 10.10

撰寫一個程式來建立 **Method_A()** 和 **Method_B()** 兩個方法，並使用 self 從 **Method_B()** 中呼叫 **Method_A()**。

```
class Self_Demo:
    def Method_A(self):
        print('In Method A')
        print('wow got a called from A!!!')
    def Method_B(self):
        print('In Method B calling Method A')
        self.Method_A()      #呼叫 Method_A
Q = Self_Demo()
Q.Method_B()       #呼叫 Method_B
```

輸出

```
In Method B calling Method A
In Method A
wow got a called from A!!!
```

▶ 10.4　顯示類別屬性和方法

有兩種方式來確認類別中的屬性，其中一種方式是使用內建函式 **dir()**。用來顯示 **dir()** 屬性的語法為：

dir(類別名稱)　　或　　**dir(類別實例)**

程式 10.11 解釋如何顯示一個指定類別中的屬性。

━ 程式 10.11

撰寫一個程式，顯示一個指定類別中的屬性。

```
class DisplayDemo:
    Name = '';          #屬性
    Age = ' ';          #屬性
    def read(self):
        Name = input('Enter Name of student: ')
        print('Name = ', Name)
        Age = input('Enter Age of the Student: ')
        print('Age = ', Age)
D1 = DisplayDemo()
D1.read()

#在互動模式下使用 dir() 顯示所有屬性
>>>(dir( DisplayDemo )
['Age', 'Name', '__class__', '__delattr__', '__dict__', '__dir__',
 '__doc__', '__eq__', '__format__', '__ge__', '__getattribute__',
 '__gt__', '__hash__', '__init__', '__le__', '__lt__', '__module__',
 '__ne__', '__new__', '__reduce__', '__reduce_ex__', '__repr__',
 '__setattr__', '__sizeof__', '__str__', '__subclasshook__',
 '__weakref__', 'read']
```

解釋　當在互動模式下執行 **dir()** 函式時，dir() 函式會回傳一個屬於物件屬性和方法的排序串列。該函式回傳屬於指定類別的現有屬性和方法，包括任何特殊方法。

顯示類別屬性的另一種方法是使用特殊的類別屬性 **__dict__**。使用 __dict__ 來顯示現有類別屬性和方法的語法為：

類別名稱.__dict__

> **注意**
> dict 包含兩個下底線，即在 dict 單字前有兩個下底線，之後也有兩個下底線。

程式 10.12

撰寫一個程式，執行程式 10.11 的 __dict__ 方法。

```
class DisplayDemo:
    Name = ' ';          #屬性
    Age = ' ';           #屬性
    def read(self):
        Name = input('Enter Name of student: ')
        print('Name = ', Name)
        Age = input('Enter Age of the Student:')
        print('Age = ', Age)
D1 = DisplayDemo()
D1.read()

#使用 __dict__ 顯示所有屬性
>>> DisplayDemo.__dict__
mappingproxy({'read': <function DisplayDemo.read at 0x02E7C978>,
              '__weakref__': <attribute '__weakref__' of
              'DisplayDemo' objects>, '__doc__': None, '__dict__':
              <attribute '__dict__' of 'DisplayDemo' objects>,
              '__module__': '__main__', 'Name': ' ', 'Age': ' '})
```

解釋 特殊類別屬性 **__dict__** 會回傳包含方法和屬性的類別細節。上述函式的輸出會回傳儲存 **read** 方法的記憶體位址，即：{'read': <function DisplayDemo.read at 0x02E7C978>。它還顯示了 **DisplayDemo** 類別屬性 **Name** 和 **Age**。

▶ 10.5 特殊類別屬性

請見下列簡單類別程式：

```
class Demo1:
    pass
D1=Demo1()
>>> dir(D1)
['__class__', '__delattr__', '__dict__', '__dir__', '__doc__',
 '__eq__', '__format__', '__ge__', '__getattribute__', '__gt__',
 '__hash__', '__init__', '__le__', '__lt__', '__module__',
 '__ne__', '__new__', '__reduce__', '__reduce_ex__', '__repr__',
 '__setattr__', '__sizeof__', '__str__', '__subclasshook__',
 '__weakref__']
```

在這個程式中,我們在類別 **Demo1** 上執行 `dir()` 函式。**Demo1** 是一個簡單的類別,不包含任何方法和屬性。然而,在預設情形下,它會包含一個以升序排列的特殊方法串列作為 `dir()` 的輸出。

> **注意**
> 表 10.1 提供了所有對於類別 C 的特殊屬性串列。

表 10.1　特殊的類別屬性

屬性	涵義
C.__class__	類別的字串名稱。
C.__doc__	類別的文件字串。
C.__dict__	類別屬性。
c.__module__	定義類別模組。

▶ 10.6　可存取性

在 Python 中沒有像 **public**、**protected** 或 **private** 這些關鍵字,所有屬性和方法預設都是 public。

有一種方法可以在 Python 中定義 private,定義 private 屬性和方法的語法為:

　　　　　　　__屬性
　　　　　　　__方法名稱 ()

要將一個屬性和方法變成私有的 (private),我們需要在屬性和方法的名稱前加上兩個下底線 _,這有助於隱藏它們避免於在類別外存取。

程式 10.13

撰寫一個程式說明 private 的使用。

```python
class Person:
    def __init__(self):
        self.Name = 'Bill Gates'        #公有 (Public) 屬性
        self.__BankAccNo = 10101        #私有 (Private) 屬性

    def Display(self):

        print('Name = ', self.Name)
        print('Bank Account Number = ', self.__BankAccNo)

P = Person()
#在類別外存取 public 屬性
print('Name = ', P.Name)
P.Display()
#嘗試存取類別外的 private 變數但失敗了
print('Salary = ', P.__BankAccNo)
P.Display()
```

輸出

```
Name = Bill Gates
Name = Bill Gates
Bank Account Number = 10101
Traceback (most recent call last):      #錯誤
    File "C:/Python34/PrivateDemo.py", line 13, in <module>
        print('Salary = ', P.__BankAccNo)
AttributeError: 'Person' object has no attribute '__BankAccNo'
```

解釋 在上述程式中定義了 public 和 private 屬性，private 變數可以在函式中存取。我們建立了一個 **Person** 類別的實例 **P**，來存取該類別中定義的屬性。

然而，當類別實例嘗試從類別外存取定義於類別內的 private 屬性時，Python 就會顯示錯誤訊息。

> **!注意**
> Python 會將名稱改為 **_類別名稱__屬性名稱** 來隱藏 private 名稱，這種技巧被稱為**名稱修飾 (mangling)**。

10.7 __init__ 方法（建構子）

在 Python 中有許多內建的方法，每個方法都有屬於自己的意義，以下將解釋 __init__ 方法的重要性。

__init__ 方法被稱為初始化器，它是一個特殊的方法，用於初始化一個物件的實例變數。一旦類別的物件被實例化，就會執行 __init__ 方法。在類別中添加 __init__ 方法的語法如下：

```
class 類別名稱:
    def __init__(self):          #__init__ 方法
        ............
        ............
```

需要注意的是，在 init 關鍵字前方和後方必須分別加上兩個下底線，此外，__init__ 方法必須以 **self** 作為第一個參數。由於 **self** 代表引用物件本身，也就是呼叫該方法的物件，在 __init__ 方法中的 **self** 參數會自動設置為剛剛建立的物件。__init__ 方法也可以有位置和／或關鍵字引數。

程式 10.14

撰寫一個程式使用 __init__ 方法。

```
class Circle:
    def __init__(self, pi):
        self.pi = pi
    def calc_area(self, radius):
        return self.pi * radius ** 2
C1 = Circle(3.14)
print('The area of Circle is', C1.calc_area(5))
```

輸出

```
The area of Circle is 78.5
```

解釋 在上述程式中，我們建立名為 Circle 的類別，這個類別包含兩個不同的方法，一個是 __init__ 方法，另一個是 `calc_area()`，用於計算圓面積。請注意在上述程式中並沒有明確地呼叫 __init__ 方法。接著我們建立了一個 Circle 類別的實例 C1。在建立類別實例時，我們在類別名稱後方傳遞參數來初始化物件的實例變數。

10.7.1 屬性和 __init__ 方法

程式設計師可以透過使用 __init__ 方法來初始化成員變數或屬性的數值，程式 10.15 將示範如何使用 __init__ 方法初始化屬性數值。

程式 10.15

撰寫一個程式，使用 __init__ 方法初始化屬性的數值。

```
class Circle:
    pi = 0;                    #屬性圓周率 (pi)
    radius = 0                 #屬性半徑 (radius)
    def __init__(self):
        self.pi = 3.14
        self.radius = 5
    def calc_area(self):
        print('Radius = ', self.radius)
        return self.pi * self.radius ** 2
C1 = Circle()
print('The area of Circle is', C1.calc_area())
```

解釋 一開始類別 Circle 的屬性 pi 和 radius 被初始化為數值 0，在 __init__ 方法的幫助下，實例變數 pi 和 radius 的數值被分別重新初始化為 3.14 和 5，這些數值是在建立類別實例 C1 時初始化的。最後，呼叫 calc_area() 方法來計算圓面積。

10.7.2 更多有關 __init__ 方法的程式

程式 10.16

撰寫一個程式，計算一個盒子(Box)的體積。

```
class Box:
    width  =  0;               #成員變數
    height =  0;
    depth  =  0;
    volume =  0;
    def __init__(self):
        self.width = 5
        self.height = 5
        self.depth = 5
    def calc_vol(self):
        print('Width = ', self.width)
```

```
            print('Height = ', self.height)
            print('depth = ', self.depth)
            return self.width * self.height * self.depth
B1 = Box()
print('The Volume of Cube is', B1.calc_vol())
```

輸出

```
Width = 5
Height = 5
Depth = 5
The Volume of Cube is 125
```

解釋　類別 Box 的成員變數被初始化為數值 0，之後透過實例化物件 B1 和使用 __init__ 方法，將所有的成員變數寬度 (width)、高度 (height) 和深度 (depth) 重新初始化為數值 5。

▶ 10.8　將物件作為參數傳遞給方法

到目前為止，我們已經學習如何傳遞任何型態的參數給方法，我們也可以將物件作為參數傳遞給方法，這將在程式 10.17 中解釋。

── 程式 10.17

撰寫一個程式，將物件作為參數傳遞給方法。

```
class Test:
    a = 0
    b = 0
    def __init__(self, x , y):
        self.a = x
        self.b = y
    def equals(self, obj):
        if(obj.a == self.a and obj.b == self.b):
            return True
        else:
            return False
Obj1 = Test(10, 20)
Obj2 = Test(10, 20)
Obj3 = Test(12, 90)
print('Obj1 == Obj2', Obj1.equals(Obj2))
print('Obj1 == Obj3', Obj1.equals(Obj3))
```

輸出

```
Obj1 == Obj2 True
Obj1 == Obj3 False
```

解釋 在上述程式中，**Test** 類別中的 `equals()` 方法比較兩個物件是否相同，並回傳比較結果。它將呼叫的物件與作為參數傳遞給該方法的物件進行比較。

ob1.equals(**ob2**)

如上所示，呼叫的物件為 ob1，被傳遞到 `equals()` 方法的物件為 ob2。如果 ob1 和 ob2 包含相同的數值，則該方法會回傳 **True**，否則會回傳 **False**。

─ 程式 10.18

撰寫一個程式，通過傳遞物件作為參數給方法，來計算長方形面積。

```python
class Rectangle:
    length = 0
    breadth = 0
    def __init__(self, l , w):
        self.length = l
        self.breadth = w
    def Calc_Area(self, obj):
        print('Length = ', obj.length)
        print('Breadth = ', obj.breadth)
        return obj.length * obj.breadth
Obj1 = Rectangle(10,20)
print('The area of Rectangle is', Obj1.Calc_Area(Obj1))
```

輸出

```
Length = 10
Breadth = 20
The area of Rectangle is 200
```

解釋 **Rectangle** 的類別物件 **Obj1** 被實例化時，在 `__init__` 方法的幫助下，length 和 breadth 的預設值分別被初始化為 10 和 20。之後 Obj1 本身被作為參數傳遞給方法 `Calc_area()`，最後計算出長方形的面積。

▶ 10.9　`__del__` 方法（解構子）

就像其他物件導向的程式語言一樣，Python 也有解構子。`__del__` 方法代表解構子，定義解構子的語法為：

```
                    def __del__(self):
                        敘述式區塊
```

當實例需要被刪除時，Python 會呼叫解構子方法，它必須在每個實例中被呼叫一次。**self** 指的是呼叫 **__del__** 方法的實例。換句話說，Python 通過計算引用次數來管理該物件的記憶體，這個函式只有在實例物件的所有引用都被刪除時才會執行記憶體的刪除。程式 10.19 說明 **__del__** 的使用方法。

程式 10.19

撰寫一個程式，說明 **__del__** 的使用方法。

```
class Destructor_Demo:
    def __init__(self):          #建構子
        print('Welcome')
    def __del__(self):           #解構子
        print('Destructor Executed Successfully')
Ob1 = Destructor_Demo()          #實例化
Ob2 = Ob1
Ob3 = Ob1         #物件 Ob2 和 Ob3 代表引用相同物件
print('Id of Ob1 = ', id(Ob1))
print('Id of Ob2 = ', id(Ob2))
print('Id of Ob3 = ', id(Ob3))
del Ob2      #刪除 Ob2
del Ob1      #刪除 Ob1
del Ob3      #刪除 Ob3

輸出
Welcome
 Id of Ob1 = 47364272
 Id of Ob2 = 47364272
 Id of Ob3 = 47364272
Destructor Executed Successfully
```

解釋 在上述範例中，我們使用了建構子 **__init__** 和解構子 **__del__** 兩個函式。一開始我們實例化物件 **Ob1**，然後將 **Ob1** 指派給物件變數 **Ob2** 和 **Ob3**。內建函式 **id()** 被用於確認所有三個變數都引用到同一個物件。最後，所有物件變數都必須使用 del 敘述式進行刪除。

除非所有引用到同一個物件的變數都被刪除，否則不會呼叫解構子 __del__，也就是解構子只會被執行一次。

```
#使用程式來示範上述概念
class Destructor_Demo:
    def __init__(self):
        print('Welcome')
    def __del__(self):
        print('Destructor Executed Successfully')
Ob1=Destructor_Demo()
Ob2 = Ob1
Ob3 = Ob1
print('Id of Ob1 = ', id(Ob1))
print('Id of Ob2 = ', id(Ob2))
print('Id of Ob3 = ', id(Ob3))
del Ob1
del Ob2
```

輸出
```
Welcome
 Id of Ob1 = 48347312
 Id of Ob2 = 48347312
 Id of Ob3 = 48347312
```

從上述程式中可以看出，解構子 __del__ 不會被呼叫，直到所有引用到同一個物件的變數都被刪除為止。因此，為了呼叫 __del__，引用物件實例的數量必須為 0。

▶ 10.10 類別成員測試

當我們建立一個類別實例時，該實例的**類型 (type)** 就是該類別本身。內建函式 **isinstance(obj, Class_Name)** 用於測試類別中的成員資格，如果物件 **obj** 為類別 Class_Name 的物件實例，則該函式會回傳 **True**。程式 10.20 示範了 `isinstance()` 函式的使用。

── **程式** 10.20 ─────────────────────────

撰寫一個程式，說明 `isinstance()` 的使用方法。

```
class A:
    pass
class B:
```

```
        pass
class C:
        pass
Ob1 = A()    #類別 A 的實例
Ob2 = B()    #類別 B 的實例
Ob3 = C()    #類別 C 的實例
#使用 isinstance() 方法來檢查類別的類型
>>>isinstance(Ob1,A)
True
>>>isinstance(Ob1,B)
False
>>>isinstance(Ob2,B)
True
>>>isinstance(Ob2,C)
False
>>>isinstance(Ob3,B)
False
>>>isinstance(Ob3,C)
True
```

10.11　Python 中的方法多載

多數物件導向程式語言都包含方法多載的概念，它是指有多個相同名稱的方法可接受不同的引數集合。請看以下程式碼來了解方法多載。

```
class OverloadDemo:
    def add(self, a, b):
        print(a + b)
    def add(self, a, b, c):
        print(a + b + c)
P = OverloadDemo()
P.add(10,20)
```

如果我們嘗試執行上述程式碼，它將無法執行並顯示以下錯誤。

```
Traceback (most recent call last):
    File "C:/Python34/Overload_Demo.py", line 7, in <module>
        P.add(10, 20)
TypeError: add() missing 1 required positional argument: 'c'
```

這是因為類別 OverloadDemo 中的最後一個方法定義 **add(self, a, b, c)**，它除了 self 還額外定義三個參數。因此在呼叫 add() 方法時，需要傳遞三個引數，換句話說，上述程式忘記 add() 方法之前的定義，只傳遞兩個引數會造成 Python 在呼叫方法時產生錯誤。

> **注意**
> C++ 和 Java 都支援方法多載，這兩種語言都允許一個以上的方法具有相同的名稱和不同的類型簽名 (type signature)，其中方法的引數型態定義類型簽名。在多載的情形下，**類型簽名**會決定呼叫哪個方法。然而，Python 不允許基於類型簽名的方法多載，因為它不是**強型別語言 (strongly typed language)**。

上述關於方法多載的程式可以使用內建函式 instanceOf 如下。

程式 10.21

撰寫一個關於方法多載的程式。

```
class Demo:
    result = 0
    def add(self, instanceOf = None, *args):
        if instanceOf == 'int':
            self.result = 0
        if instanceOf == 'str':
            self.result = ''
        for i in args:
            self.result = self.result + i
        return self.result
D1 = Demo()
print(D1.add('int', 10, 20, 30))
print(D1.add('str', 'I ', 'Love ' , 'Python ', 'Programming'))
```

輸出

```
60
I Love Python Programming
```

解釋 上述程式中建立了名為 D1 的 Demo 類別實例，方法 **add()** 被呼叫了兩次，第一次和第二次呼叫 add() 方法為：

```
    #第一次呼叫
D1.add('int', 10, 20, 30))
    #第二次呼叫
print(D1.add('str', 'I ', 'Love ' , 'Python ', 'Programming'))
```

instanceOf 方法會檢查被傳給 **add()** 方法的第一個參數的型態,並根據**型態儲存結果**。

程式 10.22

撰寫一個程式來顯示問候訊息。建立名為 **MethodOverloading** 的類別,並定義一個含有參數 **Name** 的方法 **greeting()**。

輸入:obj.greeting( )
輸出:Weclome
輸入:obj.greeting('Donald Trump')
輸出:Weclome Donald Trump

```
class methodOverloading :
    def greeting(self, name = None):
        if name is not None:
            print("Welcome " + name)
        else:
            print("Welcome")

#產生一個物件實例 obj
obj = methodOverloading()

#呼叫 greeting() 方法不帶任何參數
obj.greeting()

#呼叫帶入參數 'Donald Trump'
obj.greeting('Donald Trump')
```

在 Python 中,方法多載是一種定義方法的技術,與一般程式語言不同,Python 可以使用超過一種以上的方法呼叫。

▶ 10.12 運算子多載

運算子多載 (operator overloading) 並不是一個新穎的想法,它早已被用於各種物件導向程式語言中,例如:C++ 和 Java。運算子多載是程式設計最好的特徵之一,因為它可以使程式設計師以自然的方式與物件互動。它提供對運算子進行特殊定義的能力,程式設計師可以對幾乎所有的運算子進行多載,例如:算術、關係、索引和切片,以及一些內建函式,例如:長度、雜湊和型態轉換。多載運算子和內建函式可以讓使用者自訂的類型與內建類型的行為完全一致。

10.12.1 特殊方法

為了支援運算子多載，Python 透過特殊方法將每個內建函式和運算子聯繫起來。相對於這些特殊方法，Python 內部會將表達式轉換為呼叫執行相對應的運算。例如，如果程式設計師想要將兩個運算元相加，就需要撰寫表達式 **x + y**。當 Python 觀察到 + 運算子時，會將表達式 **x + y** 轉換為呼叫特殊方法 **__add__**。因此要多載 + 運算子，就需使用特殊方法 **__add__** 來實現。

關於算術運算的特殊方法詳細內容將在之後解釋。

10.12.2 算術運算中的特殊方法

Python 支援各種算術運算，例如：加法、減法、乘法和除法，它為每個算術運算子提供特殊方法，程式設計師可以透過相對應的特殊方法來多載任何算術運算子。**表 10.2** 中列出了算術運算子及其對應的特殊方法。

表 10.2　運算子多載的特殊方法

運算	特殊方法	描述
X + Y	__add__(self, Other)	X 和 Y 相加。
X - Y	__sub__(self, Other)	從 X 中減去 Y。
X * Y	__mul__(self, Other)	X 和 Y 的乘積。
X / Y	__truediv__(self, Other)	X 除以 Y，並顯示商數作為輸出。
X // Y	__floordiv__(self,Other)	X 除以 Y 的整數商數。
X % Y	__mod__(self, Other)	X 除以 Y，並顯示餘數作為輸出。
-X	__neg__(self)	X 的負數。

程式 10.23 說明兩個物件相加的運算子多載。

程式 10.23

撰寫一個程式來多載 + 運算子，並執行兩個物件的加法。

```
class OprOverloadingDemo:
    def __init__(self,X):
        self.X = X

    def __add__(self,other):
        print('The value of Ob1 = ', self.X)
        print('The value of Ob2 = ', other.X)
        print('The Addition of two objects is:', end='')
```

```
            return ((self.X+other.X))
Ob1 = OprOverloadingDemo(20)
Ob2 = OprOverloadingDemo(30)
Ob3 = Ob1 + Ob2
print(Ob3)

輸出

The value of Ob1 = 20
The value of Ob2 = 30
The Addition of two objects is: 50
```

解釋　在上述範例中，我們使用 + 運算子應用於兩個實例 Ob1 和 Ob2。當我們將這兩個物件相加時，其表示方法如下：

Ob3 = Ob1 + Ob2

由於上述敘述式包含 + 運算子，Python 會自動呼叫 __add__ 方法。在 __add__ 方法中，第一個參數 self 是呼叫該方法的物件 (Ob1)，第二個參數 other 則用於代表另外一個物件 (Ob2)。

> **❗注意**
> 在添加兩個物件時，Python 的責任是根據運算子和運算元的型態來呼叫方法。
> 範例：當程式設計師撰寫表達式 Ob1 + Ob2 時，如果 Ob1 是整數時，將呼叫 int 型態的 __add__ 方法。如果 ob1 是浮點數時，將呼叫 float 型態的 __add__ 方法。這是因為 + 運算子左邊與右邊的物件型態是一致的。
> 撰寫表達式 **Ob1 + Ob2** 等同於 **Ob1.__add__(Ob2)**

10.12.3　用於比較型態的特殊方法

比較不僅可以使用在數值上，它也可以在各種型態上執行，例如：串列、字串，甚至是字典。

當我們在建立自己的類別時，經常會將自己的物件與其他物件進行比較。與上述的算術運算子類似，程式設計師可以多載以下任何一個比較運算子。我們可以使用下列特殊方法來進行比較運算。

表 10.3　比較運算子的特殊方法

運算	特殊方法	描述
X == Y	__eq__(self, other)	X 是否等於 Y？
X < Y	__lt__(self, other)	X 是否小於 Y？
X <= Y	__le__(self, other)	X 是否小於或等於 Y？
X > Y	__gt__(self, other)	X 是否大於 Y？
X >= Y	__ge__(self, other)	X 是否大於或等於 Y？

程式 10.24 為比較兩個物件的運算子多載範例。

程式 10.24

撰寫一個程式，使用特殊方法比較兩個物件。

```
class CmpOprDemo:
    def __init__(self, X):
        self.X = X

    def __lt__(self, other):
        print('The value of Ob1 = ', self.X)
        print('The value of Ob2 = ', other.X)
        print('Ob1 < Ob2 :', end='')
        return self.X < other.X

    def __gt__(self, other):
        print(' Ob1 > Ob2 :', end='')
        return self.X > other.X

    def __le__(self, other):
        print('Ob1 <= Ob2 :', end='')
        return self.X <= other.X
Ob1 = CmpOprDemo(20)
Ob2 = CmpOprDemo(30)
print( Ob1 < Ob2 )
print( Ob1 > Ob2 )
print( Ob1 <= Ob2 )
```

輸出

```
The value of Ob1 = 20
The value of Ob2 = 30
Ob1 < Ob2 : True
Ob1 > Ob2 : False
Ob1 <= Ob2 : True
```

解釋 在上述範例中，我們在兩個實例 Ob1 和 Ob2 上使用 <、> 和 <= 運算子。因此，當我們需要檢查一個物件是否小於另一個物件時，可以使用：

Ob1 < Ob2

由於上述敘述式包含 < 運算子，所以 Python 會自動呼叫 __lt__ 方法。當 Python 觀察到 > 和 <= 運算子時，則會呼叫 __gt__ 和 __ge__ 方法。

10.12.4 相同物件或物件值相等

參考以下範例，Python 中相等運算子的更多相關細節說明如下。

範例

```
>>>Ob1 = 50
>>>Ob2 = 60
>>>Ob3 = Ob1
>>>id(Ob1)
1533264672
>>>id(Ob2)
1533264832
>>>Ob1 is Ob2
False
>>>Ob3 is Ob1
True
>>>Ob4 = 50
>>>Ob1 == Ob4
>>>True
```

圖 10.1 將會顯示並說明以上範例。

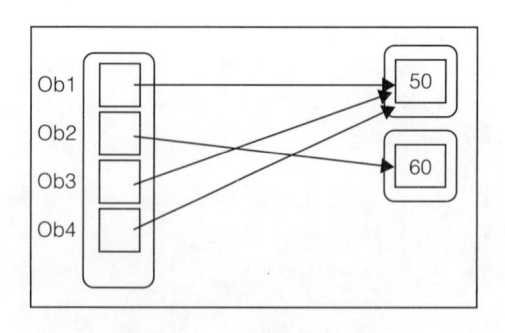

圖 10.1　變數引用物件

在圖 10.1 中，物件可以使用變數進行引用，例如：**Ob1**、**Ob2**、**Ob3** 和 **Ob4**。從圖 10.1 中可以看出，**Ob1**、**Ob3** 和 **Ob4** 引用相同物件，但 **Ob2** 則代表另一個物件。程式設計師可以利用以下兩種方法來檢查物件是否相等。

1. **相同物件**：如果兩個引用變數的記憶體位址是相等的，代表變數引用同一個物件，那麼我們就可以說兩個變數**代表相同物件**。內建 `id()` 函式給出物件的記憶體位址，即物件的識別碼。**is** 和 **is not** 運算子測試兩個變數是否引用同一個物件。敘述式 Ob1 is Ob2 用於檢查 Ob1 和 Ob2 的識別碼，即 **id(Ob1)** 和 **id(Ob2)** 是否相同，如果它們相同，則回傳 True。在上述例子中，由於 Ob1 和 Ob2 位於不同的記憶體位址，敘述式 **Ob1 is Ob2** 會回傳 False。
2. **物件值相等**：無論兩個變數是否代表相同物件，如果兩個物件的值相等，就可以稱為物件值相等。因此，在上述範例中，Ob1 == Ob4 會回傳 True，因為這兩個物件的值是相同的。

10.12.5　多載內建函式的特殊方法

像運算子一樣，我們也可以多載 Python 內建函式，其方式與多載 Python 運算子類似。表 10.4 包含一些常見的內建函式。

表 10.4　內建函式的特殊方法

運算	特殊方法	描述
abs(x)	__abs__(self)	x 的絕對值。
float(x)	__float__(self)	x 的浮點數。
str(x)	__str__(self)	x 的字串表示。
iter(x)	__itr__(self)	x 的迭代器。
hash(x)	__hash__(self)	為 x 產生一個整數雜湊碼。
len(x)	__len__(self)	x 的長度。

▶ 10.13　繼承

繼承是物件導向程式設計中最有用和必要的特性之一，現有類別是繼承中主要的組成部分，新類別是由現有類別建立的。現有類別的屬性可以被擴展到新類別中，使用現有類別建立的新類別被稱為**衍生類別**或**子類別**，現有類別被稱為**基底類別**或 **super** 類別。圖 10.2 中顯示繼承的範例。基底與衍生類別間的關係被視為**種類關係**程式設計師可以在衍生類別中定義新的屬性，即（成員變數）和函式。

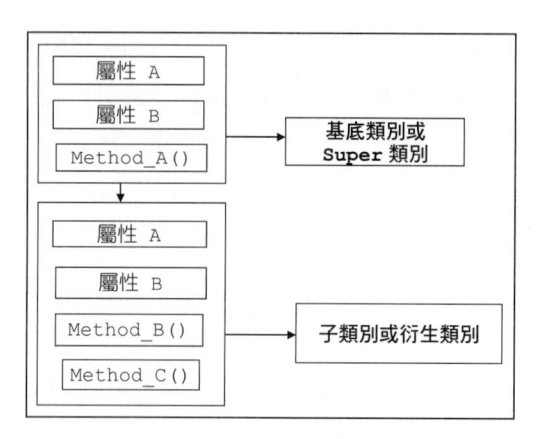

```
┌─────────────────────┐
│  ┌─────────┐        │
│  │ 屬性 A  │        │
│  ├─────────┤        │      ┌──────────────┐
│  │ 屬性 B  │───────▶│      │ 基底類別或    │
│  ├─────────┤        │      │ Super 類別   │
│  │Method_A()│       │      └──────────────┘
│  └────┬────┘        │
└───────┼─────────────┘
        ▼
┌─────────────────────┐
│  ┌─────────┐        │
│  │ 屬性 A  │        │
│  ├─────────┤        │      ┌──────────────┐
│  │ 屬性 B  │───────▶│      │ 子類別或衍生類別│
│  ├─────────┤        │      └──────────────┘
│  │Method_B()│       │
│  ├─────────┤        │
│  │Method_C()│       │
│  └─────────┘        │
└─────────────────────┘
```

圖 10.2　繼承的簡單範例

從一個或多個現有類別中建立新類別的過程被稱為**繼承**。

▶ 10.14　繼承類型

我們已經介紹使用基底類別和衍生類別執行繼承的簡單範例。根據以下情形，繼承過程可以是簡單也可以是複雜的。

1. **基底類別的數量**：程式設計師可以使用一個或多個基底類別來衍生一個新的類別。
2. **巢狀衍生**：衍生類別也可以作為基底類別，並可從它衍生出新的類別。任何程度的擴充都是可行的。

繼承可分為單一繼承、多層繼承和多重繼承，每一種繼承的細節如下：

1. **單一繼承**：只使用一個基底類別用於衍生一個新類別，其中衍生類別不會被當成基底類別使用。

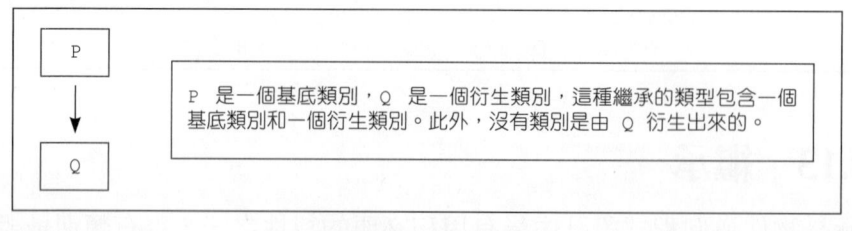

```
┌─────────────────────────────────────────────┐
│  ┌───┐                                       │
│  │ P │   P 是一個基底類別，Q 是一個衍生類別， │
│  └─┬─┘   這種繼承的類型包含一個基底類別和    │
│    ▼     一個衍生類別。此外，沒有類別是由     │
│  ┌───┐   Q 衍生出來的。                       │
│  │ Q │                                       │
│  └───┘                                       │
└─────────────────────────────────────────────┘
```

圖 10.3　單一繼承

2. **多層繼承**：當一個類別使用另一個衍生類別作為基底類別進行衍生時，就是所謂的多層繼承。

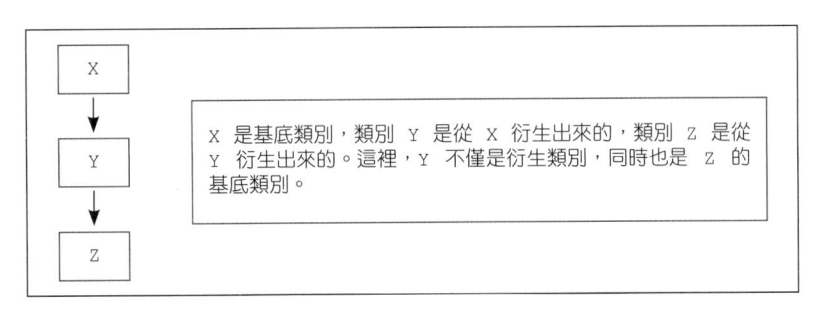

物件導向程式設計：類別、物件與繼承　Chapter 10

```
X 是基底類別，類別 Y 是從 X 衍生出來的，類別 Z 是從
Y 衍生出來的。這裡，Y 不僅是衍生類別，同時也是 Z 的
基底類別。
```

圖 10.4　多層繼承

3. 多重繼承：當兩個或更多的基底類別被用於衍生新類別時，稱為多重繼承。

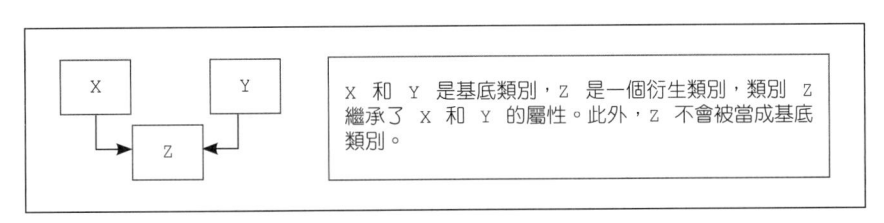

```
X 和 Y 是基底類別，Z 是一個衍生類別，類別 Z
繼承了 X 和 Y 的屬性。此外，Z 不會被當成基底
類別。
```

圖 10.5　多重繼承

▶ 10.15　物件類別

Python 中的每個類別都是從**物件類別**衍生出來的，**物件類別**被定義在 Python 的函式庫中，參考以下類別範例。

範例

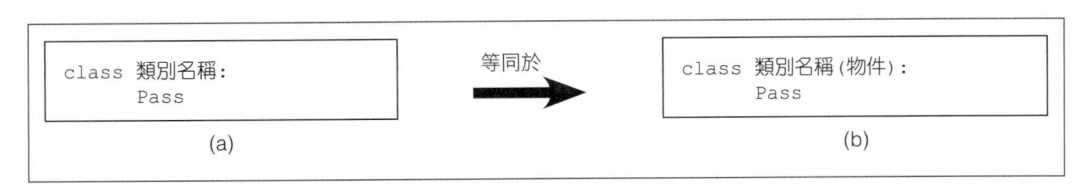

```
class 類別名稱:        等同於      class 類別名稱(物件):
    Pass                              Pass
       (a)                                (b)
```

圖 10.6　簡單的類別範例

圖 10.6 描述 Python 中的類別。如果在定義類別時沒有指定繼承哪個類別，那麼在預設情形下，這個類別是從**物件**類別衍生出來的。

▶ 10.16　繼承的更多細節介紹

繼承是物件導向程式設計中的強大功能，它有助於對現有類別在很少甚至不需修改的情況下，就可以建立新的類別。新的類別也被稱為子類別或衍生類別，它繼承其基底類別的特徵。在 Python 中定義繼承的語法（即繼承一個基底類別）為：

```
Class 衍生類別名稱(單個基底類別名稱):
    衍生類別的主體
```

繼承多個基底類別的語法為：

```
Class 衍生類別名稱(多個由逗號分隔的基底類別名稱):
    衍生類別的主體
```

程式 10.25 示範單一繼承的概念。

程式 10.25

撰寫一個關於繼承的簡單程式。

```
class A:
    print('Hello I am in Base Class')
class B(A):
    print('Wow!! Great ! I am Derived class')
ob2 = A()  #類別 B 的實例
```

輸出

```
Hello I am in Base Class
Wow!! Great! I am Derived class
```

解釋 在上述程式中，我們建立了父類別，即 **class A**（基底類別）和子類別 **class B(A):**（衍生類別），括號內的 A 表示類別 B 繼承了基底類別 A 的屬性。衍生類的實例 ob2 被呼叫來執行衍生類別的功能。

程式 10.26

撰寫一個程式，使用名稱 **Point** 建立一個基底類別，並定義方法 **Set_Cordinate(X, Y)**。接著定義一個新類別 **New_Point**，它繼承了類別 **Point**，同時在子類別中加入方法 **draw()**。

```
class Point:                                    #基底類別
    def Set_Cordinates(self, X, Y):
        self.X = X
        self.Y = Y
```

```
class New_Point(Point):                    #衍生類別
    def draw(self):
         print('Locate Point X = ', self.X, 'On X axis')
         print('Locate Point Y = ', self.Y, 'On Y axis')


P = New_Point()                            #衍生類別的實例
P.Set_Cordinates(10, 20)
P.draw()
```

輸出

```
Locate Point X = 10 On X axis
Locate Point Y = 20 On Y axis
```

解釋 在上述程式中建立衍生類別的實例 **P**，來初始化 **X** 和 **Y** 兩個成員變數。方法 **Set_Cordinates()** 用於初始化 X 和 Y 兩個成員變數的值，實例 P 可以存取這個方法，是因為它是從父類別繼承的。最後，呼叫方法 **draw()** 來輸出 X 和 Y 的座標值。因此，子類別 **New_Point** 可以存取其父類別中定義的所有屬性和方法。

▶ 10.17 存取父類別屬性的子類別

參考以下程式 10.27，其中父類別的屬性被其子類別繼承。

— 程式 10.27

撰寫一個程式，將父類別的屬性繼承給子類別。

```
class A:       #基底類別
    i = 0
    j = 0
    def Showij(self):
         print('i = ', self.i, 'j = ', self.j)
class B(A):    #B 類別繼承了 A 類別的屬性和方法
    k = 0
    def Showijk(self):
         print('i = ', self.i, 'j = ', self.j, 'k = ', self.k)
    def sum(self):
         print('i + j + k = ', self.i + self.j + self.k)

Ob1 = A()          #基底類別的實例
Ob2 = B()          #子類別的實例
Ob1.i = 100
Ob1.j = 200
```

```
print('Contents of Obj1')
Ob1.Showij()
Ob2.i = 100
Ob2.j = 200
Ob2.k = 300
print('Contents of Obj2')
Ob2.Showij()          #子類別呼叫基底類別的方法
Ob2.Showijk()
print('Sum of i, j and k in Ob2')
Ob2.sum()
```

輸出
```
Contents of Obj1
i = 100 j = 200
Contents of Obj2
i = 100 j = 200
i = 100 j = 200 k = 300
Sum of i, j and k in Ob2
i + j + k = 600
```

解釋 在上述範例中，子類別 **B** 包含基底類別 **A** 的所有屬性，這就是為什麼 **Ob2** 可以存取 **i**、**j**，並呼叫方法 `showij()` 的原因。

▶ 10.18 多層繼承

從衍生類別再衍生另一個新類別的過程稱為多層繼承。

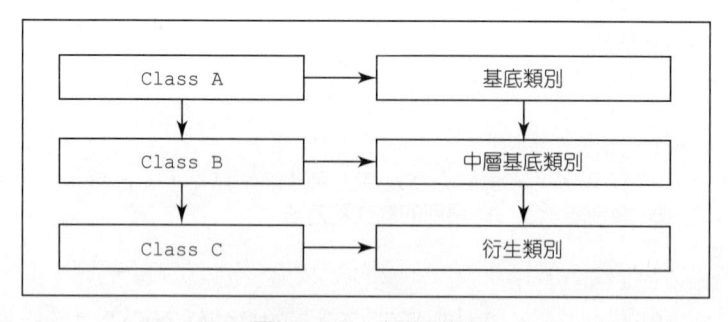

圖 10.7 多層繼承

程式 10.28

撰寫一個程式，來示範多層繼承的概念。

物件導向程式設計：類別、物件與繼承　Chapter 10

```
class A:              #基底類別
    name = ' '
    age = 0

class B(A):           #繼承基底類別 A 的衍生類別
    height = ' '

class C(B):           #繼承基底類別 B 的衍生類別
    weight = ' '

    def Read(self):
        print('Please Enter the Following Values')
        self.name = input('Enter Name: ')
        self.age = (int(input('Enter Age: ')))
        self.height = (input('Enter Height: '))
        self.weight = (int(input('Enter Weight: ')))

    def Display(self):
        print('Entered Values are as follows')
        print('Name = ', self.name)
        print('Age = ', self.age)
        print('Height = ', self.height)
        print('Weight = ', self.weight)

B1 = C()              #類別 C 的實例
B1.Read()             #呼叫方法 Read()
B1.Display()          #呼叫方法 Display()
```

輸出
```
Please Enter the Following Values
Enter Name: Amit
Enter Age:25
Enter Height:5,7'
Enter Weight:60

Entered Values are as follows
Name = Amit
Age = 25
Height = 5,7'
Weight = 60
```

解釋　在上述程式中宣告**類別 A、B 和 C**，所有這些類別的成員變數都被初始化為預設值 0，類別 B 是從類別 A 衍生出來的，類別 C 是從類別 B 衍生出來的。因此，類別 B 既是衍生類別，同時也是類別 C 的基底類別。方法 read() 通過鍵盤讀取資料，方法 Display() 在螢幕上顯示資料，這兩個方法都是使用**類別 C** 的物件 **B1** 來呼叫的。

▶ 10.19　多重繼承

當兩個或更多的基底類別被用於衍生一個新類別時，就被稱為多重繼承。當我們使用兩個基底類別 A、B 建立一個子類別 C，子類別 C 將多重繼承類別 A 和 B。

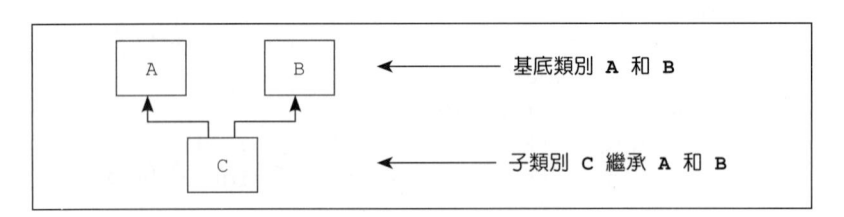

圖 10.8　多重繼承的範例

―― 程式 10.29

撰寫一個程式來示範多重繼承的概念。

```
class A:             #基底類別 A
    a = 0

class B:             #另一個基底類別 B
    b = 0

class C(A,B):        #繼承 A 和 B 來建立新類別 C
    c = 0

    def Read(self):
        self.a = (int(input('Enter the Value of a:')))
        self.b = (int(input('Enter the value of b:')))
        self.c = (int(input('Enter the value of c:')))

    def display(self):
        print('a = ', self.a)
        print('b = ', self.b)
        print('c = ', self.c)

Ob1 = C()            #子類別的實例
Ob1.Read()
Ob1.display()
```

輸出

```
Enter the Value of a:10
Enter the value of b:20
Enter the value of c:30
 a = 10
 b = 20
 c = 30
```

解釋　在上述程式中，我們建立兩個基底類別 A 和 B，接著建立子類別 C 來繼承類別 A 和 B 的屬性。敘述式 **class C(A, B):** 用於繼承類別 A 和 B 的屬性。最後，子類別 C 的實例用於呼叫方法 Read() 和 display()。

10.19.1　更多有關繼承的實際範例

我們已經建立父類別 **Box**，建構子 **__init__** 被用於初始化 Box 類別的所有屬性。同樣地，我們建立名為 **ChildBox** 的子類別，重量 (weight) 的屬性被額外添加到子類別中。因此，基底類別的所有屬性和子類別的屬性在子類別的建構子中，透過使用 **__init__** 方法進行初始化。

程式 10.30

撰寫一個程式，使用 **__init__** 方法計算盒子 (Box) 的體積。

```python
class Box:
    width = 0
    height = 0
    depth = 0
    def __init__(self, W, H, D):
        self.width = W
        self.height = H
        self.depth = D
    def volume(self):
        return self.width * self.height * self.depth
class ChildBox(Box):
    weight = 0
    def __init__(self, W, H, D, WT):
        self.width = W
        self.height = H
        self.depth = D
        self.weight = WT
    def volume(self):
```

```
            return self.width * self.height * self.depth
B1 = ChildBox(10, 20, 30, 150)
B2 = ChildBox(5, 4, 2, 100)
vol = B1.volume()
print('----- Characteristics of Box1 ---- ')
print('Width = ', B1.width)
print('height = ', B1.height)
print('depth = ', B1.depth)
print('Weight = ', B1.weight )
print('Volume of Box1 = ', vol)
print('----- Characteristics of Box2---- ')
print('Width = ', B2.width)
print('height = ', B2.height)
print('depth = ', B2.depth)
print('Weight = ', B2.weight )
vol = B2.volume()
print('Volume of Box2 =', vol)
```

輸出

```
----- Characteristics of Box1 ----
 Width = 10
 height = 20
 depth = 30
 Weight = 150
 Volume of Box1 = 6000
 ----- Characteristics of Box2----
 Width = 5
 height = 4
 depth = 2
 Weight = 100
 Volume of Box2 = 40
```

▶ 10.20 使用 super()

參考以下程式。

— 程式 10.31

撰寫一個不使用 super 類別建構子的程式。

```
class Demo:
    a = 0
    b = 0
```

```
        c = 0
    def __init__(self, A, B, C):
        self.a = A
        self.b = B
        self.c = C
    def display(self):
        print(self.a, self.b, self.c)

class NewDemo(Demo):
    d = 0
    def __init__(self, A, B, C, D):
        self.a = A
        self.b = B
        self.c = C
        self.d = D

    def display(self):
        print(self.a, self.b, self.c, self.d)
B1 = Demo(100, 200, 300)
print('Contents of Base Class')
B1.display()
D1 = NewDemo(10, 20, 30, 40)
print('Contents of Derived Class')
D1.display()
```

輸出

```
Contents of Base Class
100 200 300
Contents of Derived Class
10 20 30 40
```

在上述程式中，從基底類別 **Demo** 衍生出來的類別實現方法並沒有效率，例如：衍生類別 **NewDemo** 必須對每個基底類別 **A**、**B** 和 **C** 中的變數進行初始化。我們發現在基底類別 Demo 中初始化同樣的變數時，基底類別與衍生類別都撰寫相同的程式碼，這是缺乏效率的，這意味著子類別必須被授予對 super 類別成員的存取權。

因此，每當子類別需要直接引用其 super 類別時，程式設計師可以透過 **super** 類別建構子來實現。**super** 是用於呼叫建構子，也就是 super 類別的 **__init__** 方法。

10.20.1 使用 Super 呼叫 Super 類別建構子

任何子類別都可以透過使用 **super** 來呼叫建構子，即由其 super 類別定義的 __init__ 方法。在 Python 3 中呼叫 super 類別建構子的語法為：

$$\text{super().\_\_init\_\_(super 類別建構子的參數)}$$

在 Python 2 中呼叫 super 類別建構子的語法為:

$$\text{super(衍生類別名稱, self).\_\_init\_\_(super 類別建構子的參數)}$$

參考以下程式,使用 super 來避免重複的程式碼。

程式 10.32

使用 super() 呼叫基底類別的建構子。

```
class Demo:
    a = 0
    b = 0
    c = 0
    def __init__(self, A, B, C):
        self.a = A
        self.b = B
        self.c = C
    def display(self):
        print(self.a, self.b, self.c)

class NewDemo(Demo):
    d = 0
    def __init__(self, A, B, C, D):
        self.d = D
        super().__init__(A, B, C)      #使用 super 來呼叫 super 類別
                                       #__init__方法
    def display(self):
        print(self.a, self.b, self.c, self.d)

B1 = Demo(100, 200, 300)
print('Contents of Base Class')
B1.display()
D1=NewDemo(10, 20, 30, 40)
print('Contents of Derieved Class')
D1.display()
```

輸出

```
Contents of Base Class
100 200 300
```

```
Contents of Derived Class
10 20 30 40
```

解釋 衍生類別 `NewDemo()` 以引數 a、b 和 c 呼叫 `super()`，這將會呼叫基底類別 (Demo) 的建構子 `__init__`。因此 NewDemo 類別就不需要再次初始化這些數值。

10.21 方法覆寫

在類別的層級結構中，當子類別和 super 類別中的方法具有相同的名稱時，那麼子類別中的方法會覆蓋 super 類別中的相同方法。當呼叫被覆寫的方法時，會呼叫由其子類別定義的方法，由 super 類別定義的同一個方法將會被隱藏。以下範例將示範方法覆寫的概念。

程式 10.33

撰寫一個程式，來示範方法覆寫的概念。

```
class A:                      #基底類別
    i = 0
    def display(self):
        print('I am in Super Class')

class B(A):                   #衍生類別
    i = 0
    def display(self):                      #被覆寫的方法
        print('I am in Sub Class')


D1 = B()
D1.display()
```

解釋 在上述程式中，當方法 `display()` 被實例 B 呼叫時，會呼叫在 B 中定義的方法 `display()`。因此，方法 `display()` 覆寫在基底類別 A 中定義的方法 `display()`。

程式設計師可以使用 **super** 來存取覆寫的方法。呼叫定義在 super 類別中的覆寫方法的語法為：

super().方法名稱

以下相似於程式 10.33，但是用 super() 來存取定義在 super 類別中的覆寫方法。

```
class A:              #基底類別
    i = 0
    def display(self):
        print('I am in Super Class')

class B(A):           #super 類別
    i = 0
    def display(self):           #被覆寫的方法
        print('I am in Sub Class')
        super().display()    #呼叫基底類別的 display() 方法

D1 = B()     #子類別實例
D1.display()
```

輸出

```
I am in Sub Class
I am in Super Class
```

透過這個程式，我們可以學會如何使用 super 來呼叫被覆寫的方法。

▶ 10.22　注意事項：多重繼承中的方法覆寫

如之前所討論的，在多重繼承中，至少會有一個類別從兩個或多個類別繼承了屬性。有時候多重繼承會非常複雜，以至於一些程式語言對其進行了限制。

參考以下關於多重繼承的程式 10.34，其中覆寫名為 Display() 的方法。

━ 程式 10.34

撰寫一個程式，在多重繼承中覆寫方法 Display()。

```
class A(object):
    def Display(self):
        print("I am in A")

class B(A):
    def Display(self):
        print("I am in B")
        A.Display(self)       #也呼叫父類別的方法

class C(A):
    def Display(self):
```

```
        print("I am in C")
        A.Display(self)

class D(B, C):
    def Display(self):
        print("I am in D")
        B.Display(self)
        C.Display(self)
Ob = D()
Ob.Display()
```

輸出

```
I am in D
I am in B
I am in A
I am in C
I am in A
```

上述方法的問題是方法 **A.Display** 被呼叫兩次，如果我們有一個複雜的多重繼承樹，那麼解決這個問題將會非常困難。我們必須持續追蹤已經被呼叫的 super 類別，避免第二次呼叫它們。

因此，為了解決上述問題，我們可以利用 **super**，請見以下經過一些修改的相同程式。

```
class A(object):
    def Display(self):
        print("I am in A")

class B(A):
    def Display(self):
        print("I am in B")
        super().Display()    #也呼叫父類別的方法

class C(A):
    def Display(self):
        print("I am in C")
        super().Display()

class D(B, C):
    def Display(self):
        print("I am in D")
        super().Display()
Ob = D()
Ob.Display()
```

```
輸出
I am in D
I am in B
I am in C
I am in A
```

因此，透過使用 super，在多重繼承的層次結構中的方法，會以正確的方式循序呼叫。

▶ 小專案：複數的算術運算

這個小專案將利用物件導向程式設計的各種概念，例如：**建構子**、**self 參數**、建立類別**實例**和**多載**內建函式。

複數的解釋

複數可以寫成 **a + bi** 的形式，其中 **a** 和 **b** 是實數，**i** 是虛數單位 $\sqrt{-1}$，a 和 b 的值可以為 0，複數包含**實數**和**虛數**兩個部分。

複數的有效範例為：

$$2 + 6i, 1 - i, 4 + 0i$$

兩個複數的加法

假設兩個複數 **(a + bi)** 和 **(c + di)**，在加法的情形下，先做實數的加法，然後再做虛數的加法。

$$(a + bi) + (c + di) = (a + c) + (b + d)i$$
$$(2 + 1i) + (5 + 6i) = (2 + 5) + (1 + 6)i = (7 + 7i)$$

兩個複數的減法

假設兩個複數 **(a + bi)** 和 **(c + di)**，在減法的情形下，先做實數的減法，然後再做虛數的減法。

$$(a + bi) - (c + di) = (a - c) + (b - d)i$$
$$(2 + 1i) - (5 + 6i) = (2 - 5) + (1 - 6)i = (-3 - 5i)$$

兩個複數的乘法

假設兩個複數 **(a + bi)** 和 **(c + di)**，兩個複數的乘法為：

$$(a + bi) * (c + di) = (ac - bd) + (ad + bc)i$$
$$(2 + 1i) * (5 + 6i) = (2 * 5 - 1 * 6) + ((2 * 6)i + (1 * 5)i) = 4 + 17i$$

問題描述

撰寫一個程式，對複數進行以下運算。

1. 加法。
2. 減法。
3. 乘法
4. 檢查兩個複數是否相等。
5. 檢查 C1 是否大於等於 C2。
6. 檢查 C1 是否小於等於 C2。

> **❗注意**
> 利用以下內建方法來實現上述功能。
> `__add__` 方法用於多載 + 運算子
> `__sub__` 方法用於多載 - 運算子
> `__mul__` 方法用於多載 * 運算子
> `__le__` 方法用於多載 < 運算子
> `__ge__` 方法用於多載 > 運算子

演算法

☞ **STEP 1**： 建立一個**複數 (Complex)** 的類別。
☞ **STEP 2**： 使用 `__init__` 方法建立 Complex 類別的建構子，該建構子將有實數以及虛數兩個參數。
☞ **STEP 3**： 建立其他方法例如：`add`、`sub`、`mul`，分別執行加法、減法和乘法，透過使用內建函式來定義這些運算的所有功能。
☞ **STEP 4**： 也可以定義內建方法來檢查兩個複數是否相等，或第一個複數是否大於第二個複數。
☞ **STEP 5**： 建立兩個 **Complex** 類別**實例** C1 和 C2 來宣告兩個複數。
☞ **STEP 6**： 使用這兩個實例來執行所有運算。

解決方法

```python
class Complex(object):
    def __init__(self, real, imag = 0.0):
        self.real = real
        self.imag = imag

    def print_Complex_Number(self):
        print('(', self.real, ', ', self.imag,')')

    def __add__(self, other):
        return Complex(self.real + other.real,
                       self.imag + other.imag)

    def __sub__(self, other):
        return Complex(self.real - other.real,
                       self.imag - other.imag)

    def __mul__(self, other):
        return Complex(self.real* other.real
                       - self.imag * other.imag, self.imag*
                       other.real + self.real * other.imag)

    def __eq__(self, other):
        return self.real == other.real and \
               self.imag == other.imag

    def __le__(self, other):
        return self.real < other.real and self.imag < other.imag

    def __ge__(self, other):
        return self.real > other.real and self.imag > other.imag

C1 = Complex(2, 1)
print('First Complex Number is as Follows: ')
C1.print_Complex_Number()

C2 = Complex(5, 6)
print('Second Complex Number is as Follows: ')
C2.print_Complex_Number()

print('Addition of two complex Number is as follows: ')
C3 = C1 + C2
C3.print_Complex_Number()
```

```
print('Subtraction of two Complex Number is as follows: ')
C4 = C1 - C2
C4.print_Complex_Number()

print('Multiplication of two Complex Number is as follows: ')
C5 = C1 * C2
C5.print_Complex_Number()

print('Compare Two Complex Numbers: ')
print((C1 == C2))        #如果相等，回傳結果為 True
                         #如果不相等，回傳結果為 False

print('Checking if C1 is Greater than C2: ')
print(C1 >= C2)

print('Checking if C1 is Less than C2: ')
print(C1 <= C2)
```

輸出

```
First Complex Number is as Follows:
(2 , 1)
Second Complex Number is as Follows:
(5 , 6)
Addition of two complex Number is as follows:
(7 , 7)
Subtraction of two Complex Number is as follows:
(-3 , -5)
Multiplication of two Complex Number is as follows:
(4 , 17)
Compare Two Complex Numbers:
False
Checking if C1 is Greater than C2:
False
Checking if C1 is Less than C2:
True
```

因此，在上述程式中，我們有效地使用了內建方法來多載各種運算子，例如：+、-、*、>=、<= 和 == 運算子。

總結

✦ **類別**是 Python 物件導向程式設計的基本建構區塊。

✦ **屬性**和**方法**可以被添加到類別的定義中。

✦ **實例化**是指建立新的物件。
✦ **self** 參數被用於區分在類別外定義的方法和在類別內定義的方法。
✦ **__init__** 方法類似於其他程式語言中的建構子。
✦ 當實例即將被刪除時，就會呼叫 **__del__** 方法。
✦ 繼承的概念被用於將基底類別的屬性擴展到它的子類別。

關鍵術語

✦ **類別 (Class)**：Python 中的型態。
✦ **物件 (Object)**：類別實例。
✦ **點 (.) 運算子 (Dot Operator)**：存取類別的方法和屬性。
✦ **實例化 (Instantiation)**：建立新物件的過程。
✦ **Self 參數 (Self-parameter)**：引用物件本身。
✦ **可存取性 (Accessibility)**：限制存取權限。
✦ **__init__**：初始化器。
✦ **__del__**：解構子。
✦ **運算子多載 (Operator Overloading)**：為每個運算子對應一個特殊的方法。
✦ **繼承 (Inheritance)**：從現有的類別建立新的類別。
✦ **單一、多層、多重 (Single, Multiple, Multilevel)**：繼承的類型。
✦ **super 關鍵字 (super Keyword)**：用於方法覆寫。

問題回顧

A. 選擇題

1. 物件和類別之間的關係為何？
   a. 類別是一個物件實例
   b. 物件是一個物件實例
   c. 物件是一個類別屬性
   d. 以上皆非
2. 在類別的建構子中，應該使用哪種方法來建立預設值？
   a. __doc__
   b. __new__
   c. __init__
   d. __del__
3. 實例化是下列哪一個過程？
   a. 刪除一個物件
   b. 使用預設值初始化一個物件

c. 使用預設值建立一個新物件　　　　d. 以上皆非
4. 當一個物件建立時，會呼叫什麼方法？
   a. `self`　　　　　　　　　　　　　b. `obj.self`
   c. `init`　　　　　　　　　　　　　d. `__int__`
5. 我們有一個物件實例 obj，以及呼叫 obj 的方法 `calc_area()`。下列哪個是呼叫方法 `calc_area()` 的正確方式？
   a. obj.calc_area(self)　　　　　　b. calc_area.obj( )
   c. obj.calc_areal( )　　　　　　　d. calc_area.obj(self)
6. 方法覆寫是指？
   a. 一個具有不同名稱的方法
   b. 一個子類別中的方法，與 super 類別中的方法具有相同的名稱
   c. 選項 a 和選項 b 皆是
   d. 以上皆非
7. 下列何者可用於建立物件？
   a. 建構子　　　　　　　　　　　　b. 類別
   c. 方法　　　　　　　　　　　　　d. 以上皆非
8. 下列哪個敘述式是正確的？
   a. 同一型態的物件會有相同的識別碼　b. 每個物件都有唯一的識別碼
   c. 選項 a 和選項 b 皆是　　　　　　d. 以上皆非
9. 代表在現實世界中可以被識別的實體是？
   a. 物件　　　　　　　　　　　　　b. 類別
   c. 方法　　　　　　　　　　　　　d. 以上皆非
10. 分析以下程式碼並找出導致程式錯誤的原因。
```
class A:
    def __init__(self):
        self.P = 10
        self.__Q = 20

    def getY(self):
        return self.__Q
a = A()
print(a.__Q)
```
   a. Q 是私有的，不能在類別外存取　　b. P 是私有的，不能在類別外存取
   c. 選項 a 和選項 b 皆是　　　　　　d. 以上皆非

11. 分析以下程式碼並找出導致程式錯誤的原因。

    ```
    class Base:
        def __init__(self, X):
            self.X = X
        def print(self):
            print(self.X)

    Ob1 = Base()
    Ob1.print()
    ```

    a. 類別 Base 沒有建構子　　　　　b. X 在 print 方法中沒有被定義

    c. 呼叫建構子時沒有使用引數　　　d. 以上皆非

12. 以下程式的輸出將會為何？

    ```
    class A:
        def __init__(self, s):
            self.s = s
        def display():
            print(s)
    a = A("Welcome")
    a.display()
    ```

    a. Welcome

    b. Error: The self is missing in method display( )

    c. 無法存取方法 display()

    d. 以上皆非

13. 下列有關 self 的敘述何者正確？

    a. self 引用之前的物件　　　　　b. self 引用下一個物件

    c. self 引用當前物件　　　　　　d. 以上皆非

14. 下列哪個方法在類別的物件實例化後會立刻執行？

    a. __init__　　　　　　　　　　b. __del__

    c. self　　　　　　　　　　　　d. 以上皆非

15. 下列哪項不是繼承的一種類型？

    a. 單一繼承　　　　　　　　　　b. 多層繼承

    c. 分散式繼承　　　　　　　　　d. 多重繼承

16. 參考以下類別的定義，並確定該類別所使用的繼承類型。

    ```
    class A:
        Pass
    class B:
        Pass
    class C(A , B):
        Pass
    ```

a. 單一繼承 b. 多層繼承
c. 多重繼承 d. 以上皆非

17. 以下哪種方法是用於顯示類別屬性？
    a. __init__ b. __dict__
    c. __del__ d. 以上皆非

18. 只有當所有_____，__del__ 才會執行。
    a. 對當前實例物件的引用已被刪除 b. 對先前物件的引用已被刪除
    c. 對實例物件的引用已被刪除 d. 以上皆非

19. 假設 B 是 A 的一個子類別。下列哪種語法將從類別 B 中呼叫類別 A 中定義的 __init__ 方法？
    a. super( ) b. super( ).__init(self)__
    c. super( ).__init( )__ d. 以上皆非

20. 假設 Ob1 是類別 A 中的實例，以下哪個敘述式可用來檢查物件 Ob1 是否是類別 A 中的實例？
    a. Ob1.isinstance(A) b. A.isinstance(Ob1)
    c. isinstance(Ob1, A) d. isinstance(A,Ob1)

21. 以下程式碼的輸出為何？

    ```
    class Sales:
        def __init__(self, profit):
        self.loss = 100
        self.profit = profit
        profit = self.profit - self.loss

    sobj = Sales(1000)
    print (sobj.profit)
    ```

    a. 100 b. 900
    c. 1000 d. 1100

22. 以下程式碼的輸出為何？

    ```
    class Person:
        def __init__(self, id1):
            self.id1 = id1

    john = Person('A123')
    john.__dict__['age'] = 67
    print (len(john.__dict__))
    ```

    a. Error b. 1
    c. 2 d. 0

23. 以下程式的輸出為何？
    ```
    class A:
        def __init__(self):
            print('In class A')
    class B(A):
        def __init__(self):
            print('In class B')

    obj = B()
    ```
    a. In class A
       In class B
    b. In class A
    c. In class B
    d. Error

24. 以下程式的輸出為何？
    ```
    class A:
        def __init__(self):
            print('In class A')
    class B(A):
        def __init__(self):
            print('In class B')
            super(B, self).__init__()

    obj = B()
    ```
    a. In class A
       In class B
    b. In class A
    c. In class B
    d. Error

25. 以下程式的輸出為何？
    ```
    class test:
        def __init__(self, a = "Hello World"):
            self.a = a
        def display(self):
            print(self.a)

    obj = test("Hey Hi!!")
    obj.display()
    ```

a. Hey Hi b. Hello World
c. Syntax Error d. 以上皆非

B. 是非題
1. Python 不允許重複使用現有的模組或函式。
2. 縮排在 Python 中並不重要。
3. 類別後有一個縮排的敘述式區塊，來組成類別的主體。
4. 為了增加方法給現有的類別，每個方法的第一個參數應該為 self。
5. `directory()` 函式是用於檢查類別屬性。
6. `dir()` 函式回傳屬於物件的屬性和方法的排序列表。
7. Python 中所有屬性和方法預設情形下都是公有的 (public)。
8. `__init__` 方法是一個特殊的方法，用於初始化物件的實例變數。
9. 我們可以將物件作為參數傳遞給方法。
10. 現有類別的屬性可以簡單地擴展到新類別。
11. 新類別無法從現有類別使用繼承的方式建立。
12. 在單一繼承中，兩個基底類別被用於衍生一個新類別。
13. 當兩個或更多的基底類別被用於衍生一個新類別時，被稱為多重繼承。
14. 衍生類別可繼承其基底類別的特徵屬性。
15. 用於指派數值給物件屬性的語法為 <物件>.<屬性> = <數值>。

C. 練習題
1. 試著定義類別。
2. 試著舉例說明定義類別的語法。
3. 如何將屬性添加到類別中？
4. 試著舉例說明將方法添加到類別中的語法。
5. 試著解釋 self 參數的意義為何？
6. 試著定義繼承。
7. 試著列出不同類型的繼承。
8. 試著舉例解釋多重繼承。
9. 試著描述覆寫，並解釋我們能使用它做什麼？
10. 試著寫出覆寫一個方法的語法。
11. 完成以下程式碼，並試著在類別 coordinate 中執行以下任務。
    a. 實例化兩個不同的物件 **P1** 和 **P2**。
    b. 顯示 P1 和 P2 的坐標。

c. 添加 __eq__ 方法，如果坐標 P1 和 P2 代表平面上同一個點，則回傳 True。

```
class Coordinate(object):
    def __init__(self, x, y):
        self.x = x
        self.y = y

    def getX(self):
        return self.x

    def getY(self):
        return self.y
```

12. 參考下列程式碼，並試著解決以下問題。

```
class A(object):
    def __init__(self, Name, Gender):
        self.Name = Name
        self.Gender = Gender
    def execute(self):
        print(self.Name)

class B(A):
    def __init__(self):
        A.__init__(self, 'John', 'Male')

class C(A):
    def __init__(self):
        A.__init__(self, 'Anushka', 'Female')

class D(A):
    print(A)

Ob1 = B()
Ob1.execute()
```

a. 指出存在於上述程式碼中的父類別。

b. 指出存在於上述程式碼中的子類別。

c. 上述程式碼的輸出為何？

D. 程式練習題

1. 撰寫一個程式，建立名為 Demo 的類別，並定義方法 **get_string()** 和 **print_string()**，讀取使用者輸入的字串並以大寫字母輸出字串。

2. 撰寫一個程式，建立一個名為 **Circle** 的類別。對它進行以下操作。

   a. 定義屬性半徑 **(radius)**。

   b. 定義有一個包含半徑引數的建構子。

c. 定義名為 `get_radius()` 的方法，回傳圓的半徑。
d. 定義名為 `calc_area()` 的方法，回傳圓的面積。
3. 撰寫一個程式來建立類別 Point，並對它進行以下操作。
   a. 初始化點 X 和 Y 坐標。
   b. 透過定義方法 `display()` 來輸出坐標。
   c. 定義 **translate(X, Y)** 方法，使點在 X 坐標方向移動 X 個單位，在 Y 坐標方向移動 Y 個單位。
4. 撰寫一個程式來實現單一繼承。
   a. 建立父類別圓 (Circle)，使用圓的半徑初始化建構子。
   b. 定義方法 `get_radius()` 和 `calc_area()`，來取得圓的半徑和面積。
   c. 建立圓柱體 (Cylinder) 的子類別。在建構子中初始化高度 (height) 數值，並呼叫父類別的建構子來初始化圓的半徑。
   d. 最後，在圓柱體類別中定義方法 `calc_area()` 來計算圓柱體的體積。
   注意：圓柱體的體積 = 2 * pi * 半徑 * 高度。
5. 撰寫一個程式來實現多重繼承的概念。
   a. 建立父類別 **Shape**，並使用 **Shape** 初始化建構子
   b. 建立一個**長方形 (Rectangle)** 的類別，它繼承了父類別 **Shape** 的屬性。在長方形類別中定義屬性長度 (length) 和寬度 (breadth)，在長方形類別的建構子中初始化長度和寬度，同時呼叫父類別的建構子初始化長方形類別的**顏色**。定義方法 `calc_area()` 來回傳長方形類別的面積。
   c. 建立一個**三角形 (Triangle)** 的類別，它繼承了父類別 **Shape** 的屬性。在三角形類別中定義屬性底 (base) 和高 (height)，在三角形類別的建構子中初始化底和高，同時呼叫父類別的建構子初始化三角形類別的**顏色**。定義方法 `calc_area()` 來回傳三角形類別的面積。
   d. 在三角形和長方形類別中分別建立方法 `triang_details()` 和 `rect_details()`，回傳有關三角形和長方形的完整細節。
   e. 最後建立**長方形和三角形**的類別實例，來回傳長方形和三角形的面積。

Chapter 11
元組、集合與字典

學習成果

完成本章後,學生將會學到:

- 創建元組、集合和字典,並解釋它們對撰寫程式的必要性與重要性。
- 將可變動長度的引數傳遞給元組,並在元組上使用 Python 內建函式,例如 `len`、`min`、`max`、`sum` 或其他函式,例如 `zip()` 和 `sort()`。
- 對集合執行不同的操作,例如聯集、交集、差集和對稱差集。
- 創建字典,並且增加、搜尋、修改和刪除字典中的值。
- 使用 `for` 迴圈讀取整個集合、元組和字典的內容。

章節大綱
11.1 簡介
11.2 集合
11.3 字典

▶ 11.1 簡介

元組的工作方式與串列極為相似,元組包含許多類型的項目序列。元組中的元素皆是固定的,一旦創建元組,我們就不能增加或刪除其中的元素,甚至不能打亂它們的順序,因此,元組為不可變動的,這意味著一旦創建之後就無法更改。由於元組是不可變動的,因此它們的長度也是固定的,必須創建一個新元組來放大或縮小原始的元組。

11.1.1 創建元組

元組是 Python 中的一種內建資料型態,為了創建一個元組,我們將元組中的元素用小括號包圍起來,而非使用中括號,裡面的所有元素則用逗號做分隔。

範例:定義一個元組

```
T1 = ()                          #創建一個空元組
T2 = (12, 34, 56, 90)            #創建一個有 4 個元素的元組
T3 = ('a', 'b', 'c', 'd', 'e')   #創建一個有 5 個字元的元組
T4 = 'a', 'b', 'c', 'd', 'e'     #創建一個沒有括號的元組
```

> **!注意**
>
> 如果要創建只有單個元素的元組,只需在元素後加上逗號。
>
> ```
> >>>T1 = (4,)
> >>>type(T1)
> <class 'tuple'>
> ```
>
> 是否可以創建沒有逗號且只有單個元素的元組?
>
> ```
> >>>T1 = (4)
> >>>type(T1)
> <class 'int'>
> ```

重點提醒

括號中的單一元素值,並不是元組型態。

11.1.2 `tuple()` 函式

在上一節中,我們學習如何創建元組,例如:使用小括號創建一個空元組。

```
>>>t1 = ()         #創建一個空元組
>>>t1              #輸出空元組
()
>>>type(t1)        #查看 t1 的型態
<class 'tuple'>
```

創建元組的另一種方法為使用 `tuple()` 函式。

範例

```
>>>t1 = tuple()    #使用 tuple() 函式創建空元組
>>>t1              #輸出元組 t1
()
```

如果 tuple() 函式的引數是一個序列，也就是字串、串列或元組，則輸出結果為包含序列中元素的元組。

範例

```
>>>t1 = tuple("TENNIS")   #以字串為引數的元組函式
>>>t1
('T', 'E', 'N', 'N', 'I', 'S')
```

11.1.3 元組的內建函式

Python 提供了許多可以應用於元組的內建函式，其中一些如表 11.1 所示。

表 11.1 可以應用於元組的內建函式

內建函式	涵義
len()	回傳元組中元素的數量。
max()	回傳元組中最大的元素值。
min()	回傳元組中最小的元素值。
sum()	回傳元組中所有元素的總和。
index(x)	回傳元素 x 的索引編號。
count(x)	回傳元素 x 出現的次數。

範例

```
>>>t1 = ("APPLE")
>>>len(t1)    #回傳元組 t1 的長度
5
>>>max(t1)    #回傳元組中最大的元素值
'P'
>>>min(t1)    #回傳元組中最小的元素值
'A'
>>>t1.index('A')
0
>>>t1.count('P')
2
```

11.1.4 使用索引和切片

由於元組類似於串列，因此元組的索引和切片用法也類似於串列，index[] 運算子用於存取元組中的元素。

範例

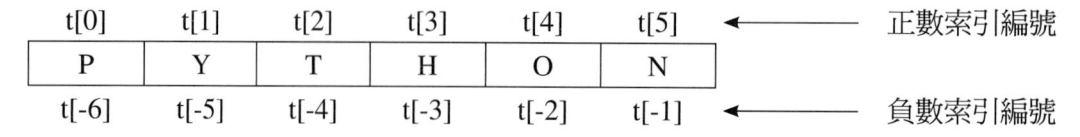

t[0]	t[1]	t[2]	t[3]	t[4]	t[5]
P	Y	T	H	O	N
t[-6]	t[-5]	t[-4]	t[-3]	t[-2]	t[-1]

← 正數索引編號

← 負數索引編號

```
>>>t = ('P', 'Y', 'T', 'H', 'O', 'N')    #創建元組
>>>t                                      #輸出元組
>>>('P', 'Y', 'T', 'H', 'O', 'N')
>>>t[0]
'P'
>>>t[5]
'N'
>>>t[-1]
'N'
>>>t[-6]
'P'
```

元組切片範例

```
>>>t = ('P', 'Y', 'T', 'H', 'O', 'N')    #創建元組
>>>t                                      #輸出元組
>>>('P', 'Y', 'T', 'H', 'O', 'N')
>>>t[0:]    #從索引編號 0 開始輸出元組 t 的內容
('P', 'Y', 'T', 'H', 'O', 'N')
>>>t[0: 3]  #輸出元組 t 中索引編號 0 到 2 的內容
('P', 'Y', 'T')
```

> **注意**
> 更多有關切片的詳細說明可見第 8 章。

11.1.5 對元組進行操作

元組並不支援所有可用於串列的函式，僅支援一些常用於串列操作的函式。

1. + 運算子：加法運算子用於連接兩個元組。

```
>>>(1, 2) + (3, 4)        #連接運算子
(1, 2, 3, 4)
```

2. * 運算子：乘法運算子用於重複元組中的元素。

```
>>>(1, 2) * 3             #重複運算子
(1, 2, 1, 2, 1, 2)
```

11.1.6 將可變動長度的引數傳遞給元組

我們可以將可變動長度的引數傳遞給函式，在函式宣告中，以 * 開頭的參數會將所有引數收集到一個元組中。

── 程式 11.1

創建一個函式 `create_tup()`，接受可變動長度的引數，並輸出所有引數。

```
def create_tup(*args):
    print(args)
```

輸出

在 Python 互動模式下執行上述程式。

```
>>>create_tup(1, 2, 3, 4)
(1, 2, 3, 4)
>>>create_tup('a', 'b')
('a', 'b')
```

內建函式 `sum()` 採用兩個參數，來對其中的元素計算總和。

我們如何創建一個函式接受可變動長度的引數，並加總其中存在的所有元素？以下程式將創建一個函式 `sum_all()`，它接受可變動長度的引數，並顯示所有引數的總和。

── 程式 11.2

創建一個函式 sum_all()，接受可變動長度的引數，並顯示所有引數的總和。

```
def sum_all(*args):
    t = ()
    s = 0
    for i in args:
        s = s + i
    print(s)
```

輸出

```
#在 Python 互動模式下執行上述程式
>>>sum_all(10, 20, 30, 40)  #函式 sum_all 帶有可變動長度的引數
100

 >>>sum_all(1, 2, 3)
6
```

11.1.7 串列和元組

也可以從串列中創建元組,透過以下範例進行說明。

範例

```
>>>List1 = [1, 2, 3, 4]          #創建串列 List1
>>>print(List1)                  #輸出串列 List1
[1, 2, 3, 4]
>>>type(List1)                   #輸出 List1 的型態
<class 'list'>
>>>t1 = tuple(List1)             #將串列轉換為元組
>>>t1                            #輸出 t1
(1, 2, 3, 4)
>>>type(t1)        #將串列轉換為元組後,檢查 t1 的型態
<class 'tuple'>
```

11.1.8 對元組進行排序

如果程式設計師想要對元組進行排序,可以使用內建函式 sort(),因為元組是不可變動的,無法直接使用函式 sort() 改變其元素值。因此,想要對元組進行排序,程式設計師必須先將元組轉換為串列,之後對串列使用函式 sort(),然後再次將排序後的串列轉換回元組。

```
>>>t1 = (7, 2, 1, 8)     #創建元組 t1
>>>t1                    #輸出 t1
(7, 2, 1, 8)
>>>L1 = list(t1)         #將元組 t1 轉換為串列
>>>L1                    #輸出 L1
[7, 2, 1, 8]
>>>L1.sort()             #對串列進行排序
>>>t2 = tuple(L1)        #將完成排序的串列轉換為元組
>>>t2                    #輸出排序後的元組
(1, 2, 7, 8)
```

11.1.9 從串列中讀取整個元組

可以對元組使用 for 迴圈來讀取整個元組列表。

── 程式 11.3

撰寫一個程式，來讀取串列中的元組。

```
t = [(1, "Amit"), (2, "Divya"), (3, "Sameer")]
for no, name in t:
    print(no, name)
```

輸出

```
1 Amit
2 Divya
3 Sameer
```

11.1.10 zip() 函式

zip() 是 Python 的內建函式，它會從多個集合中創建一個由元組組成的串列，其中每一個元組包含了集合中的一個對應項目，該函式通常用於將具有相同索引編號的元素，進行分組。

範例

```
>>>A1 = [1, 2, 3]
>>>A2 = "XYZ"
>>>list(zip(A1, A2))                #對 A1、A2 使用 zip() 函式
[(1, 'X'), (2, 'Y'), (3, 'Z')]
```

解釋 list(zip(A1, A2)) 的結果為一個由元組組成的串列，其中每個元組包含兩個串列中相同索引編號的元素。

範例

```
>>>L1 = ['Laptop', 'Desktop', 'Mobile']         #創建串列 List1
>>>L2 = [40000, 30000, 15000]                   #創建串列 List2
>>>L3 = tuple((list(zip(L1, L2))))     #將串列 L1 與串列 L2 進行分組
>>>L3     #輸出 L3
(('Laptop', 40000), ('Desktop', 30000), ('Mobile', 15000))
```

> **!注意**
> 如果序列的長度不同,則 zip() 函式使用較短長度的序列來做分組。
>
> **範例:**
>
> ```
> >>>a = "abcd"        #長度為 4 的序列
> >>>b = [1, 2, 3]     #長度為 3 的序列
> >>>list(zip(a, b))   #對 a 與 b 使用 zip() 函式,並回傳由元組組成的串列
> [('a', 1), ('b', 2), ('c', 3)]
> ```

── 程式 11.4 ───────────────────────────────

參考以下兩個串列 L1 和 L2,其中 L1 為顏色串列,L2 為顏色代碼:

```
L1 = ['Black', 'White', 'Gray']
L2 = [255, 0, 100]
```

顯示內容為:

```
('Black', 255)
('white', 0)
('Gray', 100)
```

```
L1 = ['Black', 'White', 'Gray']      #創建串列 L1
L2 = [255, 0, 100]                    #創建串列 L2
for Color, Code in zip(L1, L2):       #迴圈中使用 zip() 函式
    print((Color, Code))
```

輸出

```
('Black', 255)
('White', 0)
('Gray', 100)
```

11.1.11 反向 zip(*) 函式

乘法(*) 運算子可用於 zip() 函式內,乘法運算子將序列解壓縮為對應位置的引數,範例如下所示。

── 程式 11.5 ───────────────────────────────

在對應位置的引數上使用乘法運算子。

```
def print_all(Country, Capital):
    print(Country)
    print(Capital)
```

輸出
```
>>>args = ("INDIA", "DELHI")
>>>print_all(*args)
INDIA
DELHI
```

解釋 上述程式創建了一個函式 print_all()，當 *args 作為引數傳送到到函式 print_all() 時，它的值會被**解壓縮**到函式對應位置的引數，也就是 arg1 對應到 Country 和 arg2 對應到 Capital

函式 zip(*) 也可以執行同樣的操作，將序列解壓縮為對應位置的引數。

── 程式 11.6 ──────────────────────────

zip(*) 函式的使用範例。

```
X = [("APPLE", 50000), ("DELL", 30000)]   #由元組組成的串列
Laptop, Prize = zip(*X)      #將 X 解壓縮
print(Laptop)
print(Prize)
```

輸出
```
('APPLE', 'DELL')
(50000, 30000)
```

解釋 上述程式中，最初創建了一個串列，串列 X 包含一個元組序列，zip(*) 函式用於解壓縮串列 X 的值。

11.1.12 更多關於 `zip(*)` 函式的範例

```
#轉置矩陣
>>>Matrix = [(1, 2), (3, 4), (5, 6)]
>>>Matrix
[(1, 2), (3, 4), (5, 6)]
>>>x = zip(*Matrix)
>>>tuple(x)
((1, 3, 5), (2, 4, 6))
```

11.1.13 更多關於元組的程式

程式 11.7

假設一個元組 T = (1, 3, 2, 4, 6, 5)，撰寫程式將偶數索引編號的數字儲存到一個新的元組中。

```
def oddTuples(aTup):      #以元組為引數的函式
    rTup = ()             #最初 rTup 為空元組
    index = 0
    while index < len(aTup):
        rTup += (aTup[index],)
        index += 2        #索引編號遞增 2
    return rTup
t = (1, 3, 2, 4, 6, 5)
print(oddTuples(t))
```

輸出

(1, 2, 6)

解釋 上述程式創建了一個元組 **t**，並將元組 **t** 作為參數傳遞給函式，使用 while 迴圈進行迭代直到元組的長度。在每次迭代中，儲存在偶數索引編號的值會被存取，並儲存到輸出元組 **rTup** 中。

11.2 集合

集合中的元素沒有重複也沒有順序，且為可變動的，因此，我們可以輕鬆地從集合中增加或刪除元素，Python 中的集合資料結構可用於支援數學相關的集合操作。

11.2.1 創建集合

程式設計師可以通過將元素置於一對大括號 {} 中來創建集合，集合中的元素可以使用逗號分隔。我們還可以使用內建的 **set()** 函式，或是從現有串列或元組中創建一個集合。

範例

```
>>>S1 = set()      #創建一個空集合
>>>S1              #輸出集合 S1
```

```
set()
>>>type(S1)          #查看 S1 型態
<class 'set'>

>>>S1 = {10, 20, 30, 40}      #創建一個包含 4 個元素的集合
>>>S1                          #輸出集合 S1
{40, 10, 20, 30}


>>>S2 = [1, 2, 3, 2, 5]       #創建一個串列
>>>S2                          #輸出串列
[1, 2, 3, 2, 5]
>>>S3 = set(S2)                #將串列 S2 轉換為集合
>>>S3                          #輸出 S3 (將串列中重複的元素刪除)
{1, 2, 3, 5}


>>>S4 = (1, 2, 3, 4)  #創建一個元組
>>>S5 = set(S4)        #將元組轉換為集合
>>>S5                   #輸出 S5
{1, 2, 3, 4}
```

11.2.2 用於集合的 in 和 not in 運算子

in 運算子用於檢查元素是否在集合中，如果元素存在於集合中，則 in 運算子回傳 True；如果集合中不存在所述元素，則 not in 運算子會回傳 True。

範例

```
>>>S1 = {1, 2, 3}
>>>3 in S1                     #檢查 3 是否在 S1 中
True
>>>4 not in S1                 #檢查 4 是否不在 S1 中
True
```

11.2.3 Python 集合類別

Python 包含一系列**集合類別**，**集合類別**中常用的方法可見表 11.2。

表 11.2　集合類別的各種方法

函式	涵義

`s.add(x)`
範例：
`>>>s1 = {1, 2, 19, 90}`　#創建一個包含 4 個元素的集合
`>>>s1.add(100)`　　　　#將 100 增加到現有串列 s1 中
`>>>s1`　　　　　　　　#輸出 s1
`{1, 90, 19, 2, 100}`
	將元素 x 增加到集合 s 中。

`s.clear()`
範例：
`>>>s1 = {1, 2, 3, 4}` #創建一個包含 4 個元素的集合
`>>>s1.clear()`　　　　#移除集合 s1 中的所有元素
`>>>s1`　　　　　　　　#輸出 s1
`set()`
	移除集合中全部的元素。

`s.remove(x)`
範例：
`>>>s1 = {1, 2, 3, 4}`
`>>>s1.remove(2)`　　　#從集合 s1 中移除元素 2
`>>>s1`
`{1, 3, 4}`
注意：`discard()` 函式與 `remove()` 函式類似
	從集合中移除項目 x。

`s1.issubset(s2)`
範例：
`>>>s1 = {1, 2, 3, 4}`
`>>>s2 = {1, 2, 3, 4, 5}`
`>>>s1.issubset(s2)`　#檢查 s1 的所有元素是否都在 s2 中
`True`
	如果 s1 中的每個元素都在 s2 中，則集合 s1 為 s2 的子集合。`issubset()` 函式用於檢查 s1 是否為 s2 的子集合。

`s2.issuperset(s1)`
範例：
`>>>s1 = {1, 2, 3}`
`>>>s2 = {1, 2, 3, 4}`
`>>>s2.issuperset(s1)`
`True`
	假設 s1 和 s2 為兩個集合，如果 s1 是 s2 的子集合，並且集合 s1 不等於 s2，則 s2 稱為 s1 的超集合。

11.2.4　對集合進行操作

在數學理論或日常應用中，我們經常使用各種集合運算函式，例如聯集 `union()`、交集 `intersection()`、差集 `difference()` 和對稱差集 `symmetric_difference()`，以上這些函式都是集合類別的一部分。

union() 函式（聯集）

兩個集合 A 和 B 的聯集包含只存在於 A 的元素、只存在於 B 的元素，以及同時存在於 A 和 B 中的元素，我們可以使用 **union()** 函式或 | 運算子來執行此操作。

範例

```
>>>S1 = {1, 2, 3, 4}
>>>S2 = {2, 4, 5, 6}
>>>S1.union(S2)
{1, 2, 3, 4, 5, 6}

>>>S1 | S2
{1, 2, 3, 4, 5, 6}
```

> **注意**
> 集合不能有重複的元素，因此，集合 {1, 2, 3, 4} 和 {2, 4, 5, 6} 的聯集為 {1, 2, 3, 4, 5, 6}。

intersection() 函式（交集）

兩個集合 A 和 B 的交集包含同時存在於 A 也同時存在於 B 的所有元素，簡言之，交集為兩個集合中都出現的元素集合，我們可以使用 intersection() 函式或 & 運算子來執行此操作。

範例

```
>>>S1 = {1, 2, 3, 4}
>>>S2 = {3, 4, 5, 6}
>>>S1.intersection(S2)
{3, 4}
>>>S1 & S2
{3, 4}
```

difference() 函式（差集）

兩個集合 A 和 B 的差集包含存在於 A 但不存在於 B 的所有元素，我們可以使用 **difference()** 函式或 - 運算子來執行差異操作。

範例

```
>>>A = {1, 2, 3, 4}
>>>B = {3, 4, 5, 6}
>>>A.difference(B)
{1, 2}
>>>A-B
{1, 2}
```

`symmetric_difference()` 函式（對稱差集）

兩個集合 A 和 B 的對稱差集包含存在於 A 但不存在於 B，以及存在於 B 但不存在 A 的所有元素，我們可以使用 `symmetric_difference()` 函式或 ^ 運算子來執行此操作。

範例

```
>>>S1 = {1, 2, 3, 4}
>>>S2 = {3, 4, 5, 6}
>>>S1.symmetric_difference(S2)
{1, 2, 5, 6}
>>>S1^S2
{1, 2, 5, 6}
```

▶ 11.3 字典

11.3.1 字典的需求

在上一章節中，我們介紹了 Python **串列**的資料結構，串列按照位置來組織元素，當我們希望按特定順序尋找元素時，例如尋找串列的第一個元素、最後一個元素以及串列中的某個元素，這種結構就很方便。

在某些情況下，程式設計師可能對結構中項目或元素的位置不太感興趣，而是對元素以及其他元素的關聯性感到興趣。

例如，要查找 Amit 的電話號碼時，我們只對電話簿中的號碼感興趣，而非號碼在電話簿中的位置，這意味著我們只需了解姓名與其電話號碼的關聯性。

11.3.2 字典的基礎

在 Python 中，字典是儲存值 (value) 和鍵 (key) 的集合，透過逗號將鍵和值分隔，其中的內容稱之為**項目**，所有項目都用大括號 {} 括起來，冒號用於分隔鍵和它的值，有時字典中的項目也稱為關聯陣列，因為鍵與值有著對應的關聯性。

字典範例如下：

```
Phonebook - {"Amit": "918624986968", "Amol": "919766962920"}

Country Code Information - {"India": "+91", "USA": "+1",
                            "Singapore": "+65"}
```

字典的結構如圖 11.1a 所示，上述電話簿範例如圖 11.1b 所示。

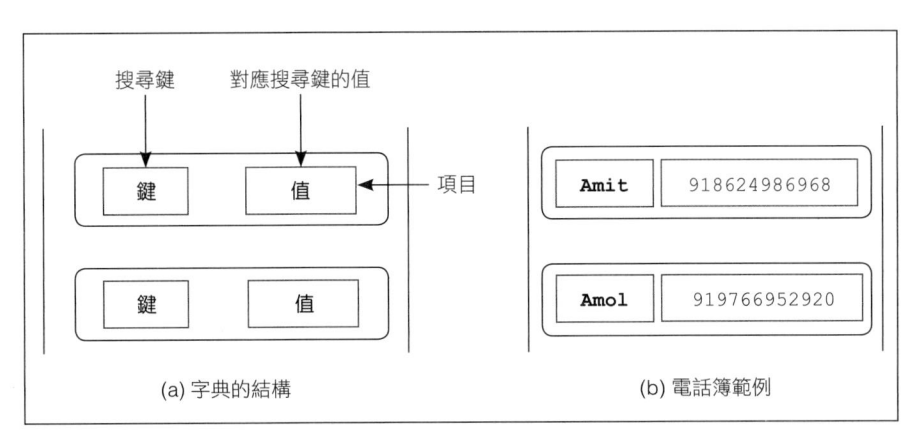

圖 11.1 字典結構和範例

鍵就像字典中的索引運算子，鍵可以是任何型態。因此，字典將一組鍵對應到一組值，每個鍵都只能對應到一個值，此外，字典不包含任何重複的鍵。

11.3.3 創建字典

我們將項目置於大括號 {} 中來創建一個字典，使用字典可以先創建一個空字典，然後向其中增加項目。

創建一個空字典

範例

```
>>>D1 = {}          #創建一個空字典
>>>D1               #輸出空字典
{}
>>>type(D1)         #查看 D1 的型態
<class 'dict'>
```

> **!注意**
> Python 對集合和字典皆使用大括號，要創建一個空字典，我們使用 {}；而要創建一個空集合，我們使用 set() 函式。

創建包含兩個項目的字典

要創建包含兩個項目的字典,其中的項目應採用**鍵:值 (key: value)** 的形式,並用逗號分隔。

範例:創建包含兩個項目的字典

```
>>>P = {"Amit": "918624986968", "Amol": "919766962920"}
>>>P        #顯示 P
{'Amit': '918624986968', 'Amol': '919766962920'}
```

四種不同創建字典的方式

範例

```
#方式 1:
>>>D1 = {'Name': 'Sachin', 'Age': 40}
>>>D1
{'Name': 'Sachin', 'Age': 40}

#方式 2:
>>>D2 = {}
>>>D2['Name'] = 'Sachin'
>>>D2['Age'] = 40
>>>D2
{'Name': 'Sachin', 'Age': 40}

#方式 3:
>>>D3 = dict(Name = 'Sachin', Age = 40)
>>>D3
{'Name': 'Sachin', 'Age': 40}

#方式 4:
>>>dict([('name', 'Sachin'), ('age', 40)])
{'age': 40, 'name': 'Sachin'}
```

解釋 上述範例中,我們以四種不同的方式創建了字典,如果我們事先知道字典的所有內容,那麼我們可以用第一種方式;第二種方式適合當我們想一次增加一個項目時使用;第三種方式要求所有鍵都為字串;如果我們想在執行時創建鍵和值,那麼就適合使用第四種方式。

11.3.4 增加和替換值

要將新項目增加到字典中,我們可以使用 [] 運算子,將項目增加到字典的語法如下:

字典名稱[鍵] = 值

範例

$$P["Jhon"] ="913456789087"$$

上述範例中,字典的名稱為 P,我們將 Jhon 的電話號碼增加到我們的電話簿中,將 Jhon 作為鍵,而 Jhon 的電話號碼作為它的值。

在 Python 互動模式下執行上述範例:

```
#創建一個電話簿字典
P = {"Amit": "918624986968", "Amol": "919766962920"}
>>>P      #顯示 P
{'Amit': '918624986968', 'Amol': '919766962920'}

#在現有的電話簿字典 P 中增加另一個元素
>>>P["Jhon"] = "913456789087"    #增加新元素
>>>P
{'Jhon': '913456789087', 'Amit': '918624986968', 'Amol': '919766962920'}
```

> **!注意**
> 如果一個鍵已經存在於字典中,那麼它將用新的值來替換該鍵的舊值。

範例

```
P = {"Amit": "918624986968", "Amol": "919766962920"}
>>>P      #顯示 P
{'Amit': '918624986968', 'Amol': '919766962920'}

>>>P["Amit"] = "921029087865"    #將舊的值替換為新的值
>>>P      #輸出更換後的值
{'Amit': '921029087865', 'Amol': '919766962920'}
```

11.3.5 搜尋值

[] 運算子也可用於獲取與鍵關聯的值,語法為:

字典名稱[鍵]   #搜尋與鍵關聯的值

範例

```
P = {"Amit": "918624986968", "Amol": "919766962920"}
>>>P      #顯示 P
{'Amit': '918624986968', 'Amol': '919766962920'}
>>>P["Amol"]  #顯示與鍵 "Amol" 關聯的值
'919766962920'
```

> **注意**
> 如果某個鍵不在字典中，Python 會跳出錯誤訊息。

範例

```
>>>P = {"Amit": "918624986968", "Amol": "919766962920"}
>>>P["Sachin"]

Traceback (most recent call last):
  File "<pyshell#48>", line 1, in <module>
    P["Sachin"]
KeyError: 'Sachin'
```

11.3.6 格式化字典

％ 運算子用於將字典中鍵名稱對應的值取出，依格式位置顯示為字串。

範例

```
>>>D = {}
>>>D["Laptop"] = "MAC"
>>>D["Count"] = 10
>>>D                   #輸出字典 D
{'Laptop': 'MAC', 'Count': 10}
>>>P = "I want %(Count)d %(Laptop)s Laptops"%D
>>>P
'I want 10 MAC Laptops'
```

解釋 上述程式創建了一個包含兩個鍵的字典：Laptop 和 Count。在敘述式 I want % (Count)d % (Laptop)s Laptops" %D 中的字元 d 和 s，用於表示整數和字串。

11.3.7 刪除項目

我們可以從字典中刪除任何項目，**del** 運算子用於刪除鍵及其關聯的值，如果鍵在字典中，則將其刪除，否則 Python 會跳出錯誤訊息。用於從字典中刪除元素的語法為：

del 字典名稱[鍵]

範例

```
>>>P = {"Amit": "918624986968", "Amol": "919766962920"}
>>>del P["Amit"]    #刪除鍵 "Amit"
```

```
>>>P                    #輸出刪除後的結果
{'Amol': '919766962920'}
```

11.3.8 比較兩個字典

== 運算子用於測試兩個字典是否擁有相同的項目，此外如果測試的結果不相同，則 != 運算子會回傳 True。

範例

```
>>>A = {"I": "India", "A": "America"}
>>>A
{'I': 'India', 'A': 'America'}
>>>B = {"I": "Italy", "A": "America"}
>>>B
{'I': 'Italy', 'A': 'America'}
>>>A == B
False
>>>A != B
True
```

11.3.9 字典類別的方法

Python 定義 dict 為字典的類別，要查看字典的相關完整檔案，我們可以在 Python 互動模式下執行 help(dict)。表 11.3 列出字典類別的方法以及合適的範例。

表 11.3　一些常用的字典函式

dict 類別中的方法	它能做些什麼？

keys()
範例：
`>>>ASCII_CODE = {"A": 65, "B": 66, "C": 67, "D": 68}`
`>>>ASCII_CODE      #輸出名為 ASCII_CODE 的字典`
`{'D': 68, 'B': 66, 'A': 65, 'C': 67}`
`>>>ASCII_CODE.keys()   #回傳所有的鍵`
`dict_keys(['D', 'B', 'A', 'C'])`
	回傳一序列的鍵。

values()
範例：
`>>>ASCII_CODE = {"A": 65, "B": 66, "C": 67, "D": 68}`
`>>>ASCII_CODE.values()      #回傳值`
`dict_values([68, 66, 65, 67])`
	回傳一序列的值。

dict 類別中的方法	它能做些什麼？

`items()`
範例：
`>>>ASCII_CODE = {"A": 65, "B": 66, "C": 67, "D": 68}`
`>>>ASCII_CODE.items()`
`dict_items([('D', 68), ('B', 66), ('A', 65), ('C', 67)])`
	回傳一個元組序列。

`clear()`
範例：
`>>>ASCII_CODE = {"A": 65, "B": 66, "C": 67, "D": 68}`
`>>>ASCII_CODE.clear()    #刪除所有項目`
`>>>ASCII_CODE           #之後輸出`
`{}`
	刪除所有項目。

`get(key)`
範例：
`>>>Temperature = {"Mumbai": 35, "Delhi": 40, "Chennai": 54}`
`>>>Temperature.get("Mumbai")`
`35`
	回傳鍵的值。

`pop(key)`
範例：
`>>>Temperature.pop("Mumbai")`
`35`
`>>>Temperature #Print after removing key "Mumbai".`
`{'Delhi': 40, 'Chennai': 54}`
	移除一個鍵，當在該鍵存在時，則回傳鍵的對應值。

`clear()`
範例：
`>>>Temperature = {"Mumabai": 35, "Delhi": 40, "Chennai": 54}`
`>>>Temperature.clear()`
`>>>Temperature`
	移除所有的鍵。

11.3.10 讀取字典的內容

　　for 迴圈用於讀取字典的所有鍵和值，for 迴圈中的變數直接對應到字典中的每個鍵，這意味著我們可以任何順序搜尋其中的鍵與其對應值，以下程式示範了使用 for 迴圈來讀取字典中的元素。

── 程式 11.8 ──

　　撰寫一個程式，讀取字典中的元素。

```
Grades = {"Tammana": "A", "Pranav": "B", "Sumit": "C"}
for key in Grades:
    print(key, ":", str(Grades[key]))
```

輸出

```
Tammana: A
Sumit: C
Pranav: B
```

> **❶ 注意**
> 在 Python shell 中撰寫上述程式，然後在 Python 直譯器中執行，單字將以不同的順序顯示所有的項目。

── **程式 11.9** ────────────────────────────────

撰寫一個程式，為學生輸入成績，並使用字典的 `keys()` 和 `get()` 函式顯示所有的成績。

```
Grades = {"Tamana": "A", "Pranav": "B", "Summit": "C"}
for key in Grades.keys():
   print(key, ' ', Grades.get(key, 0))
```

輸出

```
Summit  C
Pranav  B
Tamana  A
```

解釋　將學生姓名與其對應成績輸入到字典，如表 11.3 中所討論的，將 `keys()` 函式用於 `for` 迴圈中以回傳一序列的鍵，所有回傳的鍵都儲存在變數 key 中，最後 `get()` 函式用於回傳與特定鍵相關聯的值。

11.3.11 巢狀字典

字典中還有一層字典稱之為巢狀字典，為了理解這一點，讓我們來製作一本印度板球運動員字典，其中包含一些關於他們的訊息，這本字典的關鍵字將由板球運動員的姓名組成，其中的值包括測試分數和 ODI 分數等信息。

```
>>>Players = {"Virat Kohli": {"ODI": 7212, "Test": 3245},
        "Sachin Tendulkar": {"ODI": 18426, "Test": 15921}}

>>>Players['Virat Kohli']['ODI']  #顯示球員 Kohli 的 ODI 分數
7212

>>>Players['Virat Kohli']['Test']#顯示球員 Kohli 的測試分數
3245

>>>Players['Sachin Tendulkar']['Test']
15921

>>>Players['Sachin Tendulkar']['ODI']
18426
```

11.3.12　讀取巢狀字典

我們會使用 `for` 迴圈讀取一些簡易的字典,而它也可以用於讀取巢狀字典,讓我們撰寫上述範例,並使用 `for` 迴圈讀取整個字典的鍵。

```
Players = {"Virat Kohli": {"ODI": 7212, "Test": 3245},
        "Sachin Tendulkar": {"ODI": 18426, "Test": 15921}}
#方法 1
for Player_Name, Player_Details in Players.items():
    print(" ", Player_Name)
    print(" ", Player_Details)
#方法 2
for Player_Name, Player_Details in Players.items():
    print("Player: ", Player_Name)
    print("Run Scored in ODI:\t", Player_Details["ODI"])
    print("Run Scored in Test:\t", Player_Details["Test"])
```

輸出

```
Sachin Tendulkar
 {'Test': 15921, 'ODI': 18426}
Virat Kohli
 {'Test': 3245, 'ODI': 7212}

Player: Sachin Tendulkar
 Run Scored in ODI:     18426
 Run Scored in Test: 15921

Player: Virat Kohli
 Run Scored in ODI:     7212
 Run Scored in Test: 3245
```

解釋 上述程式顯示了兩種輸出字典資訊的方式,第一種方式為:

```
for Player_Name, Player_Details in Players.items():
    print("", Player_Name)
    print("", Player_Details)
```

上述程式中,Player_Name 儲存著鍵,也就是來自外部字典的球員名稱,變數 Player_Details 儲存與鍵相關的值,也就是 Player_Name。

第二種方式則用於存取有關球員的特定資訊,第二種方式為:

```
for Player_Name, Player_Details in Players.items():
    print("Player: ", Player_Name)
    print("Run Scored in ODI:\t", Player_Details["ODI"])
    print("Run Scored in Test:\t", Player_Details["Test"])
```

在 for 迴圈中,我們將 Player_Name 作為字典中顯示球員名稱的鍵,並使用索引運算子 [] 存取其中詳細的資訊。

上述程式碼更為簡短,也更容易維護,但即使是這樣的程式碼也無法滿足所有需求。如果我們在字典中增加更多資訊,我們將不得不更新我們的敘述式。

讓我們進一步簡化上述程式碼,並在 for 迴圈中使用第二個 for 迴圈,就可以讀取每個球員的所有資訊。

```
Players = {"Virat Kohli": {"ODI": 7212, "Test": 3245},
           "Sachin Tendulkar": {"ODI": 18426, "Test": 15921}}
for Player_Name, Player_Details in Players.items():
    print(" ", Player_Name)
    for key in Player_Details:
        print(key, ':', str(Player_Details[key]))
```

輸出

```
Sachin Tendulkar
Test: 15921
ODI: 18426
  Virat Kohli
Test: 3245
ODI: 7212
```

解釋 第一個迴圈為我們提供了主字典中的所有鍵,這些鍵由每個球員的姓名所組成,每一個姓名都可用於尋找對應的球員資訊。內部迴圈用於讀取該球員的資訊,並輸出字典中該球員的所有鍵,顯示我們要的資訊類型以及該鍵所對應的值。

11.3.13 應用字典的程式

程式 11.10

撰寫一個 Histogram() 函式，使用字串為參數，並顯示其中所有字元與其出現的次數。

```
S = "AAPPLE"
```

此程式需創建一個字典。

```
D ={'A': 2, 'E': 1, 'P': 2, 'L': 1}
```

```python
def Histogram(S):
    D = dict()   #初始化一個空字典
    for C in S:
        if C not in D:
            D[C] = 1
        else:
            D[C] = D[C] + 1
    return D
H = Histogram("AAPPLE")
print(H)
```

輸出

```
{'A': 2, 'E': 1, 'P': 2, 'L': 1}
```

解釋 上述程式創建了一個函式 Histogram(S)，將字串 S 作為參數傳遞給函式。首先初始化一個空字典，使用 for 迴圈讀取字串內容。過程中，每個字元都儲存在變數 C 中，如果字元 C 不在字典中，則我們將新的項目插入字典中，並將其對應值初始化為 1；如果字元 C 已經存在字典中，則增加 D[C]。

程式 11.11

撰寫一個程式，使用 get() 函式計算字元出現的次數。

```python
def Histogram(S):
    D = dict()
    for C in S:
        if C not in D:
            D[C] = 1
        else:
            D[C] = D.get(C, 0) + 1
```

```
    return D
H = Histogram("AAPPLE")
print(H)
```

輸出

```
{'P': 2, 'L': 1, 'A': 2, 'E': 1}
```

程式 11.12

撰寫一個程式，輸出數字的平方，並將其儲存到字典中。

```
def Sq_of_numbers(n):
    d = dict()        #創建一個空字典
    for i in range(1, n + 1): #從 1 迭代到 N
        if i not in d:
            d[i] = i * i    #將數字 i 的平方存入字典
    return d
print('Squares of Number:')
Z = Sq_of_numbers(5)
print(Z)
```

輸出

```
Squares of Number:
{1: 1, 2: 4, 3: 9, 4: 16, 5: 25}
```

程式 11.13

撰寫一個程式，將串列傳遞給函式，並從串列中計算正數和負數的數量，然後以字典的方式顯示。

輸入：L=[1, -2, -3, 4]
輸出：{'Neg': 2, 'Pos': 2}

```
def abc(L):
    D = {}                    #空字典
    D["Pos"] = 0
    D["Neg"] = 0
    for x in L:
        if x > 0:
            D["Pos"] += 1
        else:
            D["Neg"] += 1
```

```
        print(D)
L = [1, -2, -3, 4]
abc(L)

輸出
{'Pos': 2, 'Neg': 2}
```

解釋　上述程序創建了一個空字典 D，將兩個鍵（Pos 和 Neg）添加到字典中，並將其對應值初始化為 0。串列 L 作為參數被傳遞給函式 abc()，如果數字是正數或負數，則對應的值會增加。

程式 11.14

撰寫一個程式，將八進位制數轉換為二進位制數。

輸入：$(543)_8$
輸出：(101100011)

```
def Convert_Oct_Bin(Number,Table):
    binary =''
    for digit in Number:
      binary = binary + Table[digit]
    return binary
octToBinaryTable = {'0': '000', '1': '001', '2': '010',
                    '3': '011', '4': '100', '5': '101',
                    '6': '110', '7': '111'}

輸出
#輸入範例 1:
>>>Convert_Oct_Bin("553", octToBinaryTable)
'101101011'
#輸入範例 2:
>>>Convert_Oct_Bin("127", octToBinaryTable)
'001010111'
```

解釋　上述程式創建了函式 Convert_oct_Bin() 存取兩個參數，第一個參數為八進位制數，也就是我們要轉換為二進位制的字串；第二個參數為一個包含十進位制數以及其等效的二進位制數的字典。

　　上述的演算法將存取每個八進位制數，以相應的二進位制數表示，同時將這些位元添加到二進位制字串中。

11.3.14 多項式作為字典

正如我們在前幾章中所了解的，Python 有兩種資料型態：可變動和不可變動。不能更改其內容的稱之為不可變動資料型態，不可變動資料型態包括一串元組；串列和字典可改變其內容，稱之為可變動資料型態。字典中的鍵不限於字串型態，任何不可變動的物件都可以用作字典中的鍵，而字典中常用的鍵類型為整數型態。

參考以下範例，可以將多項式以整數型態的鍵儲存於字典。

多項式範例

$$P(Y) = -2 + Y^2 + 3Y^6$$

上述範例是一個包含單一變數 y 的多項式，由三個項目組成，也就是 (-2)、(Y^2) 和 ($3Y^6$)。所有項目都可以看作是一組次方項目和係數項目，第一個項目 (-2)，也就是 Y 的 0 次方，係數為 -2，依此類推；第二個項目 (Y^2)，也就是 Y 的 2 次方，係數為 1；最後一個項目 ($3Y^6$) 也就是 Y 的 6 次方，係數為 3。字典可用於儲存次方數與對應係數

使用字典表示上述多項式

$$P = \{0:-2, 2:1, 6:3\}$$

上述多項式也可以表示為串列，但是我們還是必須填寫所有係數為 0 的項目，因為索引編號必須配對項目，因此，上述多項式可以串列表示為：

$$P(Y) = -2 + Y^2 + 3Y^6$$
$$P = [-2, 0, 1, 0, 0, 0, 3]$$

在用串列表示上述多項式後，我們可以比較字典和串列儲存的多項式，字典的優點是使用者只需要儲存非 0 係數的項目。對於多項式 $1 + X^{50}$，字典只包含兩個元素，而串列則包含 51 個元素。

━━ 程式 11.15

撰寫一個程式，來計算一個多項式，假設 X 的值為 2，計算出 X 為 2 的結果。

$$P(X) = -2 + X^2 + 3X^3$$
$$P(2) = 26$$

```
def Eval_Poly(P, X):
    sum = 0
    for Power in P:
        sum = sum + P[Power]*X**Power
    print('The Value of Polynomial after Evaluation:', sum)
P = {0: -2, 2: 1, 3: 3}
Eval_Poly(P, 2)
```

輸出

```
The Value of Polynomial after Evaluation: 26
```

解釋　創建一個函式 `Eval_Poly()`，將多項式 P 以字典型態表示，該函式的引數為多項式 P，其中 P[Power] 儲存 X**Power 項目的係數。

▶ 小專案：橙色帽子計算器

橙色帽子是頒發給板球系列賽中領先得分手的年度板球獎。

範例

以一個正在進行的測試板球系列賽為例，以下是球員的姓名和他們在測試賽 1 和 2 中的得分，計算每個運動員在兩次測試賽中的最高得分。

```
orangecap({'test1': {'Dhoni': 74, 'Kohli': 150}, 'test2': {'Dhoni':
          29, 'Pujara': 42}})
```

上述範例中，我們可以分析每個球員在兩個測試賽中的得分為：

$$Dhoni = 74 + 29 = 103$$
$$Kohli = 150 + 0 = 150$$
$$Pujara = 0 + 42 = 42$$

Kohli 在兩場測試賽中得分最多，因此他將獲得本次比賽的橙色帽子。

程式敘述

定義一個函式 orangecap(d)，它讀取以下形式的字典 d，並辨識出得分最高的球員。該函式應回傳的形式為 (playername, topscore)，其中 playername 是得分最高的球員的姓名，而 topscore 是該球員的總得分。

輸入

```
orangecap({'test1': {'Dhoni': 74, 'Kohli': 150}, 'test2': {'Dhoni':
         29, 'Pujara': 42}})
```

輸出

```
('Kohli', 150)
```

演算法

☞ **STEP 1**： 創建一個包含 test1 和 test2 的得分詳細資訊的字典 d。
☞ **STEP 2**： 將字典 d 傳遞給 Orangecap() 函式。
☞ **STEP 3**： 使用 for 迴圈讀取字典和巢狀字典的內容。
☞ **STEP 4**： 每次迭代中儲存每個球員的得分。
☞ **STEP 5**： 顯示有關球員的資訊，包括姓名和所有比賽中最高得分。

程式

```
def orangecap(d):
    total = {}
    for k in d.keys():
        for n in d[k].keys():
            if n in total.keys():
                total[n] = total[n] + d[k][n]
            else:
                total[n] = d[k][n]
    print('Total Run Scored by Each Player in 2 Tests: ')
    print(total)

    print('Player With Highest Score')
    maxtotal = -1
    for n in total.keys():
        if total[n] > maxtotal:
            maxname = n
            maxtotal = total[n]

    return(maxname, maxtotal)
d = orangecap({'test1': {'Dhoni': 74, 'Kohli': 150}, 'test2':
               {'Dhoni': 29, 'Pujara': 42}})
print(d)
```

輸出

```
Total Run Scored by Each Player
{'Dhoni': 103, 'Pujara': 42, 'Kohli': 150}
Player With Highest Score
('Kohli', 150)
```

總結

- 元組序列中的項目可以為任何型態。
- 元組的元素皆是固定的。
- 元組為不可變動的。
- 可以從串列中創建元組。
- 元組的元素要用小括號而不是中括號來括起來。
- 元組不包含任何名為 sort 的方法。
- 集合中的內容不可重複也沒有順序。
- 集合中的內容是可變動的。
- 可以對集合執行不同的數學運算,例如聯集、交集、差集和對稱差集。
- 字典是一種儲存值和鍵的集合。
- for 迴圈可用於讀取字典中的鍵和值。
- in 和 not in 可用於檢查鍵是否存在於字典中。

關鍵術語

- **元組 (Tuple)**:任何型態的元素序列。
- **集合 (Set)**:無重複元素的集合。
- **字典 (Dictionary)**:鍵和對應值的集合。
- **不可變動的 (Immutable)**:無法更改的項目。
- **巢狀字典 (Nested Dictionary)**:字典中還有一個字典
- **zip() 函式 (zip() Function)**:用於製作由元組組成的串列的 Python 內建函式。
- **zip(*) 函式 (zip(*) Function)**:反向的 zip() 函式
- **set() 函式 (set() Functions)**:聯集 union()、交集 intersection()、差集 difference() 和對稱差集 symmetric_difference()。

問題回顧

A. 選擇題

1. 以下程式的輸出為何?

```
def main():
    Average_Rainfall = {}
    Average_Rainfall['Mumbai'] = 765
    Average_Rainfall['Chennai'] = 850
    print(Average_Rainfall)
main()
```

a. ['Mumbai': 765, 'Chennai': 850] b. {'Mumbai': 765, 'Chennai': 850}

c. ('Mumbai': 765, 'Chennai': 850) d. 以上皆非

2. 以下程式的輸出為何？

```
init_tuple = ()
print(init_tuple.__len__())
```

a. 1 b. 0

c. NULL d. Empty

3. 以下程式的輸出為何？

```
t = (1, 2, 3, 4)
t[2] = 10
print(t)
```

a. 1, 2, 10, 4 b. 1, 10, 2, 4

c. Error d. 1, 10, 10, 4

4. 以下程式的輸出為何？

```
a = ((1, 2),) * 7
print(len(a[3:6]))
```

a. 2 b. 3

c. 4 d. Error

5. 以下程式的輸出為何？

```
my_dict = {}
my_dict[(1, 2, 3)] = 12
my_dict[(4, 5)] = 2
print(my_dict)
```

a. {12, 12, 12, 2, 2} b. Error

c. {(4, 5): 2, (1, 2, 3): 12} d. {(1, 2, 3): 12, (4, 5): 2}

6. 以下程式的輸出為何？

```
jersey = {'sachin': 10, 'Virat': 18}
jersey[10]
```

a. Sachin b. Virat

c. Error d. 以上皆非

7. 執行以下敘述式的輸出為何？

    ```
    capital = {'India': 'Delhi', 'SriLanka': 'Colombo'}
    capital = list(captial.values)
    ```

    a. Delhi
    b. ['Delhi', 'Colombo']
    c. ['Colombo']
    d. Error

8. 下列哪個創建字典的語法是正確的？

    ```
    1. d = {1:['+91', 'India'], 2: ['+65', 'USA']}
    2. d = {['India']: 1, ['USA']: 2}
    3. d = {('India'): 1, ('USA'): 2}
    4. d = {1:"INDIA", 2: "USA"}
    5. d = {"Payal":1, "Rutuja": 2}
    ```

    a. 只有 4
    b. 只有 2
    c. 1, 2, 3
    d. 1, 3, 4 和 5

9. 下列哪個創建集合的語法是正確的？

    ```
    1. S1 = {1, 2, 3, 4}
    2. S2 = {(1, 2), (23, 45)}
    3. S2 = {[1, 2], [23, 45]}
    ```

    a. 全部
    b. 只有 3
    c. 1, 2
    d. 2, 3

10. 以下程式的輸出為何？

    ```
    Fruits = ('Banana', 'Grapes', 'Mango', 'WaterMelon')
    print(max(fruits))
    print(min(fruits))
    ```

    a. WaterMelon, Mango
    b. WaterMelon, Banana
    c. WaterMelon, Grapes
    d. Banana, WaterMelon

11. 以下程式的輸出為何？

    ```
    tup1 = 'a', 'b'
    tup2 = ('a', 'b')
    print(tup1 == tup2)
    ```

    a. 1
    b. 0
    c. True
    d. False

12. 以下程式的輸出為何？

    ```
    tup1 = 1, 2
    tup2 = 1, 2
    print(tup1 + tup2)
    ```

a. 2, 4 b. (2, 4)
c. (1, 2, 1, 2) d. (1, 2, 2, 4)

13. 以下程式的輸出為何？

    ```
    my_dict = {}
    my_dict[('John', 'Software Engineer')] = 80000
    my_dict[('Tom', 'Data Scientist')] = 90000

    sum = 0
    for k in my_dict:
        sum += my_dict[k]

    print(sum)
    print(my_dict)
    ```

    a. 語法錯誤

    b. 170000

    c. {('Tom', 'Data Scientist'): 90000, ('John', 'Software Engineer'): 80000}

    d. 170000
       {['Tom', 'Data Scientist']: 90000, ['John', 'Software Engineer']: 80000}

14. 以下程式的輸出為何？

    ```
    temp_dict = {"Name": "John", "Salary": 23999}
    r = temp_dict.copy()
    print(id(r) == id(temp_dict))
    ```

    a. True b. False
    c. 0 d. 1

15. 以下哪個選項為創建空集合的語法？

    a. { } b. ( )
    c. set( ) d. [ ]

16. 以下敘述式的輸出為何？

    ```
    >>>s1 = {'a', 'b', 'c'}
    >>>s1.issubset(s1)
    ```

    a. 1 b. 0
    c. True d. False

17. 以下哪個選項的程式碼會導致程式錯誤？

    a. T = {1, 2, 3, 4, 'abc'} b. T = {1, 2, 4}
    c. T = {abs} d. T = {abc}

18. 以下敘述式的輸出為何？

    >>>a = 1, 2, 3, 4, 5
    >>>a

    a. 1   b. Error
    c. 1, 2, 3, 4, 5   d. (1, 2, 3, 4, 5)

19. 以下程式碼的輸出為何？

    ```
    Numbers = set([1, 1, 2, 2, 3, 3, 3, 4, 4, 5, 5])
    print(len(Numbers))
    ```

    a. 11   b. 10
    c. 5   d. Error

20. 以下敘述式的輸出為何？

    >>>a = {1, 2, 3, 4}
    >>>b = {1, 2, 3, 4}
    >>>a + b

    a. {1, 2, 3, 4}   b. {1, 2, 3, 4, 1, 2, 3, 4}
    c. {2, 4, 6, 8}   d. Error

B. 是非題

1. 元組中的元素包含任何型態，且其中的項目是沒有順序之分。
2. 元組的元素都是固定的。
3. 創建元組後仍然可以添加元素。
4. 元組是 Python 中的一種內建資料型態。
5. 創建一個元組時，元組的元素要用小括號而非中括號來括起來。
6. 元組的元素不使用逗號分隔。
7. 元組的索引編號和切片類似於串列。
8. 索引 [] 運算子也可以用於存取元組的元素。
9. zip() 函數會從多個集合中按順序存取項目，以生成由元組組成的串列。
10. * 運算子用於將序列解壓縮為對應的引數。
11. 字典內還有一層字典稱之為巢狀字典。
12. for 迴圈可用於讀取巢狀字典。
13. 不能改變其內容的稱之為可變動資料型態。
14. 不可變動資料型態包括整數、浮點數、複數、字串和元組。
15. 串列和字典可以改變它們的內容，所以稱之為不可變動的。
16. 以 $1 + x^{50}$ 為例，一個字典只需儲存兩個元素。

C. 練習題

1. 試著定義並解釋如何創建元組?
2. 試著解釋元組的特性。
3. 試著比較元組和串列。
4. 試著創建一個單一元素的元組。
5. 試著列出元組支援的內建函式。
6. 試著解釋元組的索引編號和切片。
7. 試著說明哪種運算子可用於存取元組中元素。
8. 試著舉出適當的範例說明程式設計師如何將變數傳遞給函式?
9. 參考以下元組的範例,說明表達式的輸出為何?並寫出下列表達式的輸出。

    x = (11, 12, (13, 'Sachin', 14), 'Hii')

    a. `x[0]`
    b. `x[2]`
    c. `x[-1]`
    d. `x[2][2]`
    e. `x[2][-1]`
    f. `x[-1][-1]`
    g. `x[-1][2]`
    h. `x[0:1]`
    i. `x[0:-1]`
    j. `len(x)`
    k. `2 in x`
    l. `3 in x`
    m. `x[0] = 8`

10. 試著定義 `zip()` 函式的用途為何?
11. 試著解釋 * 運算子在 `zip()` 函式中的作用。
12. 試著用合適的範例來創建字典。
13. 試著評估以下敘述式。

    給定以下包含成績的字典。

        Grades = {"Sahil": 90, "Abhijeet": 65}

    執行下列敘述式後的結果為何?

    a. print(Grades.keys( ))
    b. print(Grades.values( ))
    c. print(len(Grades))
    d. Grades["Kuruss"]=99
    e. Grades["Abhijeet"] += 5
    f. del Grades["Abhijeet"]
    g. print(Grades.items( ))

14. 以下程式碼的輸出為何?

        Set1 = {10, 20, 30, 40}

    a. S1.issubset({10, 20, 30, 40, 50, 60})
    b. S1.issuperset({20, 30, 40})
    c. print(10 in S1)
    d. print(101 in S1)

e. print(len(S1)) f. print(max(S1))

g. print(sum(S1))

15. 寫出以下程式碼的輸出。

    ```
    S1 = {'A', 'B', 'C'}
    S2 = {'C', 'D', 'E'}
    ```

    a. print(S1.union(S2)) b. print(S1.intersection(S2))

    c. print(S1.difference (S2)) d. print(S1.symmetric_difference(S2))

    e. print(S1 ^ S2) f. print(S1 | S2)

    g. print(S1 & S2)

16. 以下程式碼的輸出為何？

    ```
    T = (10, 34, 22, 87, 90)
    ```

    a. print(t) b. t[0]

    c. print(t[0:4]) d. print(t[:-1])

17. 試著舉出合適的範例說明如何讀取字典的鍵和值？

18. 試著創建巢狀字典。

19. 試著舉例說明如何用字典表示多項式？

D. 程式練習題

1. 撰寫一個函式，存取一個元組作為參數，從第一個元素開始複製輸入元組的所有元素，並回傳一個新元組作為輸出。

    ```
    T = ('Hello', 'Are', 'You', 'Loving', 'Python?')
    Output_Tuple = ('Hello', 'You', 'Python?')
    ```

2. 撰寫一個名為 how_many 的函式，回傳字典中值的數量。

    ```
    T = animals = {'L':['Lion'], 'D':['Donkey'], 'E':['Elephant']}
    >>>print(how_many(animals))
    3
    ```

3. 撰寫一個函式 biggest，存取一個字典作為參數，並回傳擁有最多值的鍵。

    ```
    >>>animals = {'L': ['Lion'], 'D': ['Donkey', 'Deer'], 'E':
                  ['Elephant']}
    >>>biggest(animals)
    >>>d                      #d 包含兩個值
    ```

4. 撰寫一個函式 Count_Each_vowel，接受來自使用者輸入的字串，該函式應回傳一個包含了每個字母與數量的字典。

    ```
    >>>Count_Each_vowel("HELLO")
    >>>{'H': 1, 'E': 1, 'L': 2 , 'O': 2}
    ```

Chapter 12
圖形程式開發：使用海龜繪圖

學習成果

完成本章後，學生將會學到：

✦ 使用海龜 (turtle) 繪圖模組繪製簡單圖形。
✦ 使用海龜繪圖模組繪製不同的幾何圖形，例如：線、圓、長方形、正方形和多邊形。
✦ 使用迴圈迭代繪製基本圖形。
✦ 繪製簡單圖表。

章節大綱

12.1 簡介
12.2 開始使用海龜繪圖模組
12.3 在任意方向上移動海龜游標
12.4 將海龜游標移動到任意位置
12.5 海龜繪圖的顏色、背景顏色、圓和速度方法
12.6 繪製各種顏色的圖形
12.7 使用迴圈迭代的方式繪製基本形狀
12.8 使用串列動態改變圖形顏色
12.9 使用海龜繪圖建立長條圖

▶ 12.1 簡介

一個簡單學習圖形程式設計的方法是使用 Python 內建**海龜繪圖**模組，它是一個圖形套件，用於繪製直線、圓和各種其他形狀，包括文字。簡而言之，海龜繪圖模組是一個在螢幕上顯示的**游標**，用於畫出各種圖形形狀，載入海龜繪圖模組有助於程式設計師存取 Python 中的圖形函式。

▶ 12.2 開始使用海龜繪圖模組

首先，程式設計師可以使用 Python 的**互動模式（命令列）**或**腳本模式**，在 Python 的互動模式下，使用海龜繪圖模組開始圖形程式設計所需的步驟如下。

☞ **STEP 1**： 通過按下 Windows 中的開始按鈕啟動 Python。在搜尋欄位中輸入 Python，點擊 Python IDLE 啟動互動模式，將會出現以下視窗（圖 12.1）。

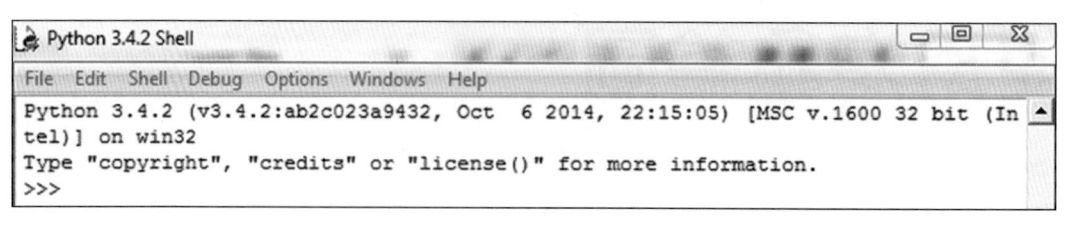

圖 12.1

☞ **STEP 2**： 在 Python 的敘述式提示符號 >>> 下，輸入以下命令以載入海龜繪圖模組。

>>>import turtle   #載入海龜繪圖模組

☞ **STEP 3**： 輸入以下命令顯示海龜游標當前的位置和方向。

>>>turtle.showturtle()

執行上述敘述式後，會顯示 Python 的海龜繪圖視窗，如圖 12.2 所示。

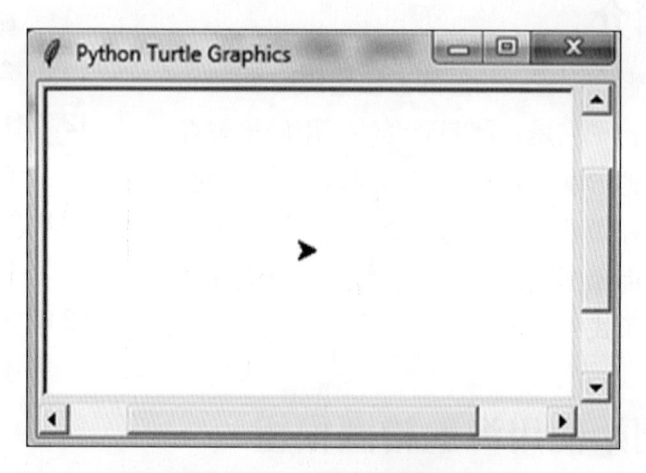

圖 12.2　Python 的海龜繪圖視窗

海龜游標就像一支**筆**。箭頭表示筆當前的位置和方向。一開始**海龜游標**位於視窗的中心位置。

12.3 在任意方向上移動海龜游標

如上所述,海龜游標是在我們載入海龜繪圖模組時被建立的物件。一旦物件被建立,它的位置就會被設定為 **(0, 0)**,即在海龜繪圖視窗的中心位置。此外,預設情形下,它的方向被設定為直接向右。

海龜繪圖模組使用筆來繪製形狀,它可在任何方向上移動並繪製線條,Python 含有可用於**移動筆**、**設置筆的大小**、**提起**和**放下筆**等各種方法。預設情形下,筆是向下的,即它會從目前位置畫一條線到新的位置上。表 12.1 顯示在指定方向上進行海龜繪圖的方法列表。

表 12.1 與海龜繪圖方向有關的方法

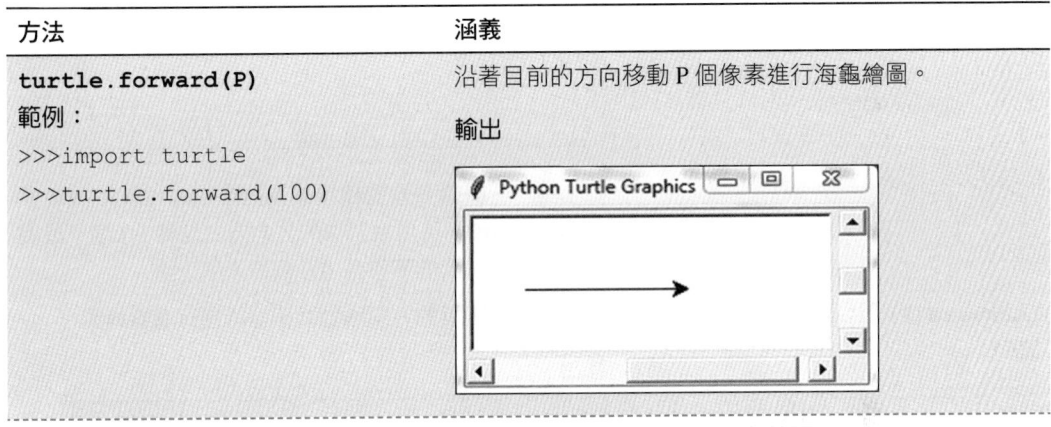

方法	涵義

`turtle.forward(P)`
範例:
`>>>import turtle`
`>>>turtle.forward(100)`
	沿著目前的方向移動 P 個像素進行海龜繪圖。
	輸出

`turtle.left(angle)`
範例:
`>>>import turtle`
`>>>turtle.left(90)`
`>>>turtle.forward(100)`
	向左旋轉指定的角度進行海龜繪圖。
	輸出 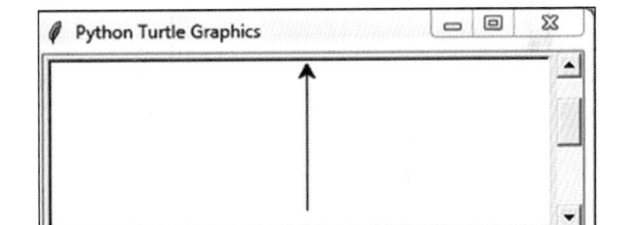
	
	解釋 一開始海龜游標預設是放在中心位置上,命令 **turtle.left(90)** 將海龜游標的方向向左旋轉 90 度,最後繪製從中心點到向上移動 100 個像素的直線。

方法	涵義

`right(P)`
範例：
`>>>import turtle`
`>>>turtle.right(90)`
`>>>turtle.forward(100)`
	向右旋轉指定的角度進行海龜繪圖。
	輸出 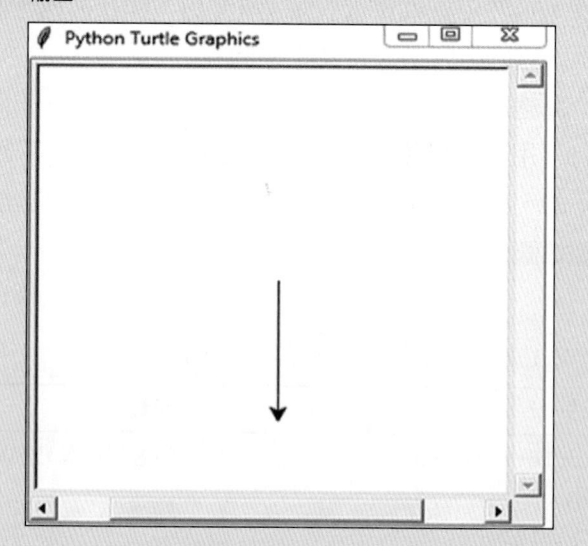
	
	解釋 一開始海龜游標預設是放在中心位置上，命令 **turtle.right(90)** 將海龜游標的方向向右旋轉 90 度，最後繪製從中心點到向下移動 100 個像素的直線。

`backward(P)`
範例：
`>>>import turtle`
`>>>turtle.backward(100)`
	沿著和目前相反的方向移動 P 個像素進行海龜繪圖。
	輸出 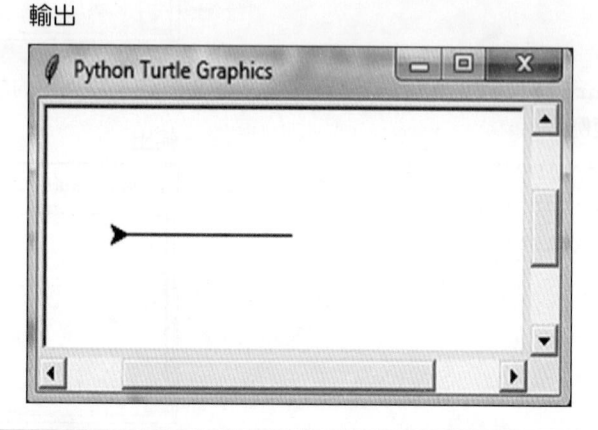

在表 12.1 中，我們使用各種方法將海龜游標從一個位置移到另一個位置上，如上所述，海龜游標在繪筆的幫助下會從一個位置到另一個位置畫上一條直線。表 12.2 說明了與繪筆狀態有關的各種方法。

表 12.2　與繪筆狀態有關的方法

方法	涵義

`turtle.pendown()`
範例：
`>>>import turtle`
`>>>turtle.pendown()`
`>>>turtle.forward(100)`
	使用下筆 (pen down) 方法時，當它從一個位置移動到另一個位置，就會繪製移動過的路徑。
	
	輸出 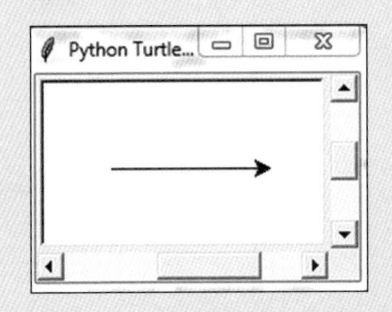
	
	解釋　在上述範例中，使用 `turtle.pendown()` 方法，就可以在從一個位置移動到另一個位置時**繪製出不同**的形狀。

`turtle.penup()`
範例：
`>>>import turtle`
`>>>turtle.penup()`
`>>>turtle.forward(100)`
	使用收筆 (pen up) 方法時，當它從一個位置移動到另一個位置，並不會繪製所移動過的路徑。
	
	輸出 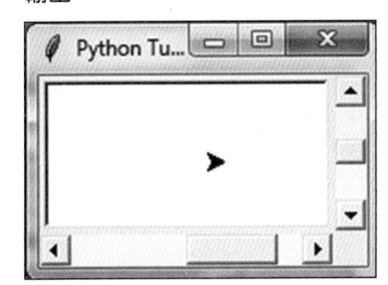
	
	解釋　`import turtle` 方法會將繪筆放在視窗的中心。`turtle.penup()` 收筆時不會繪製圖形，它只是從一個位置移動到另一個位置。當在 `penup()` 敘述式之後立即執行敘述式 turtle.forward(100)，它會向前移動 100 像素，但並不會繪製任何線條或形狀。

方法	涵義

`turtle.pensize(width)`
範例：
`>>>import turtle`
`>>>turtle.forward(100)`
`>>>turtle.pensize(5)`
`>>>turtle.pensize(5)`
`>>>turtle.left(90)`
`>>>turtle.forward(100)`
	將線條粗細設定為指定的寬度。
	輸出
	
	解釋 在上述程式碼中，一開始是在向前方向繪製長度為 100 個像素的直線。從敘述式 **turtle.pensize(5)** 這裡開始增加所繪製直線的寬度。

12.3.1 繪製不同形狀的程式

以下程式將利用上述方法繪製不同的形狀。

程式 12.1

撰寫一個程式，使用 Python 海龜繪圖模組繪製正方形。

```
import turtle              #載入海龜繪圖模組
turtle.forward(100)        #向前移動海龜游標
turtle.left(90)    #將海龜游標的方向向左旋轉 90 度
turtle.forward(100)
turtle.left(90)
turtle.forward(100)
turtle.left(90)
turtle.forward(100)
```

輸出

━ 程式 12.2

撰寫一個程式，使用 Python 海龜繪圖模組來顯示多邊形。

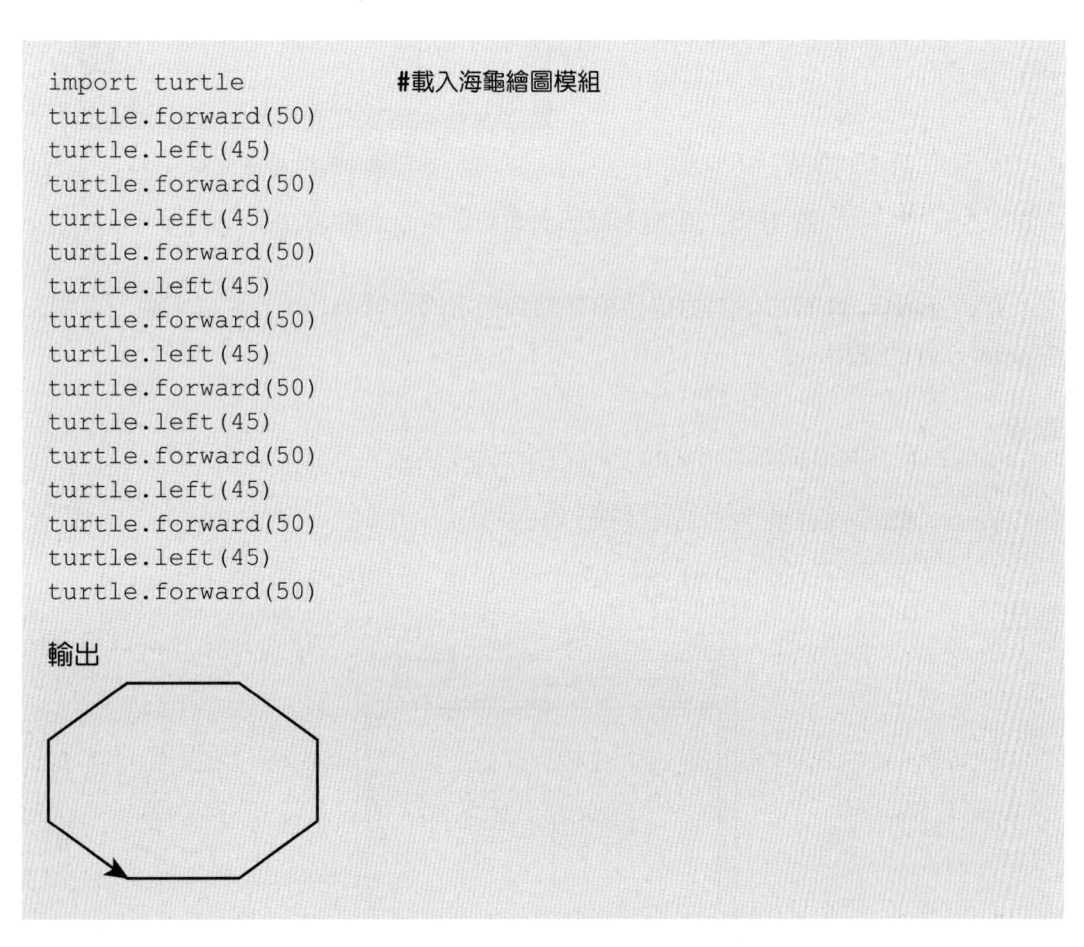

```
import turtle                #載入海龜繪圖模組
turtle.forward(50)
turtle.left(45)
turtle.forward(50)
turtle.left(45)
turtle.forward(50)
turtle.left(45)
turtle.forward(50)
turtle.left(45)
turtle.forward(50)
turtle.left(45)
turtle.forward(50)
turtle.left(45)
turtle.forward(50)
turtle.left(45)
turtle.forward(50)
```

輸出

12.4　將海龜游標移動到任意位置

當程式設計師嘗試執行 Python 海龜繪圖程式時，預設情形下海龜游標的箭頭位於圖形視窗的中心坐標 (0, 0) 上，如圖 12.3 所示。

```
>>>import turtle      #載入海龜繪圖模組
>>>turtle.showturtle ()
```

(a) 坐標系統　　　　　　　　　　(b) 海龜繪圖中心坐標 (0, 0)

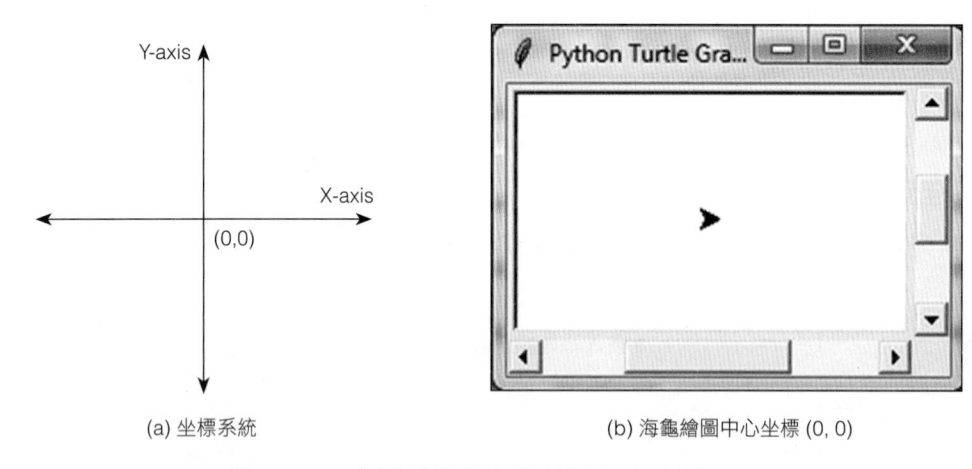

圖 12.3　坐標系統和海龜繪圖中心坐標 (0, 0)

方法 **goto(x, y)** 被用於將海龜游標移動到指定的位置 **(x, y)** 上，以下範例說明方法 **goto(x, y)** 的使用。

範例

```
>>>import turtle
>>>turtle.showturtle ()
>>>turtle.goto(0,-50)
```

輸出

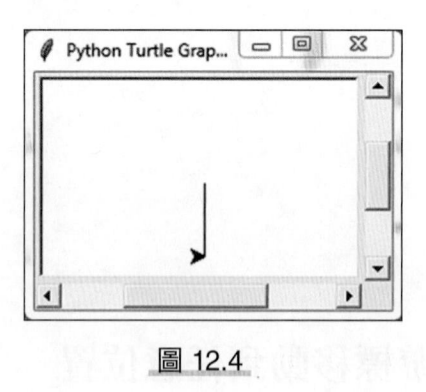

圖 12.4

解釋　在上述範例中，敘述式 **goto(0, -50)** 將游標移動到坐標 (0, -50)。

▶ 12.5 海龜繪圖的顏色、背景顏色、圓和速度方法

表 12.3 提供更多有關海龜繪圖的顏色 (color)、背景顏色 (bgcolor)、圓 (circle) 和速度 (speed) 方法細節。

表 12.3　與海龜繪圖顏色和速度有關的方法

方法	涵義
`turtle.speed(integer_paramter)`	海龜繪圖速度必須在整數 1（最慢）到 10（最快）的範圍內，若是 0 代表立即完成繪圖。

`turtle.circle(radius, extent = None)`
範例：
`>>>import turtle`
`>>>turtle.circle (45)`
	用指定的半徑畫一個圓，圓心會在海龜游標左邊距離半徑長度的位置。另外也可以指定圓弧的角度大小。如果沒有指定時，則繪製整個圓。
	
	輸出 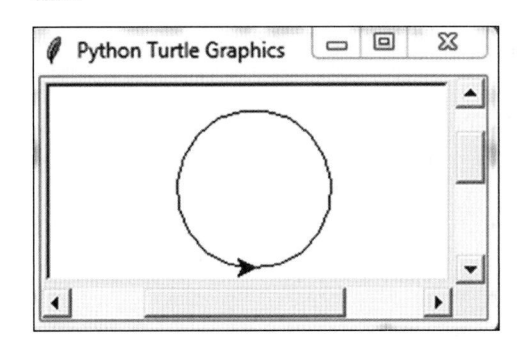
	
	解釋　turtle.circle(45) 敘述式用於以逆時針方向繪製一個半徑為 45 的圓。

`turtle.color(*args)`
範例：
`>>>import turtle`
`>>>turtle.color("red")`
`>>>turtle.circle (45)`
	color 方法用於繪製彩色動畫圖形。
	
	輸出 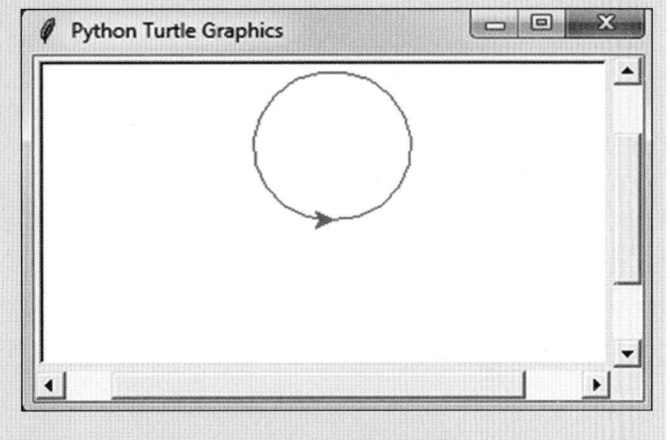
	
	解釋　上述敘述式用來繪製一個顏色為紅色的圓。

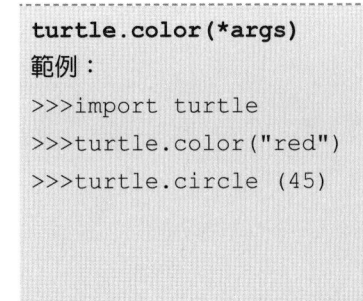

方法	涵義

turtle.bgcolor(*arg)
範例：
`>>>import turtle`
`>>>turtle.color("red")`
`>>>turtle.bgcolor("pink")`
	回傳海龜繪圖視窗的背景顏色。
	輸出 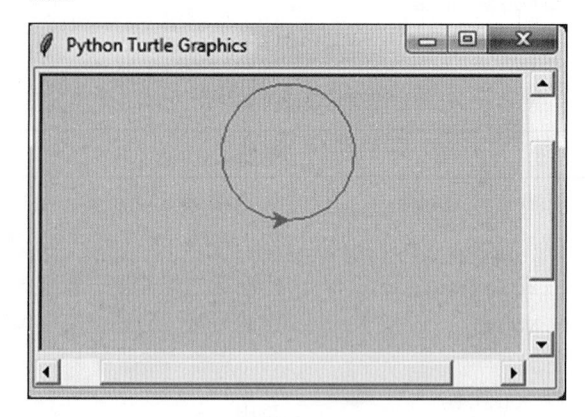
	解釋　將海龜繪圖視窗的背景顏色改為粉紅色。

程式 12.3

撰寫一個程式，畫出半徑大小分別為 45、55、65、75 和 85 的圓。

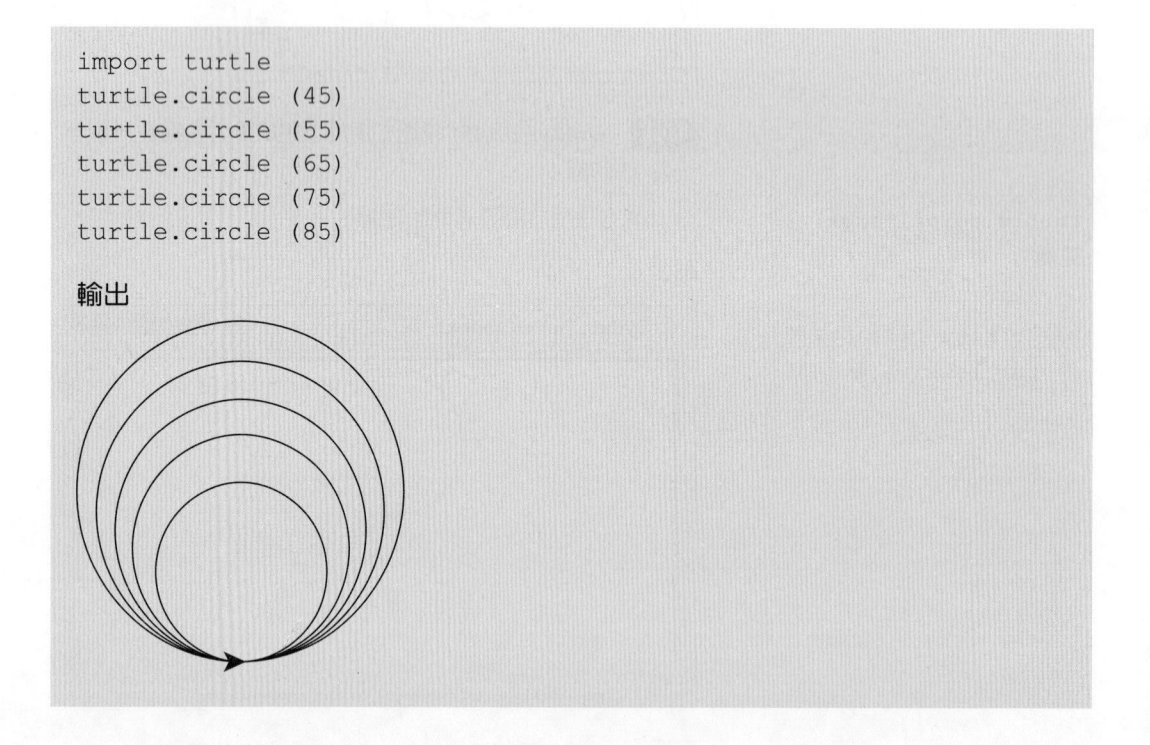

```
import turtle
turtle.circle (45)
turtle.circle (55)
turtle.circle (65)
turtle.circle (75)
turtle.circle (85)
```

輸出

解釋　在上述程式中，5 個圓分別使用 45、55、65、75 和 85 五種不同的半徑大小來繪製。

12.6　繪製各種顏色的圖形

海龜繪圖物件包含設定顏色的方法。在上一節中，我們學到如何繪製不同的形狀，表 12.4 列出了使用各種顏色繪製不同形狀的方法。

表 12.4　更多與海龜繪圖顏色有關的方法

方法	涵義
turtle.color(c)	設定繪筆的顏色。
turtle.fillcolor(C)	設定繪圖形狀的填充顏色為 **C**。
turtle.begin_fill()	在填充所繪製形狀顏色前呼叫此方法。
turtle.end_fill()	從上次呼叫 **begin_fill** 之後到目前為止繪製填充顏色。
turtle.filling()	回傳填充顏色狀態，True 為填充，False 為不填充。
turtle.clear()	清除繪圖視窗，視窗的狀態和位置不受影響。
turtle.reset()	清除繪圖視窗，並將狀態和位置重置為其原始預設值。
turtle.screensize()	設定繪圖視窗的寬度和高度。
turtle.showturtle()	顯示海龜游標。
turtle.hideturtle()	隱藏海龜游標。
turtle.write(msg, move, align, font = fontname, fontsize, fonttype)	在海龜繪圖視窗上撰寫訊息。

程式 12.4 示範使用 **begin_fill()** 和 **end_fill()** 方法來填充形狀的顏色。

━ 程式 12.4

撰寫一個程式，繪製一個有填充顏色的正方形。

```
import turtle
turtle.fillcolor ("gray")  #使用灰色填滿正方形內部
turtle.begin_fill ()
turtle.forward(100)
turtle.left(90)
turtle.forward(100)
turtle.left(90)
turtle.forward(100)
```

```
turtle.left(90)
turtle.forward(100)
turtle.left(90)
turtle.end_fill()
```

輸出

程式 12.5

撰寫一個程式，使用以下指定的規格繪製一個圓：

1. 使用灰色填滿圓的內部。
2. 在圓圈內顯示文字訊息 Circle!。

```
import turtle
turtle.pendown()
turtle.fillcolor ("gray")
turtle.begin_fill()
turtle.circle(70)
turtle.end_fill()
turtle.penup()
turtle.goto(-25, 50)
turtle.hideturtle ()
turtle.write('Cirlce!', font = ('Times New Roman', 20, 'bold'))
```

輸出

12.7 使用迴圈迭代的方式繪製基本形狀

如程式 12.4 所示,程式設計師可以撰寫以下程式碼來繪製一個正方形:

```
turtle.forward(100)
turtle.left(90)
turtle.forward(100)
turtle.left(90)
turtle.forward(100)
turtle.left(90)
```

但是,如果程式設計師想要顯示四個不同的正方形,那麼重複輸入上述程式碼是很沒有效率的,這種迭代可以使用 for 迴圈來完成。因此,為了建立四個不同的正方形,我們需要建立函式 **square()**,然後使用 for 迴圈繪製正方形,函式會讀取一個正方形的邊長當作參數。以下程式將示範使用 for 迴圈來顯示多個正方形。

─ 程式 12.6

撰寫程式來繪製四個不同的正方形。

```
import turtle
def  square(side):
    for i in range(4):
        turtle.forward(side)
        turtle.left(90)
square(20)
square(30)
square(40)
square(50)
```

輸出

程式 12.7

撰寫一個程式，在海龜繪圖視窗中顯示從 1 到 10 的乘法表。

```
import turtle as t
t.penup()
x =  -100
y =  100
t.goto(x, y)    #將繪筆移動到位置 (x, y)
t.penup()
for i in range(1, 11, 1):     #i 的值從 1 開始變化到 10
    y = y - 20
    for j  in range(1, 11, 1):    #j 的值從 1 開始變化到 10
        t.penup()
        t.speed(1)
        t.forward(20)
        t.write(i * j)
    t.goto(x, y)
```

輸出

```
Python Turtle Graphics
    1  2  3  4  5  6  7  8  9  10
    2  4  6  8  10 12 14 16 18 20
    3  6  9  12 15 18 21 24 27 30
    4  8  12 16 20 24 28 32 36 40
    5  10 15 20 25 30 35 40 45 50
    6  12 18 24 30 36 42 48 54 60
    7  14 21 28 35 42 49 56 63 70
    8  16 24 32 40 48 56 64 72 80
    9  18 27 36 45 54 63 72 81 90
    10 20 30 40 50 60 70 80 90 100
```

程式 12.8

撰寫一個程式，使用 circle 方法繪製一朵花的花瓣。

```
import turtle as t
def petal(t, r, angle):
    #使用海龜繪圖 (t) 指定半徑 (r) 和角度 (angle) 繪製出一個花瓣
    for i in range(2):
        t.circle(r, angle)
        t.left(180-angle)
```

```
def flower(t, n, r, angle):
    #使用海龜繪圖 (t) 指定半徑 (r) 和角度 (angle) 繪製出一朵有 n 個花瓣的花
    for i in range(n):
        petal(t, r, angle)
        t.left(360.0/n)

flower(t, 7, 80.0, 60.0)
```

輸出

12.8 使用串列動態改變顏色

正如我們在前面的章節所學習的，串列是一個被稱為**項目**或**元素**的數值序列，其中元素可以是任何型態。 同樣的，我們可以透過以下語法在串列中定義各種顏色：

串列名稱 = ["第一個顏色名稱", "第二個顏色名稱", ……]

範例

C = ["blue", "RED", "Pink"]

程式 12.9 示範使用**串列**和 `for` 迴圈來動態改變顏色。

程式 12.9

撰寫一個程式，用於繪製以及使用不同的顏色填充圓形內部。

```
import turtle as t
C = ["blue", "RED", "Pink"]
for i in range(3):
    t.fillcolor (C[i])
    t.begin_fill()
    t.circle(70)
    t.end_fill()
```

解釋 在上述程式中，所有顏色名稱都被定義在串列 C 中。`for` 迴圈被用於迭代列表中所有元素。敘述式 **t.fillcolor(C[i])** 用於填充圓形內部的顏色。

▶ 12.9 使用海龜繪圖建立長條圖

海龜繪圖可被用於建立長條圖。本章前幾節中所討論的各種內建方法可用來建立長條圖，像是 `write()` 方法可用於在視窗上特定的位置顯示文字。其他方法如 `begin_fill()` 和 `end_fill()` 可用於使用特定顏色填充形狀內部。因此，通過使用各種方法，我們就可以在 Python 中建立長條圖。

表 12.5 顯示在 2016 至 2017 年間使用者下載次數最多的瀏覽器統計資料。

表 12.5　繪製圖表的樣本資料

網頁瀏覽器	百分比
Mozilla Firefox	45%
Google Chrome	30%
Internet Explorer	15%
Others	10%

表 12.5 中提供各個瀏覽器對應的百分比，我們將繪製指定高度和固定寬度的長方形，表 12.5 的長條圖如下所示。

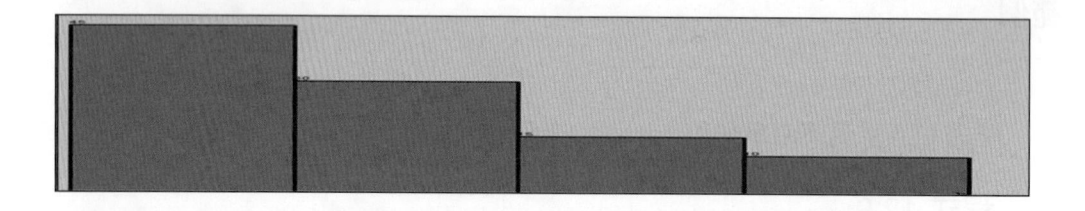

── 程式 12.10 ──────────────────────

撰寫一個程式，利用表 12.5 中提供的樣本資料透過海龜繪圖繪製長條圖。

```
import turtle as t
def Draw_Bar_Chart(t, height):
    t.begin_fill()     #開始填滿形狀內部
    t.left(90)
    t.forward(height)
    t.write(str(height))
```

```
        t.right(90)
        t.forward(40)
        t.right(90)
        t.forward(height)
        t.left(90)
        t.end_fill()
Mozilla_Firefox = 45
Chrome = 30
IE = 15
Others = 10
S = [Mozilla_Firefox, Chrome, IE, Others] #樣本資料
maxheight = max(S)
num_of_bars = len(S)
border = 10
w = t.Screen()  #設定視窗的屬性
w.setworldcoordinates(0, 0, 40 * num_of_bars + border, maxheight
                      + border)
w.bgcolor("pink")
t.color("#000000")
t.fillcolor("#DB148E")
t.pensize(3)
for a in S:
    Draw_Bar_Chart(t, a)
```

解釋 在上述程式中，我們建立名為 `Draw_Bar _Chart()` 的函式。一開始，串列 S 提供瀏覽器的統計樣本資料。函式 `setworldcoordinates()` 被用於設定坐標。實際的語法及細節為：

$$setworldcoordinates(LLX, LLY, URX, URY)$$

其中，

LLX：一個數字，代表長條圖左下角的 X 坐標

LLY：一個數字，代表長條圖左下角的 Y 坐標。

URX：一個數字，代表長條圖右上角的 X 坐標。

URY：一個數字，代表長條圖右上角的 Y 坐標。

因此，使用 `setworldcoordinates()` 設定坐標位置以繪製長條圖。

▶ 小專案：海龜賽車遊戲

建立**紅色**、**綠色**和**黑色**三隻不同顏色的海龜，並為所有海龜設計一條賽道，讓它們在賽道上奔跑並贏得比賽。賽道和海龜在開始比賽前應如下圖所示。

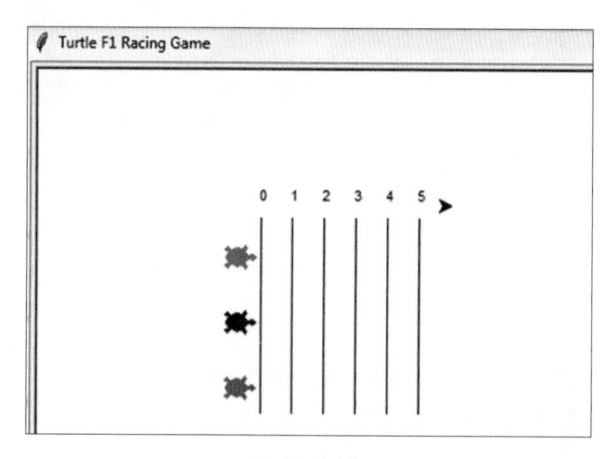

海龜賽道

為了解決這個範例，將會使用 `for` 迴圈和海龜繪圖的內建函式，例如：`penup()`、`pendown()`、`forward()`、`right()`、`goto()`、`color()`、`shape()`、`speed()` 和 `left()`。

演算法

☞ **STEP 1**：設計賽道。

☞ **STEP 2**：將所有海龜放在適當的位置上，然後開始比賽。

☞ **STEP 3**：使用 `for` 迴圈在賽道上奔跑，並使用一個隨機數值將海龜向前移動 x 個像素。

☞ **STEP 4**：結束。

第一部分：設計軌道

1. 首先將海龜放置在起始位置 (x, y) 上。

```
goto(-240, 240)
```

2. 為了要繪製垂直線條，改變海龜游標朝向右方。

```
penup()
right(90)
```

3. 將海龜向前移動 10 個像素。

```
forward(10)
```

4. 現在將海龜向前移動 150 個像素。

```
pendown()
forward(150)
```

到這裡我們已經成功建立了賽道的起跑線。為了繪製第二條垂直線，將其向後移動 160 個像素。

```
backward(160)
```

現在，海龜回到第一行的起始位置，但游標方向還是向上的。因此，要繪製第二條線，將游標方向向左旋轉 90 度，並向前移動 y 的距離。

```
left(90)
forward(Y)
```

重複上述所有步驟以繪製其餘的線條。

建立賽道的程式碼如下：

```
from turtle import*
title('turtle F1 Racing Game')
speed(10)
penup()
goto(-240, 240)        #賽道的初始位置
z = 0
y = 25

for x in range(6):     #使用 for 迴圈繪製 6 條直線
        write(x)           #在線的頂端標記距離
        right(90)          #改變游標方向向下
        forward(10)        #向前移動 10 步
        pendown()          #下筆
        forward(150)       #向前移動 150 步
        penup()            #收筆
        backward(160)      #向後移動 160 步
        left(90)           #向左旋轉 90 度
        forward(y)         #移動距離 y
```

第二部分：撰寫程式碼來建立三隻海龜，並將它們放置在第一行垂直線起跑點前適當的位置

```
t1 = Turtle()            #建立海龜物件 t1
t1.penup()               #收筆並將海龜放在位置 (X, Y)
t1.goto(X, Y)
t1.color('color_name')   #改變海龜的顏色
t1.shape('turtle')       #給予海龜適當的形狀
```

重複上述步驟 3 次後，就可以建立三隻海龜。

建立三隻海龜，並在第一條起跑線前將其放在適當的位置上，見以下程式碼。

```
t1 = Turtle()              #第一隻海龜 - 紅色
t1.penup()
t1.goto(-260, 200)
t1.color('red')
t1.shape('turtle')


t2 = Turtle()              #第二隻海龜 - 黑色
t2.penup()
t2.goto(-260, 150)
t2.color('Black')
t2.shape('turtle')


t3 = Turtle()              #第三隻海龜 - 綠色
t3.penup()
t3.goto(-260, 100)
t3.color('Green')
t3.shape('turtle')
```

第三部分：隨機移動海龜

使用 random 模組中的 randint 將海龜隨機移動到 x 位置。

```
turtleobject.forward(randint(1, 5))
```

對所有海龜執行上述步驟。

移動海龜的程式碼如下：

```
from random import*
for t in range(50):
    t1.forward(randint(1, 5))
    t2.forward(randint(1, 5))
    t3.forward(randint(1, 5))
```

解決方法

合併第一、二、三部分的所有程式碼，我們會得到：

```
from turtle import*
from random import*
title('turtle F1 Racing Game')
speed(10)
penup()
goto(-240, 240)
z = 0
y = 25
```

```
for x in range(6):
    write(x)
    right(90)
    forward(10)
    pendown()
    forward(150)
    penup()
    backward(160)
    left(90)
    forward(y)

t1 = Turtle()
t1.penup()
t1.goto(-260, 200)
t1.color('red')
t1.shape('turtle')

t2 = Turtle()
t2.penup()
t2.goto(-260, 150)
t2.color('Black')
t2.shape('turtle')

t3 = Turtle()
t3.penup()
t3.goto(-260, 100)
t3.color('Green')
t3.shape('turtle')


for t in range(50):
    t1.forward(randint(1, 5))
    t2.forward(randint(1, 5))
    t3.forward(randint(1, 5))
```
輸出

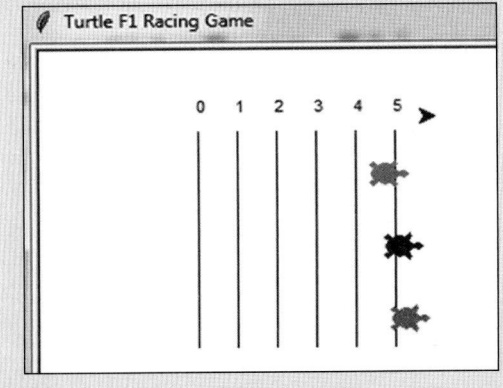

總結

✦ 海龜繪圖 (turtle) 是 Python 內建繪圖模組，用於繪製各種形狀，如線條、圓形等。
✦ 海龜游標就像一支繪筆。
✦ 一開始海龜游標被定位在視窗的中心位置。
✦ `forward()` 和 `backward()` 等方法用於將海龜游標向前和向後移動 x 像素。
✦ turtle left(angle) 和 right(angle) 用於將海龜游標向左或向右旋轉某個角度。
✦ turtle goto(x, y) 方法用於將海龜游標移動到指定點 (x, y) 上。

關鍵術語

✦ `turtle()`：用於繪製物件的繪圖套件。
✦ `forward()`、`left()`、`right()` 和 `backward()`：在指定方向上移動海龜游標方向。
✦ `penup()` 和 `pendown()`：依收筆、下筆的狀態進行繪圖。
✦ `color()`、`fillcolor()`、`end_fill()`、`begin_fill()`：海龜繪圖物件著色的方法。
✦ `setworldcoordinates()`：設定繪圖物件的坐標位置。
✦ `goto(x, y)`：將海龜游標移動到位置 (x, y)。

問題回顧

A. 選擇題

1. 以下哪個指令是將繪筆的寬度設定為 10 個像素？
   a. turtle.size(10)　　　　　　　b. turtle.pensize(10)
   c. turtle.setsize(10)　　　　　d. 以上皆是

2. 以下哪個指令用於將海龜游標的位置設定為 (0,0)？
   a. turtle.set(0, 0)　　　　　　b. turtle.xy(0, 0)
   c. turtle.goto(0, 0)　　　　　d. turtle.moveto(0, 0)

3. 以下哪個與繪筆有關的指令可用於在游標移動時繪製線條？
   a. `pendown()`　　　　　　　　b. `Pendown()`
   c. `penDown()`　　　　　　　　d. `PenDown()`

4. 以下哪個指令可以幫助我們畫出一個半徑為 10 的圓？
   a. turtle.drawcircle(10)　　　　　b. turtle.circledraw(10)
   c. turtle.c(10)　　　　　　　　　d. turtle.circle(10)
5. 以下哪個內建函式可用於改變海龜繪圖的速度？
   a. turtle.move(x)　　　　　　　　b. turtle.speed(x)
   c. 選項 a 和選項 b 皆是　　　　　d. 以上皆非
6. 以下哪個指令可用於顯示海龜游標目前位置和方向？
   a. `turtle.show()`　　　　　　　　b. `turtle.showdirection()`
   c. `turtle.showdirloc()`　　　　　d. `turtle.showturtle()`
7. 以下哪個指令可以阻止海龜物件繪製線條？
   a. `penUp()`　　　　　　　　　　b. `penup()`
   c. `PenUp()`　　　　　　　　　　d. `PenuP()`
8. 以下哪個指令可以隱藏海龜游標？
   a. `turtle.hide()`　　　　　　　　b. `turtle.noturtle()`
   c. `turtle.invisble()`　　　　　　d. `turtle.hideall()`

B. 是非題

1. 互動模式（命令列）下無法使用 Python 中的圖形程式設計。
2. 海龜游標是當載入海龜繪圖模組時所建立的物件。
3. 海龜繪圖模組使用繪筆來繪製圖形。
4. 當海龜游標用於在視窗上移動和畫線時，只能向前或向後。
5. 在預設情形下，使用海龜游標的方向是向下。
6. 海龜繪圖不可能畫出複雜的圖形。
7. 使用海龜繪圖繪製圖形的最慢速度是 -1。
8. 使用海龜繪圖繪製圖形的最快速度為 0。
9. 海龜物件包含設定顏色的方法。
10. 我們無法使用顏色將圓形填滿。

C. 練習題

1. 試著描述海龜繪圖，並解釋它是如何用來繪製物件。
2. 試著解釋用於改變海龜游標方向的各種內建方法。
3. 試著解釋如何使用迴圈迭代繪製不同的圖形。
4. 試著列出建立長條圖所需的步驟。
5. 試著解釋如何有效使用 `penup()` 和 `pendown()` 方法？

D. 程式練習題

1. 撰寫一個程式來顯示以下六邊形：

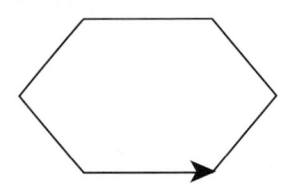

2. 撰寫一個程式來顯示以下 BMW 的標誌：

3. 撰寫一個程式來顯示以下圖形：

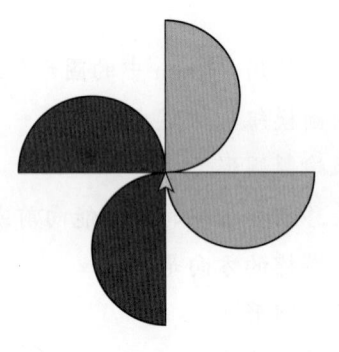

4. 撰寫一個程式，在海龜繪圖視窗中顯示以下的星星圖案。

```
    *
   * *
  * * *
 * * * *
* * * * *
```

Chapter 13
檔案處理

學習成果

完成本章後,學生將會學到:

- 解釋檔案處理的必要性和重要性。
- 開啟一個檔案,並對檔案進行不同的操作,例如讀寫。
- 使用 read、readline 和 readlines 方法讀取檔案的內容。
- 從檔案中讀取、寫入(文字和數值資料),同時學習如何將資料附加到現有檔案。
- 透過不同內建函式存取檔案和目錄。
- 使用 split() 函式刪除字元和其他空格。

章節大綱

13.1 簡介
13.2 檔案處理的必要性
13.3 文字輸入和輸出
13.4 seek() 函式
13.5 二進位制檔案
13.6 存取和操作硬碟中的檔案和目錄

▶ 13.1　簡介

　　檔案是一種紀錄的集合,紀錄則是一組相關聯的資料項目,這些資料項目可能包含學生、員工、客戶等相關訊息;換句話說,檔案就是數字、符號和文字的集合,可以視為一連串的字元。

▶ 13.2　檔案處理的必要性

　　當資料量很大時,通常電腦螢幕無法顯示所有資料,只有有限數量的資料可以顯示在螢幕上且儲存在記憶體中。由於電腦記憶體是揮發性的,因此就算使用者試圖將資料儲存在記憶體中,一旦程式終止,其內容也會丟失,如果使用者需要再次使用相同的資料，則必須通過鍵盤輸入或以撰寫程式的方式重新生成，顯然這兩種操作都十分令人感到乏味。因此，要永久儲存程式中所創建的資料，使用者必須將其儲存在硬碟或其他設備上的**檔案**中，儲存在檔案中的資料可用於取得部分或全部的使用者資訊。

本章將詳細討論對檔案所執行的各種操作，包括：
1. 創建檔案。
2. 開啟檔案。
3. 從檔案中讀取資料。
4. 寫入檔案。
5. 關閉檔案。

▶ 13.3　文字輸入和輸出

要從檔案中讀取資料或向檔案寫入資料，使用者必須使用 `open()` 函式來創建一個檔案物件

13.3.1　開啟檔案

我們必須先開啟檔案，然後才能對其執行讀寫操作。如果要開啟檔案，使用者首先必須創建一個與實體檔案相關聯的檔案物件；開啟檔案時，使用者必須指定檔案名稱及其操作模式。開啟檔案的語法為：

檔案物件 = open(檔案名稱, [存取模式], [緩衝區])

上述開啟檔案的語法會回傳物件作為檔案名稱，語法中使用的模式操作是一個字串，用於指示檔案將如何開啟。表 13.1 描述了用於開啟檔案的各種模式，而 `open()` 函式中的第三個參數是一個自選參數，它可以控制檔案的緩衝區大小，如果設置為 1，則在存取檔案時進行緩衝；如果設置為 0，則不進行緩衝；如果我們將值設定為大於 1 的整數，則代表指定緩衝區的大小。

範例

```
F1 = open("Demo.txt", "r")        #從目前目錄開啟檔案
F2 = open("c:\Hello.txt", "r")
```

上述範例使用讀取模式打開位於 C 槽硬碟目錄下名為 Hello.txt 的檔案。

表 13.1　開啟檔案的不同模式

模式	描述
r	以只能讀取的模式開啟檔案。
w	開啟一個只用於寫入的新檔案，如果檔案已經存在，則其內容將被刪除。
a	開啟一個檔案，並從檔案末尾添加資料。
wb	開啟一個只用於寫入二進位制資料的檔案。
rb	開啟一個只用於讀取二進位制資料的檔案。

13.3.2　將文字寫入檔案

使用 open() 函式創建一個檔案物件，它是一個 **_io.TextIOWrapper** 類別實例，此類別包含讀取和寫入資料的方法，表 13.2 列出了定義於 **_io.TextIOWrapper** 類別的方法。

表 13.2　資料讀寫的方法

_io.TextIOWrapper	涵義
str readline()	以字串形式回傳檔案的下一行。
list readlines()	回傳一個串列，其中包含了檔案中所有行數。
str read([int number])	從檔案中回傳特定數量的字元，如果省略參數，則讀取檔案的全部內容。
write (str s)	將字串寫入檔案。
close()	關閉檔案。

開啟檔案後，透過 write() 方法將字串寫入檔案，程式 13.1 示範使用 write() 方法將內容寫入檔案 Demo1.txt 中。

━━ 程式 13.1

撰寫一個程式，將下列句子寫入檔案 **Demo1.txt** 中。

Hello, How are You?

Welcome to The chapter File Handling.

Enjoy the session.

```
def main():
    obj1 = open("Demo1.txt", "w")   #以寫入模式開啟檔案
    obj1.write("Hello, How are You ? \n")
```

```
        obj1.write("Welcome to The chapter File Handling. \n")
        obj1.write("Enjoy the session. \n")
main()          #呼叫主函式
```

解釋 上述程式中，檔案 **Demo1.txt** 最初是以 **w** 模式開啟的，也就是**寫入模式**。如果檔案 **Demo1.txt** 不存在，`open()` 函式會創建一個新的檔案；如果檔案已經存在，則原檔案的內容將被新資料覆蓋。

當開啟檔案進行讀取或寫入時，檔案內部會記錄一種稱之為**檔案指標**的特殊指標，檔案內的讀寫操作從檔案指標的位置開始，當開啟檔案時，檔案指標會被設置在檔案的開頭，一旦我們開始讀取或將資料寫入檔案，檔案指標就會向後移動。

Python 直譯器透過下列方式更新檔案指標的執行位置。

一開始呼叫 `main()` 主函式，敘述式 **objl = open("Demo1.txt","w")** 以寫入模式開啟 **Demo1.txt**，檔案被創建後，檔案指標的位置會位於檔案起始位置，如圖 13.1 所示。

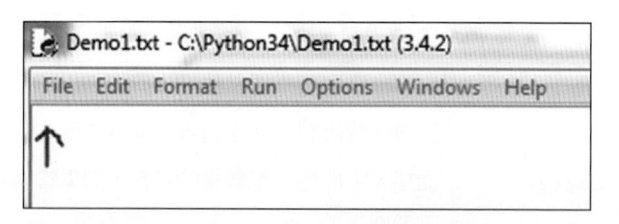

圖 13.1 檔案指標的起始位置

以下敘述式使用檔案物件的 `write()` 方法將字串寫入檔案。

`obj1.write("Hello, How are You ? \n")`

成功執行上述敘述式後，檔案指標的位置將如圖 13.2 所示。

圖 13.2

在成功執行第二條敘述式後，也就是 **obj1.write("Welcome to The chapter File Handling.\n")** 後，檔案指標的位置將如圖 13.3 所示。

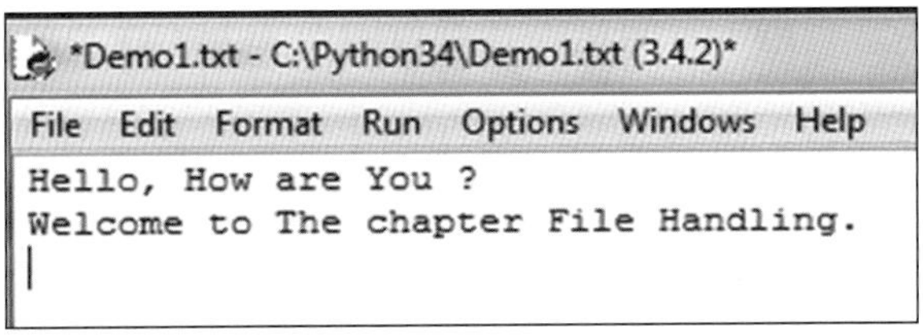

```
*Demo1.txt - C:\Python34\Demo1.txt (3.4.2)*
File  Edit  Format  Run  Options  Windows  Help
Hello, How are You ?
Welcome to The chapter File Handling.
```

圖 13.3

最後，成功執行第三條敘述式後，也就是 **obj1.write("Enjoy the session.\n")** 後，檔案內容更新如圖 13.4 所示。

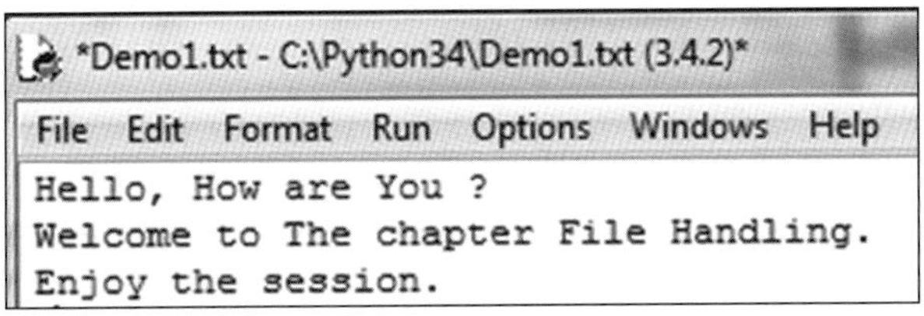

```
*Demo1.txt - C:\Python34\Demo1.txt (3.4.2)*
File  Edit  Format  Run  Options  Windows  Help
Hello, How are You ?
Welcome to The chapter File Handling.
Enjoy the session.
```

圖 13.4

> **注意**
> 使用 **print(str)** 函式時，該函式會自動換行；但是當用於檔案寫入時，我們必須手動將換行符號寫入檔案中。

13.3.3　關閉檔案

當我們完成檔案讀取或寫入後，我們必須正確地關閉它，由於打開的檔案會佔用系統資源（取決於檔案的模式），因此關閉它可以釋放相關資源，這時將使用 close() 方法。關閉檔案的語法為：

檔案物件.close()

範例

```
fp1 = open('Demo1.txt', 'w')
fp1.close()
```

13.3.4　將數字寫入檔案

上述程式中，我們已經看到 **write(str s)** 方法用於將字串寫入檔案，但是如果我們嘗試將數字寫入檔案中，Python 直譯器則會跳出錯誤。以下為使用 write()

方法將數字寫入檔案中，Python 直譯器在執行時產生的錯誤訊息。

```
def main():
    obj1 = open("Demo1.txt", "w")   #以寫入模式開啟檔案
    for x in range(1, 20):
        obj1.write(x)        #將數字 x 寫入檔案
    obj1.close()
main()

#錯誤訊息
Traceback (most recent call last):
    File "C:\Python34\Demo1.py", line 6, in <module>
        main()
    File "C:\Python34\Demo1.py", line 4, in main
        obj1.write(x)
TypeError: must be str, not int
```

write() 方法只接受字串型態作為引數，因此，如果我們要寫入其他資料型態，例如整數或浮點數，那麼必須先將數字轉換為字串，然後再將它們寫入輸出檔案。為了正確讀取數字，我們需要使用特殊字元將它們分開，例如 " "（空格）或 \n（換行）。程式 13.2 使用 **str()** 方法將數字轉換為字串，並將數字寫入到輸出檔案。

━━ 程式 13.2

將 1 到 20 的數字寫入檔案 **WriteNumbers.txt** 中。

```
def main():
    obj1 = open("WriteNumbers.txt", "w")#以寫入模式開啟檔案
    for x in range(1,21):       #從 1 開始迭代到 20
        x = str(x)              #將數字轉換為字串
        obj1.write(x)           #將數字寫入到輸出檔案
        obj1.write(" ")         #使用空格分隔數字
    obj1.close()                #關閉檔案
main()    #呼叫主函式
```

解釋 **WriteNumbers.txt** 檔案以寫入 (w) 模式開啟，for 迴圈總共迭代 20 次，將 1 到 20 的數字寫入檔案，在寫入之前，先使用 **str()** 方法將數字轉換為字串型態。

━━ 程式 13.3

生成 50 個 500 到 1000 範圍內的隨機數字，並將它們寫入到檔案 **WriteNumRandom.txt** 中。

```
from random import randint                    #匯入 random 模組
fp1 = open("WriteNumRandom.txt", "w")         #以寫入模式開啟檔案
for x in range(51):                           #迭代 50 次
    x = randint(500, 1000)                    #生成一個隨機數字
    x = str(x)                                #將數字轉換為字串
    fp1.write(x + " ")                        #將數字寫入到輸出檔案
fp1.close()                                   #完成寫入後關閉檔案
```

輸出

```
WriteNumRandom.txt.txt - C:\Python34\WriteNumRandom.txt.txt (3.4.2)
File Edit Format Run Options Windows Help
504 955 584 643 933 602 857 883 820 515 714 763 509 926 560 879 785 634 587 985
```

解釋　上述程式將生成 50 個範圍（500 到 1000）內的隨機數字，並將它們寫入到檔案 WriteNumRandom.txt 中，**randint** 模組是由 **random** 套件匯入的，可用於生成隨機數字。

13.3.5　從檔案中讀取文字

一旦使用 `open()` 函式開啟檔案，那麼它的內容就會被載入到記憶體中，指標將指向檔案的第一個字元。如果要讀取檔案的內容，我們必須以 **r**（讀取）模式開啟檔案，以下程式碼用於開啟檔案 **ReadDemo1.txt**。

>>>fp1 = open("ReadDemo1.txt", "r")

以下為讀取檔案內容的兩種常見方法：
1. 使用 `read()` 方法從檔案中讀取所有資料，並以一個完整的字串回傳。
2. 使用 `readlines()` 方法讀取所有資料，並以字串組成的串列回傳。

程式 13.4 示範了使用 `read()` 方法讀取檔案 **ReadDemo1.txt** 的內容，檔案內容如圖 13.5 所示。

```
ReadDemo1 - Notepad
File Edit Format View Help
I
Love
Python
Porgramming
Language
```

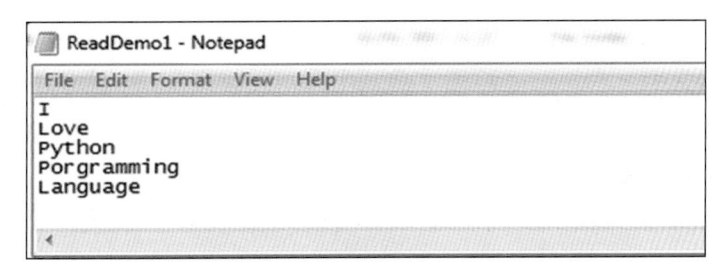

圖 13.5

程式 13.4

撰寫一個程式，使用 **read()** 方法讀取檔案 ReadDemo1.txt 的內容。

```
fp = open("ReadDemo1.txt", "r")      #以讀取模式開啟檔案
text = fp.read()            #只讀取整個檔案一次
print(text)                 #輸出檔案內容
```

輸出
```
I
Love
Python
Programming
Language
```

> **解釋** 一開始檔案 ReadDemo1.txt 以讀取模式開啟，再來使用 read() 方法讀取檔案內容。read() 方法只讀取一次檔案的所有內容，並將所有資料作為字串回傳。

或者，程式設計師可以撰寫 for 迴圈直接讀取一行檔案內容，處理完後再繼續讀取下一行，直到到達檔案末尾為止。

```
fp = open("ReadDemo1.txt", "r")
for line in fp:
    print(line)
```

輸出
```
I

Love

Python

programming

Language
```

> **解釋** 上述程式中，for 迴圈將檔案視為由多行文字所組成的物件，每次迭代中，變數 line 會存取檔案中的一行文字。注意上述程式的輸出，**print()** 敘述式會輸出額外的空行，這是因為輸入檔案的每一行中都保留著換行符號。

13.3.6 從檔案中讀取數字

用於以讀取模式開啟檔案的語法為

```
fp1 = open ("numbers.txt", "r");
```

檔案 **numbers.txt** 的內容如圖 13.6 所示。

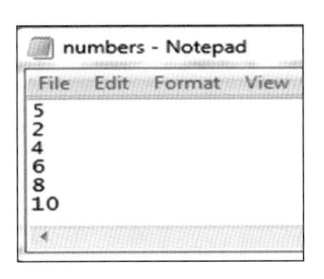

圖 13.6

檔案 number.txt 的第一行包含一個整數（假設為 **n**），代表著檔案中數字的數量，也就是接下來我們有 **n** 行，而每行有一個數字，因此，透過 **read()** 方法一次讀取檔案的所有內容，並作為字串回傳。程式 13.5 使用 **r** 模式讀取檔案 **numbers.txt** 的內容。

程式 13.5

撰寫一個程式，讀取檔案 numbers.txt 的內容

```
fp1 = open("numbers.txt", "r")      #以讀取模式開啟檔案
num = fp1.read()                    #以字串形式回傳檔案的全部內容
print(num)                          #輸出儲存在 num 中的檔案內容
print(type(num))                    #檢查 num 的型態

輸出
5
2
4
6
8
10
<class 'str'>
```

上述程式中，我們使用了 **read()** 方法，將檔案的所有內容作為一個字串回傳。假設我們的目標是將檔案中的所有數字相加，而第一個數字表示檔案中存在的數字數目。

為了將檔案 **numbers.txt** 中存在的數字相加，因此使用到 `readline()` 方法，用於讀取整行的內容，程式 13.6 說明了 `readline()` 的使用方式。

程式 13.6

撰寫一個程式，來計算並顯示檔案 numbers.txt 內數字的總和。

```
fp1 = open("numbers.txt", "r")
num = int(fp1.readline())
print(num)
sum = 0
print('The', num, 'numbers present in the file are as follows: ')
for i in range(num):
    num1 = int(fp1.readline())
    print(num1)
    sum = sum + num1
print('Sum of all the numbers (except first): ')
print(sum)
```

輸出

```
5
The 5 numbers present in the file are as follows:
2
4
6
8
10
Sum of all the numbers (except first):
30
```

解釋　上述程式中，我們以讀取模式開啟了檔案 **numbers.txt**，num = int(fp1.readline()) 敘述式，代表 Python 從指定檔案中讀取整行內容，由於這是開啟後的第一行程式，因此它將讀取檔案的第一行。由於 `readline()` 方法會回傳字串型態，因此使用 int() 函式將字串轉換為整數型態，重複此步驟可以從檔案中讀取剩餘的內容。

13.3.7　在一行中讀取多個項目

上述程式中，我們只能一次讀取一行中的一個項目，而許多檔案一行中會包含多個項目，字串的 `split()` 方法讓我們可以在一行中讀取多個資訊。`split()` 會回傳串列中所有的項目，簡言之，它將字串拆分為許多單獨的項目，並且所有項目都由空格或 tabs 分隔。

以下範例提供了更多有關 **split()** 方法的詳細資訊。

```
>>>str = 'I am Loving The Concepts of File Handling'
>>>str.split()
['I', 'am', 'Loving', 'The', 'Concepts', 'of', 'File', 'Handling']
>>>for i in range(len(str)):
        print(str[i])

I
am
Loving
The
Concepts
of
File
Handling
```

解釋　上述範例只是簡單地拆分字串，並將內容儲存到一個串列中，最後使用 for 迴圈存取和顯示串列中的每一項目。

以下為一個在一行中讀取多個項目的程式，可同時計算學生獲得的總分和百分比，並儲存在檔案 **Grades.txt** 中。

Grades.txt 檔案的內容如圖 13.7 所示。

```
Grades - Notepad
File  Edit  Format  View  Help
5
60 70 80 90 100
55 65 75 85 60
70 60 80 90 67
89 76 56 43 90
67 89 76 54 90
```

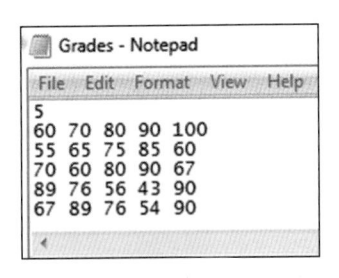

圖 13.7

輸入檔案 **Grades.txt** 的第一行中有一個正整數 n，它代表一個班級的學生人數，以下 **n** 行包含 0 到 100 之間的五個正整數，分別代表學生在五個不同科目中所獲得的分數。

程式 13.7

撰寫一個程式，讀取檔案 **Grades.txt** 的內容，並計算一個學生獲得的總分和百分比。

```python
fp1 = open("Grades.txt", "r")          #以讀取方式開啟檔案
n = int(fp1.readline())                #讀取檔案的第一行
print('Total Number of Students: ', n)
for i in range(n):
    print('Student #', i+1, ':', end=' ')
    allgrades = (fp1.readline().split())
    print(allgrades)
    sum = 0
    for j in range(len(allgrades)):
        sum = sum + int(allgrades[j])
        per = float((sum/500) * 100)
    print('Total = ', sum, '\nPercentage = ', per)
    print('\n')
```

輸出

```
Total Number of Students: 5
Student # 1: ['60', '70', '80', '90', '100']
Total = 400
Percentage = 80.0

Student # 2: ['55', '65', '75', '85', '60']
Total = 340
Percentage = 68.0

Student # 3: ['70', '60', '80', '90', '67']
Total = 367
Percentage = 73.4

Student # 4: ['89', '76', '56', '43', '90']
Total = 354
Percentage = 70.8

Student # 5: ['67', '89', '76', '54', '90']
Total = 376
Percentage = 75.2
```

解釋 檔案 **Grades.txt** 以讀取模式開啟，使用敘述式 **n = int(fp1.readline( ))** 讀取檔案第一行，它將回傳檔案中存在的學生人數。for 迴圈用於讀取每個學生的成績資料，將每個學生五科的分數儲存在一個**串列**中，由於**串列**儲存的型態為字串，因此串列的每個項目都要先轉換為**整數**後，才可以執行所需的計算。

程式 13.8

撰寫一個函式 `Find_Largest()`，接收一個檔案名作為參數，並回傳檔案中最長的那一行文字。

Demo1.txt 檔案的內容如圖 13.8 所示。

```
Demo1 - Notepad
File Edit Format View Help
India, officially the Republic of India  is a country in South Asia.
It is the seventh-largest country by area.
The second-most populous country with over 1.2 billion people.
The most populous democracy in the world.
```

圖 13.8

```python
def Find_Largest(fp1):
    fp1 = open('Demo1.txt', 'r')  #以讀取模式開啟檔案
    long = " "  #將儲存最長字數的變數初始化為 0
    L = 0
    count = 0
    for line in fp1:
        count = count + 1
        print('Line No: ', count)
        print(line)
        print('Number of Character = ', len(line))
        print('----------------------------------')
        if(len(line) > len(long)):
            long = line
            L = line
    print(L, 'is the Longest Line with', len(long), 'characters')
fp = open('Demo1.txt', 'r')
Find_Largest(fp)
```

輸出

```
Line No: 1
India, officially the Republic of India is a country in South Asia.

Number of Character = 70
----------------------------------
Line No: 2
It is the seventh-largest country by area.

Number of Character = 43
----------------------------------
```

```
Line No: 3
The second-most populous country with over 1.2 billion people.

Number of Character = 64
----------------------------------
Line No: 4
The most populous democracy in the world.

Number of Character = 42
----------------------------------
India, officially the Republic of India is a country in South Asia.
is the Longest Line with 70 characters
```

解釋　檔案 **Demo1.txt** 以讀取模式開啟，我們將最長文字的長度初始化為 0。`for` 迴圈用於讀取檔案 **Demo1.txt** 的所有內容，每次迭代時一併計算每行的長度，並將其與檔案中先前最長文字的長度進行比較。最後，長度最長的行數儲存在變數 long 中。

程式 13.9

撰寫一個程式，從輸入檔案 **Demo1.txt** 中只複製大寫字母開頭的內容，並忽略以小寫字母開頭的內容。因此輸出檔案 **Demo2.txt** 中應該只包含檔案 **Demo1.txt** 中以大寫字母開頭的內容。

Demo1.txt 和 **Demo2.txt** 的內容如下圖所示，最初，**Demo2.txt** 是一個空文件（圖 13.9）。

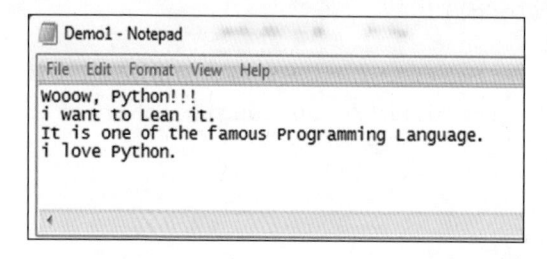

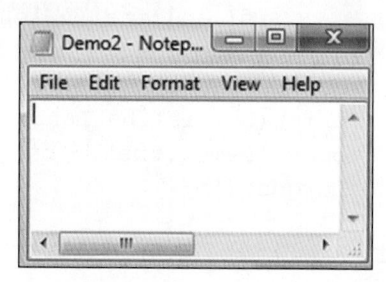

圖 13.9

```
IP_File = open('Demo1.txt', 'r')
Out_File = open('Demo2.txt', 'w')
for line in IP_File:
    if line[0] not in 'abcdefghijklmnopqrstuvwxyz':
        Out_File.write(line)
Out_File.close()
```

輸出

```
Demo2 - Notepad
File  Edit  Format  View  Help
wooow, Python!!!
It is one of the famous Programming Language.
```

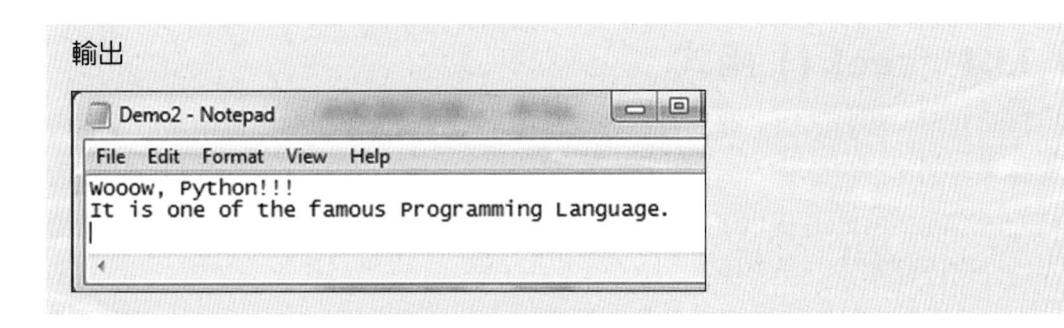

解釋　以讀取方式開啟檔案 Demo1.txt，**for** 迴圈用於讀取檔案 Demo1.txt 的所有內容。一開始檔案 Demo2.txt 是一個空檔案，敘述式 **if line[0] not in 'abcdefghijklmnopqrstuvwxyz':** 用於檢查每行內容是否以大寫字母開頭。如果滿足條件，則將相應的內容複製到檔案 **Demo2.txt** 中。

13.3.8 添加資料

a 模式用於將資料添加到現有檔案的末尾，程式 13.10 示範了檔案添加模式的使用方式。

── 程式 13.10

撰寫一個程式，將額外的資料添加到檔案名稱為 **appendDemo.txt** 的檔案中。

檔案 **appendDemo.txt** 的內容如圖 13.10 所示。

```
appendDemo - Notepad
File  Edit  Format  View  Help
welcome!
```

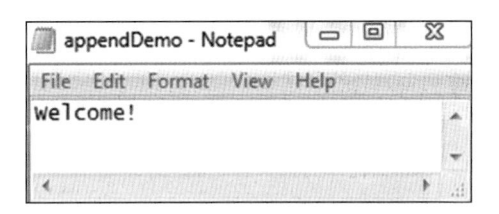

圖 13.10

```
fp1 = open('appendDemo.txt', 'a')   #開啟要添加的檔案
fp1.write('\nWow, Cant Believe.')   #將內容添加到檔案
fp1.close()   #關閉檔案
```

輸出

```
appendDemo - Notepad
File  Edit  Format  View  Help
welcome!
Wow, Cant Believe.
```

13.4 seek() 函式

目前為止,我們已經了解到資料被儲存後,如何從儲存它的檔案中讀取。開啟檔案時,我們可以想像有一個位於檔案開頭的假想指標,那該如何從隨機位置讀取檔案的內容呢?Python 提供了一個名為 **seek()** 的內建函式,用於將指標移動到檔案中的任何位置。

seek() 方法用於將檔案指標設置到檔案中的特定位置,**seek()** 函式的語法如下:

檔案物件.seek(offset, whence)

其中 **offset** 表示指標要從當前位置移動的位元組數,而 **whence** 表示要從哪個位置開始移動,表 13.3 中說明不同 whence 的值所代表的涵義。

表 13.3　尋找檔案指標

值	涵義
0	代表從檔案的起始位置開始,也就是將指標設置在檔案的開頭。如果我們沒有提供 seek() 函式的第二個引數,那麼將預設為 0。
1	代表從檔案目前的位置開始。
2	代表從檔案的末尾開始。

範例

```
#以寫入模式創建檔案
>>>fp1 = open('Seek_Demo1.txt', 'w+')
#寫入資料到檔案中
>>>fp1.write('Oh!God!SaveEarth!')
17  #回傳寫入檔案的字元數量
#seek() 函式的第二個引數預設為 0
>>>fp1.seek(3)
2
>>>fp1.readline()
'God!SaveEarth!'
```

解釋　上述範例中檔案 Seek_Demo1.txt 包含 17 個字元,而敘述式 **fp1.seek(3)** 代表告訴 Python 從第三個位置開始讀取檔案的內容。

檔案處理　Chapter 13

> **! 注意**
> 敘述式 **fp1.seek(3)** 沒有設置第二個引數，因此，預設情況下，第二個引數為 0。如果我們沒有提供第二個引數，則第一個引數不能為負數。

── 程式 13.11

撰寫一個程式，使用 **seek()** 函式和一些基本的檔案操作指令執行以下操作。

1. 以寫入模式開啟檔案 weekdays.txt。
2. 在檔案 weekdays.txt 中寫入週一到週五。
3. 使用 seek() 函式讀取檔案的內容。
4. 將指標設置在檔案末尾，並將剩餘的假日，也就是星期六和星期日附加到現有檔案 weekdays.txt 中。
5. 讀取並輸出檔案的所有內容。

```
fp1 = open('weekdays.txt', 'w+')   #以 w+ 模式開啟檔案
fp1.write('Monday\n')    #寫入檔案
fp1.write('Tuesday\n')
fp1.write('Wednesday\n')
fp1.write('Thursday\n')
fp1.write('Friday\n')
fp1.seek(0)   #設置檔案指標於檔案起始處
#t = fp1.read()    #從目前的指標位置讀取檔案直到結束
fp1.seek(0,2)#將檔案指標移動到檔案末尾
fp1.write('Saturday\n')    #寫在檔案末尾
fp1.write('Sunday')
fp1.seek(0)
t = fp1.read()
print(t)
```

輸出

```
Monday
Tuesday
Wednesday
Thursday
Friday
Saturday
Sunday
```

解釋 上述程式中,一開始我們開啟一個檔案,並將內容寫入檔案,敘述式 fp1.seek(0) 用於將指標重新指向到檔案起始處,並一次讀取檔案的全部內容。同理,seek(0, 2) 指向檔案末尾,並將其餘內容寫入檔案。

▶ 13.5 二進位制檔案

二進位制檔案的處理方式與文字檔類似,開啟普通文字檔只需要存取 (r) 模式 r,但開啟二進位制檔案,我們應該多加一個 **b**,也就是使用 **rb** 來讀取二進位制檔案,**wb** 來寫入二進位制檔案。

二進位制檔案中沒有文字,但可能有圖片、音樂或其他類型的資料;二進位制檔案中沒有換行,這意味著我們不能再使用 readline() 和 readlines()。

13.5.1 讀取二進位制檔案

許多特定應用程式會使用二進位制檔案格式,這種類型的檔案格式會以特定的一系列字元開頭,用以辨識檔案類型,例如,jpg 圖檔的第一個字元總是 **b'\xff\xd8'**,它代表了檔案的類型,同樣的,**\xff\xd9** 表示檔案結尾。

以下範例說明我們如何讀取 jpeg 圖檔的內容。

範例

```
>>>fp1 = open('C:\\Users\\shree\\Desktop\\demo.jpg', 'rb')
>>>fp1.read()
b'\xff\xd8\xff\xe0\x00\x10JFIF\x00\x01\x01\x01\x00'\x00'\x00\x00
 \xff\xdb\x00C\x00\x02\x01............................,\xff\xd9'
```

▶ 13.6 存取和操作硬碟中的檔案和目錄

Python 支援各種用於存取和操作檔案目錄的內建函式,大多數檔案操作函式都存在於 **os** 模組中,相關的模組稱為 **os.path**。**os** 提供基本的檔案處理功能,而 **os.path** 則處理有關路徑和檔名的操作,表 13.4 為 Python 提供的檔案和目錄相關內建函式列表。

表 13.4　存取檔案和目錄的內建函式

模組與函式	描述

`os.getcwd()`
範例：
`>>>import os    #匯入 os 模組`
`>>>os.getcwd()      #回傳目前的工作目錄`
`'C:\\Python34'`
	回傳目前工作目錄的路徑。

`os.chdir(newdir)`
範例：
`>>>os.chdir('C:\\Python34\\Lib')`
`>>>os.getcwd()`
`'C:\\Python34\\Lib'`
	更改工作目錄。

`os.path.isfile(fname)`
範例：
`>>>os.path.isfile('Demo1.py')`
`True  #由於檔案存在於所述路徑中，因此回傳 True`
	如果檔案存在於所述路徑中，回傳 True，否則回傳 False。

`os.path.isDir(DirName)`
範例：
`>>>os.path.isdir('C:\\Python34')`
`True`
	如果所述目錄存在，回傳 True，否則回傳 False。

`os.mkdir(DirName)`
範例：
`>>>os.mkdir('Prac')`
`>>>os.chdir('C:\\Python34\\Prac')`
	在所述路徑中創建一個新目錄，否則在預設情況下會在目前的工作目錄下創建一個新的目錄。

`os.listdir(path)`
範例：
`>>>`
`os.listdir('c:\\Python34\Practice')`
`['apps.py', 'CDemo.py', 'ColorDemo.py', 'cprime.py']`
	列出所述路徑中所有檔案和目錄的名稱。

`os.rename(old, name)`
範例：
`>>>os.getcwd() #獲取目前工作目錄的路徑`
`'C:\\Python34\\Prac'`
`>>>os.chdir('c:\\Python34\Practice') #更改路徑`
`>>>os.listdir() #列出檔案和目錄的名稱`
`['apps.py', 'CDemo.py', 'ColorDemo.py', 'cprime.py']`
`>>>os.rename('apps.py', 'MyApps.py') #以 'apps.py' 重`
　　　　　　　　　　　　　　　　　新命名檔案
	將舊檔案重新命名為新的檔案名稱。

模組與函式	描述
```\n>>>os.getcwd()\n'c:\\Python34\\Practice'\n>>>os.listdir()\n['CDemo.py', 'ColorDemo.py', 'cprime.py', 'MyApps.py']\n```	
getsize(path) 範例： ```\n>>>import os\n>>>os.path.getsize('Demo1.py')\n173\n```	回傳所述路徑檔案的大小。
os.path.exists (path) 範例： ```\n>>>os.path.exists('Demo1.py')\nTrue\n```	如果路徑上存在搜尋的檔案回傳 True，否則回傳 False。

▶ 小專案：從檔案中提取資料，並對其執行一些基本的數學運算

假設一個人每個月在 Y 項目上花費 x 金額（**三位數字**），每月花費的金額以 **MonthNo:X\n** 格式儲存在檔案 **Expenses.txt** 中，創建一個應用程式以檔案處理的方式去計算過去六個月在 Y 項目上花費的總金額。

範例

參考以下給出的檔案 Expenses.txt，檔案中包含的資訊為：

Month1: 100

Month2: 200

Month3: 079

Month4: 090

Month5: 097

Month6: 100

過去六個月的總支出：666

演算法

☞ **STEP 1**： 以 w+ 模式開啟檔案 Expenses.txt。

☞ **STEP 2**： 以上述格式插入過去六個月的所有項目。

☞ **STEP 3**：將檔案指標重置為起始位置。
☞ **STEP 4**：使用 for 迴圈進行迭代搜尋：，將：後的內容儲存在變數 **exp** 中。
☞ **STEP 5**：計算過去六個月所有費用的總和，並顯示總額。

程式

```
fp1 = open('Expenses.txt', 'w+')    #以寫入模式開啟檔案
fp1.write('Month1:100\n')
fp1.write('Month2:200\n')
fp1.write('Month3:079\n')
fp1.write('Month4:090\n')
fp1.write('Month5:097\n')
fp1.write('Month6:100\n')
print('Contents of File Expenses.txt are as follows:')
fp1.seek(0)    #重新定位指標到檔案的起始處
print(fp1.read())    #一次讀取整個檔案
fp1.seek(0)    #再次重新定位指標到檔案起始處
txt = fp1.readlines()#逐行讀取檔案內容
count = 0
sum = 0
for ch in txt:
    fp1.seek(7+count)
    exp = fp1.readline().strip('\n')
    sum = sum + int(exp)
    count += 12
print('Expenses of last six month:', sum)
```

輸出

```
Contents of File Expenses.txt are as follows:
Month1:100
Month2:200
Month3:079
Month4:090
Month5:097
Month6:100
Expenses of last six month: 666
```

總結

✦ 讀取、寫入和添加是檔案的基本模式。
✦ 透過 wb 模式開啟檔案，並將二進位制內容寫入檔案。
✦ 透過 rb 模式開啟檔案，讀取二進位制檔案內容。

- ✦ open() 函式是一個 _io.TextIOWrapper 類別實例。
- ✦ write(str s) 方法用於將字串寫入到檔案。
- ✦ readlines() 方法會回傳一個包含檔案中每一行內容的串列。
- ✦ read() 方法用於從檔案中讀取所有資料。
- ✦ read() 方法會將所有資料作為一個字串回傳。
- ✦ os 模組和 os.path 用於處理與檔案名稱和路徑相關的各種操作。

關鍵術語

- ✦ **open()**：用於開啟指定檔案。
- ✦ **模式 (Mode)**：r（讀取）、w（寫入）、a（添加）、wb（寫入二進位制資料）和 rb（讀取二進位制資料）為不同開啟檔案的模式。
- ✦ **write()**：將文字和數字寫入檔案的方法。
- ✦ **read()**、**readline()**、**readlines()**：用於讀取檔案內容的不同方法。
- ✦ **split()**：讀取一行中的多項資訊，並以一個串列回傳所有項目。
- ✦ **os.path()**：處理與檔案和目錄相關的操作。
- ✦ **seek()**：將檔案指標放在特定位置。

問題回顧

A. 選擇題

1. 以讀取方式開啟檔案會執行以下哪個操作？
   - a. 創建一個新檔案
   - b. 從檔案中讀取連續字元
   - c. 讀取檔案的所有內容
   - d. 以上皆非

2. 如果我們使用以下敘述式開啟檔案 **abc.txt**：

   Fp1 = open('abc.txt', 'r')

   則以下哪個敘述式會將檔案載入記憶體？
   - a. Fp2 = open(Fp1)
   - b. FP1.Open.read(Fp1)
   - c. Fp1.read( )
   - d. 以上皆非

3. 內建方法 **readlines()** 可用於：
   - a. 將整個檔案作為字串讀取
   - b. 一次讀取一行內容

c. 將檔案中的每一行作為串列中的一個項目讀取

d. 以上皆非

4. 如果使用敘述式 **Fp1 = open('demo.txt','r')** 以讀取模式開啟檔案 demo.txt，那麼使用哪個敘述式將可以從檔案中讀取字串中 5 個字元到記憶體中？

   a. Ch = fp1.read[:10]　　　　b. Ch = fp.read(6)

   c. Ch = fp.read(5)　　　　　d. 以上皆是

5. close() 方法用於節省記憶體空間，因為：

   a. 它會關閉 Python 所創建且未使用到的記憶體空間

   b. 它會刪除與檔案相關的所有文字

   c. 它會壓縮一個檔案

   d. 它會刪除由 open() 函式所創建的相關資料

6. 如果我們必須使用以下敘述式開啟並讀取檔案的內容：

   Convert_Demo = open('Story.txt', 'r')

   那麼將檔案第一行的每個字元轉換為大寫的敘述式為何？

   a. print(Convert Demo[0].upper( ))

   b. print(Convert Demo.upper( ))

   c. print(Convert Demo.readline( ).upper( ))

   d. 以上皆是

7. 如果檔案 **cities.txt** 的內容為：

   ```
   &Delhi&Chennai&
   &Mumabi&Kolkata&Madras&
   &Pune&Nagpur&Aurangabad&
   ```

   以下程式碼的輸出為何？

   ```
   fp1 = open("cities.txt", "r")
   name = fp1.readline().strip('&\n')

   while name:
       if name.startswith("M"):
           print(name)
       else:
           pass
   name = fp1.readline().strip('&\n')
   ```

   a. &Mumbai&Kolkata&Madras&　　b. Mumabi&Kolkata&Madras

   c. Mumabi Kolkata&Madras　　　d. &Mumabi Kolkata Madras

8. a 模式在檔案處理中有什麼用處？
   a. 讀取　　　　　　　　　　　　b. 寫入
   c. 添加　　　　　　　　　　　　d. 別名

9. 哪個敘述式可用於將檔案中的指標移動到第一個字元的起始處？
   a. .seek(-1)　　　　　　　　　　b. .seek(1)
   c. .seek(0)　　　　　　　　　　d. .seek(2)

10. 哪個敘述式可用於將檔案中的指標移動到檔案末尾？
    a. .seek(-1)　　　　　　　　　　b. .seek(1)
    c. .seek(0)　　　　　　　　　　d. .seek(2)

11. 敘述式 readlines() 可以在所生成串列中刪除每個字串的最後一個字元的原因為何？
    a. readlines() 添加了無法處理的字元
    b. 最後一個字元總是透過 .readlines() 重複
    c. 最後一個字元是空白或換行符號 \n
    d. 以上皆是

12. 以下程式的輸出為何？
```
with open("file_demo.txt", "w") as f:
    f.write("I Love Python a lot!")

with open('file_demo.txt', 'r') as f:
    data = f.readlines()
    for line in data:
        words = line.split()
        print (words)
    f.close()
```
   a. I Love Python a lot　　　　　　b. I Love Python a lot!
   c. ['I', 'Love', 'Python', 'a', 'lot']　　d. ['I', 'Love', 'Python', 'a', 'lot!']

13. 以下程式的輸出為何？
```
Countries = ['INDIA\n', 'USA\n', 'JAPAN\n']
f = open('Countries.txt', 'w')
f.writelines(Countries)
f.close()
f.seek(0,0)
for line in f:
    print (line)
```

a. INDIA USA JAPAN

b. INDIA

　USA

　JAPAN

c. ValueError: I/O operation on closed file

d. 以上皆非

14. 以下哪個敘述式可用於檔案物件 fobj，將檔案的全部內容作為字串讀取？

a. fobj.read(n)   b. fobi.read( )

c. fobj.readline( )   d. fobj.readlines( )

15. 敘述式 readlines() 的輸出為何？

a. 整數串列   b. 多行串列

c. 字串   d. 無

B. 是非題

1. w+ 模式可用於開啟一個檔案進行寫入和讀取。
2. 敘述式 seek(5,1) 可用於將指標移動到超過目前位置 5 個字元的位置。
3. 檔案一旦以讀取模式開啟，就不能再寫入了。
4. .listread() 敘述式可用於以串列格式讀取檔案的每一行。
5. readline() 以字串格式讀取檔案的每一行內容。
6. readline() 方法可用於讀取二進位制檔案的每一行內容。
7. 二進位檔案中包含換行符號 \n。

C. 練習題

1. 試著定義檔案並說明其優點。
2. 試著解釋如何開啟檔案，並列出可以對它們進行的不同操作。
3. 試著說明開啟、寫入文字和關閉檔案的語法。
4. 試著解釋如何將資料添加到現有檔案。
5. 試著列出有關 seek() 函式的應用方式。
6. 試著回憶並撰寫 seek() 函式的語法。
7. 試著列出 Python 支援有關檔案處理的內建函式。
8. 試著解釋什麼是二進位制檔案，並列出它的相關應用。
9. 試著用簡單的範例說明如何撰寫一個從檔案中讀取數字的程式。

D. 程式練習題

1. 撰寫一個程式，加總檔案 **salary.txt** 的內容，並顯示檔案中所有員工的薪資總和，檔案 **salary.txt** 的內容為：

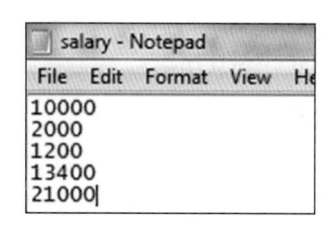

   ```
   salary - Notepad
   File  Edit  Format  View  He
   10000
   2000
   1200
   13400
   21000
   ```

2. 撰寫一個函式 **Find_Smallest()**，使用檔案名稱作為參數，並顯示檔案中的字數最少的那一行內容，檔案 **Demo.txt** 的內容為：

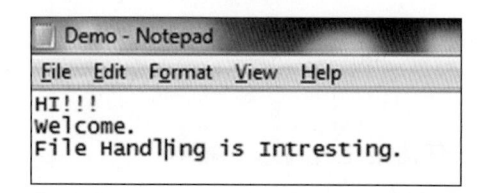

   ```
   Demo - Notepad
   File  Edit  Format  View  Help
   HI!!!
   welcome.
   File Handling is Intresting.
   ```

3. 撰寫一個程式，從輸入檔案 **Demo.txt** 中複製以小寫字母開頭的內容到輸出檔案 **Demo2.txt** 中，並忽略以大寫字母開頭的內容。因此，輸出檔案 **Demo2.txt** 應該只包含檔案 **Demo.txt** 中以小寫字母開頭的那些內容。

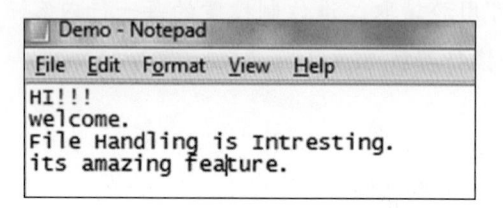

   ```
   Demo - Notepad
   File  Edit  Format  View  Help
   HI!!!
   welcome.
   File Handling is Intresting.
   its amazing feature.
   ```

4. 撰寫一個程式，將檔案的內容複製到另外一個檔案中。
5. 撰寫一個程式，來讀取 Python 檔案的內容，並顯示所有未被註解的內容。

Chapter 14
例外處理

學習成果

完成本章後，學生將會學到：

✦ 學習如何使用 Python 內建關鍵字進行例外處理。
✦ 使用 `try`、`except` 和 `finally` 關鍵字進行例外處理。
✦ 使用 `raise` 關鍵字觸發例外。

章節大綱

14.1 錯誤和例外
14.2 Python 的例外情形及階層結構
14.3 例外處理
14.4 觸發例外

▶ 14.1 錯誤和例外

初學者第一次撰寫程式就能成功執行的情形非常少見，在撰寫程式中總會發生一些錯誤，本章即是討論錯誤和例外 (exception) 情形。在打字和開發程式時出錯是很常見的，這種錯誤型態被稱為 `Errors`。錯誤是指可能產生不正確或不相關的輸出，甚至會導致系統崩潰，所以找出這些錯誤並修復它們，使得在執行程式時不會中斷或崩潰是非常重要的。錯誤可能會是編譯錯誤或執行錯誤這兩種型態，因此，本章將通過「例外處理」的概念，在不中斷程式的情形下處理所有此類錯誤，例外處理的詳細內容將在下一節解釋。

14.1.1 例外

例外是在執行程式時發生的錯誤，或者也可以說例外是程式執行時出現的錯誤情形。

執行錯誤是在程式被執行或正在執行時發生的，例如將數值除以 0 會產生 `ZeroDivisionError: division by zero exception`。

除以 0 的例外範例

```
>>>a = 10
>>>b = 0
>>>a/b
Traceback(most recent call last):
    File "<pyshell#5>", line 1, in <module>
        a/b
ZeroDivisionError: division by zero
```

如果程式設計師嘗試打開一個不存在的文件，Python 將會產生 `FileNotFoundError` 的例外情形。同樣地，如果您嘗試存取超出範圍的串列索引，即存取陣列的索引位置超過串列的大小，Python 將會產生 `IndexError: list index out of range`，並引發更多其他例外。

例外是代表一個錯誤物件，同時，它也會阻止 Python 敘述式正常執行。因此，如果例外處理不當，程序就會異常終止，為了讓程式正常執行不會異常終止，就需要進行例外處理。

▶ 14.2　Python 的例外情形及階層結構

在 Python 中，所有例外都是從 `BaseException` 類別衍生出的實例，每個例外類型都是一個單獨的類別，Python 以階層的方式組成例外情形。表 14.1 包含所有內建例外，其中縮排的部分代表這些例外是如何被分層建構的。

表 14.1　Python 例外階層結構

```
BaseException  #所有內建例外的基底類別
 +-- SystemExit
 +-- KeyboardInterrupt
 +-- GeneratorExit
 +-- Exception  #所有內建和使用者定義的例外都衍生自該類別
      +-- StopIteration
      +-- StandardError
      |    +-- BufferError
      |    +-- ArithmeticError  #下列為各種算術運算引發內建例外的基底類別
      |    |    +-- FloatingPointError
      |    |    +-- OverflowError
      |    |    +-- ZeroDivisionError
      |    +-- AssertionError
      |    +-- AttributeError
      |    +-- EnvironmentError
      |    |    +-- IOError
```

```
     |     |    +-- OSError
     |     |         +-- WindowsError(Windows)
     |     |         +-- VMSError(VMS)
     |     +-- EOFError  #當 input() 函式在未讀取到任何資料的情形下遇到文件結束條件
     |                    (EOF) 時,就會觸發這個例外
     |     +-- ImportError
     |     +-- LookupError
     |     |     +-- IndexError
     |     |     +-- KeyError
     |     +-- MemoryError
     |     +-- NameError
     |     |    +-- UnboundLocalError
     |     +-- ReferenceError
     |     +-- RuntimeError
     |     |    +-- NotImplementedError
     |     +-- SyntaxError  #當直譯器遇到語法錯誤時觸發例外
     |     |    +-- IndentationError
     |     |         +-- TabError
     |     +-- SystemError
     |     +-- TypeError
     |     +-- ValueError
     |          +-- UnicodeError
     |               +-- UnicodeDecodeError
     |               +-- UnicodeEncodeError
     |               +-- UnicodeTranslateError
     +-- Warning
          +-- DeprecationWarning
          +-- PendingDeprecationWarning
          +-- RuntimeWarning
          +-- SyntaxWarning
          +-- UserWarning
          +-- FutureWarning
     +-- ImportWarning
     +-- UnicodeWarning
     +-- BytesWarning
```

14.3 例外處理

Python 的例外處理由 **try**、**except** 和 **finally** 三個關鍵字管理,以下將解釋這些關鍵字如何運作。

想要監控例外情形的程式碼應該放在關鍵字 try 程式區塊中,如果在 try 程式區塊中發生例外情形,則會觸發特定例外。以下是 try 程式區塊中可能觸發例外的處理語法(圖 14.1)。

```
try:
    #try 區塊中的程式碼
    ........................
    ........................
except 例外型態 1:
    #當 try 程式區塊中出現錯誤型態 1 時執行程式碼
    ........................
    ........................
except 例外型態 2:
    #當 try 程式區塊中出現錯誤型態 2 時執行程式碼
    ........................
    ........................

except 例外型態 N:
    #當 try 程式區塊中出現錯誤型態 N 時執行程式碼
    ........................
    ........................
```

圖 14.1　例外處理語法

因此，如圖 14.1 所示，當例外被觸發時，它會執行對應 except 敘述式內的程式碼，然後處理該例外情形。一般而言，一個 try 敘述式可以有多個相關聯的 except 敘述式，例外型態決定該執行哪一個 except 敘述式。也就是說，如果 except 敘述式指定的例外型態發生時，那麼其他無關的 except 敘述式將會被跳過，然後執行對應的 except 敘述式程式碼；如果沒有觸發任何例外，則 try 區塊會正常結束，並且所有 except 敘述式都會被跳過。

> **!注意**
> 當一段程式碼發生錯誤時，例外機制會執行以下任務：
> 1. 發現問題。　　　　　（產生例外情形）
> 2. 通知錯誤已經發生。　（觸發例外）
> 3. 接收錯誤訊息。　　　（except 敘述式）
> 4. 採取補救措施。　　　（例外處理）

14.3.1　在沒有例外處理的情形下執行「除以 0」的程式

讓我們考慮以下程式範例，該程式示範了在未使用例外處理的程式中出現錯誤的情形。

程式 14.1

撰寫一個程式，讀取使用者輸入的兩個數值，並將第一個數值除以第二個數值求商數。

```
a = int(input('Enter the first number: '))
b = int(input('Enter the second number: '))
c = a/b
print('a = ', a)
print('b = ', b)
print('a/b = ', c)
```

輸出
```
#範例 1
Enter the first number: 10
Enter the second number: 2
    a = 10
    b = 2
    a/b = 5
#範例 2
Enter the first number: 10
Enter the second number: 0
Traceback(most recent call last):
File "C:\Python34\Excel.py", line 3, in <module>
c = a/b
ZeroDivisionError: division by zero
```

解釋 程式 14.1 提示使用者輸入兩個數值，並通過將第一個數值除以第二個數值來計算商數，但在輸出中，可以看到兩個不同的輸出範例。在第一個範例中，使用者輸入了 10 和 2 兩個數值，輸出結果顯示為 5，因此，對於第一個範例，Python 會顯示除法成功。

但在第二個範例中，使用者輸入 10 和 0 兩個數值，由於使用者輸入的第二個數值是 0，所以會出現執行錯誤。眾所周知，一個整數不能被除以 0，如果程式設計師嘗試將一個整數除以 0 時，Python 會產生以下例外訊息。

```
Traceback(most recent call last):
File "C:\Python34\Excel.py", line 3, in <module>
c = a /b
ZeroDivisionError: division by zero
```

> **!注意**
> 1. 以上產生的所有錯誤訊息被稱為「堆疊回溯」(Stack-trace)。
> 2. 這包括名為 ZeroDivisionError 的例外情形。
>
> 因此,下一節將示範如何處理這些例外,幫助程式正常執行。

14.3.2 使用 try 和 except 區塊來處理各種例外情形

算術例外處理

程式 14.2

示範如何使用 try 和 except 區塊來處理除以 0 的例外情形 ZeroDivisionError。

```
try:
    a = int(input('Enter the first number: '))
    b = int(input('Enter the second number: '))
    c = a/b
    print('a = ', a)
    print('b = ', b)
    print('a/b = ', c)
except ZeroDivisionError:
    print('You cannot divide number by zero')
```

輸出

```
#範例 1
Enter the first number: 10
Enter the second number: 2
a = 10
b = 2
a/b = 5.0
#範例 2
Enter the first number: 10
Enter the second number: 0
You cannot divide number by zero
```

解釋 在上述程式中,產生的例外敘述式被寫在 try 程式區塊中,因此,try 程式區塊會要求使用者輸入兩個數值,並將第一個數值除以第二個數值。如果使用者輸入的第二個數值為 0 時,Python 會產生執行時的例外 ZeroDivisionError。一旦發生例外,就會觸發例外情形,並執行對應例外的 except 關鍵字。

多個 except 程式區塊

在上述程式 14.2 中，try 區塊中的程式碼只產生一種型態的例外，並由單個 except 程式區塊處理。但是，有時程式碼會產生多種例外，在這種情形下，程式設計師需要定義多個 except 程式區塊來處理這些例外情形。程式 14.3 說明多個 except 程式區塊的使用方法。

程式 14.3

撰寫一個包含多種例外的 Python 程式。

```
try:
    n1 = int(input('Enter the number: '))
    print(n1)
    q = 200/n1
except ValueError:
    print('Entered string is not of type int')
except ZeroDivisionError:
    print('Number cannot be divided by zero')
```

輸出
#範例 1:
Enter the number: svsvadbs
Entered string is not of type int

#範例 2:
Enter the number: 0
0
Number cannot be divided by zero

解釋 在程式 14.3 中，所需監控的例外情形將被保留在 try 程式區塊中。一開始提示使用者輸入數字，如果使用者沒有輸入整數值，Python 將會觸發 ValueError 錯誤；假如使用者輸入的第二個數值為 0，Python 直譯器也會在執行敘述式 q = 200/n1 時觸發例外 ZeroDivisionError。因此，try 敘述式可能包含多個 except 程式區塊來指定不同例外的處理程式。

try-except-finally 區塊

finally 程式區塊由 finally 關鍵字組成，finally 程式區塊被放在最後一個 except 程式區塊之後，如果沒有 except 程式區塊，finally 程式區塊應該緊跟在 try 程式區塊之後。無論 try 程式區塊中是否觸發例外，finally 程式區塊都將會被執行，如果觸發例外，即使沒有相對應的 except 關鍵字，finally 程式區塊也會被執行。在例外處理中定義 finally 程式區塊的**語法**如圖 14.2。

```
try:
    #try 區塊中的程式碼
    ........................
    ........................
except 例外型態 1:
    #當 try 程式區塊中出現錯誤型態 1 時執行程式碼
    ........................
    ........................
except 例外型態 2:
    #當 try 程式區塊中出現錯誤型態 2 時執行程式碼
    ........................
    ........................
    ........................
except 例外型態 N:
    #當 try 程式區塊中出現錯誤型態 N 時執行程式碼
    ........................
    ........................
finally:
    ........................
    ........................
```

圖 14.2　try-except-finally 區塊語法

正如上一節所示，一個 try 敘述式可以有多個 except 子敘述式來處理不同的例外情形。因此，除了在例外處理區塊中的 try 和 except 敘述式，Python 還有一個可選的 finally 敘述式。

━ 程式 14.4

示範如何在 try-except 程式區塊後使用 finally 關鍵字。

```python
L1 = [1, 2, 3, 4, 5]
try:
    print(L1)
    n = int(input('Enter the index to retrieve the element: '))
    print('index = ', n, 'Element = ', L1[n])
except IndexError:
    print('Please check the index')
    print('Index out of bounds')
```

```
finally:
    print('No one can Stop Me from Running');
```

輸出

```
[1, 2, 3, 4, 5]
Enter the index to retrieve the element: 10
Please check the index
Index out of bounds
No one can Stop Me from Running
```

解釋　在程式 14.4 中，一開始建立有五個數值的串列，在 try 程式區塊中提示使用者輸入索引 n，以檢視儲存在索引位置 n 的元素。如果輸入的索引位置大於串列大小時，就會執行 except 程式區塊，最後無論有無發生例外情形，finally 程式區塊都會被執行。

▶ 14.4　觸發例外

在前一節中已經說明 Python 直譯器每當嘗試執行無效程式碼時，都會觸發例外，觸發例外也類似於停止執行函式中的程式碼，並轉移到 except 敘述式中執行程式。所有這些例外都包裝在物件中，並從對應的類別中建立。因此，程式設計師可以使用 raise 關鍵字來觸發例外，它也可用於強制產生例外情形，以下是觸發例外的語法。

語法

> raise Exception (數值)

其中，Exception 是例外型態。

範例

```
raise ArithmeticError('Something is wrong')
```

── **程式 14.5** ─────────────────────

撰寫程式來觸發例外情形。

```
def perform_divoperation(a,b):
    try:
        if b == 0:
            raise ArithmeticError('Cannot divide number by zero')
```

```
            else:
                c = a/b
        except ZeroDivisionError:
            print('Something is Wrong')
            raise
print(perform_divoperation(10, 0))
```

輸出

```
Traceback (most recent call last):
  File "D:\Python\Python 2nd Edition\prac.py", line 10, in <module>
    print(perform_divoperation(10,0))
  File "D:\Python\Python 2nd Edition\prac.py", line 4, in perform_
  divoperation
    raise ArithmeticError('Cannot divide number by zero')
ArithmeticError: Cannot divide number by zero
```

解釋 在程式 14.5 中，`raise` 敘述式允許程式設計師強制觸發像是 `ArithmeticError: Cannot divide number by zero` 的例外情形。

總結

✦ **例外**是在執行時發生的錯誤。
✦ 所有例外都是從 **BaseException** 衍生出來的類別實例。
✦ **try**、**except** 和 **finally** 三個關鍵字被用於例外處理。
✦ **raise** 關鍵字被用於觸發例外情形。

關鍵術語

✦ **例外 (Exception)**：是在程式執行時出現的錯誤情形。
✦ **try**：是一種被放置於 try 程式區塊中處理例外的敘述式。
✦ **except**：是一種被觸發的例外處理。
✦ **finally**：無論有沒有例外情形發生，finally 程式區塊中的敘述式都將被執行。

問題回顧

A. 選擇題

1. 以下程式的輸出為何？
   ```
   def getMonth(month):
     if month<1 or month>12:
        raise ValueError("Invalid")
     print(month)
   getMonth(13)
   ```
   a. `13`
   b. `13 and Invalid`
   c. `ValueError: Invalid`
   d. 以上皆非

2. 一個 `try` 程式區塊會有多少個 `except` 敘述式？
   a. 超過 1 個
   b. 大於 0 個
   c. 1 個
   d. 2 個

3. 什麼時候 `finally` 程式區塊會被執行？
   a. 當出現例外時
   b. 當沒有例外時
   c. 總是會被執行
   d. 從不會執行

4. 以下程式的輸出為何？
   ```
   def demo():
     try:
        return 1
     finally:
        return 2
   n = demo()
   print(n)
   ```
   a. 1
   b. 2
   c. None
   d. 1 跟 2

5. 以下哪一項不是 Python 中的標準例外情形？
   a. `IOError`
   b. `Wrong Assignment Error`
   c. `NameError`
   d. `ValueError`

6. 執行以下程式碼會出現何者錯誤？
   ```
   Area = 3.14 * radius
   ```
   a. `ValueError`
   b. `NameError`
   c. `SyntaxError`
   d. `KeyError`

7. 執行以下程式碼會出現哪種錯誤？

    ```
    a = 6
    b = 6   12
    c = A/( A + B)
    ```

    a. NameError　　　　　　　　　b. ValueError

    c. ZeroDivisionError　　　　　　d. 以上皆非

B. 練習題

1. 試著解釋例外處理的必要性。
2. 試著舉例說明如何處理程式中的例外情形？
3. 試著撰寫一個程式來處理算術例外情形。
4. 試著解釋在處理例外時，是否可以有多個 except 程式區塊。如果是的話該怎麼實作？
5. 試著用程式舉例說明 raise 關鍵字的用法。

C. 程式練習題

1. 撰寫一個程式，提示使用者輸入一個數值，將輸入型態轉換為整數，並嘗試使用 try 和 except 程式區塊處理型態轉換的錯誤。
2. 撰寫一個函式，讀取兩個引數進行字串連接，假設第一個引數的型態是未知的，但第二個引數是字串。接著使用 try 和 except 來撰寫程式，處理將未知的輸入（包括整數或浮點數）型態連接到字串所觸發的錯誤情形。
3. 撰寫一個函式，該函式將讀取兩個參數來執行某項任務，第一個引數是浮點數，但第二個引數型態是未知的。接著撰寫一個程式，使用 try-except 程式區塊處理浮點數除以未知的數值時所產生的錯誤情形。
4. 撰寫一個讀取三個參數的函式，函式的第一個參數是串列，第二個參數是索引位置，第三個參數是字串。該函式將在串列中的指定索引位置插入字串，如果發生錯誤，函式應回傳原始串列。接著使用 try 和 except 程式區塊來處理所發生的錯誤。

Chapter 15
使用 Tkinter 進行 Python GUI 圖形介面程式開發

學習成果

完成本章後，學生將會學到：

- 使用 Tkinter 創建簡單的 GUI 圖形介面應用程式。
- 透過回呼函式 (call back functions)，使用 widget 元件命令選項來處理事件。
- 使用 Label（標籤）、Button（按鈕）、Entry（輸入框）、Check buttons（複選按鈕）、Radio buttons（單選按鈕）等不同的 widget 元件，來創建 GUI 圖形介面應用程式。
- 創建包含選單的應用程式。
- 使用不同的視窗元件管理員，例如 pack、grid 或 place 來指定 widget 元件的位置。
- 在 GUI 圖形介面應用程式中創建繪圖板，繪製矩形、圓形、線條、橢圓形等不同的幾何形狀。

章節大綱

- 15.1 Tkinter 簡介
- 15.2 開始使用 Tkinter
- 15.3 Tkinter 包含的 Widget 元件
- 15.4 標籤 Widget 元件
- 15.5 按鈕 Widget 元件
- 15.6 Tkinter 處理事件──回呼函式
- 15.7 勾選按鈕 Widget 元件
- 15.8 單選按鈕 Widget 元件
- 15.9 框架──容器 Widget 元件
- 15.10 輸入框 Widget 元件
- 15.11 文字 Widget 元件
- 15.12 列表框 Widget 元件
- 15.13 視窗元件管理員
- 15.14 滾動條 Widget 元件
- 15.15 繪圖板
- 15.16 選單
- 15.17 Tkinter 標準對話框──訊息框模組

▶ 15.1 Tkinter 簡介

Tkinter 是「TK interface」的縮寫，它是一個開源、可移植的圖形使用者界面資料庫。簡而言之，自 1994 年 Python 1.1 版發布以來，它一直都是 Python 內建的 GUI 圖形介面開發模組，適用於開發各種應用程式，從小型桌面應用程式到科學、研究相關應用程式等。

15.2 開始使用 Tkinter

Python Tkinter 模組允許程式設計師使用 TK 函式庫，該模組包含用於創建 GUI 圖形介面的各種類別。由於 GUI 圖形介面撰寫通常包含了藝術設計，因此，我們需要一個繪圖板來實現藝術設計，Tkinter 提供了一個名為「根視窗」的繪圖板，啟用根視窗可見程式 15.1。

程式 15.1

撰寫一個程式，啟用 Tkinter 繪圖板。

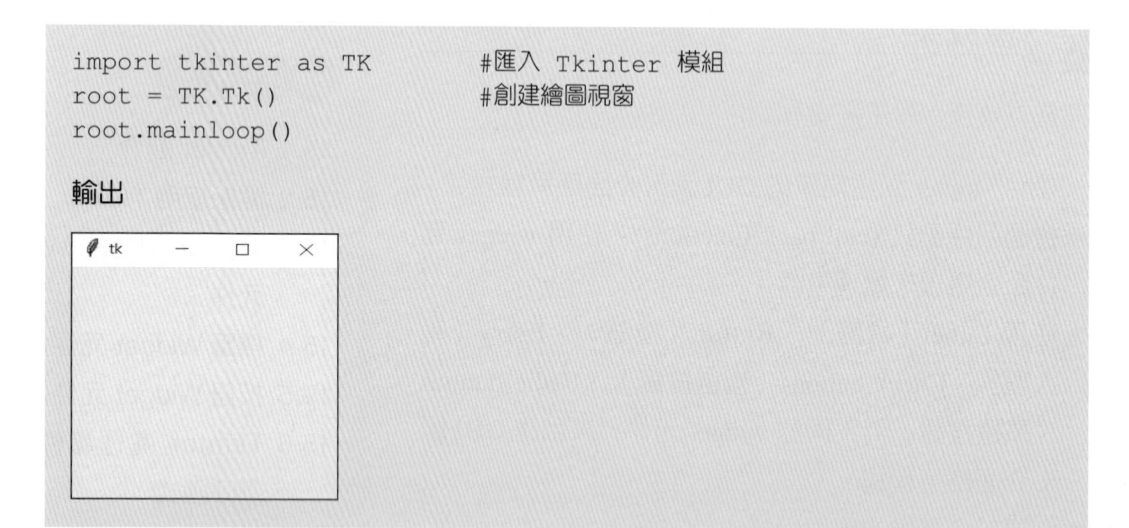

```
import tkinter as TK        #匯入 Tkinter 模組
root = TK.Tk()               #創建繪圖視窗
root.mainloop()
```

輸出

解釋 上述程式中，第一行將 Tkinter 的所有類別、屬性和方法的匯入；第二行 `root = TK.Tk()`，用於建立一個 Tk 類別的實例，此行程式碼創建如上圖所示的根視窗；第三行 `root.mainloop()` 用於讓根視窗持續可見。

> **注意**
> 1. Tkinter 中包含 `tkinter.mainloop()`，所以我們可以直接呼叫 `mainloop()` 方法，因此可以寫為 `root.mainloop()`。
> 2. Tkinter 的根視窗通常稱之為 root，但也可以使用任何名稱來命名。
> 3. Tkinter 從 Python 2 升級到 Python 3 的差異在於將大寫字母更改為小寫（Tkinter 更名為 tkinter），以下是在不同版本中 Python 使用 Tkinter 的語法。
>    ```
>    import Tkinter           #Python 2
>    import tkinter           #Python 3
>    ```

15.3 Tkinter 包含的 Widget 元件

widget 元件是存在於 Tkinter 函式庫中的圖形物件，widget 元件在 Tkinter 中以類別的方式實作，每個 widget 元件都有一個建構式、解構子、方法和選項，表 15.1 中列出各種 widget 元件。

表 15.1　Tkinter widget 元件類別

widget 元件類別	描述
Button	創建按鈕，並用於執行命令。
Canvas	創建繪圖編輯器，並實作客製化 widget 元件，用於繪製不同圖形。
Checkbutton	點擊按鈕，在不同的值之間切換。
Entry	輸入框也稱之為文字框。
Frame	可以容納其他 widget 元件的容器元件。
Label	顯示文字或圖像。
Listbox	顯示選擇列表。
Menu	選單視窗用於實作下拉式和彈跳式選單。
Menubutton	選單按鈕用於實作下拉式選單。
Message	顯示文字，類似於標籤 widget 元件，並可以依給定的寬度或長度自動將文字分行。
Radiobutton	點擊按鈕將變數設置為該對應值，並清除與同一變數關聯的所有其他單選按鈕。
Text	顯示格式化的文字，並允許顯示和編輯具有各種樣式和屬性的文字。
Scrollbar	提供滾動功能以支援文字、繪圖板、列表框和輸入框等 widget 元件。
Scale	允許通過移動滑桿來選擇數值。

以上所有的元件都來自 widget 元件類別，除了從父類別 widget 元件繼承的方法外，每個 widget 元件都有不同的選項和方法，與適用於特定 widget 元件的配置，表 15.2 和 15.3 描述了所有 widget 元件常見的選項和方法。

表 15.2　widget 常見的選項

選項	值	用途
fg（前景）	顏色	可以設定 RGB 值或使用預設的關鍵字指定顏色，來更改前景顏色。
bg（背景）	顏色	可以設定 RGB 值或使用預設的關鍵字指定顏色，來更改背景顏色。
bd（邊框寬度）	整數	指定 widget 元件邊框的寬度。
command	回呼類型	指定選擇 widget 元件時要執行的方法。
font	字體類型	指定 widget 元件使用的字體，通常以元組表示（字型、大小、樣式）。
padx、pady	整數	指定目前 widget 元件和相鄰 widget 元件之間的寬度。
text	字串	指定執行時出現在 widget 元件上的文字。

表 15.3　widget 常用的方法

介面	回傳型態	用途
widgetclass(master, **kwargs, ...)	字串	使用指定選項創建此 widget 元件的實例。
cget(option)	字串	回傳目前指定選項的值。
configure(**kwargs, ...)	None	設置 widget 元件的選項
keys( )	串列	以串列回傳特定 widget 元件中可用的所有選項。

上述每個 widget 元件在實作時都不會立即出現在螢幕上，必須使用視窗元件管理員，才能夠在螢幕上顯示。因此，Tkinter 的 widget 元件不僅提供了創建圖形界面的工具，也讓程式設計師可以設計出功能齊全的應用程式。

▶ 15.4　標籤 Widget 元件

標籤 widget 元件 (label widget) 是一個標準的 Tkinter widget 元件，用於在螢幕上顯示文字或圖像，它可以在螢幕上以單一字體顯示多行文字，此外，文字中的字元可以加下底線表示鍵盤快捷鍵。它是一個被動 widget 元件，也就是它不支援與使用者的任何互動，也沒有任何關聯的事件處理函式，創建標籤 widget 元件的語法如下。

語法

```
Label(ref_parent_widget, **kwargs)
```

其中 **kwargs 是一項可帶參數的字典。

上述語法中，第一個參數是引用父類別 widget 元件，若帶入的引數為 text，則用於顯示文字，標籤 widget 元件還提供以下選項，可用來配置表 15.4 中提到的標籤。

表 15.4　標籤配置選項

選項	背景
Anchor	控制標籤內文字擺放的方式，使用 N、NE、E、SE、S、SW、W、NW 或 CENTER，預設選項為 CENTER 代表置中。
Justify	定義如何對齊多行文字，使用 LEFT、RIGHT 或 CENTER。
Image	要在 widget 元件中顯示的圖像，如果指定的話，優先權大於 text 和 bitmap 選項。
Bitmap	指定 widget 元件要顯示的位置，如果指定 image 選項，則此選項會被忽略。

程式 15.2 示範如何使用 Label 標籤類別來創建標籤 widget 元件。

程式 15.2

創建標籤 widget 元件，並顯示文字 Hello World!!!!。

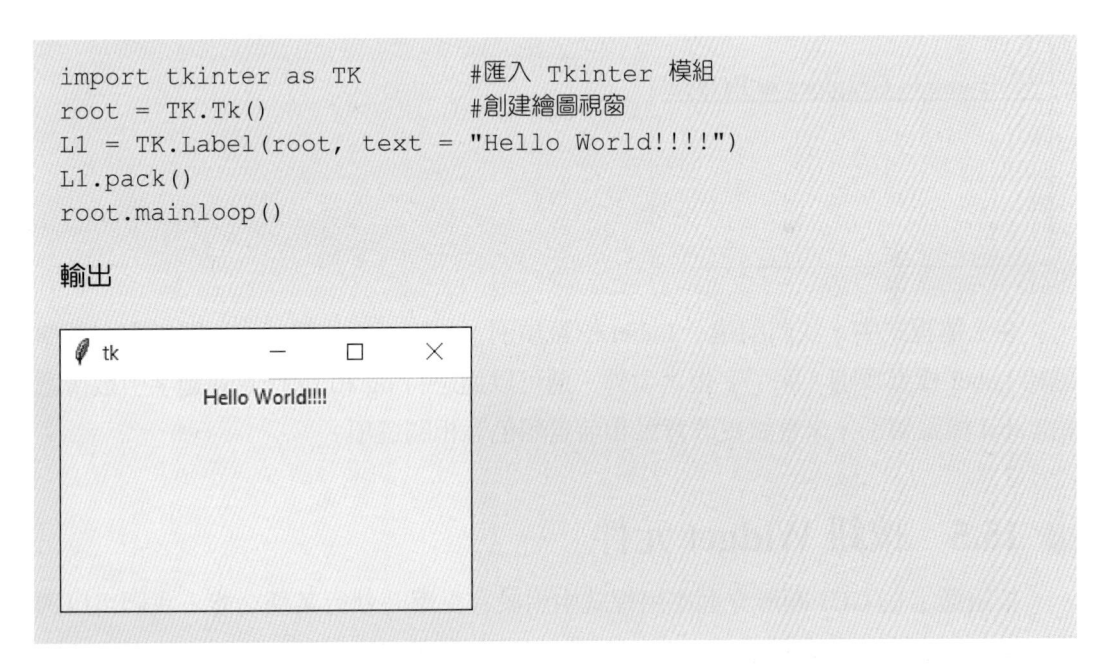

```
import tkinter as TK      #匯入 Tkinter 模組
root = TK.Tk()            #創建繪圖視窗
L1 = TK.Label(root, text = "Hello World!!!!")
L1.pack()
root.mainloop()
```

輸出

```
tk
Hello World!!!!
```

解釋　在上述程式中，我們創建了一個繪圖板，作為一個根視窗，在這個根視窗中，我們使用標籤顯示了文字 Hello world!!!!，並在根視窗 widget 元件中增加了 L1 變數作為物件。一旦創建後，函式 `pack()` 將 Tk 敘述式轉換為底層的 Tcl 語言，並將 L1 變數作為物件增加到根視窗內。

如表 15.2 和 15.3 中所討論的，我們可以使用所有 widget 元件都通用的選項，例如，從選項表中，我們可以使用字體選項來更改字型、字體大小和文字標籤大小。程式 15.3 示範如何使用不同的字體選項作為 Label 標籤類別的參數。

── 程式 15.3 ──

創建一個標籤 widget 元件，將字型設置為 Times New Roman，將字體大小設置為 12，且使用粗體字並加底線進行裝飾。

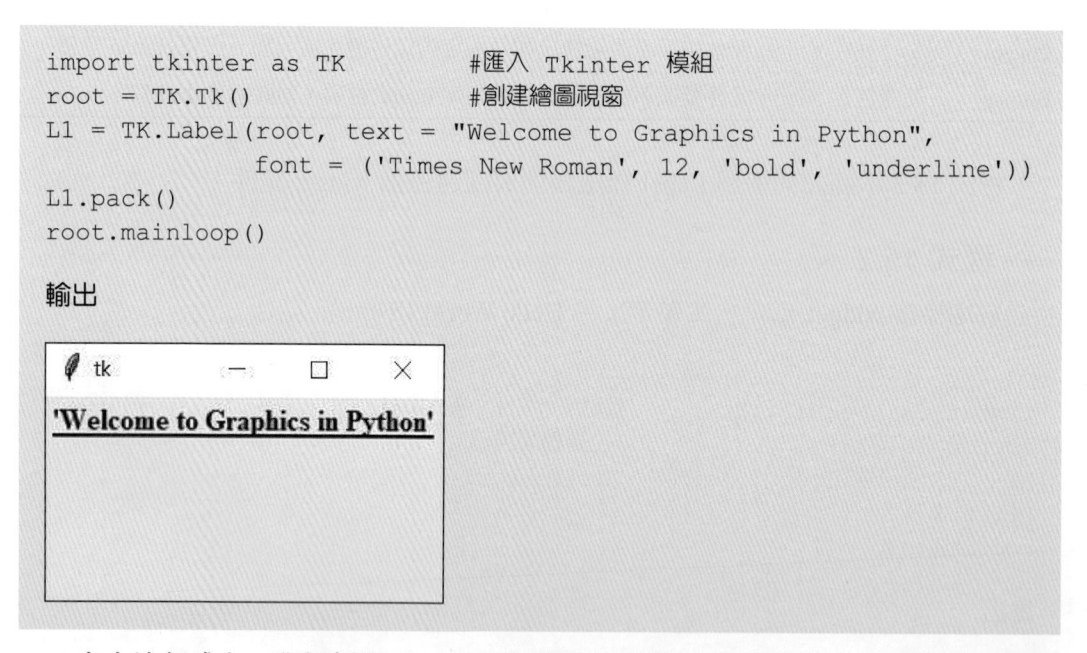

```
import tkinter as TK          #匯入 Tkinter 模組
root = TK.Tk()                #創建繪圖視窗
L1 = TK.Label(root, text = "Welcome to Graphics in Python",
              font = ('Times New Roman', 12, 'bold', 'underline'))
L1.pack()
root.mainloop()
```

輸出

在上述程式中，我們創建了 Label 標籤類別，並將不同的選項作為關鍵字引數傳遞給 Label 標籤類別。除了字型選項外，還可以通過將 bg 和 fg 作為關鍵字引數傳遞給 Label 標籤類別，來嘗試更改背景和前景顏色等相關選項。

15.5　按鈕 Widget 元件

按鈕通常在 GUI 圖形介面應用程式中用於在點擊時執行某種功能，我們可以透過 Button 按鈕類別來創建按鈕 widget 元件，創建按鈕 widget 元件的語法如下。

語法

```
Button(ref_parent_widget, **kwargs)
```

在上述語法中，Button 按鈕類別的第一個引數是引用父類別視窗，而引數選項是由關鍵字引數組成的按鈕物件選項，如下所示。

按鈕功能（關鍵字引數）	描述
text	按鈕的標題。
bg	背景顏色。
fg	前景顏色。
font	字型名稱和大小。
image	必須放置圖像而非文字。
command	點擊時要回呼的事件處理函式。

[a] 使用按鈕只能指定函式名稱，無法使用帶有引數的函式。

程式 15.4 示範如何使用按鈕 widget 元件來創建多個按鈕。

── 程式 15.4

透過使用按鈕 widget 元件創建多個按鈕。

```
import tkinter as TK        #匯入 Tkinter 模組
root = TK.Tk()              #創建繪圖視窗
b1 = TK.Button(root, text = "Ok")
b2 = TK.Button(root, {"text": "Cancel"})
b1.pack()                   #將按鈕 1 打包到父類別 widget 元件
b2.pack()                   #將按鈕 2 打包到父類別 widget 元件
root.mainloop()
```

輸出

解釋　上述程式中，我們創建了兩個按鈕 b1 和 b2，Button 按鈕類別將父類別視窗作為第一個引數，而其餘引數是使用者可以自行選擇，使用關鍵字作為引數傳遞。

15.6 Tkinter 事件處理──回呼函式

上述範例中,我們學習到如何將標籤和按鈕等常用 widget 元件添加到螢幕畫面上,但是僅僅在畫面上添加 widget 元件,並不能使 widget 元件產生作用。因此,該如何讓 widget 元件更具功能性?將 widget 元件功能化,例如在按下按鈕或按下鍵盤按鍵時執行操作,或通過滑鼠點擊時執行操作。按鈕 widget 元件是可以幫助學習事件處理程式,因此我們將使用按鈕 widget 元件來示範點擊按鈕時的事件處理。

為按鈕添加功能稱之為命令綁定,在特定事件上觸發函式的語法如下。

語法

```
Button(ref_parent_widget, command = Name_of_Function)
```

其中,`Name_of_Function` 是由使用者定義的函式,在觸發特定事件時,會執行此一函式,這個函式在創建按鈕時被綁定到按鈕,稱之為「回呼」函式或「事件處理程式」。程式 15.5 示範如何使用按鈕 widget 元件中的 command 命令選項,在點擊按鈕時執行操作。

程式 15.5

創建一個 OK 按鈕,當按鈕被點擊時,它應該輸出 OK Button is clicked。

```python
import tkinter as TK          #匯入 Tkinter 模組

def functionOk():
    print("OK Button is clicked")

root = TK.Tk()                             #創建繪圖視窗
butOk = TK.Button(root, text = "OK", command = functionOk)
butOk.pack()
root.mainloop()
```

輸出

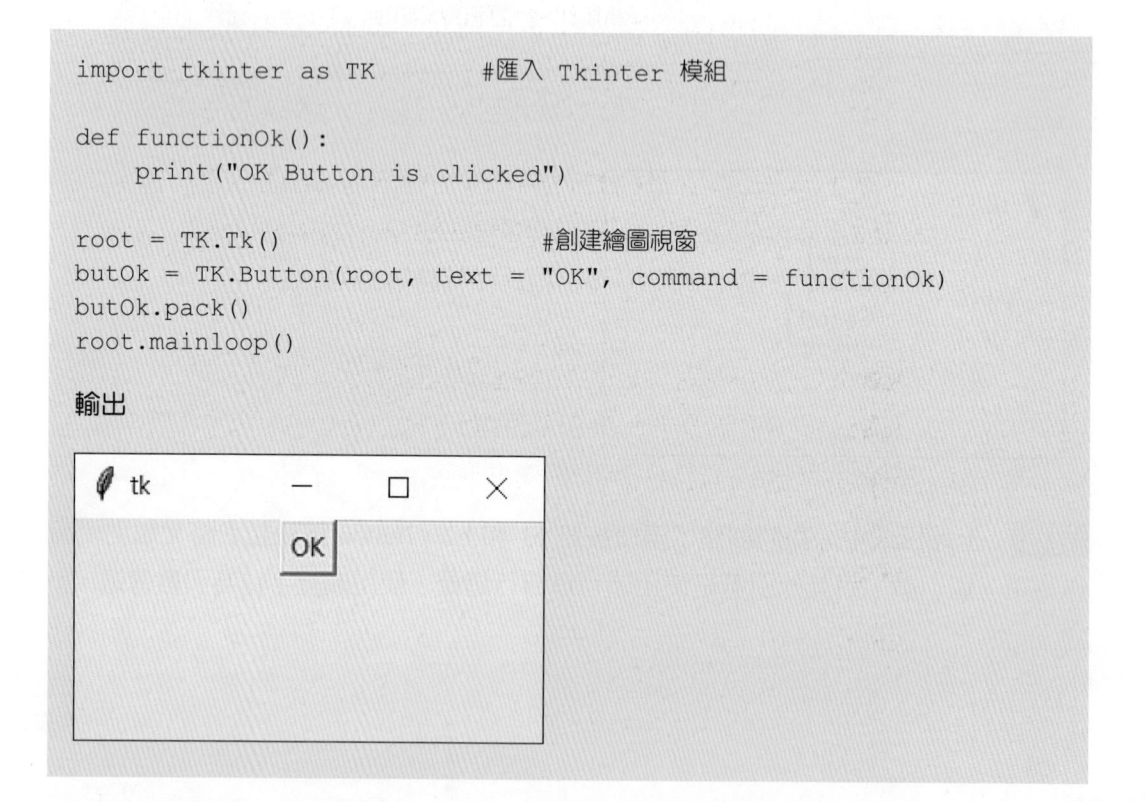

```
#在按下 "OK" 按鈕時，終端機上會顯示以下輸出

OK Button is clicked
```

解釋 上述程式中，我們創建了 OK 按鈕，並定義了函式 functionOk 的功能，程式碼如下。

```
butOk = TK.Button(root, text = "OK", command = functionOk)
```

將 OK 按鈕綁定到點擊按鈕時會執行的函式 functionOk，上述程式也可以使用物件導向的概念撰寫，如以下範例。

程式 15.6

使用物件導向的概念，創建一個 OK 按鈕。當按鈕被點擊時，它應該輸出 OK Button is clicked。

```
import tkinter as TK

class ButtonEventHandler:
    def __init__(self):
        root = TK.Tk()
        self.butOk = TK.Button(root, text = "OK", command = self.
                                functionOk)
        self.butOk.pack()
        root.mainloop()

    def functionOk(self):
        print("OK Button is clicked")

if __name__ == "__main__":
    ButtonEventHandler()
```

輸出

```
#在按下 "OK" 按鈕時，終端機上會顯示以下輸出

OK Button is clicked
```

解釋 程式在 `__init__` 方法中定義了一個創建 GUI 圖形介面的類別，函式 `functionOk` 是 `ButtonEventHandler` 類別中的一個方法，所以它被 `self.functionOk` 回呼。

▶ 15.7 勾選按鈕 Widget 元件

勾選按鈕 widget 元件是一個標準的 Tkinter 元件，用於實作出開關選擇，由一個包含或不包含的檢查框組成，每個檢查框都有一個標籤，可以通過點擊檢查框更改檢查的狀態，還可以將 Python 函式或方法與每個按鈕相聯。當按下按鈕時，Tkinter 會自動使用該函式或方法，每個勾選按鈕 widget 元件應與一個變數相聯，創建檢查框的語法如下。

語法

```
Checkbutton(ref_parent_widget,
    text = value,
     variable = value,
    other_option = value,
    command = name_of_function)
```

除了一些常見的特性外，勾選按鈕還可用於以下方法和特性，如表 15.5 所述。

表 15.5 勾選按鈕 widget 元件的不同方法和選項

勾選按鈕 widget 元件支援的選項	
command	按下按鈕時呼叫的函式。
text	按鈕選項的文字。
offvalue onvalue	該值分別對應於未選擇或選擇的按鈕，預設值為 0 和 1。
variable	將 Tkinter 變數與按鈕相聯，當按下按鈕時，變數將被賦予值。
勾選按鈕 widget 元件支援的方法	
select()	勾選按鈕。
deselect()	取消勾選按鈕。
invoke()	呼叫與按鈕綁定的函式。
toggle()	切換選擇的狀態，也就是如果目前狀態為設置則清除，清除則設置。

程式 15.7 示範如何創建兩個簡易的勾選按鈕。

程式 15.7

示範創建兩個簡易的勾選按鈕，分別為 Python Programming 和 R Programming。

```
import tkinter as TK              #匯入 Tkinter 模組
root = TK.Tk()                    #創建繪圖視窗

c1 = TK.Checkbutton(root, text = "Python Programming")
c2 = TK.Checkbutton(root, text = "R Programming")

c1.pack()
c2.pack()
root.mainloop()
```

輸出

15.7.1 處理勾選按鈕

每次選擇或取消選擇其中一個勾選按鈕時，都會產生一個事件，它包含有關事件的資訊（例如選擇或取消選擇勾選按鈕）。程式 15.8 創建兩個勾選按鈕，點擊每個按鈕時，都會觸發事件的程式，勾選按鈕的初始狀態是未選擇，且顯示每個勾選按鈕目前的狀態，每次更改後選項框的狀態都會更新。

程式 15.8

創建兩個勾選按鈕，點擊它們，並顯示勾選按鈕的狀態。

```
import tkinter as TK

class CheckButtonClickEvent:
    def __init__(self):
        #初始化 Tkinter
        root = TK.Tk()
        #創建 Tcl 的變數
        self.var1 = TK.IntVar()
```

```python
            self.var2 = TK.IntVar()
            #創建按鈕
            c1 = TK.Checkbutton(root, text = "Python Programming",
                                variable = self.var1,
                                command = self.box1_details)
            c2 = TK.Checkbutton(root, text = "R Programming",
                                variable = self.var2,
                                command = self.box2_details)
            #包裝要顯示的按鈕
            c1.pack()
            c2.pack()
            #執行主迴圈
            root.mainloop()
    def box1_details(self):
        print("You have clicked on Python Programming")
        #self.var1.get() 獲取創建的變數值
        print("Current value of the check button: ", self.var1.get())
    def box2_details(self):
        print("You have clicked on R Programming")
        #self.var2.get() 獲取創建的變數值
        print("Current value of the check button: ", self.var2.get())
#__name__ 是發送給直譯器的 Python 腳本名稱
#"__main__" 是執行 Python 時載入到主記憶體中的實例
if __name__ == "__main__":
    CheckButtonClickEvent()
```

輸出

#初始畫面

#點擊勾選按鈕時的輸出

```
You have clicked on Python Programming
Current value of the CheckButton: 1
You have clicked on R Programming
Current value of the CheckButton: 1
```

解釋　上述程式中，我們創建了兩個勾選按鈕，也就是 Python Programming 和 R Programming，每個按鈕點擊後都會呼叫相應的函式。通過函式 get() 顯示按鈕的狀態，而 self.var1 = TK.IntVar() 和 self.var2 = TK.IntVar() 用於追蹤勾選按鈕的值，預設情況下，勾選按鈕的初始值設置為 0。

▶ 15.8　單選按鈕 Widget 元件

單選按鈕也稱為「選項按鈕」，單選按鈕是以一整組為單位使用的，一次只能選擇組內其中一個按鈕，當使用者選擇同一組中的另一個按鈕時，則會自動將先前選擇的按鈕取消。就外觀而言，單選按鈕包含一個填滿（如果選擇）或空白（如果未選擇）的圓圈。以下是用於創建單選按鈕的語法，使用單選按鈕回傳值是一個良好的程式撰寫習慣，因此建議將它們添加到類別中。

語法

```
Radiobutton(parent_widget,
            text = value,
            variable = value,
            command = name_of_function,
            other_option = value)
```

除了常見的特性外，單選按鈕還具有表 15.6 中描述的其他方法和特性。

表 15.6　單選按鈕支援的方法和特性

單選按鈕 widget 元件支援的選項	
command	按下按鈕時呼叫的函式。
text	按鈕選項的文字。
value	按下按鈕時，會將值指派給相關的變數。
variable	將 Tkinter 變數與按鈕相聯，當按下按鈕時，變數會被賦予值。
單選按鈕 widget 元件支援的方法	
select( )	選擇按鈕。
deselect( )	取消選擇按鈕。
invoke( )	呼叫與按鈕相關聯的函式。

程式 15.9 示範如何創建多個單選按鈕。

程式 15.9

撰寫一個程式，創建多個單選按鈕。

```
import tkinter as TK

class RadioButtonDemo:
    def __init__(self):
        #將根視窗撰寫於類別外，供其他類別使用與它互動
        self.root = TK.Tk()
        self.var = TK.IntVar()
        c1 = TK.Radiobutton(self.root, text = "Economy Class",
                            variable = self.var, value = 1000)
        c2 = TK.Radiobutton(self.root, text = "First Class",
                            variable = self.var, value = 10000)
        c3 = TK.Radiobutton(self.root, text = "Business Class",
                            variable = self.var, value = 3000)

        #包裝並讓按鈕顯示
        c1.pack()
        c2.pack()
        c3.pack()

        #顯示並執行主迴圈
        self.root.mainloop()

if __name__ == "__main__":
    RadioButtonDemo()
```

輸出

```
 tk                      —  □  ×

          ○ Economy Class
          ⦿ First Class
          ○ Business Class
```

15.9 框架──容器 Widget 元件

Tkinter 模組提供一種可以包含其他 widget 元件的 widget 元件，Frame 框架類別為螢幕畫面上的頂層視窗或包含在其他框架中的矩形區域，框架的唯一目的就是包含其他 widget 元件，創建框架的語法如下。

語法

```
Frame(ref_parent_widget, **options)
```

** options 為關鍵字引數，關鍵字引數可以由使用者自行選擇，也可以作為字典添加到引數中，例如，在使用 Frame 函式時，可以使用以下敘述式：

```
Frame(parent_widget, {"property": "option"})
```

當定義帶有關鍵字引數的函式或類別時，通常是使用 **kwargs 作為最後一個引數。

程式 15.10 示範如何創建框架，並將其放置在繪圖板上。

── 程式 15.10

撰寫一個程式，來創建一個框架，並在框架上添加標籤 Welcome to Programming!!!。

```
import tkinter as TK
class AddFrameDemo:
    def __init__(self):
        #創建視窗實例
        window = TK.Tk()
        #設定視窗標題
        window.title("Adding a Frame")
        #創建和添加一個框架
        frame1 = TK.Frame(window)
        frame1.pack()
        #添加標籤
        self.lbl = TK.Label(frame1, text = "Welcome to Programming!!!")
        self.lbl.pack()

        #執行視窗的事件處理迴圈
        window.mainloop()
if __name__ == "__main__":
    #執行此類別
    AddFrameDemo()
```

輸出

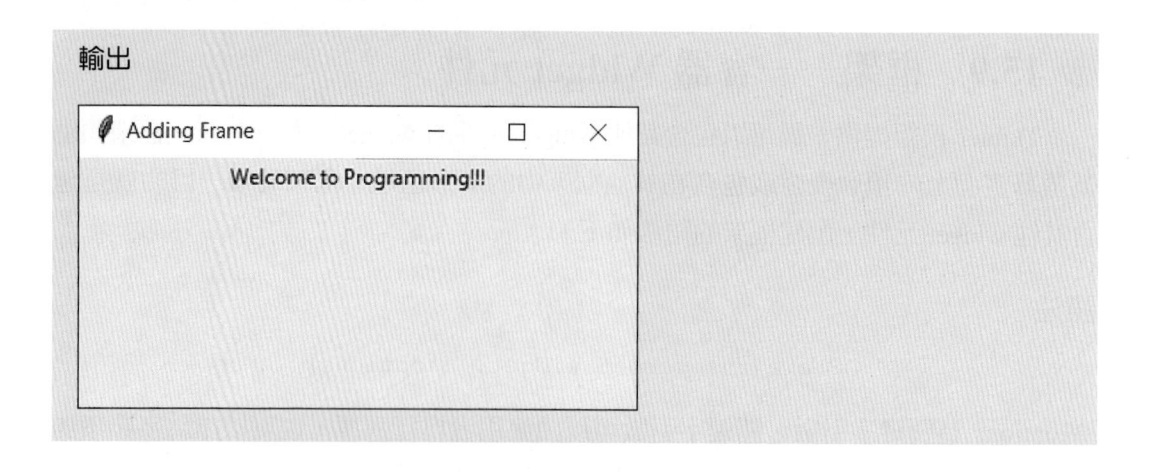

15.10 輸入框 Widget 元件

輸入框 widget 元件允許使用者打字和編輯單行文字，在 Tkinter 中，通常將一行文字框稱為輸入框 widget 元件。程式設計師如果想添加可以編輯的多行文字，將可參考下一節介紹的文字 widget 元件。以下為添加輸入框 widget 元件的語法。

語法

```
Entry(ref_parent_widget, **Kwargs)
```

範例

```
from tkinter import *
window = Tk()              #創建一個視窗
entry = Entry(window)      #創建輸入框 widget 元件，也就是單行文字框
entry.pack()
window.mainloop()          #創建事件處理迴圈
```

輸出

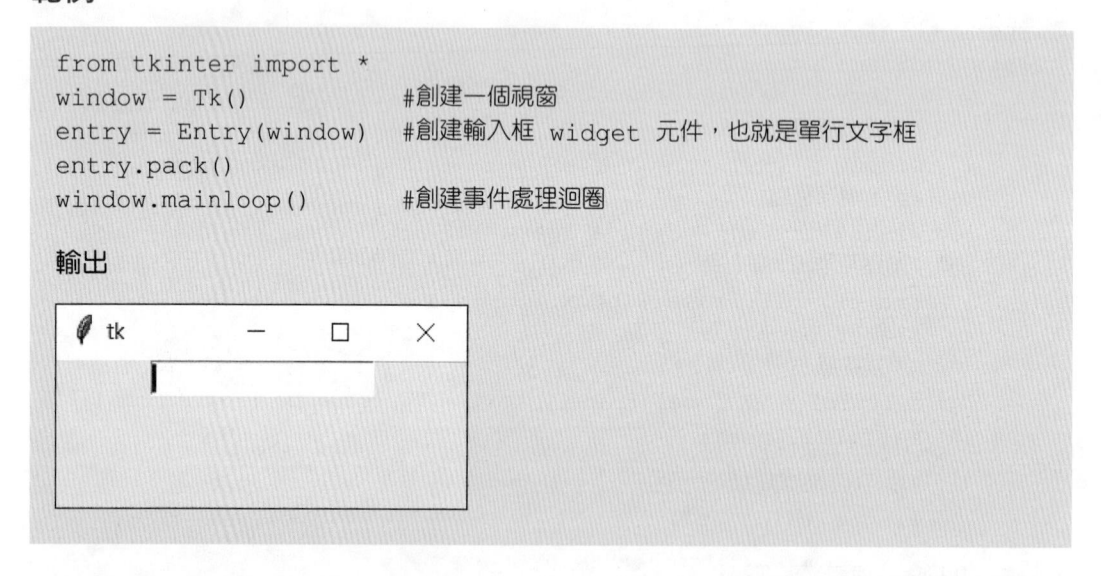

除了表 15.2 和 15.3 中常見功能外，輸入框 widget 元件還存在其他方法和特性，於表 15.7 中進行介紹。

表 15.7　輸入框 widget 元件支援的選項和特性

輸入框 widget 元件支援的選項	
show	顯示 widget 元件的內容。 如果不為空，則以字串的型態顯示一串字元，也可以使用 * 來取代輸入框 widget 元件中的密碼文字。
state	state = NORMAL 顯示鍵盤和滑鼠的相關事件。 state = DISABLED 不會顯示鍵盤和滑鼠的相關事件。
輸入框 widget 元件支援的方法	
get()	從輸入框 widget 元件中獲取內容。
insert(index, text)	在指定的索引編號位置插入文字。
delete(index1, index2 = None)	從索引編號 1 之後的位置開始刪除文字，如果只有給定索引編號 1，則刪除單個字元。如果同時給定索引編號 2，則刪除索引編號 1 到索引編號 2 之前的字元，其中索引編號從 0 開始。

上述範例中，我們撰寫了程式碼來創建一個簡易的輸入框，並將其顯示到視窗上。程式 15.11 創建了一個輸入框 widget 元件，並將 widget 元件的內容顯示在終端機上。

── 程式 15.11

創建一個輸入框 widget 元件，並在終端機上使用 get() 方法顯示內容。

```
import tkinter as TK

class EntryGetDemo:
    def __init__(self):
        #創建視窗實例
        window = TK.Tk()
        #創建按鈕實例
        self.button_1 = TK.Button(window, {"text": "Click me"},
                                  command = self.display_text)
        self.button_1.pack()
        #創建訊息變數
        self.message = TK.StringVar()
        #創建輸入框 widget 元件實例
        self.entry = TK.Entry(window)
        self.entry.pack()

        #將視窗實體化
        window.mainloop()
```

```
        def display_text(self):
            print(self.entry.get())

if __name__ == "__main__":
    EntryGetDemo()
```

輸出

```
#點擊 "Click me" 按鈕,"Hello How are You?" 將顯示在終端機上

>>>Hello How are You?
```

解釋 上述程式中,我們創建了一個輸入框 widget 元件和一個按鈕,點擊按鈕時呼叫函式 `display_text()`,透過 `print(self.entry.get())` 在終端機上顯示文字。

程式 15.12

撰寫一個程式,來創建一個按鈕、標籤和文字輸入框 widge 元件,點擊按鈕時,輸入框 widget 元件中輸入的文字會更改標籤的內容。

```python
import tkinter as TK

class ChangeLabelDemo:
    def __init__(self):
        #創建視窗實例
        window = TK.Tk()
        #創建標籤實例
        self.label = TK.Label(window, text = "Welcome")
        self.label.pack()
        #創建按鈕實例
        self.button = TK.Button(window, {"text": "Change Label"},
                                command = self.change_label)
        self.button.pack()
        #創建輸入框 widget 元件實例
        self.entry = TK.Entry(window)
        self.entry.pack()
```

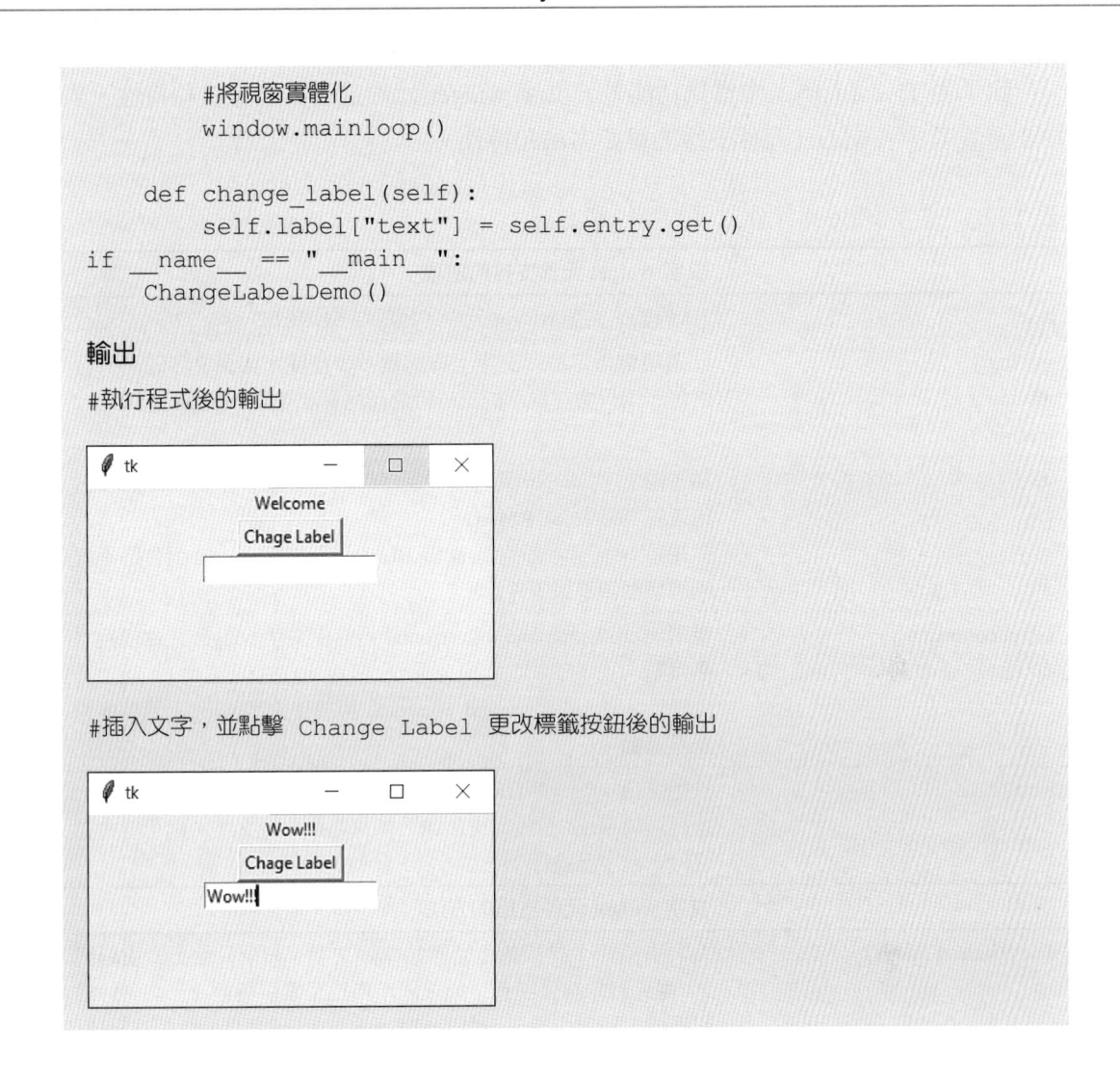

```
        #將視窗實體化
        window.mainloop()

    def change_label(self):
        self.label["text"] = self.entry.get()
if __name__ == "__main__":
    ChangeLabelDemo()
```

輸出

#執行程式後的輸出

#插入文字，並點擊 Change Label 更改標籤按鈕後的輸出

解釋 上述程式中，我們創建了標籤、按鈕和一個輸入框 widget 元件。點擊按鈕時，會呼叫函式 change_label，函式中的 self.label["text"] = self.entry.get()，獲取輸入框 widget 元件中的文字，並更改標籤的內容。

▶ 15.11 文字 Widget 元件

文字 widget 元件是一種比 Label 標籤元件還更適合處理多行文字的方法，透過使用文字 widget 元件，可以將不同的字型、顏色和大小混合使用，也可以增加一些嵌入的 widget 元件，也就是可以嵌入帶有文字的圖像，圖像會被視為單個字元。以下為創建文字 widget 元件的語法。

語法

```
Text(ref_parent_widget, **options)
```

除了表 15.2 和 15.3 中常見功能外，文字 widget 元件還有其他方法和特性。表 15.8 涵蓋了文字 widget 元件支援的重要方法和特性。

表 15.8 文字 widget 元件支援的特性和方法

	文字 widget 元件支援的選項
relief	3D 外觀的文字 widget 元件，預設為 SUNKEN。
spacing 1 spacing 2 spacing 3	此選項會指定每行文字上方配置多少空間，如果文字超過一行的話，則只會在顯示的第一行之前配置此空間，預設值為 0。
state	為了讓文字 widget 元件能夠回應鍵盤和滑鼠事件，state 選項必須設置為參數 NORMAL。 如果將 state 選項設置為 DISABLED，則文字 widget 元件將不會回應鍵盤和滑鼠事件。
xscrollcommand	選項 xscrollcommand = horizontal 用於使文字 widget 元件能夠水平滾動。 同樣地，xscrollcommand = vertical 用於使文字 widget 元件能夠垂直滾動。
wrap	換行選項 wrap = WORD 將在整個單字顯示後換行。 換行選項 wrap 預設為 CHAR，如果超過一行文字，則可能會在任何一個字元換行。
	文字 widget 元件支援的方法
delete(index1, index2 = None)	從索引編號 1 之後的位置開始刪除文字，如果只給出索引編號 1，則只刪除單個字元；如果同時指定了索引編號 2，則刪除索引編號 1 到索引編號 2 之前的字元。
get(index1, index2 = None)	從 widget 元件中獲得文字，如果只提供索引編號 1，則只獲得一個字元；如果同時提供索引編號 2，那麼將獲得索引編號 1、2 之間的文字。
insert(index, text, tags = None)	從給定的索引編號位置插入文字。

程式 15.13 將幫助我們使用文字 widget 元件來創建我們的部落格。

── **程式 15.13** ──────────────────────────

創建一個簡易的記事本。

```
import tkinter as TK

class CreateNotepad:
    def __init__(self):
```

```
            #創建視窗實例並設置標題
            window = TK.Tk()
            window.title("Notepad")
            #創建框架實例
            self.frame_1 = TK.Frame(window)
            self.frame_1.pack()
            #創建標籤實例
            self.label = TK.Label(self.frame_1, {"text": "You can
                                  Write now!!!!"})
            self.label.pack()
            #透過指定高度和寬度，創建文字框實例
            #高度和寬度的單位為字元的大小
            self.txt = TK.Text(self.frame_1, {"height": 24, "width":
                              80, "wrap": TK.WORD})
            self.txt.pack()
            #將視窗實體化
            window.mainloop()
if __name__ == "__main__":
    CreateNotepad()
```

輸出

```
Notepad
              Blog: You can Write now!!!!
Dear programmer, welcome to python GUI
Programming. Great time to interact with you.
Hope you like it!!!


Enjoy Learning!!!
Regards
Python Programmer
```

解釋 上述程式中，我們創建了一個框架，並在繪圖板上增加了一個標籤 widgets 元件和文字 widget 元件，程式碼如下。

```
TK.Text(self.frame_1, {"height": 24, "width": 80, "wrap": TK.WORD})
```

創建 24 * 80 的文字 widget 元件，"wrap" = TK.WORD 用於將最後一個單字換行。

▶ 15.12 列表框 Widget 元件

列表框在應用程式中會提供一個項目列表，使用者可以從中進行選擇。列表框中只包含文字項目，並且所有選項必須具有相同的字型和顏色，以下為在根視窗中創建列表框的語法。

語法

```
Listbox(ref_parent_window, **options)
```

除了常見的性能之外，列表框還有以下其他方法和特性，可見表 15.9 的介紹。

表 15.9　列表框——方法和選項

選項	值	選項的用途
height	整數值	列表框中的項目數量。
selectmode	SINGLE MULTIPLE EXTENDED BROWSE	決定可以選擇的項目數量，預設為 BROWSE。可以使用 MULTIPLE 來設定勾選清單，如果使用者有時只想選擇一個項目，但有時又想一次選擇多個項目時，則可以使用 EXTENDED。
xscrollcommand		水平滾動的列表框，可以使用 .set( ) 方法將列表框 widget 元件鏈接到水平滾動條。
yscrollcommand		垂直滾動的列表框，可以使用 .set( ) 方法將列表框 widget 元件鏈接到垂直滾動條。

列表框支援的方法

方法名稱	描述
delete(index) delete(first, last)	刪除一個項目或多個項目，delete(0, END) 可以刪除列表中的所有項目。
get(index)	從列表中獲取一個項目或多個項目，get(0, END) 可以獲取列表中的所有項目。
insert(index, items)	在給定的索引位置插入一個或多個項目。
curselection( )	回傳目前選擇項目的索引編號。
size( )	回傳列表中的項目數量。
activate(index)	選擇指定索引位置的那一行。
xview( )	要使列表框水平滾動，請將水平滾動條的相關指令設置為此方法。
yview( )	要使列表框垂直滾動，請將垂直滾動條的相關指令設置為此方法。

如上表所述，在程式 15.14 中，我們首先創建一個列表框，並通過使用函式 `insert()` 將項目插入列表框中。

程式 15.14

撰寫一個程式，在列表框中插入三個國家名稱。

```python
import tkinter as TK

class ListBoxDemo:
    def __init__(self):
        #創建視窗實例
        window = TK.Tk()
        #創建列表框實例
        self.listbox = TK.Listbox(window)
        #列表框中添加項目
        self.listbox.insert(1, "INDIA")
        self.listbox.insert(2, "USA")
        self.listbox.insert(3, "RUSSIA")
        self.listbox.pack()
        #將視窗實體化
        window.mainloop()

if __name__ == "__main__":
    ListBoxDemo()
```

輸出

```
INDIA
USA
RUSSIA
```

15.13　視窗元件管理員

Tkinter 具有三個視窗元件管理員，分別為 grid、pack 和 place，這三個視窗元件管理員都允許使用者指定 widget 元件在頂層或父類別視窗內的位置。

15.13.1　Grid 視窗元件管理員

grid 視窗元件管理員相當便於使用和理解，它是 Tkinter 中最廣泛使用的視窗元件管理員之一。主要的 widget 元件切割成許多的行和列，而每個表單元格可以再容納另一個 widget 元件，因此，使用者可以於創建 widget 元件後，再透過 grid 方法告訴管理員要將 widget 元件放置在哪一行和哪一列中，表 15.10 描述了 grid 視窗元件管理員中可用的選項。

表 15.10　grid 視窗元件管理員支援的選項

選項	值	選項的用途
row column	整數值	指定 widget 元件於主要 widget 元件的位置。
rowspan columnspan	整數值	儲存格合併的行／列數。
padx pady	整數值	設定 widget 元件邊框與表單元格間的距離。
ipadx ipady	整數值	可選擇 widget 元件內容與其邊框的距離，預設為 0。
sticky	N、E、W、S、NW、 NE、SW、SE、NS、 EW、NSEW	定義如何擴展 widget 元件，當表單元格比 widget 元件大時。例如：N+S 表示 widget 元件應垂直擴展以填充整個表單元格，W + E + N + S 意味著 widget 元件應該往四周展開。

透過以下語法使用 grid 方法中的選項。

語法

```
widget().grid(options) or      #使用 grid 和其選項創建 widget 元件
widget_obj.grid(options)       #透過定義 widget 元件時所創建的物件來呼叫 grid 方法
```

── 程式 15.15

撰寫一個程式，使用 grid 方法中的選項，將按鈕 widget 元件放置在不同位置。

```python
import tkinter as TK

class GridManagerDemo:
    def __init__(self):
        #創建一個根視窗物件
        root = TK.Tk()
        #在第 3 行創建一個按鈕物件
        btn_column = TK.Button(root, text = "In column 3")
        btn_column.grid(column = 3)
        #創建一個橫跨 3 格的按鈕
        TK.Button(root, text = "Column span of 3").grid(columnspan = 3)
        #使用內建水平距離創建一個按鈕
        TK.Button(root, text = "ipadx of 4").grid(ipadx = 4)
        #使用內建垂直距離創建一個按鈕
        TK.Button(root, text = "ipady of 4").grid(ipady = 4)
        #使用水平距離創建一個按鈕
        TK.Button(root, text = "padx of 4").grid(padx = 4)
```

```
            #使用垂直距離創建一個按鈕
            TK.Button(root, text = "pady of 4").grid(pady = 4)
            #在第二列創建一個按鈕
            TK.Button(root, text = "On 2nd row").grid(row = 2)
            #創建一個橫跨 2 格的按鈕
            TK.Button(root, text = "Rowspan of 2").grid(rowspan = 2)
            #創建一個固定在左上角的按鈕
            TK.Button(root, text = "At north-east").grid(sticky = TK.NE)
            #將根視窗實體化
            root.mainloop()

if __name__ == "__main__":
    GridManagerDemo()
```

輸出

> 解釋　上述程式中，我們使用了 grid 視窗管理員的各種選項，例如 column、columnspan、ipadx、ipady、padx、pady、rowspan、sticky，其中選項 `column = 3` 將按鈕放在第 3 行，padx 和 pady 選項則是用於填充單元格的水平和垂直間的距離。

15.13.2　Pack 視窗元件管理員

　　pack 視窗元件管理員可以將 widget 元件彼此疊放或併排放置，它允許使用者在 widget 元件中再放入另外一個 widget 元件，也可以使用 pack 視窗元件所支援的各種選項，將 widget 元件放置在適當的位置。表 15.11 描述了 pack 視窗元件管理員中可用的選項。

表 15.11　pack 視窗元件管理員支援的選項

選項	值	選項的用途
expand	YES(1) NO(0)	指定是否填滿 widget 元件，以填充視窗元件管理員的其他額外空間。預設情況下為 False，也就是不填滿 widget 元件額外空間。
fill	NONE X Y BOTH	指定 widget 元件是否填滿視窗元件管理員提供的所有空間。 如果 fill = None，保持 widget 元件的原始大小。 如果 fill = X（水平填滿）或 fill = Y（垂直填滿）。 如果 fill = BOTH，則向四周等比例擴展。
padx pady	整數值	設定 widget 元件邊框與表單元格間的距離
ipadx ipady	整數值	可選擇 widget 元件內容與其邊框的距離，預設為 0。
anchor	N、S、W、E、NW、SW、NE、SE、NS、EW、NSEW、CENTER	widget 元件在表單元格中的位置，預設為置中 CENTER

透過以下語法來使用 pack 方法中的選項。

語法

```
widget().pack(options)      #使用 pack 和其選項創建 widget 元件
                            或
widget_obj.pack(options)    #透過定義 widget 元件時所創建的物件來呼叫 pack 方法
```

—— 程式 15.16

撰寫程式將標籤 widget 元件依序排列放置。

```
import tkinter as TK

class PackManagerDemo:
    def __init__(self):
        #創建一個根視窗
        root = TK.Tk()
        #創建一個橘色背景的標籤物件
        label_obj = TK.Label(root, text = "Orange", bg = "orange",
                             fg = "white")
        label_obj.pack()
        #創建一個白色背景的標籤物件
        TK.Label(root, text = "White", bg = "white",
                 fg = "black").pack()
```

```
            #創建一個綠色背景的標籤物件
            TK.Label(root, text = "Green", bg = "green",
                    fg = "white").pack()
            #將視窗實體化
            root.mainloop()

if __name__ == "__main__":
    PackManagerDemo()
```

輸出

```
 tk   —  □  ×
   Orange
    White
    Green
```

解釋 上述程式中，我們創建了「橘色」、「白色」和「綠色」三個不同的標籤，這些所有的 widget 元件在未使用任何 pack 方法選項的情況下，被放置在同一列中。

── **程式 15.17** ──────────────────────────────

使用 fill = X 選項，將 widget 元件寬度設定為父類別 widget 元件寬度。

```
import tkinter as TK

class PackManagerDemo:
    def __init__(self):
        #創建一個根視窗
        root = TK.Tk()
        #創建一個橘色背景的標籤物件
        label_obj = TK.Label(root, text = "Orange", bg = "orange",
                            fg = "white")
        label_obj.pack(fill = TK.X)
        #創建一個白色背景的標籤物件
        TK.Label(root, text = "White", bg = "white",
                fg = "black").pack(fill = TK.X)
        #創建一個綠色背景的標籤物件
        TK.Label(root, text = "Green", bg = "green",
                fg = "white").pack(fill = TK.X)
        #將視窗實體化
        root.mainloop()

if __name__ == "__main__":
    PackManagerDemo()
```

輸出

上述程式中,我們將所有標籤建立了與父類別 widget 元件同樣的寬度,通過使用 side = LEFT 和 fill = Y,我們便可以並排放置所有 widget 元件。

程式 15.18

使用 fill = X 選項,將 widget 元件寬度設定為父類別 widget 元件寬度。

```python
import tkinter as TK

class PackManagerDemo:
    def __init__(self):
        #創建一個根視窗
        root = TK.Tk()
        #創建一個橘色背景的標籤物件
        label_obj = TK.Label(root, text = "Orange", bg = "orange",
                             fg = "white")
        label_obj.pack(side = TK.LEFT, fill = TK.Y)
        #創建一個白色背景的標籤物件
        TK.Label(root, text = "White", bg = "white",
                 fg = "black").pack(side = TK.LEFT,fill = TK.Y)
        #創建一個綠色背景的標籤物件
        TK.Label(root, text = "Green", bg = "green",
                 fg = "white").pack(side = TK.LEFT, fill = TK.Y)
        #將視窗實體化
        root.mainloop()

if __name__ == "__main__":
    PackManagerDemo()
```

輸出

15.13.3 Place 視窗元件管理員

place 視窗元件管理員使用兩種位置系統（絕對和相對）來定位 widget 元件在父類別框架內的位置，絕對位置使用實際的 x 和 y 坐標，然而，相對位置將 widget 元件指定為父類別框架或根視窗的相對百分比大小。要將 widget 元件放置在適當的位置，可以使用 place 視窗元件管理員支援的各種選項，表 15.12 描述了可支援的各種選項。

表 15.12　place 視窗元件管理員支援的選項

選項	值	選項的用途
anchor	N、S、W、E、NW、SW、NE、SE、CENTER	該選項將 widget 元件放置在指定的位置。
relwidth relheight	浮點數值 [0.0, 1.0]	附加 widget 元件的大小應該對應於主 widget 元件的大小。
relx rely	浮點數值 [0.0, 1.0]	附加 widget 元件的相對位置。
width height	整數	附加 widge 元件的絕對寬度和高度。
x y	整數	附加 widget 元件的絕對位置。

在使用 place 方法中的選項語法如下。

語法

```
widget().place(options)        #使用 place 和其選項創建 widget 元件
                                或
widget_obj.place(options)      #透過定義 widget 元件時所創建的物件來呼叫 place
                                方法
```

程式 15.19 示範如何使用 place widget 元件。

── 程式 15.19 ──────────────────────────────

撰寫程式，創建兩個按鈕，將其中一個按鈕設定為絕對位置，另一個按鈕設定為相對位置。

```python
import tkinter as TK

class PlaceManagerDemo:
    def __init__(self):
        #創建一個根視窗
        root = TK.Tk()
        #在固定位置創建一個按鈕
        button_1 = TK.Button(root, text = "Button 1")
        button_1.place(x = 20, y = 10)
        #創建一個與視窗具有相對位置和大小的按鈕
        TK.Button(root, text = "Button 2").place(x = 0.8, rely = 0.2,
                    relwidth = 0.5, width = 10)
        root.mainloop()

if __name__ == "__main__":
    PlaceManagerDemo()
```

輸出

> [!解釋] 上述程式中，可能會看到絕對位置和相對位置之間並無太大差異，但是當我們嘗試調整視窗大小，會發現 Button1 不會改變，因為它的坐標是固定的，也就是絕對位置；而 Button2 會隨之改變，因為它的坐標與根視窗相對應。

▶ 15.14 滾動條 Widget 元件

滾動條 widget 元件用於對垂直或水平的滾動文字、繪畫板或列表框 widget 元件中的內容進行滾動顯示。

滾動條 Widget 元件的用途

如上所述，Tkinter 視窗元件管理員有助於在父類別容器中放置和排列所有 widget 元件。但如果容器具有固定大小或超過螢幕大小時，將會有一些區域使用者無法在螢幕上看見，因此，在這種情況下需要滾動條 widget 元件，以下為創建滾動條 widget 元件的語法。

語法

```
Scrollbar(ref_parent_widget, **options)
```

上述語法中，第一個參數是引用父類別 widget 元件。滾動條 widget 元件還提供不同選項來配置滾動條，如表 15.13 所示。

表 15.13 滾動條 widget 元件的選項和配置方法

選項	值	選項的用途
orient	VERTICAL HORIZONTAL	定義滾動條的方向，預設情況下方向為垂直。
command	xview yview	回呼方法用於更新相關聯的 widget 元件，通常為呼叫滾動條 widget 元件的 xview 或 yview 方法。 如果使用者滾動了滾動條，則該命令會觸發回呼函式 ("moveto", offset)。其中 offset 設置為 0.0 時，代表滾動條在最上面（或最左邊）的位置；offset 設置為 1.0 時，代表滾動條在最下面（或最右邊）的位置。 如果使用者點擊滾動條或箭頭按鈕，則該命令會觸發回呼函式 (SCROLL、step、what)。根據方向來決定，step 可以為 1 或 -1，而第三個引數用於指定要滾動的行數或要滾動的頁數。

滾動條 widget 元件的相關重要方法	
方法名稱	描述
get( )	將回傳滾動條最左（上）和最右（下）端的相對位置，offset = 0.0 時，代表滾動條在最上面或最左邊的位置；offset = 1.0 時，代表滾動條在其最底部或最右側的位置。
set(lo, hi)	將滾動條移動到新的位置。 lo：滾動條最上端（最左端）的相對位置。 hi：滾動條最下端（最右端）的相對位置。

程式 15.20 示範如何使用滾動條 widget 元件。

程式 15.20

撰寫程式,創建一個列表框,並為其添加一個滾動條。

```python
import tkinter as TK

class ScrollbarDemo:
    def __init__(self):
        #創建一個視窗物件
        window = TK.Tk()
        #創建一個滾動條物件,並將其設置於右側
        self.scrollbar = TK.Scrollbar(window)
        self.scrollbar.pack(side = TK.RIGHT, fill = TK.Y)
        #創建一個高度為 5 的列表框
        self.listbox = TK.Listbox(window, height = 5)
        #將資料添加到列表框
        self.listbox.insert(TK.END, "INDIA")
        self.listbox.insert(TK.END, "CHINA")
        self.listbox.insert(TK.END, "BRAZIL")
        self.listbox.insert(TK.END, "RUSSIA")
        self.listbox.insert(TK.END, "JAPAN")
        self.listbox.insert(TK.END, "NEPAL")
        self.listbox.insert(TK.END, "Sri Lanka")
        self.listbox.insert(TK.END, "United Kingdom")
        self.listbox.insert(TK.END, "AUSTRALIA")
        self.listbox.insert(TK.END, "CANADA")
        self.listbox.insert(TK.END, "THAILAND")
        self.listbox.insert(TK.END, "BANGLADESH")
        #將列表框添加到視窗
        self.listbox.pack()
        #將列表框設置滾動條
        self.listbox.config(yscrollcommand = self.scrollbar.set)
        #允許滾動條改變列表框的 y 值
        self.scrollbar.config(command = self.listbox.yview)
        #將視窗物件實體化
        window.mainloop()

if __name__ == "__main__":
    ScrollbarDemo()
```

輸出

```
USA
RUSSIA
United Kingdom
JAPAN
AUSTRALIA
```

解釋 上述程式中，我們創建了滾動條和列表框 widget 元件，程式碼中的 `self.scrollbar.config(command = self.listbox.yview)` 用於讓列表框 widget 元件可以垂直滾動。

▶ 15.15 繪圖板

Tkinter 繪圖板元件可以繪製各種不同圖形，並將不同的 widget 元件放置在繪圖板上。Tkinter 會將創建於繪圖板的新項目自動分配一個項目識別碼（整數），以下為創建繪圖板元件的語法。

語法

```
Canvas(ref_parent_widget, width = value, height = value)
```

上述語法用於設定繪圖板的大小、寬度和高度，創建繪圖板後，我們可以在繪圖板上繪製多個不同的物件，例如線條、矩形、多邊形、橢圓、扇形、圖像、點陣圖、文字和視窗，表 15.14 列出繪圖板元件的所有方法。

表 15.14 繪圖板元件的重要方法

繪圖板方法	回傳型態	描述
create_line (x1, y1, x2, y2, **options)	項目識別碼	在點 (x1, y1) 到 (x2, y2) 之間創建一條線。
create_rectange (x1, y1, x2, y2, **options)		在坐標 (x1, y1) 到 (x2, y2) 之間創建一個矩形。其中 (x1, y1) 和 (x2, y2) 分別是矩形的左上角和右下角坐標。
create_polygon (*coords, **options)		指定坐標創建多邊形。

繪圖板方法	回傳型態	描述
create_arc (x1, y1, x2, y2, **options)		繪圖板上的扇形物件是從橢圓中取出的一個楔形切片，點 (x0, y0) 與 (x1, y1) 分別為橢圓中矩形的左上角和右下角。如果這個矩形為正方形，則將會得到一個圓形。
create_oval (x1, y1, x2, y2, **options)		數學上的圓皆歸類為橢圓，橢圓由坐標 (x1, y1) 和 (x2, y2) 所定義的矩形創建。
create_bitmap (x, y, **options)		x 和 y 值是點陣圖放置的位置參考點。
create_image (x, y, **options)		圖像設置於點 (x, y) 的位置。
create_text (x, y, **options)		創建文字物件在繪圖板上顯示一行或多行文字。
delete (items)		刪除所有符合的項目
coords (item)	回傳元組，其中包含指定項目的坐標	回傳項目的坐標。
coords (item, x0, y0, x1, y1, ..., xn, yn)		更改所有符合的項目坐標。
bbox (items)	元組	回傳指定項目的邊界框。
bbox( )	元組	回傳所有項目的邊界框。
型態（項目）	字串 包括下列任一項： "arc" "bitmap" "image" "line" "oval" "polygon" "rectangle" "text" "window"	回傳指定項目的型態。

程式 15.21 示範如何創建繪圖板，並在其上繪製一些物件。

程式 15.21

創建一個矩形,並為其添加對角線,分別使用 create_rectangle() 和 create_line() 方法繪製矩形和線條。

```python
import tkinter as TK

class CanvasDemo:
    def __init__(self):
        #創建一個視窗
        window = TK.Tk()
        #創建一個繪圖板物件
        self.canvas = TK.Canvas(window, width = 300, height = 300,
                                bg = "white")
        #添加一條對角線,從 (100, 100) 開始,到 (200, 200) 結束
        self.canvas.create_line(100, 100, 200, 200)
        #在坐標 (100, 100) 和 (200, 200) 上創建一個矩形
        self.canvas.create_rectangle(100, 100, 200, 200)
        #添加另一條對角線,從 (200, 100) 開始,到 (100,200) 結束
        self.canvas.create_line(200, 100, 100, 200)
        #將繪圖板添加到視窗
        self.canvas.pack()
        #將視窗實體化
        window.mainloop()

if __name__ == "__main__":
    CanvasDemo()
```

輸出

解釋 上述程式中,TK.Canvas(window, width = 300, height = 300, bg = "white"),創建一個寬度為 300 像素,高度為 300 像素,背景顏色為白色的繪圖板。程式碼中的 create_rectangle() 和 create_line() 方法透過以下坐標系統或 Tkinter 將矩形和線條繪製到所指定的點上,並放置到繪圖板上。

要在這個創建的繪圖板上繪製圖形,我們需要告訴 widget 元件要在哪裡繪製。由於每個 widget 元件都有自己的坐標系統,原點 (0, 0) 在左上角,x 坐標為向右增加,y 坐標為向下增加。

> **! 注意**
> Tkinter 坐標的系統不同於傳統的坐標系統。
>
> ```
>         (0, 0)   X 軸                    Y 軸
>        ┌─────────────►                    ▲
>        │                                  │
>        │                                  │
>        │                                  │
>        ▼                                  └─────────────►
>         Y 軸                          (0, 0)        X 軸
>
>       Tkinter 的坐標系統              傳統的坐標系統
> ```
>
> 在電腦計算中,坐標系統的原點 (0, 0) 是從螢幕的左上角開始,這是因為早期的傳統螢幕是從左上角開始搜尋,它已成為圖形介面程式撰寫的一項業界標準。

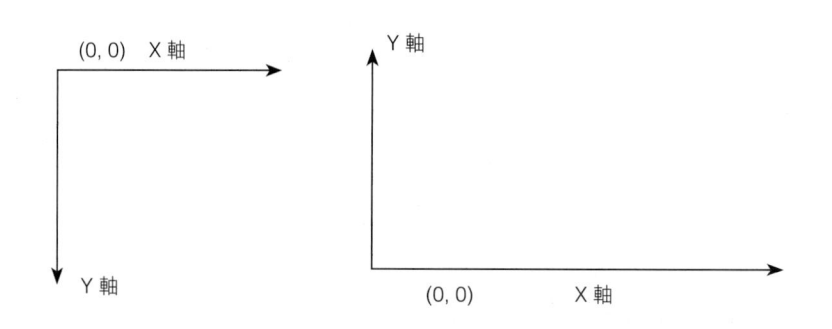

── 程式 15.22

創建一個視窗,並在其中添加一個繪圖板。在視窗上,添加一個框架,然後在框架上設置兩個按鈕為 Rectangle 和 String。點擊 Rectangle 按鈕時,會在繪圖板上繪製一個矩形;點擊 String 按鈕時,會在創建的矩形上寫入文字。

```python
import tkinter as TK

class CanvasDemo:
    def __init__(self):
        #創建一個視窗物件
        window = TK.Tk()
        #創建一個繪圖板物件,並公開於整個類別中
        self.canvas = TK.Canvas(window, width = 200, height = 200,
                                bg = "white")
        self.canvas.pack()
        #創建一個框架物件,並公開於整個類別中
        self.frame = TK.Frame(window)
        self.frame.pack()
        #創建一個用於繪製矩形的按鈕
        self.rect_button = TK.Button(self.frame, text = "Rectangle",
                                     command = self.draw_rectangle)
        self.rect_button.grid(row = 1, column = 1)
        #創建一個用於顯示字串的按鈕
        self.string_button = TK.Button(self.frame, text = "String",
                                       command = self.write_text)
```

```
        self.string_button.grid(row = 1, column = 2)
        #將視窗實體化
        window.mainloop()

    def draw_rectangle(self):
        #在指定的坐標處繪製矩形
        self.canvas.create_rectangle(100, 200, 200, 100)

    def write_text(self):
        #撰寫文字訊息
        self.canvas.create_text(150, 140, text = "Rectangle")

if __name__ == "__main__":
    CanvasDemo()
```

輸出

[視窗顯示：標題 tk，畫布中央顯示一個矩形標示「Rectangle」，下方有兩個按鈕 Rectangle 與 String]

解釋 上述程式中，我們增加了視窗、框架和繪圖板元件。按鈕 Rectangle 和 String 被增加到框架 widget 元件上，點擊 Rectangle 和 String 按鈕時，分別呼叫使用者定義的函式 `draw_rectangle` 和 `write_text`，利用繪圖板方法在繪圖板上繪製和寫入文字。

▶ 15.16 選單

Tkinter 的選單 widget 元件可用於創建頂層、下拉式和彈跳式選單，Tkinter 中的 Menu 類別可用於創建選單欄和選單。以下為創建選單的語法，它還具有將項目增加到選單的命令方法。

── **程式 15.23** ──

撰寫程式，創建選單欄 Diagrams，並添加不同的選單，例如 Rectangle 和 Oval，可分別在繪圖板上畫出不同的形狀。

```python
import tkinter as TK

class MenuDemo:
    def __init__(self):
        #創建一個視窗物件
        window = TK.Tk()
        #創建一個繪圖板物件
        self.canvas = TK.Canvas(window, width = 200,
                                height = 200, bg = "white")
        self.canvas.pack()
        #創建一個選單欄物件
        menubar = TK.Menu(window)
        #在視窗中增加選單欄
        window.config(menu = menubar)
        #在選單欄增加選單
        diagram_menu = TK.Menu(menubar, tearoff = 0)
        #為選單項目增加階層式選單
        menubar.add_cascade(label = "Diagrams",
                            menu = diagram_menu)
        #增加各種選單項目
        diagram_menu.add_command(label = "Rectangle",
                                 command = self.draw_rect)
        diagram_menu.add_command(label = "Oval",
                                 command = self.draw_oval)
        diagram_menu.add_command(label = "Clear",
                                 command = self.clear_canvas)
        #將視窗實體化
        window.mainloop()

    def draw_rect(self):
        #在繪圖板上畫一個矩形,並標記它
        self.canvas.create_rectangle(100, 200, 200, 100,
                                     tags = "rect")

    def draw_oval(self):
        #在繪圖板上畫一個橢圓,並標記它
        self.canvas.create_oval(10, 10, 190, 90, tags = "oval")

    def clear_canvas(self):
        #使用標籤清除繪圖板
        self.canvas.delete("rect", "oval")

if __name__ == "__main__":
    MenuDemo()
```

輸出

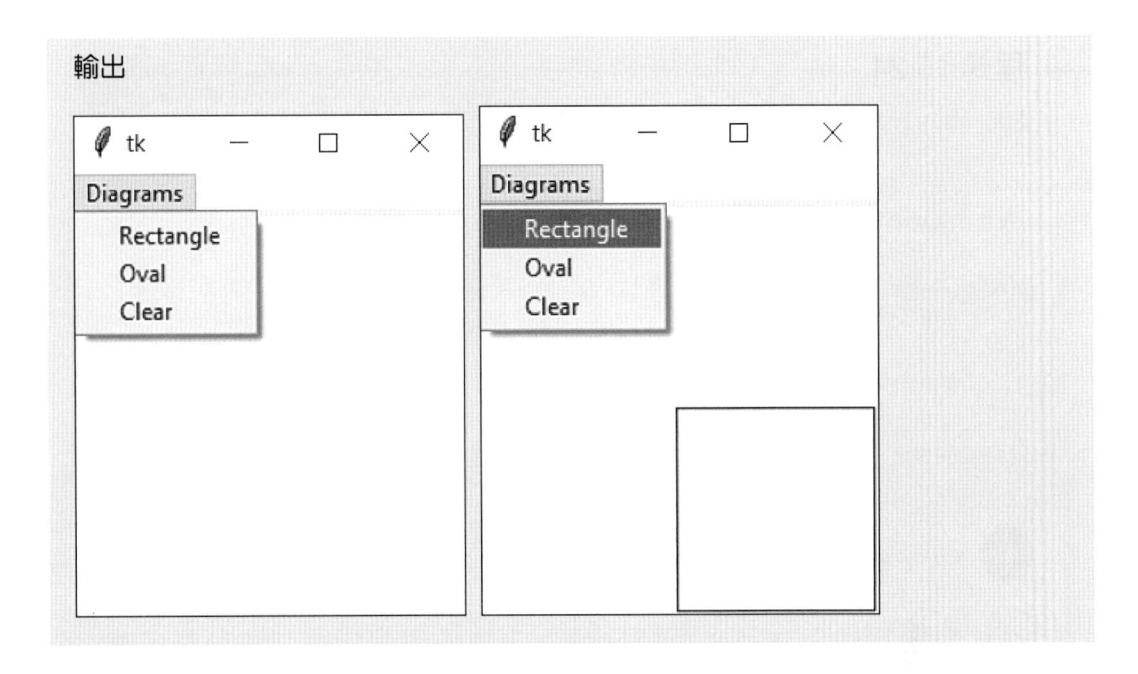

> **解釋** 上述程式中，我們最初增加了一個視窗來設置物件，視窗中我們創建了一個大小為 200 × 200 的繪圖板，通過點擊選單項目 Rectangle 和 Oval 來繪製矩形和橢圓形。程式碼中 `menubar = TK.Menu(window)` 用於將物件實體化，而程式碼 `menubar.add_cascade(label = "Diagrams", menu = diagram_menu)` 用於創建選單。

最後通過 `diagram_menu.add_command()` 方法將項目增加到選單中。

▶ 15.17　Tkinter 標準對話框──訊息框模組

有時需要在 GUI 圖形介面應用程式中彈跳出一個訊息框，用於警告使用者目前正在嘗試執行的一些無效操作。Tkinter 使用訊息框模組，用於顯示訊息，它有不同類型的訊息框，可提示使用者輸入數字或字串等，常見的訊息框如下。

showinfo 訊息框：

```
tkinter.messagebox.showinfo("訊息框標題內容", "訊息框中的內容")
```

showinfo 方法用於顯示帶有圖示的訊息框，可以通過指定不同的參數來更改訊息框上顯示的圖示，使用 showinfo 方法後會出現一個訊息框等待使用者按下 OK。

程式 15.24

使用 showinfo 方法顯示一個訊息框。

```
import tkinter.messagebox

tkinter.messagebox.showinfo("Info Message Box",
                            "You can press ok Button!!")
```

輸出

[Info Message Box 顯示 "You can press ok Button!!" 與 OK 按鈕]

showwarning 訊息框：

```
tkinter.messagebox.showwarning("警告訊息框標題內容", "訊息框中的內容")
```

與 showinfo 訊息框的原理相同，但顯示的圖標為警告圖標，而非訊息圖標。

程式 15.25

使用 showwarning 方法顯示一個警告訊息框。

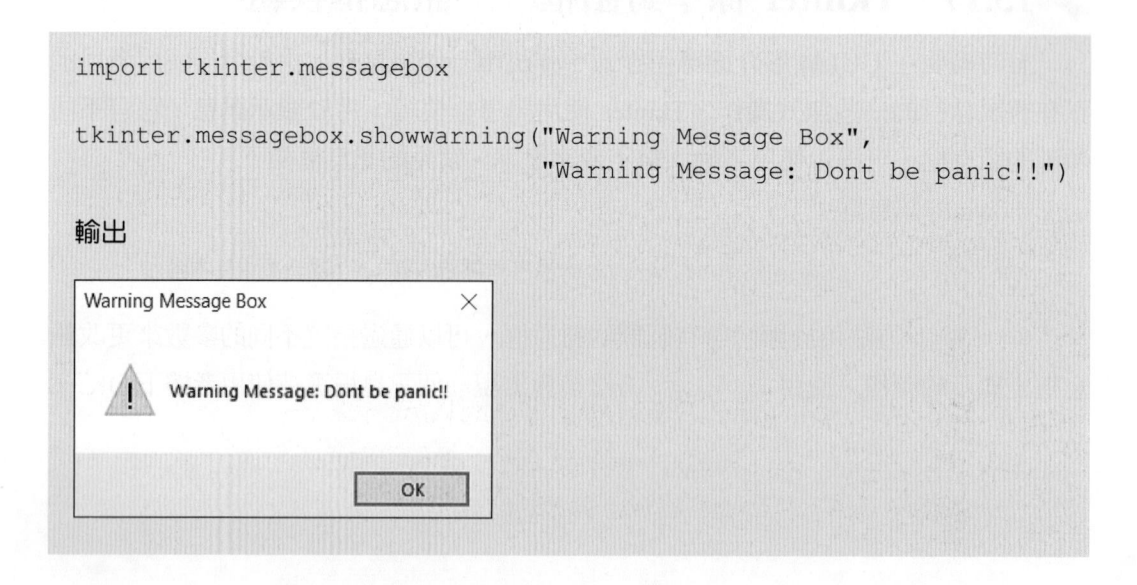

```
import tkinter.messagebox

tkinter.messagebox.showwarning("Warning Message Box",
                               "Warning Message: Dont be panic!!")
```

輸出

[Warning Message Box 顯示 "Warning Message: Dont be panic!!" 與 OK 按鈕]

askyesno 訊息框：

```
tkinter.messagebox.askyesno("選項訊息框標題內容", "訊息框中的內容")
```

askyesno 方法的訊息框顯示一個帶有 Yes 和 No 的按鈕，如果按下 Yes，則該函式回傳 True，反之回傳 False。

程式 15.26

使用 askyesno 方法顯示一個選項訊息框。

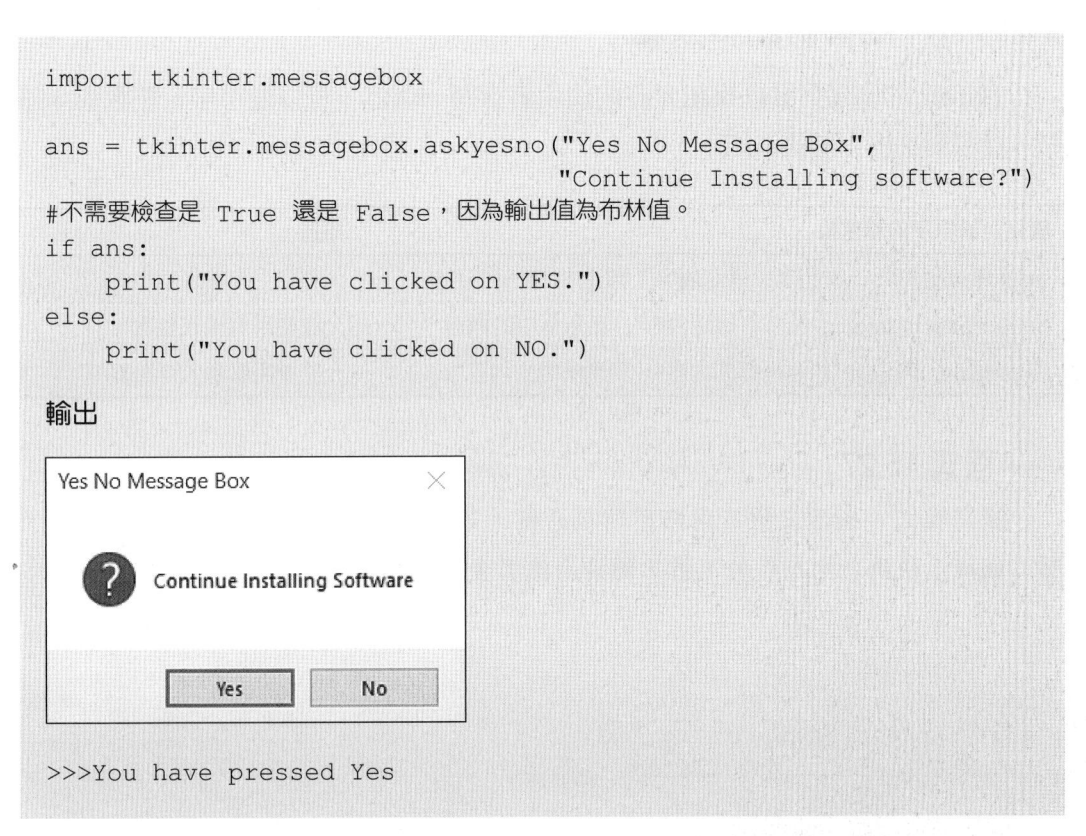

```
import tkinter.messagebox

ans = tkinter.messagebox.askyesno("Yes No Message Box",
                        "Continue Installing software?")
#不需要檢查是 True 還是 False，因為輸出值為布林值。
if ans:
    print("You have clicked on YES.")
else:
    print("You have clicked on NO.")
```

輸出

```
>>>You have pressed Yes
```

除了 askyesno 之外，Tkinter 還有另外兩種 yes/no 訊息框，如下所示。

yes/no 訊息框	描述
messagebox.askyesnocancel("選項訊息框標題內容", "訊息框中的內容")	將顯示三個選項：Yes、No 和 Cancel。
messagebox.askokcancel("選項訊息框標題內容", "訊息框中的內容")	將顯示兩個選項：OK 和 Cancel。

> **!注意**
>
> 在 Python 2 中,訊息框的模組名稱為 tkMessageBox,而 Python 3 中為 tkinter.messagebox。
>
> ```
> #在 Python 2 中匯入訊息框的語法如下
> import tkMessageBox      #Python 2
> ```

15.17.1 簡易對話框模組

Tkinter 的簡易對話框模組允許向使用者詢問一個值,可以是字串、整數或浮點數。簡易對話框下的語法如下。

簡易對話框下的訊息框	描述
simpledialog.askstring("訊息框標題內容", "訊息框中的內容")	允許使用者輸入字串。
simpledialog.askinteger("訊息框標題內容", "訊息框中的內容")	允許使用者輸入整數。
simpledialog.askfloat("訊息框標題內容", "訊息框中的內容")	允許使用者輸入浮點數。

— 程式 15.27

撰寫程式,顯示三種不同類型的訊息框,第一個訊息框提示使用者輸入姓名,第二個提示使用者輸入年齡,第三個提示使用者輸入體重。

```
#Tkinter 模組匯入
import tkinter
#匯入 tkinter.simpledialog 模組
import tkinter.simpledialog

root = tkinter.Tk()
name = tkinter.simpledialog.askstring("Get String",
                                      "Please Enter your Name")
print("Entered String is:", name)

age = tkinter.simpledialog.askstring("Get Number",
                                     "Please Enter your Age:")
print("Entered age is:", age)

weight = tkinter.simpledialog.askstring("Get float Numbers",
                                        "Enter Your Weight:")
print("Entered weight is:", weight)
```

輸出

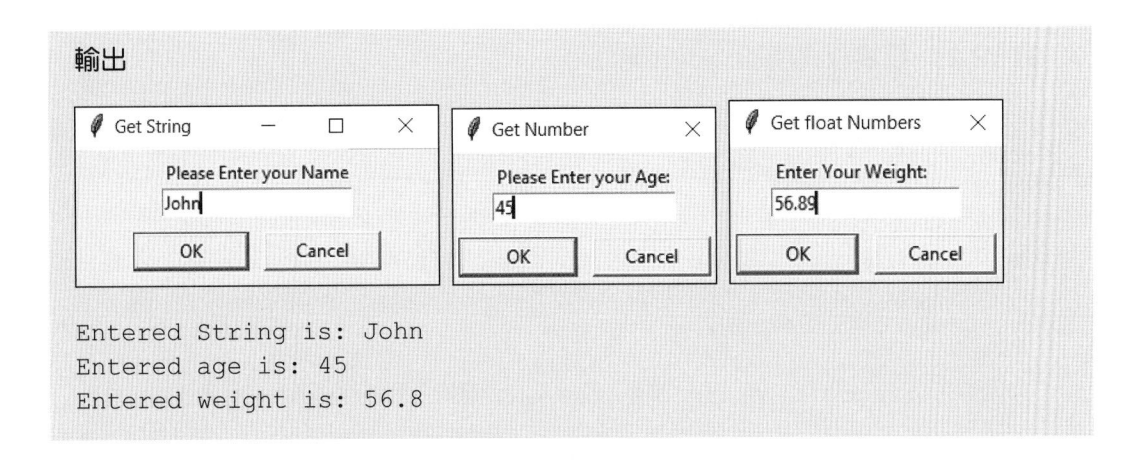

```
Entered String is: John
Entered age is: 45
Entered weight is: 56.8
```

▶ 小專案：貨幣轉換應用程式

此專案會使用到 GUI 圖形介面的 widget 元件、視窗元件管理員和事件來開發一個擁有 GUI 圖形介面控制台的應用程式，此應用程式可以將印度貨幣換算成等值的其他貨幣金額，應用程式的畫面如下。

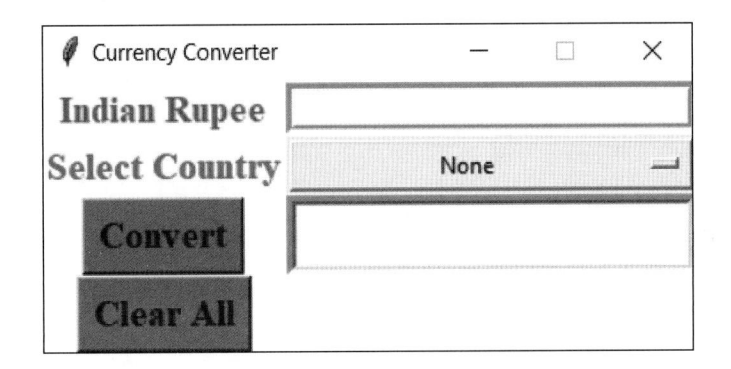

設計上述應用程式的步驟如下：

☞ **STEP 1**： 設計 GUI 圖形介面，也就是識別不同的 Tkinter widget 元件，應用程式的設計圖如下。

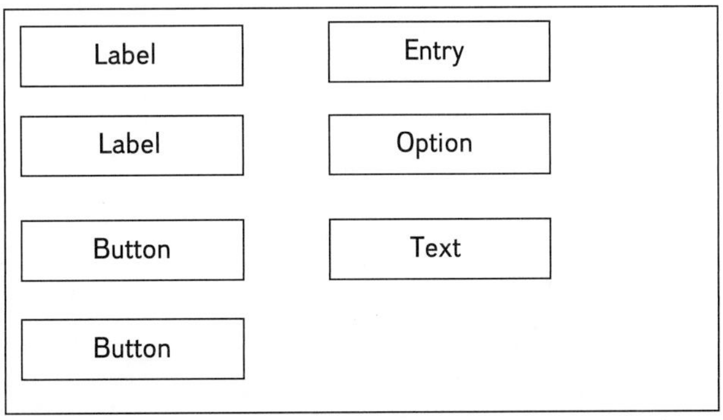

☞ **STEP 2**：撰寫程式增加 widget 元件。

```python
#Currency_Convertor
#將盧比轉換為等值的外幣程式
import tkinter as tk
from tkinter import Label, Entry, Button, StringVar, OptionMenu, Text

class CurrencyConvertor:
    """
    類別 CurrencyConvertor 包含了設計 GUI 圖形介面的程式碼和執行操作的函式
    """
    def __init__(self):
        root = tk.Tk()
        root.title("Currency Converter")
        root.resizable(width = 'false', height = 'false')
        root.configure(background = 'white')
        lable_one = Label(root, text = "Indian Rupee", font =
                        "Times 15 bold", fg = 'GREEN', bg = "WHITE")
        #將主視窗增加標籤
        lable_one.grid(row = 1, column = 1)
        #創建一個輸入框
        self.entry = Entry(root, bd = 5, relief = 'groove',
                        width = 35)
        #將輸入框增加到主視窗
        self.entry.grid(row = 1, column = 2)

        label_two = Label(root, text = "Select Country", font =
                        "Times 15 bold", fg = 'RED', bg = "WHITE")
        label_two.grid(row = 2, column = 1)

        #創建一個按鈕 'convert'，並增加到主畫面
        btn = Button(root, text = "Convert", fg = "black",
                    font = "Times 15 bold", bg = "Gray",
                    command = self.currency_convertor)
        btn.grid(row = 3, column = 1)
        #創建一個按鈕 'Clear All'，並增加到主畫面
        btn = Button(root, text = "Clear All", fg = "black",
                    font = "Times 15 bold", bg = "Gray",
                    command = self.clear)
        btn.grid(row = 4, column = 1)
        #文字框用於在主視窗中將輸出結果輸出
        self.result = Text(root, height = 2, width = 30,
                        font = "Times 10 bold", bd = 5)
        #將文字框增加到主視窗
        self.result.grid(row = 3, column = 2)
        root.mainloop()
```

☞ **STEP 3**： 創建一個盧比與其他貨幣等價兌換的字典。

```
#等價於 1 盧比的國家名稱和貨幣價值
        self.options = {
            "USD": 0.014,
            "Australian Dollar": 0.021,
            "Chinese Yuan": 0.097,
            "United Arab Emirates Dirham": 0.051,
            "Japanese Yen": 1.52,
            "Russian Ruble": 0.89}
```

☞ **STEP 4**： 撰寫程式將選項增加到選單 widget 元件。

```
#變數 country_name 用於取得選項 'select country' 中的值，例如 USD
self.country_name = StringVar(root)
#set() 方法用於將預設值設置為 None
self.country_name.set(None)

#將選單的選項增加到主視窗
self.option_menu = OptionMenu(root, self.country_name,
                              *self.options)
self.option_menu.grid(row = 2, column = 2, stick = "ew")
```

☞ **STEP 5**： 撰寫程式計算其他國家貨幣的兌換金額，並在文字 widget 元件上顯示結果。

```
#變數 country_name 用於取得選項 'select country' 中的值，例如 USD
self.country_name = StringVar(root)
#set() 方法用於將預設值設置為 None
self.country_name.set(None)


def currency_convertor(self):
    '''
    此函式用於取得在輸入框中輸入的值，也就是以盧比為單位，並將其轉換為選定貨幣的值
    '''
    try:
        #變數 amount_rs 用於儲存 'Indian rupee' 輸入框中的值
        amount_rs = self.entry.get()
        #變數 selected_country 用於儲存所選擇的國家
        selected_country = self.country_name.get()
        selected_country_currency_value = self.options.
```

```
                    get(selected_country, None)
            '''
            接下來,要進行貨幣兌換的工作,'float(DICT)' 為所選擇的對應值 (例
            如 USD = 0.014),而 'float(amount_rs)' 中的值為對應值乘上盧
            比後的值
            '''
            try:
                currency = float(selected_country_currency_value)
                amount = float(amount_rs)
                converted_amount = currency * amount
                self.result.delete(1.0, tk.END)
                self.result.insert(tk.INSERT, "amount In",
                                   tk.INSERT, selected_country,
                                   tk.INSERT, "=", tk.INSERT,
                                   converted_amount)
            except TypeError as error:
                print('Please Select target Country or ', error)
            except ValueError as error:
                print(error)
```

☞ **STEP 6**：撰寫清除輸入框的程式碼,在點擊 Clear All 時,將輸入框 widget 元件的預設值重置為 None。

```
def clear(self):
    #清除輸入框、文字,並取消所選的國家
    self.entry.delete(0, tk.END)
    self.result.delete('1.0', tk.END)
    self.country_name.set(None)
```

包含上述所有步驟的執行程式如下。

```
#Currecy_Convertor
#將盧比轉換為等值外幣的程式
import tkinter as tk
from tkinter import Label, Entry, Button, StringVar, OptionMenu, Text

class CurrencyConvertor:
    """
    類別 CurrencyConvertor 包含了用於設計 GUI 圖形介面的程式碼和執行操作的
    函式
    """
    def __init__(self):
        root = tk.Tk()
        root.title("Currency Converter")
```

```python
root.resizable(width = 'false', height = 'false')
root.configure(background = 'white')
lable_one = Label(root, text = "Indian Rupee",
                  font = "Times 15 bold", fg = 'GREEN',
                  bg = "WHITE")
#將標籤增加到主視窗
lable_one.grid(row = 1, column = 1)
#創建一個輸入框
self.entry = Entry(root, bd = 5, relief = 'groove',
                   width = 35)
#將輸入框增加到主視窗
self.entry.grid(row = 1, column = 2)

label_two = Label(root, text = "Select Country",
                  font = "Times 15 bold", fg = 'RED',
                  bg = "WHITE")
label_two.grid(row = 2, column = 1)

#創建一個 'convert' 按鈕，並設置到主畫面
btn = Button(root, text = "Convert", fg = "black",
             font = "Times 15 bold", bg = "Gray",
             command = self.currency_convertor)
btn.grid(row = 3, column = 1)
#創建一個 'Clear All' 按鈕，並設置到主畫面
btn = Button(root, text = "Clear All", fg = "black",
             font = "Times 15 bold", bg = "Gray",
             command = self.clear)
btn.grid(row = 4, column = 1)
#變數 country_name 用於獲取 'select country' 的值，例如 USD
self.country_name = StringVar(root)
#Set() 方法用於將初始值設置為 None
self.country_name.set(None)
#等價於 1 盧比的國家名稱和貨幣價值
self.options = {
    "USD": 0.014,
    "Australian Dollar": 0.021,
    "Chinese Yuan": 0.097,
    "United Arab Emirates Dirham": 0.051,
    "Japanese Yen": 1.52,
    "Russian Ruble": 0.89}
#將選單的選項增加到主視窗
self.option_menu = OptionMenu(root, self.country_name,
                              *self.options)
self.option_menu.grid(row = 2, column = 2, stick = "ew")
#文字框用於在主視窗中將輸出結果輸出
self.result = Text(root, height = 2, width = 30,
                   font = "Times 10 bold", bd = 5)
```

```python
            #將文字框增加到主視窗
            self.result.grid(row = 3, column = 2)
        root.mainloop()

    def clear(self):
        #清除輸入框、文字,並取消所選的國家
        self.entry.delete(0, tk.END)
        self.result.delete('1.0', tk.END)
        self.country_name.set(None)

    def currency_convertor(self):
        '''
        此函式用於取得在輸入框中輸入的值,也就是以盧比為單位,並將其轉換為選定貨
        幣的值
        '''
        try:
            #變數 amount_rs 用於儲存 'Indian rupee' 輸入框中的值
            amount_rs = self.entry.get()
            #變數 selected_country 用於儲存所選擇的國家
            selected_country = self.country_name.get()
            selected_country_currency_value = self.options.\
                    get(selected_country, None)
            '''
            接下來,要進行貨幣兌換的工作,'float(DICT)' 為所選擇的對應值(例
            如 USD = 0.014),而 'float (amount_rs)' 中的值為對應值乘上
            盧比後的值
            '''
            try:
                currency = float(selected_country_currency_value)
                amount = float(amount_rs)
                converted_amount = currency * amount
                self.result.delete(1.0, tk.END)
                self.result.insert(tk.INSERT, "amount In",
                    tk.INSERT, selected_country, tk.INSERT, "=",
                    tk.INSERT, converted_amount)
            except TypeError as error:
                print('Please Select target Country or', error)
        except ValueError as error:
            print(error)

CurrencyConvertor()
```

總結

- GUI 圖形介面應用程式可以在 Python 中使用 **Tkinter** 模組開發。
- 各種 widget 元件，例如按鈕、單選按鈕、勾選按鈕、輸入框、滾動條、繪圖板、文字 widget 元件等，可用於設計 GUI 圖形介面應用程式。
- 許多 widget 元件（如按鈕、單選按鈕等）具有將事件與回呼函式綁定的命令選項。
- Tkinter 支援三種類型的視窗元件管理員，grid、place 和 pack。
- **grid 視窗元件管理員**用於將 widget 元件放置在類似表格的二維結構中，**place 視窗元件管理員**用於將 widget 元件彼此疊放或併排放置，**pack 視窗元件管理員**通過使用相對和絕對位置來放置 widget 元件。
- 使用**繪圖板元件**來繪製不同的圖形，並將 widget 元件放置在上面。
- 使用 **Menu 選單類別**來創建選單欄、選單項目和彈跳式選單。
- 程式設計師可以使用標準對話框來顯示訊息，並接收來自使用者的輸入。

關鍵術語

- **GUI**：圖形使用者介面 (Graphical User Interface)。
- **Widget 元件**：Tkinter 函式庫中的圖形物件（框架、標籤、按鈕、輸入框、單選按鈕、複選按鈕、滾動條等）。
- **繪圖板 (Canva)**：用於繪製圖形，並可在繪圖板上放置不同 widget 元件。
- **視窗元件管理員 (Geometry Manager)**：grid、place 和 pack 視窗元件管理員允許在頂層或父類別視窗內指定 widget 元件的位置。
- **簡易對話框 (Simple Dialog Box)**：一種圖形對話框，允許向使用者取得不同類型的值，例如整數、浮點數和字串。

問題回顧

A. 單選題

1. Python Tkinter 中的 `mainloop()` 方法用途為何？
   a. 用於破壞視窗
   b. 用於維持視窗
   c. 用於創建視窗
   d. 選項 b 和選項 c 皆是

2. 以下哪個視窗元件管理員可以將 widget 元件依照指定行和列的方式放置在螢幕上？
   a. place 管理員　　　　　　　　b. grid 管理員
   c. pack 管理員　　　　　　　　 d. 以上皆是

3. 以下哪個視窗元件管理員可以將 widget 元件相互疊放或併排放置？
   a. place 管理員　　　　　　　　b. grid 管理員
   c. pack 管理員　　　　　　　　 d. 以上皆是

4. 以下哪個視窗元件管理員可使用絕對和相對位置在其父類別框架內設置 widget 元件？
   a. place 管理員　　　　　　　　b. grid 管理員
   c. pack 管理員　　　　　　　　 d. 以上皆是

5. 以下哪個敘述式為 Python 3.X 版本中匯入 Tkinter 模組的語法？
   a. from * import tkinter　　　　 b. import tkinter
   c. from tkinter *　　　　　　　　d. from tkinter import *

6. 要在繪圖板上繪製一個矩形最少需要多少個引數？
   a. 4　　　　　　　　　　　　　b. 6
   b. 5　　　　　　　　　　　　　d. 2

7. 要在繪圖板上繪製一條線最少需要多少個引數？
   a. 2　　　　　　　　　　　　　b. 1
   c. 3　　　　　　　　　　　　　d. 4

8. 以下哪個選項可以創建一個大小為 200 × 300 的繪圖板
   a. Canvas.create(window, width = 300, height = 200, bg = "white")
   b. Canvas(window, width = 300, height = 200, bg = "white")
   c. Canvas.initialise(window, width = 300, height = 200, bg = "white")
   d. Canvas(window, size = 300 * 300, bg = "white")

9. 以下哪種方法用於從輸入框 widget 元件中取得文字？
   a. entry.get( )　　　　　　　　　b. entry.gettext( )
   c. entry.getalltext( )　　　　　　 d. 以上皆非

10. 以下哪種方法用於刪除繪圖板上的物件？
    a. delete(tags_name)　　　　　　b. deleteall (tags_name)
    c. delete( )　　　　　　　　　　d. 選項 b 和選項 c 皆是

B. 練習題

1. 回顧一下如何創建一個帶有紅色文字 I Love Python Programming 的標籤。
2. 舉出適當的例子說明如何使用 grid 視窗元件管理員。
3. 舉例說明 grid、place 和 pack 視窗元件管理員之間的主要差別。
4. 舉例說明如何使用列表 widget 元件。
5. 舉例說明如何使用按鈕 widget 元件中的命令選項。

C. 程式練習題

1. 使用 Tkinter 設計出以下 GUI 圖形介面。

First Name	
Last Name	

2. 使用標籤、輸入框和按鈕 widget 元件開發以下 GUI 圖形介面，點擊 Submit 按鈕時，將輸入框 widget 元件的內容顯示到螢幕上。

First Name	
Last Name	
	SUBMIT

3. 創建以下 GUI 圖形介面，點擊 Addition 按鈕時加總所有數字，點擊 Clear 按鈕時清除輸入框中的值。

First No	
Second No	
Sum	
	Clear
	Addition

4. 使用單選按鈕設計以下 GUI 圖形介面，並顯示出所選擇的選項。

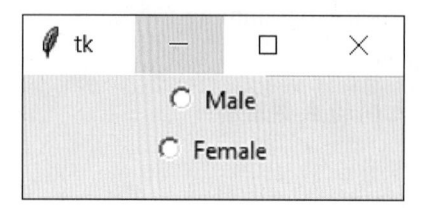

5. 使用勾選按鈕和輸入框 widget 元件，設計以下 GUI 圖形介面。

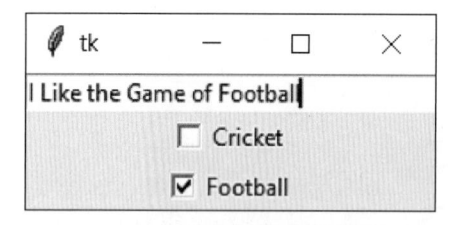

點擊勾選按鈕 Football 時，在輸入框 widget 元件上顯示 I Like the Game of Football；點擊勾選按鈕 Cricket 時，在輸入框 widget 元件上顯示 I Like the Game of Cricket；如果使用者同時選擇兩者，則顯示 I Love both。

Chapter 16
MySQL 資料庫簡介

學習成果

完成本章後，學生將會學到：

✦ 了解基本資料庫概念，包含關聯式模型 (relational model) 的結構和操作。
✦ 使用結構化查詢語言 (structured query language)，建立簡單和進階的資料庫查詢。
✦ 使用 MySQL 建立小型資料庫。
✦ 透過 Python 程式進行 MySQL 資料查詢。

章節大綱

16.1 資料庫簡介
16.2 資料庫語言 MySQL 簡介
16.3 MySQL 安裝
16.4 在命令列模式進行 MySQL 基本操作
16.5 MySQL Connector 模組簡介
16.6 透過 pip 下載 MySQL Connector 模組
16.7 從 Python 連接到 MySQL
16.8 Cursor 游標簡介
16.9 與 MySQL 資料庫互動的 Cursor 游標
16.10 透過 MySQL Connector/Python 程式介面模組列出資料庫
16.11 透過 MySQL Connector/Python 程式介面模組建立資料庫
16.12 透過 MySQL Connector/Python 程式介面模組建立資料表單
16.13 透過 MySQL Connector/Python 程式介面模組插入紀錄
16.14 透過 MySQL Connector/Python 程式介面模組更新紀錄
16.15 透過 MySQL Connector/Python 程式介面模組刪除紀錄

16.1 資料庫簡介

現行資料庫對於大多數企業來說是不可或缺的，它們被用於維護紀錄，以便提供資訊給客戶，是一種有效儲存大量資料的方式。然而，資料庫實際上是資料庫管理系統的一部分，資料庫管理系統是整個可支援資料庫的應用程式，包括伺服器和客戶端等應用程式，是一種強大的工具，可以有效地建立和管理大量資料，並可長期儲存資料。通常以具有大量硬碟空間的機器作為資料庫伺服器，資料庫管理系統會被安裝在機器上，並執行伺服器應用程式來處理請求，以便儲存和取出資訊。

截至今日，資料庫大都基於關聯式模型，關聯式模型為我們提供一種簡單方式將資料表示為「關聯」的二維資料表單。一旦應用程式建立好資料庫，就會在每個資料庫中以二維格式引入資料表單，資料表單通常將資料分組儲存。資料庫是資料表單的集合，每個資料表單都可被進一步細分為行和列，每一列對應一筆紀錄或一個實體，每一行則對應一種屬性。表 16.1 說明紀錄是如何儲存在二維資料表單中。

表 16.1　電影資料庫——以二維關聯式模型表示

電影名稱	電影類型	出版年度
Student of the Year 2	Romantic comedy（浪漫喜劇類）	2019
Kabir Singh	Drama（戲劇類）	2019
Tanhaji	Biopic（傳記類）	2020

在上述表單中，「電影名稱」、「電影類型」和「出版年度」是二維關聯資料表單「電影」的屬性。一個表單中除標題列以外，每一列都包含所有屬性則被稱為**元組**。

16.2　資料庫語言 MySQL 簡介

SQL 是結構化查詢語言 (structured query language) 的縮寫，SQL 包含用於修改資料庫以及宣告資料庫綱要 (schema) 的程式，因此，SQL 既是資料定義語言也是資料操作語言。在資料定義語言中，它允許對資料庫進行各種操作，而資料操作語言則使用插入、更新和刪除等查詢程式來存取和操作資料。其中，MySQL 是一種常見的 SQL 語言。

16.3　MySQL 安裝

☞ **STEP 1**：在 Windows 中下載 MySQL 程式。瀏覽網站 **https://dev.mysql.com/downloads/installer/**，來下載 MySQL 安裝程式。點擊 Download 按鈕，下載選定版本的 MySQL 程式。

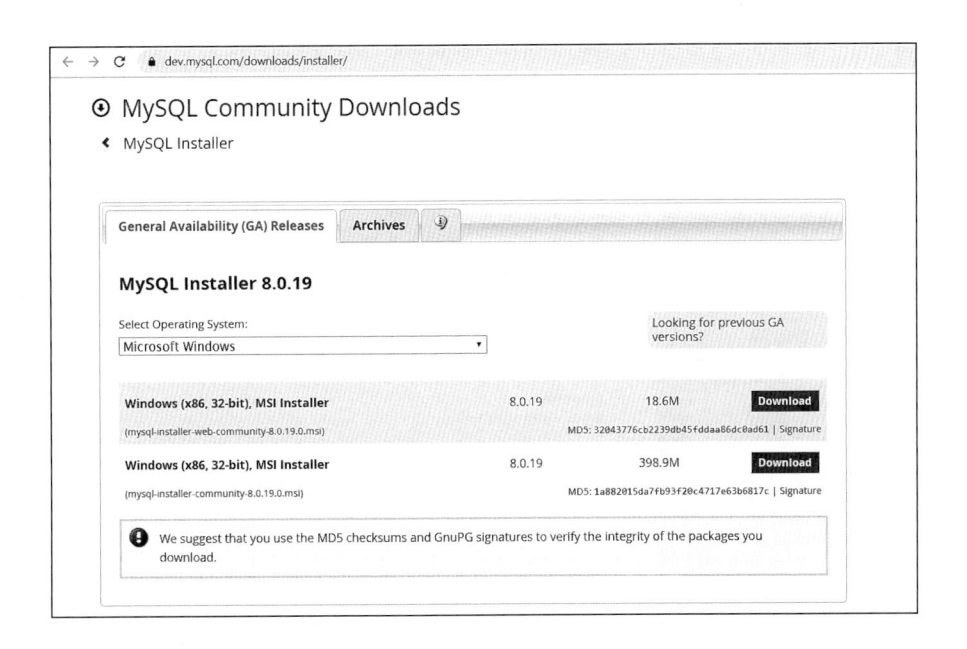

☞ **STEP 2**： 打開 Windows 的檔案總管，瀏覽所下載 mysql-installer-community 版本的位置。

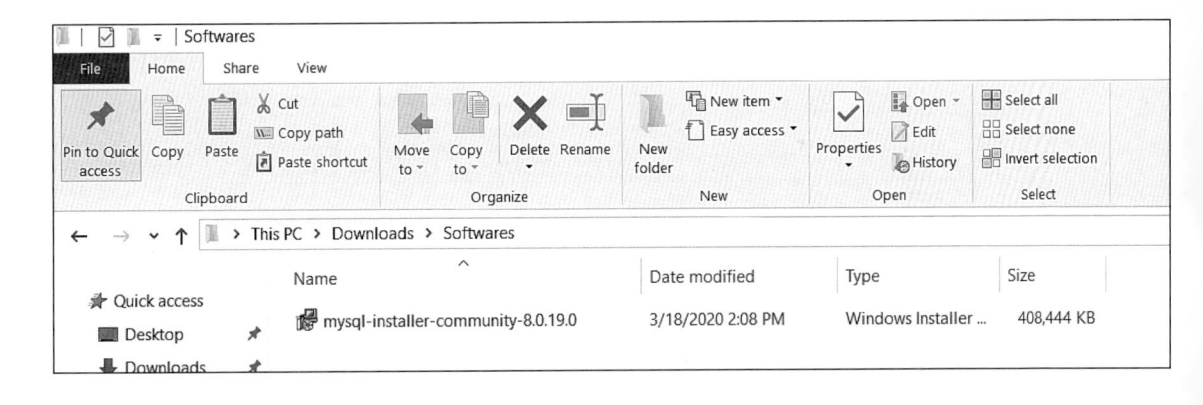

☞ **STEP 3**： 點擊執行 mysql-installer-community 進行安裝。

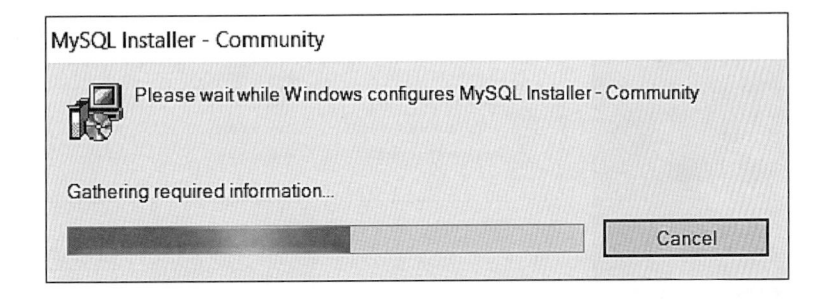

☞ **STEP 4**：選擇安裝類型為 Developer Default（開發者預設），並點選 Next（下一步）。

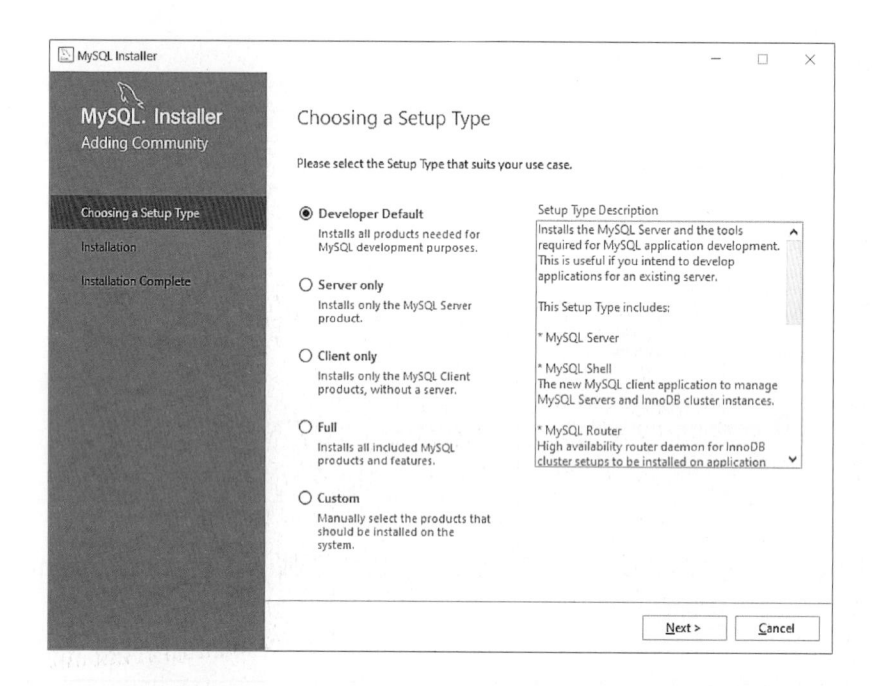

☞ **STEP 5**：點選 **Execute** 執行產品安裝，一旦產品安裝完畢，點選 Next（下一步）繼續。

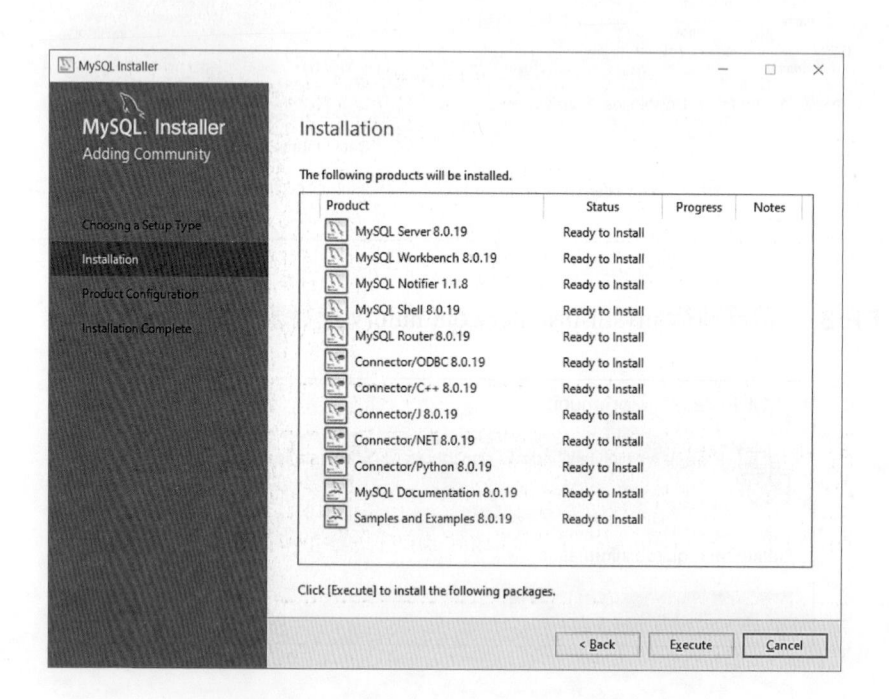

☞ **STEP 6**：點選 Standalone MySQL Server/Classic MySQL Replication，並點選 Next 按鈕繼續安裝。

☞ **STEP 7**：選擇伺服器設定類型為 **Development Computer**，並點選 Next 按鈕繼續。

☞ **STEP 8**：點選 Use Strong Password Encryption for Authentication，並點選 Next 按鈕繼續。

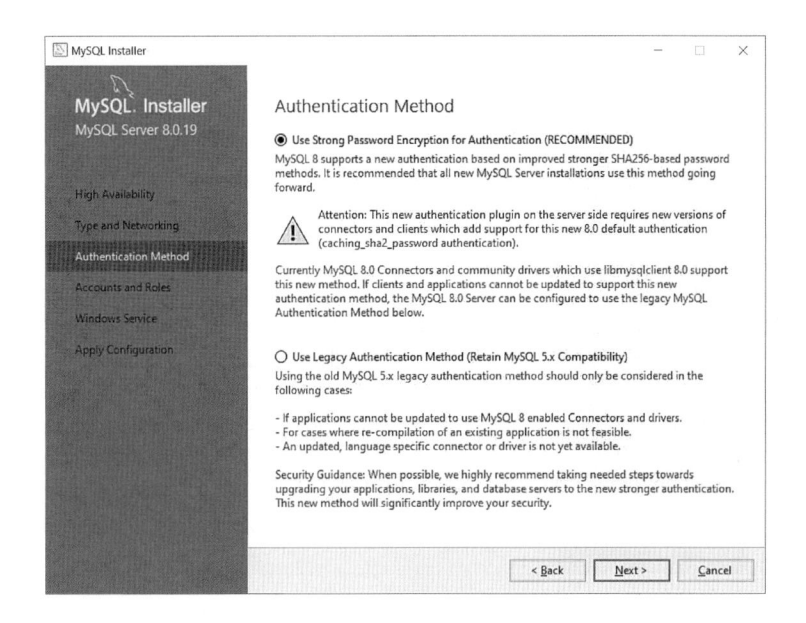

☞ **STEP 9**：輸入 root 帳號的密碼，然後點選 Next 按鈕繼續。

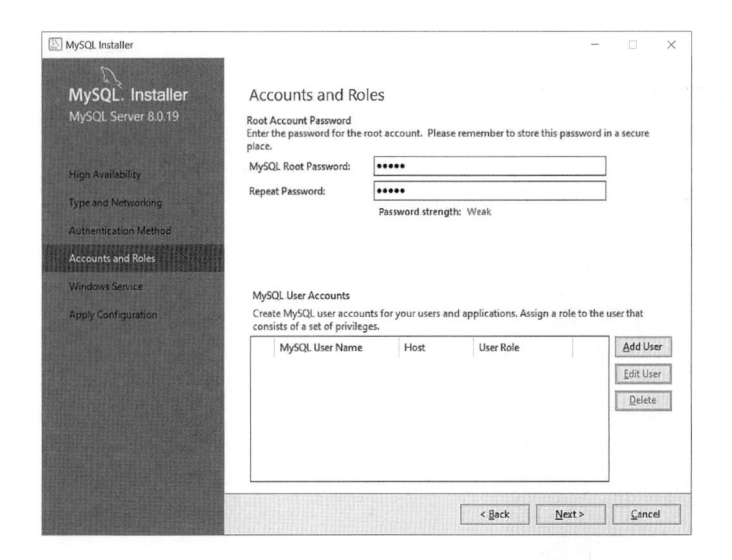

☞ **STEP 10**：點選 Windows Service（Windows 服務）視窗的 Next 按鈕繼續。

☞ **STEP 11**：點選應用設定視窗的 Finish 按鈕並繼續安裝。
☞ **STEP 12**：點選產品設定視窗的 Next 按鈕繼續安裝。
☞ **STEP 13**：點選 Finish 按鈕進入 MySQL 路由器設定視窗。
☞ **STEP 14**：再次點選產品設定視窗的 Next 按鈕繼續。
☞ **STEP 15**：透過輸入我們在 STEP 9 建立的 root 密碼來測試連線，並點選 Check 和 Next 按鈕繼續安裝。

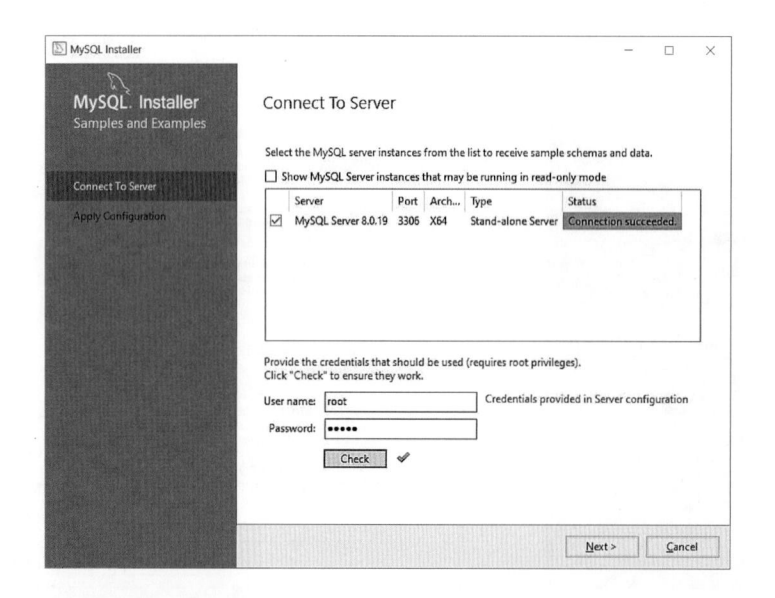

☞ **STEP 16**：點選應用設定視窗的 Execute 按鈕來繼續，並點選 Finish 按鈕來啟動安裝完成的 MySQL 程式。

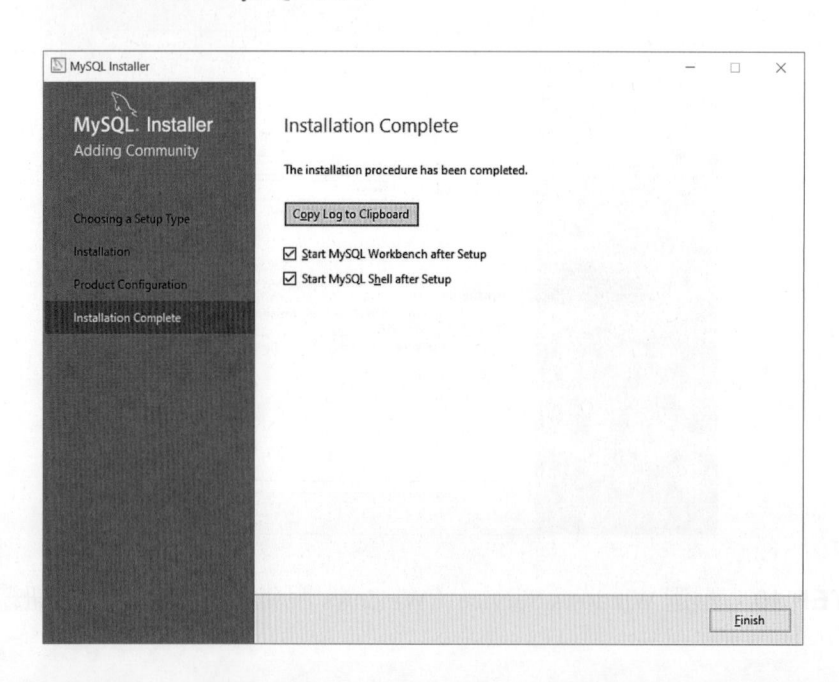

❗注意

每當需要啟動 MySQL 時，可透過點選 Windows 按鈕檢查 MySQL 是否已安裝完成。

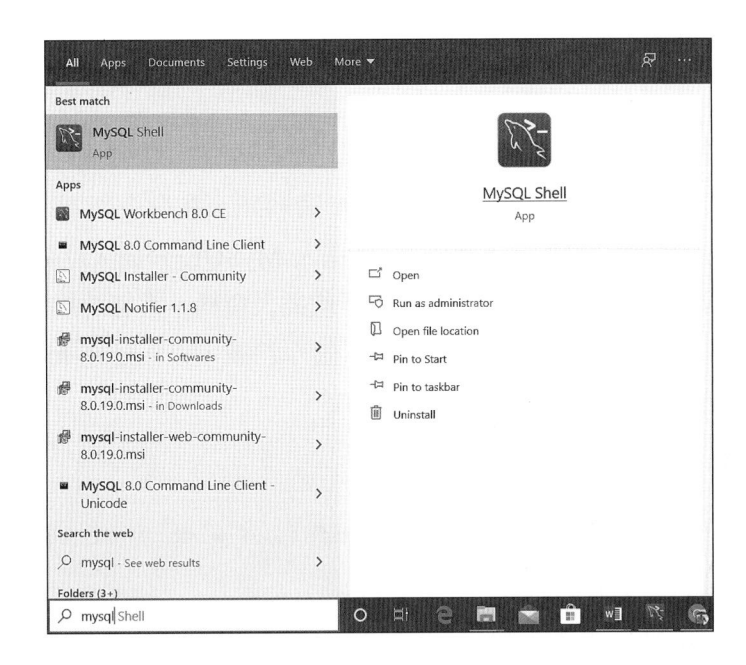

如果已經安裝完成，點選 **MySQL Command Line Client mode**，在命令列模式下啟動 MySQL。

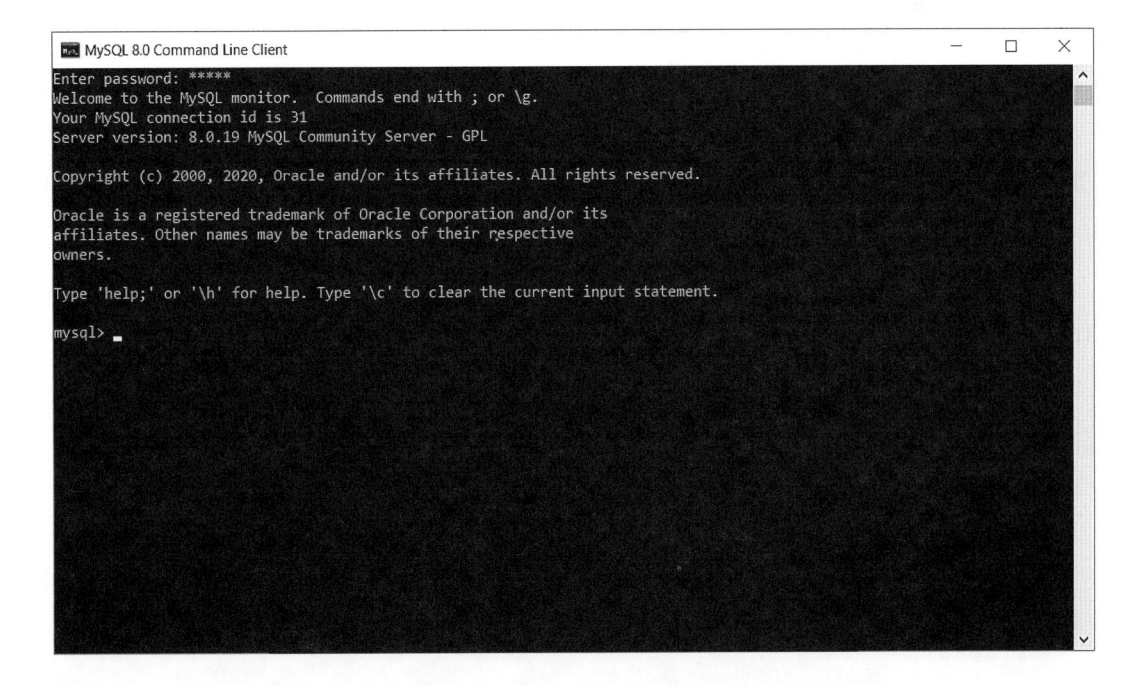

> **注意**
> Mac OS 和 Unix 的 MySQL 安裝步驟可參考 MySQ 官方網頁：
> https://dev.mysql.com/doc/refman/8.0/en/osx-installation.html

▶ 16.4　在命令列模式進行 MySQL 基本操作

我們可以透過命令列模式來存取 MySQL 資料庫，在命令列下輸入 MySQL 命令，每個命令必須使用分號作為結尾。一旦進入 MySQL 介面，就可以選擇一個資料庫，並利用 MySQL 查詢程式來讀取、更新或插入資料。當您連接到 MySQL 伺服器，就會顯示一個歡迎訊息，並出現 **mysql>** 提示符號。以下是在 **mysql>** 提示符號下，將 SQL 敘述式傳送到伺服器上執行的範例：

```
Enter password: *****
Welcome to the MySQL monitor.  Commands end with ; or \g.
Your MySQL connection id is 31
Server version: 8.0.19 MySQL Community Server - GPL

Copyright (c) 2000, 2020, Oracle and/or its affiliates. All rights
reserved.
Oracle is a registered trademark of Oracle Corporation and/or its
affiliates.
Other names may be trademarks of their respective owners.

Type 'help;' or '\h' for help. Type '\c' to clear the current
input statement.

mysql>
```

接著介紹 MySQL 伺服器的基本操作，SQL 敘述式的語法和功能說明如下。

1. **顯示現有資料庫**：列出所有預先定義的資料庫。

SQL 命令：SHOW

語法

SHOW DATABASES;

```
mysql> SHOW DATABASES;
+--------------------+
| Database           |
```

```
+--------------------+
| information_schema |
| mysql              |
| performance_schema |
| sakila             |
| sys                |
| world              |
+--------------------+
6 rows in set (0.84 sec)
```

2. 選擇資料庫：選擇所需使用的資料庫。

SQL 命令：use

語法

use 資料庫名稱;　　#如果成功，將收到訊息 "Database Changed"

範例

選擇資料庫 **world**。

```
mysql> use world;
Database changed
```

> **❗注意**
> 下載 world 資料庫的網址連結：https://dev.mysql.com/doc/world-setup/en/。

3. 列出所選資料庫中的資料表單：列出目前資料庫中的所有資料表單。

SQL 命令：show

語法

show Tables;

```
mysql> show Tables;
+-----------------+
| Tables_in_world |
+-----------------+
| city            |
| country         |
| countrylanguage |
+-----------------+
3 rows in set (1.11 sec)
```

4. 讀取資料表單結構：讀取資料表單結構的 SQL 查詢語法如下：

SQL 命令：describe

語法

describe 資料表單名稱；

範例

```
mysql> describe city;
+-------------+----------+------+-----+---------+----------------+
| Field       | Type     | Null | Key | Default | Extra          |
+-------------+----------+------+-----+---------+----------------+
| ID          | int      | NO   | PRI | NULL    | auto_increment |
| Name        | char(35) | NO   |     |         |                |
| CountryCode | char(3)  | NO   | MUL |         |                |
| District    | char(20) | NO   |     |         |                |
| Population  | int      | NO   |     | 0       |                |
+-------------+----------+------+-----+---------+----------------+
5 rows in set (0.12 sec)
```

5. 讀取所有在資料表單中的紀錄：使用 select 命令和 * 運算子來讀取所有在資料表單中的紀錄，這裡的 * 代表所有的行。

SQL 命令：select

語法

select *from 資料表單名稱；

範例

　　顯示資料表單 city 的內容。

```
mysql> select *from city;
+----+----------------+-------------+---------------+------------+
| ID | Name           | CountryCode | District      | Population |
+----+----------------+-------------+---------------+------------+
|  1 | Kabul          | AFG         | Kabul         |    1780000 |
|  2 | Qandahar       | AFG         | Qandahar      |     237500 |
|  3 | Herat          | AFG         | Herat         |     186800 |
|  4 | Mazar-e-Sharif | AFG         | Balkh         |     127800 |
|  5 | Amsterdam      | NLD         | Noord-Holland |     731200 |
|  6 | Rotterdam      | NLD         | Zuid-Holland  |     593321 |
|  7 | Haag           | NLD         | Zuid-Holland  |     440900 |
+----+----------------+-------------+---------------+------------+
```

6. **選擇特定資料**：從一組紀錄中根據條件讀取所需的紀錄。

   a. 讀取特定欄位的紀錄。

語法

```
select 欄位名稱 1, 欄位名稱 2, ..... from 資料表單名稱;
```

範例

顯示包含 Id、name、CountryCode 和 Population 的紀錄。

```
mysql> select Id,name,CountryCode, Population from city;
+------+------------------+-------------+------------+
| Id   | name             | CountryCode | Population |
+------+------------------+-------------+------------+
|    1 | Kabul            | AFG         |    1780000 |
|    2 | Qandahar         | AFG         |     237500 |
|    3 | Herat            | AFG         |     186800 |
|    4 | Mazar-e-Sharif   | AFG         |     127800 |
|    5 | Amsterdam        | NLD         |     731200 |
|    6 | Rotterdam        | NLD         |     593321 |
|    7 | Haag             | NLD         |     440900 |
+------+------------------+-------------+------------+
```

   b. 根據條件讀取紀錄：使用 where 子句來選擇特定的紀錄。

範例

讀取所有國家代碼為 IND 的紀錄。

```
mysql> select *from city where CountryCode = 'IND';
+------+------------------+-------------+----------------+------------+
| ID   | Name             | CountryCode | District       | Population |
+------+------------------+-------------+----------------+------------+
| 1024 | Mumbai (Bombay)  | IND         | Maharashtra    |   10500000 |
| 1025 | Delhi            | IND         | Delhi          |    7206704 |
| 1026 | Calcutta [Kolkata]| IND        | West Bengali   |    4399819 |
| 1027 | Chennai (Madras) | IND         | Tamil Nadu     |    3841396 |
| 1028 | Hyderabad        | IND         | Andhra Pradesh |    2964638 |
+------+------------------+-------------+----------------+------------+
```

範例

讀取城市名稱為 Delhi 的紀錄。

```
mysql> select *from city where name = "Delhi";
+------+-------+-------------+----------+------------+
| ID   | Name  | CountryCode | District | Population |
+------+-------+-------------+----------+------------+
| 1025 | Delhi | IND         | Delhi    |    7206704 |
+------+-------+-------------+----------+------------+
1 row in set (0.00 sec)
```

c. 根據多個條件來讀取紀錄：使用 **and** 和 **or** 來過濾紀錄。

範例

讀取欄位 CountryCode 中 IND 和 Name 為 Hyderabad 的 ID、Name、District、Population 等欄位紀錄。

```
mysql> select Id, Name, District, Population from city where CountryCode = 'IND' and Name = 'Hyderabad';

+------+-----------+----------------+------------+
| Id   | Name      | District       | Population |
+------+-----------+----------------+------------+
| 1028 | Hyderabad | Andhra Pradesh |    2964638 |
+------+-----------+----------------+------------+
```

7. **更改命令**：需要改變欄位名稱時，可以使用 alter 命令。

SQL 命令：alter

語法

  alter table 資料表單名稱 change 舊欄位名稱 新欄位名稱 資料型態;

範例

將 **District** 的欄位名稱改為 **State**。

```
mysql> alter table city change District State char(50);
Query OK, 4079 rows affected (8.44 sec)
Records: 4079  Duplicates: 0  Warnings: 0
mysql>
mysql> select *from city;
```

```
+----+----------------+-------------+---------------+------------+
| ID | Name           | CountryCode | State         | Population |
+----+----------------+-------------+---------------+------------+
|  1 | Kabul          | AFG         | Kabul         |    1780000 |
|  2 | Qandahar       | AFG         | Qandahar      |     237500 |
|  3 | Herat          | AFG         | Herat         |     186800 |
|  4 | Mazar-e-Sharif | AFG         | Balkh         |     127800 |
|  5 | Amsterdam      | NLD         | Noord-Holland |     731200 |
|  6 | Rotterdam      | NLD         | Zuid-Holland  |     593321 |
|  7 | Haag           | NLD         | Zuid-Holland  |     440900 |
|  8 | Utrecht        | NLD         | Utrecht       |     234323 |
+----+----------------+-------------+---------------+------------+
```

8. **讀取前 N 筆紀錄**：SQL LIMIT 查詢幫助我們讀取前 N 筆紀錄。

SQL 命令： LIMIT

語法

```
select *from 資料表單名稱 LIMIT 整數;
```

範例

讀取資料表單 city 中前 5 筆紀錄。

```
mysql> select *from city LIMIT 5;
+----+----------------+-------------+---------------+------------+
| ID | Name           | CountryCode | State         | Population |
+----+----------------+-------------+---------------+------------+
|  1 | Kabul          | AFG         | Kabul         |    1780000 |
|  2 | Qandahar       | AFG         | Qandahar      |     237500 |
|  3 | Herat          | AFG         | Herat         |     186800 |
|  4 | Mazar-e-Sharif | AFG         | Balkh         |     127800 |
|  5 | Amsterdam      | NLD         | Noord-Holland |     731200 |
+----+----------------+-------------+---------------+------------+
5 rows in set (0.00 sec)
```

9. **依照升序或降序的方式讀取紀錄**：SQL 命令 order by 用於以升序或降序的方式對紀錄進行排序。

SQL 命令： order by

語法（以升序排序）

```
select *from 資料表單名稱 order by 欄位名稱 asc;
```

語法（以降序排序）

```
select *from 資料表單名稱 order by 欄位名稱 desc;
```

範例

依照降序的方式讀取資料表單 city 中與 CountryCode 有關的所有紀錄。

```
mysql> select *from city order by CountryCode desc;
+------+--------------+-------------+-------------+------------+
| ID   | Name         | CountryCode | State       | Population |
+------+--------------+-------------+-------------+------------+
| 4068 | Harare       | ZWE         | Harare      |    1410000 |
| 4069 | Bulawayo     | ZWE         | Bulawayo    |     621742 |
| 4070 | Chitungwiza  | ZWE         | Harare      |     274912 |
| 4071 | Mount Darwin | ZWE         | Harare      |     164362 |
| 4072 | Mutare       | ZWE         | Manicaland  |     131367 |
| 4073 | Gweru        | ZWE         | Midlands    |     128037 |
| 3162 | Lusaka       | ZMB         | Lusaka      |    1317000 |
| 3163 | Ndola        | ZMB         | Copperbelt  |     329200 |
+------+--------------+-------------+-------------+------------+
```

10. **建立新資料庫**：**create** 命令用於建立新資料庫。

SQL 命令：create

語法

```
create database 資料庫名稱;
```

範例

建立名為 coronaanalysis 的新資料庫。

```
mysql> create database Coronaanalysis;
Query OK, 1 row affected (2.12 sec)

#檢查是否成功建立資料庫
mysql> show databases;
+--------------------+
| Database           |
+--------------------+
| coronaanalysis     |
| information_schema |
| mysql              |
| performance_schema |
| sakila             |
```

```
| sys                    |
| world                  |
+------------------------+
7 rows in set (0.27 sec)

#選擇 "coronaanalysis" 資料庫
mysql> use coronaanalysis;
Database changed
#檢查資料庫是否包含任何資料表單
mysql> show tables;
Empty set (0.01 sec)
```

11. **在資料庫中建立資料表單**：透過 **create table** 敘述式允許在資料庫中建立新的資料表單。

SQL 命令：`create table`

語法

```
create table 資料表名稱(
        欄位 1 資料型態,
        欄位 2 資料型態,
        欄位 3 資料型態,
        ............,
        ............, 資料表單條件限制);
```

- 欄位 1、2、3 代表欄位名稱。每個欄位都有特定的資料類型和可選的資料大小，例如：int、char(50) 等。
- 條件限制將對資料表單指定某些限制。例如：**NOT NULL** 限制確保該欄位中不可為 NULL。除了 **NOT NULL** 限制外，一個欄位還可以有其他的限制，例如 CHECK 和 UNIQUE。
- **DEFAULT** 指定該欄位的預設值。
- **AUTO_INCREMENT** 允許當新紀錄插入到資料表單時，會自動產生一個唯一的數值。

範例

在 coronaanalysis 資料庫下建立名為 **country** 的資料表單，並在其中定義多個欄位，例如：**id**、**Country**、**Total_Cases**、**Total_Recovered** 和 **Total_Deaths**。

```
mysql> create table country(
    -> id int not NULL AUTO_INCREMENT,
    -> Country_Name char(50), Total_Cases int,
    -> Total_Recovered int, Total_Deaths int, primary key (id));
Query OK, 0 rows affected (7.56 sec)

mysql> show tables;
+-----------------------------+
| Tables_in_coronaanalysis    |
+-----------------------------+
| country                     |
+-----------------------------+
1 row in set (0.16 sec)

mysql> describe country;
+-----------------+----------+------+-----+---------+----------------+
| Field           | Type     | Null | Key | Default | Extra          |
+-----------------+----------+------+-----+---------+----------------+
| id              | int      | NO   | PRI | NULL    | auto_increment |
| Country_Name    | char(50) | YES  |     | NULL    |                |
| Total_Cases     | int      | YES  |     | NULL    |                |
| Total_Recovered | int      | YES  |     | NULL    |                |
| Total_Deaths    | int      | YES  |     | NULL    |                |
+-----------------+----------+------+-----+---------+----------------+
5 rows in set (0.16 sec)
```

12. **插入新紀錄**：在上述範例中，我們建立資料表單結構來儲存紀錄。資料庫的主要目的是在於資料表單中儲存資料，可使用 **SQL insert** 敘述式，將資料儲存到資料表單中，**insert** 敘述式將在資料表單中建立新的一列來儲存資料。SQL insert 敘述式的基本語法如下：

SQL 命令: insert

語法

insert into 資料表單名稱 (欄位名稱 1, 欄位名稱 2, 欄位名稱 3, ...) values (數值 1, 數值 2, 數值 3 ....)

- ✦ `insert into` 資料表單名稱：告訴 MySQL 伺服器將新列添加到資料表單中的命令。

- ✦ **(欄位名稱 1, 欄位名稱 2, 欄位名稱 3, ...)**：指定要在新的列中更新的欄位名稱。

+ **values (數值 1，數值 2，數值 3 ....)**：指定要添加到新列對應欄位中的數值。

> **注意**
> 當在新資料表單中插入不同資料型態的數值時，需要考慮以下問題：
> + **字串資料型態**：所有字串都應該使用一對單引號括起來。
> + **數值資料型態**：所有的數值都可以直接提供，不需要使用單引號或雙引號括起來。

範例

在上述範例中，我們為資料庫 coronaanalysis 中的資料表單 **country** 建立資料表單結構。接著在資料表單中添加一筆包含 Country_Name 為 INDIA，Total_Cases 為 201，Total_Recovered 為 20 和 Total_Deaths 為 5 的紀錄。

```
mysql> insert into country (Country_Name, Total_Cases, Total_
Recovered, Total_Deaths) values ('INDIA', 201, 20, 5);

Query OK, 1 row affected (0.82 sec)

mysql> select *from Country;
+----+--------------+-------------+-----------------+--------------+
| id | Country_Name | Total_Cases | Total_Recovered | Total_Deaths |
+----+--------------+-------------+-----------------+--------------+
|  1 | INDIA        |         201 |              20 |            5 |
+----+--------------+-------------+-----------------+--------------+
```

範例

一次插入多筆紀錄。

Country_Name	China	Italy	Spain
Total_Cases	80,967	41,035	19,980
Total_Recovered	71,150	4,440	1,588
Total_Deaths	3,248	3,404	1,002

```
mysql> insert into country (Country_Name, Total_Cases,Total_
Recovered,Total_Deaths)
    -> values('China', 80967, 71150, 3248),
    -> ('Italy', 41035, 4440, 3404),
    -> ('Spain', 19980, 1588, 1002);
Query OK, 3 rows affected (2.49 sec)
Records: 3  Duplicates: 0  Warnings: 0

mysql> select *from country;
+----+--------------+------------+----------------+---------------+
| id | Country_Name | Total_Cases | Total_Recovered| Total_Deaths |
+----+--------------+------------+----------------+---------------+
|  1 | INDIA        |        201 |             20 |            5 |
|  2 | China        |      80967 |          71150 |         3248 |
|  3 | Italy        |      41035 |           4440 |         3404 |
|  4 | Spain        |      19980 |           1588 |         1002 |
+----+--------------+------------+----------------+---------------+
4 rows in set (0.14 sec)
```

13. **更新紀錄**：**update** 敘述式是用於修改資料表單中現有的紀錄，我們也可以利用 **update** 敘述式來改變一個或多個欄位的值。

SQL 敘述式： `update`

語法

```
update 資料表單名稱
set
欄位名稱 1 = 數值,
欄位名稱 2 = 數值,
欄位名稱 3 = 數值,
........ = ...,
........ = ...,
........ = ...,
where 條件;
```

解釋 在上述語法中，一開始在 **update** 關鍵字後指定要更新的資料表單名稱，然後指定要更新的欄位和它們對應的數值串列，接著是 set 關鍵字。最後，使用 where 子句中的條件指定所要更新的列。

> **❶ 注意**
> where 敘述式是可選的，你可以不使用 where 敘述式，但在這種情形下，update 敘述式將更新所有的列。

範例

```
mysql> select *from country;
+----+-------------+-------------+-----------------+--------------+
| id | Country_Name| Total_Cases | Total_Recovered | Total_Deaths |
+----+-------------+-------------+-----------------+--------------+
|  1 | INDIA       |         201 |              20 |            5 |
|  2 | China       |       80967 |           71150 |         3248 |
|  3 | Italy       |       41035 |            4440 |         3404 |
|  4 | Spain       |       19980 |            1588 |         1002 |
+----+-------------+-------------+-----------------+--------------+
4 rows in set (0.08 sec)

mysql> update country set Total_Deaths = 3405 where Country_Name
= 'Italy';
Query OK, 1 row affected (0.34 sec)
Rows matched: 1  Changed: 1  Warnings: 0

mysql> select *from country;
+----+-------------+-------------+-----------------+--------------+
| id | Country_Name| Total_Cases | Total_Recovered | Total_Deaths |
+----+-------------+-------------+-----------------+--------------+
|  1 | INDIA       |         201 |              20 |            5 |
|  2 | China       |       80967 |           71150 |         3248 |
|  3 | Italy       |       41035 |            4440 |         3405 |
|  4 | Spain       |       19980 |            1588 |         1002 |
+----+-------------+-------------+-----------------+--------------+
4 rows in set (0.00 sec)
```

14. **刪除紀錄**：MySQL **delete** 命令用於從資料庫中刪除不需要的紀錄，它可以在一次的查詢語法中，從資料表單中刪除一個或多個紀錄，刪除紀錄的語法如下。

MySQL 命令: delete

語法

delete from 資料表單名稱 [where 條件];

解釋 在上述語法中，首先指定要刪除紀錄所在的資料表單名稱，然後透過 where 子句指定條件來刪除特定的紀錄。

範例

在上述範例中，我們在 coronaanalysis 資料庫中為資料表單 **country** 建立資料表單結構並添加不同的紀錄，接著刪除 Country_Name 為 Spain 紀錄。

```
mysql> select *from country;
+----+--------------+-------------+-----------------+--------------+
| id | Country_Name | Total_Cases | Total_Recovered | Total_Deaths |
+----+--------------+-------------+-----------------+--------------+
|  1 | INDIA        |         201 |              20 |            5 |
|  2 | China        |       80967 |           71150 |         3248 |
|  3 | Italy        |       41035 |            4440 |         3405 |
|  4 | Spain        |       19980 |            1588 |         1002 |
+----+--------------+-------------+-----------------+--------------+
4 rows in set (0.00 sec)

mysql> delete from country where Country_name = 'Spain';
Query OK, 1 row affected (1.38 sec)

mysql> select *from country;
+----+--------------+-------------+-----------------+--------------+
| id | Country_Name | Total_Cases | Total_Recovered | Total_Deaths |
+----+--------------+-------------+-----------------+--------------+
|  1 | INDIA        |         201 |              20 |            5 |
|  2 | China        |       80967 |           71150 |         3248 |
|  3 | Italy        |       41035 |            4440 |         3405 |
+----+--------------+-------------+-----------------+--------------+
3 rows in set (0.10 sec)
```

範例

刪除國家名稱為 China 和 Italy 的紀錄。

```
mysql> delete from country where Country_name  in ("Italy", "China");
Query OK, 2 rows affected (0.48 sec)

mysql> select *from Country;
+----+--------------+-------------+-----------------+--------------+
| id | Country_Name | Total_Cases | Total_Recovered | Total_Deaths |
+----+--------------+-------------+-----------------+--------------+
|  1 | INDIA        |         201 |              20 |            5 |
+----+--------------+-------------+-----------------+--------------+
1 row in set (0.00 sec)
```

解釋 在上述範例中，**in** 關鍵字指定用於刪除紀錄的字串串列。

> **!注意**
> ✦ 如果在刪除查詢中沒有使用 where 子句,那麼將會刪除所有在資料表單中的紀錄。
> ✦ 紀錄一旦被刪除就無法復原,因此強烈建議在刪除任何紀錄之前進行備份。

15. **刪除資料表單**:SQL truncate 命令用於刪除資料表單中所有的紀錄,它類似於沒有 where 子句的 delete 敘述式。

SQL 命令: `truncate`

語法

`truncate table 資料表單名稱;`

範例

從資料表單 country 中刪除所有紀錄。

```
mysql> truncate table country;
Query OK, 0 rows affected (6.96 sec)

mysql> select *from country;
Empty set (0.30 sec)
```

16. **永久刪除資料庫**:drop database 敘述式用於從資料庫中刪除所有資料表單,並永久地刪除資料庫。永久刪除資料庫的語法如下。

SQL 命令: `drop database`

語法

`drop database 資料庫名稱;`

範例

從資料庫列表中刪除資料庫 coronaanalysis。

```
mysql> show databases;
+--------------------+
| Database           |
+--------------------+
| coronaanalysis     |
| information_schema |
| mysql              |
| performance_schema |
```

```
| sakila              |
| sys                 |
| world               |
+---------------------+
7 rows in set (2.33 sec)

mysql> drop database coronaanalysis;
Query OK, 1 row affected (10.78 sec)

#檢查資料庫 "coronaanalysis" 是否存在或已被永久刪除
mysql> show databases;
+---------------------+
| Database            |
+---------------------+
| information_schema  |
| mysql               |
| performance_schema  |
| sakila              |
| sys                 |
| world               |
+---------------------+
6 rows in set (0.02 sec)
```

▶ 16.5 MySQL Connector 模組簡介

　　MySQL Connector 模組是用於 Python 程式和 MySQL 伺服器資料庫之間的溝通橋梁，它使用資料定義語言操作資料庫，或透過資料操作語言敘述式查詢資料庫。另外，MySQL Connector 模組也可以被稱為資料庫驅動程式，它是 Python 語言的官方模組，由 Oracle 公司的 MySQL 團隊開發和維護。

▶ 16.6 透過 pip 下載 MySQL Connector 模組

　　安裝 MySQL Connector 官方模組可以使用 **Python Package Authority (PyPa)** 或 **Python Package Index (PyPi)** 安裝，這種做法可確保安裝時能自動解決任何潛在的程式環境依賴關係，並且在所有需要 MySQL 的平台上都可以使用相同的安裝方法。也可以直接使用 **pip 命令列工具**，pip 工具是 Python 正常安裝的一部分，當可以使用 pip 命令列工具時，就可以簡單透過 pip 使用 **install** 命令，安裝最新的 MySQL Connector 官方模組。以下是透過 pip 下載並安裝 MySQL Connector 模組的步驟。

> **注意**
> 可執行的 pip 命令通常放置於 Python 安裝路徑下的 scripts 資料夾。例如:打開 cmd,瀏覽以下路徑即可執行 pip 命令:**C:\Users\abc\AppData\Local\Programs\Python\Python36\Scripts>**。

```
C:\Users\abc\AppData\Local\Programs\Python\Python36\Scripts>pip install mysql-connector-python
Collecting mysql-connector-python
  Cache entry deserialization failed, entry ignored
  Downloading https://files.pythonhosted.org/ packages/d4/26/bf1e150017c3c9e578cb925fbfede077d1a5c0ac02614ceeda45dbe36508/mysql_connector_python-8.0.19-cp36-cp36m-win_amd64.whl (4.3MB)
    100% |████████████████████████████████| 4.3MB 258kB/s
Collecting dnspython==1.16.0 (from mysql-connector-python)
  Cache entry deserialization failed, entry ignored
  Cache entry deserialization failed, entry ignored
  Downloading https://files.pythonhosted.org/packages/ec/d3/3aa0e7213ef72b8585747aa0e271a9523e713813b9a20177ebe1e939deb0/dnspython-1.16.0-py2.py3-none-any.whl (188kB)
    100% |████████████████████████████████| 194kB 2.0MB/s
Collecting protobuf==3.6.1 (from mysql-connector-python)
  Cache entry deserialization failed, entry ignored
  Downloading https://files.pythonhosted.org/packages/e8/df/d606d07cff0fc8d22abcc54006c0247002d11a7f2d218eb008d48e76851d/protobuf-3.6.1-cp36-cp36m-win_amd64.whl (1.1MB)
    100% |████████████████████████████████| 1.1MB 802kB/s

Requirement already satisfied: setuptools in c:\users\abc\appdata\local\programs\python\python36\lib\site-packages (from protobuf==3.6.1->mysql-connector-python)
Collecting six>=1.9 (from protobuf==3.6.1->mysql-connector-python)
  Cache entry deserialization failed, entry ignored
  Downloading https://files.pythonhosted.org/packages/65/eb/1f97cb97bfc2390a276969c6fae16075da282f5058082d4cb10c6c5c1dba/six-1.14.0-py2.py3-none-any.whl
Installing collected packages: dnspython, six, protobuf, mysql-connector-python
Successfully installed dnspython-1.16.0 mysql-connector-python-8.0.19 protobuf-3.6.1 six-1.14.0
```

16.6.1 驗證安裝

驗證 MySQL Connector 模組是否安裝成功的方法是建立一個簡單程式,來輸出 MySQL Connector 模組的屬性。如果程式執行時沒有錯誤,那麼就證明模組安裝成功,以下程式將示範如何驗證。

---- **程式 16.1** ----

撰寫程式,驗證 MySQL Connector 模組是否安裝成功。

```
import mysql.connector as con
print('MySQL Connector/Python Version', con._version_)
print('Connector Version as Tuple', con._version_info_)
```

輸出

```
MySQL Connector/Python Version 2.2.9
Connector Version as Tuple (2, 2, 9, '', 0)
```

解釋 在上述程式中版本以字串和元組兩種不同的方式輸出。當你的應用程式必須相容於兩個不同版本的 MySQL Connector 模組時,可使用元組進行檢查。

> **❶注意**
> MySQL Connector 模組版本可能有所不同,在上述範例中,版本是 2.2.9。

▶ 16.7 從 Python 連接到 MySQL

以下介紹幾種不同的連接方式。

1. `mysql.connector.connect()` 函式:最靈活的連接方法之一,這個函式運作如裝飾器,會根據設定回傳一個適當類別的物件。`mysql.connector.connect()` 函式的基本語法如下:

    ```
    con = mysql.connector.connect(**kwargs)
    ```

2. 含有連接引數的 `MySQLConnection()` 建構子:呼叫 `MySQLConnection` 建構子回傳連接物件,用於後續的資料庫操作。使用 MySQLConnection 類別連接 MySQL 的語法如下:

    ```
    con = mysql.connector.MySQLConnection(**kwargs)
    ```

3. **沒有引數的 `MySQLConnection()` 建構子**：在上述語法中，**MySQLConnection** 類別會先被實例化，然後呼叫 `connect` 方法。上述語法的步驟如下：

   ```
   con = mysql.connector.MySQLConnection()
   con.connect(**kwargs)
   ```

4. **使用 `config` 方法的 `MySQLConnection.connect()`**：該方法與之前使用的 `MySQLConnection()` 方法相同，唯一不同的是，**MySQLConnection.config()** 方法被呼叫以設定連接，語法如下。

   ```
   con = mysql.connector.MySQLConnection()
   con.config(**kwargs)
   con.connect()
   ```

表 16.2 中列出了最常用的選項，這些選項可用於指定如何連接到 MySQL、對哪個使用者進行認證、使用哪個密碼以及使用哪個連接端口 (port)。

表 16.2 MySQL Connection──不同的屬性與預設值

引數	預設值	描述
host	127.0.0.1	連接的主機名稱。預設值為 127.0.0.1，也就是 localhost。
port	3306	MySQL 聆聽 (listening) 的連接端口。 注意：3306 是標準的 MySQL 連接端口。
User		指定應用程式的使用者名稱。
password		用於驗證的密碼。

以下程式說明透過 Python 連接 MySQL 資料庫的方法。

━ 程式 16.2

撰寫一個程式，透過 Python 連接 MySQL 資料庫。

```
import mysql.connector
connect_kwargs = {"host":"localhost",
                  "port": 3306,
                  "user": 'root',
                  "password": 'admin'}
print('Connecting MySQL: Method 1')
conn1 = mysql.connector.connect(**connect_kwargs)
print("Conn1 Connection ID for conn1: ", conn1.connection_id)
conn1.close()
```

```
print('Connecting MySQL: Method 2')
conn2 = mysql.connector.MySQLConnection(**connect_kwargs)
print("Conn2 Connection ID for conn2: ", conn2.connection_id)
conn2.close()

print('Connecting MySQL: Method 3')
conn3 = mysql.connector.MySQLConnection()
conn3.connect(**connect_kwargs)
print("Conn3 Connection ID for conn3: ", conn3.connection_id)
conn3.close()

print('Connecting MySQL: Method 4')
conn4 = mysql.connector.MySQLConnection()
conn4.config(**connect_kwargs)
conn4.connect()
print("Conn4 Connection ID for conn4: ", conn4.connection_id)
conn4.close()
```

輸出

```
Connecting MySQL: Method 1
Conn1 Connection ID for conn1: 34
Connecting MySQL: Method 2
Conn2 Connection ID for conn2: 35
Connecting MySQL: Method 3
Conn3 Connection ID for conn3: 36
Connecting MySQL: Method 4
Conn4 Connection ID for conn4: 37
```

解釋 在上述範例中使用四個不同的選項來連接 MySQL 資料庫。一旦建立連接，來自 MySQL 伺服器端的連接識別碼將使用連接的 connection_id 屬性輸出，最後使用 `close()` 方法關閉連接。

> **注意**
> 1. 當完成操作後必須要關閉連接。
> 2. 如上所述，有四種方法可以連接到 MySQL 資料庫，從這四種不同的方式中，我們可以使用其中任何一種方法來連接 MySQL 資料庫。因此，在以下程式，我們將使用 `mysql.connector.connect(**kwargs)` 方法連接 MySQL 資料庫。

16.8　Cursor 游標簡介

在建立連接物件後,並不能直接與資料庫進行互動,我們必須先建立 cursor 游標物件,cursor 游標物件可用於跟資料庫中的資料進行互動,它可以讀取資料庫中的所有紀錄。為了建立 cursor 物件,我們可以使用 **mysql.connector.connect( )** 物件的 **cursor( )** 方法建立連接。以下是建立 cursor 物件的語法。

語法

```
cursor 名稱 = 連接物件名稱.cursor()
```

範例

```
import mysql.connector as mysql
conn1 = mysql.connect(host = 'localhost',
                      port = 3306,
                      user = 'root',
                      password = 'admin',
                      db = 'world')
print("Conn1 Connection ID for conn1: ", conn1.connection_id)
#建立 cursor 的程式碼
cur = conn1.cursor()
cur.close()
conn1.close()
```

在上述範例中,我們透過 **cursor()** 方法建立 cursor 物件,並透過 **close()** 方法關閉。當使用完 cursor 後,關閉 cursor 可以刪除物件引用資料,從而避免記憶體浪費。

16.9　與 MySQL 資料庫互動的 Cursor 游標

一旦使用連接物件的 `cursor()` 方法建立了 cursor 物件,我們就可以使用 cursor 物件的 **execute()** 或 **executemany()** 方法來執行敘述式或查詢。這個敘述式需要一個字串引數,而且必須是一個有效的敘述式或查詢語法。**execute()** 或 **executemany()** 方法會回傳在資料庫中所選擇的資料表單中一列或多列,因此,可以使用例如 **fetchone**、**fetchmany** 和 **fetchall** 取得回傳的列。**fetchone** 會精確地讀取一筆紀錄,而 **fatchall** 則讀取資料表單中所有的列或紀錄,**fetchmany** 方法可以讀取一個可選的參數,用於指定要回傳的列數。每當回傳多筆紀錄時,它們會以元組串列的形式回傳。表 16.3 列出 cursor 物件的方法和屬性列表。

表 16.3　cursor 游標物件支援的方法和屬性

方法／屬性	描述
description	描述出現在查詢結果中的每個欄位訊息。
rowcount	查詢結果中的列數。
close( )	關閉 cursor 游標。
execute(敘述式)	執行敘述式。
executemany(敘述式, 參數串列)	執行含有參數串列的敘述式。
fetchone( )	讀取查詢中的一筆列或紀錄。
fetchmany(數值)	如果沒有提供引數，則讀取所有的紀錄，否則讀取指定的紀錄數量。

▶ 16.10　透過 MySQL Connector/Python 程式介面模組列出資料庫

以下是使用 MySQL Connector/Python 程式介面模組輸出可用資料庫列表所需的步驟。

1. 透過建立連接物件連接資料庫。
2. 建立 cursor 物件並呼叫 **execute()** 方法，其中包含查詢語法 Show Databases。
3. 再次執行 cursor 物件的 **fetchall()** 方法，從最後執行的敘述式 execute("Show Databases") 中讀取所有紀錄。
4. 最後關閉 cursor 物件和資料庫的連接。

── 程式 16.3

撰寫 Python 程式，連接 MySQL 並輸出資料庫列表。

```
import mysql.connector as mysql

mysqlobj = mysql.connect(host = "localhost",
                         user = "root",
                         passwd = "admin")

cursor = mysqlobj.cursor()

#使用 execute 方法執行 mysql 敘述式 "show Databases"

cursor.execute("Show Databases")
```

```
#'fetchall()' 方法從最後執行的敘述式中讀取所有紀錄

databases = cursor.fetchall()

#使用迴圈輸出資料庫列表

for  db in databases:
    print(db)
```

輸出

```
-------------------------
Databases
-------------------------
('information_schema',)
('mysql',)
('performance_schema',)
('sakila',)
('sys',)
('world',)
```

▶ 16.11 透過 MySQL Connector/Python 程式介面模組建立資料庫

以下是使用 MySQL Connector/Python 程式介面模組建立新資料庫所需的步驟。

1. 建立 MySQL 連接物件。
2. 建立 cursor 游標物件並呼叫 **execute()** 方法，其中包含查詢語法 Create Database 資料庫名稱。
3. 最後關閉 cursor 游標物件和資料庫的連接。

── 程式 16.4

撰寫程式，建立新的資料庫 Car_Db 並輸出更新後的資料庫列表。

```
import mysql.connector as mysql
mysqlobj = mysql.connect(host = "localhost",
                        user = "root",
                        passwd = "admin")

cursor = mysqlobj.cursor()

#執行以下 mysql 敘述式建立新的資料庫
cursor.execute("Create Database Car_Db")
```

```
cursor.execute("Show Databases")

print('--------------------------')
print('Databases')
print('--------------------------')

#'fetchall()' 方法從最後執行的敘述式中讀取所有紀錄
databases = cursor.fetchall()
for db in databases:
    print(db)
```

輸出

```
--------------------------
Databases
--------------------------
('car_db',)
('information_schema',)
('mysql',)
('performance_schema',)
('sakila',)
('sys',)
('world',)
```

解釋 在上述程式中，一開始建立了與 MySQL 資料庫的連接物件 **mysqlobj**，連接成功後建立 cursor 物件，透過 cursor 物件執行查詢語法 **Create Database Car_Db**。接著執行敘述式 **cursor.execute("Show Databases")**，以檢查建立的資料庫是否存在資料庫列表中。最後，**fetchall()** 方法從最後執行的敘述式 **cursor.execute("Show Databases")** 中讀取所有的資料庫列表。

▶ 16.12 透過 MySQL Connector/Python 程式介面模組建立資料表單

使用 MySQL Connector 模組，可以在資料庫 car_Db 中建立新的表單，所需步驟如下。

1. 透過指定主機、使用者帳號、密碼和要連線的資料庫名稱，建立 MySQL 連接物件。
2. 建立 cursor 游標物件，指定查詢 Create table 資料表單名稱 並呼叫 **execute()** 方法。
3. 最後關閉 cursor 游標物件和資料庫的連接。

程式 16.5

在資料庫 car_Db 中建立資料表單 maruti，該表單應以主鍵 (primary key) 為識別碼 (Id)，資料表單結構包含型號名稱 (Model_name)、價錢 (Price) 和生產年份 (Launch_Year)。

```
import mysql.connector as mysql
mysqlobj = mysql.connect(host = "localhost",
                         user = "root",
                         passwd = "admin",
                         database = "car_db")
#選擇資料庫，並在其中建立資料表單

cursor = mysqlobj.cursor()

#建立資料表單 "maruti"，主鍵為識別碼 (Id)

cursor.execute("Create table IF NOT EXISTS \
                maruti (Id int(100) NOT NULL AUTO_INCREMENT PRIMARY KEY,\
                Model_name varchar(250),Price Decimal(10,4),\
                Launch_Year year(4))")

cursor.execute("Show tables")
#'fetchall()' 方法從最後執行的敘述式中取出所有的資料列
tab = cursor.fetchall()
print('---------------')
print("Tables_cars_db")
print('---------------')
for t in tab:
    print(t)
```

輸出

```
---------------
Tables_cars_db
---------------
('maruti',)
```

解釋 在上述程式中，一開始我們建立 MySQL 連接物件為 **mysqlobj**，並連接到新建立的資料庫 **car_db**，在連接成功後，執行以下敘述式。

```
cursor.execute("Create table IF NOT EXISTS \
                maruti (Id int(100) NOT NULL AUTO_INCREMENT PRIMARY KEY,\
                Model_name varchar(250),Price Decimal(10,4),\
                Launch_Year year(4))")
```

來建立含有欄位 Id、Model_name 和 Launch_Year 的資料表單 maruti。最後，**fetchall()** 方法從最後執行的敘述式 **cursor.execute("Show tables")** 中，取得資料庫 **car_db** 中資料表單的所有資料列。

▶ 16.13 透過 MySQL Connector/Python 程式介面模組插入紀錄

以下是使用 MySQL Connector/Python 程式介面模組在資料庫 **car_db** 的資料表單 Maruti 中，插入紀錄所需的步驟。

1. 透過指定主機名稱、使用者帳號、密碼和要連接的資料庫名稱，建立 MySQL 連接物件。
2. 建立 cursor 游標物件，並將查詢和數值作為參數呼叫 **executemany()** 方法。
3. 最後關閉 cursor 游標物件和資料庫的連接。

── 程式 16.6 ──

撰寫程式插入以下 Maruti 汽車品牌的各種型號的紀錄。

Model_name（型號）	Price（價格）	Launch_Year（出廠年份）
Wagon R	600,000.0000	1999
Alto	400,000.0000	2012
Ritz	550,000.0000	2016
Baleno	800,000.0000	2007

```
import mysql.connector as sql
from mysql.connector import Error

try:
    mysqlobj = sql.connect(host = "localhost",
                           user = "root",
                           passwd = "admin",
                           database = "car_db")

    cursor = mysqlobj.cursor()

    query = "INSERT INTO maruti (Model_name, Price, Launch_Year) \
             values (%s, %s, %s)"

    #以變數 values 儲存各種數值
```

```
        values = [('Wagon R', 600000.00, '1999'),
                  ('Alto', 400000.00, '2012'),
                  ('Ritz', 550000.00, '2016'),
                  ('Baleno', 800000.00, '2007')]

        #一次插入多個數值
        cursor.executemany(query, values)
        mysqlobj.commit()
        print(cursor.rowcount, "Records inserted successfully into
            maruti table")

except mysql.connector.Error as error:
    print("Failed to insert record into MySQL table {}".format(error))

finally:
    if (mysqlobj.is_connected()):
        cursor.close()
        mysqlobj.close()
        print("MySQL connection is closed")
```

輸出
```
4 Record inserted successfully into maruti table
MySQL connection is closed
```

解釋 在上述程式中，一開始我們連接到 MySQL 資料庫 car_db，連接成功後，建立要插入到資料表單中的資料列。SQL insert 敘述式是一個含有參數的查詢，其中每個欄位值可以使用定位符號 (%s)。mysqlobj.cursor( ) 用於執行準備好的敘述式。敘述式 cursor.executemany(query, values) 用於從串列中插入多筆資料列到資料表單中。

程式 16.7

撰寫程式取出儲存在資料表單 maruti 中的所有紀錄。

```
import mysql.connector as mysql
from mysql.connector import Error

try:

    mysqlobj = mysql.connect(host = "localhost",
                             user = "root",
                             passwd = "admin",
                             database = "car_db")
```

```
        cursor = mysqlobj.cursor()
        cursor.execute("Select *from maruti")
        records = cursor.fetchall()
        print("Total Number of records within Maruti table are: ",
              cursor.rowcount)
        print("Records are as follows: ")
        print("ID Model_Name\tPrice\t\tYear")
        for row in records:
            print(" ", row[0], end=" ")
            print(" ", row[1], end="\t")
            print(" ", row[2], end=" ")
            print(" ", row[3], end="\n")
        print("-----------------------------")

except mysql.connector.Error as error:
    print("Failed to read records from table {}".format(error))

finally:
    if (mysqlobj.is_connected()):
        cursor.close()
        mysqlobj.close()
        print("MySQL connection is closed")
```

輸出

```
Total number of records within Maruti table are: 4
Records are as follows:
ID   Model_Name    Price          Year
 1   Wagon R       600000.0000    1999
 2   Alto          400000.0000    2012
 3   Ritz          550000.0000    2016
 4   Baleno        800000.0000    2007
-------------------------------
MySQL connection is closed
```

解釋 在上述程式中，一開始我們連接到 MySQL 資料庫 car_db。連接成功後，使用 **mysqlobj.cursor()** 方法從連接物件 mysqlobj 中取得 cursor 游標物件。接著執行查詢 **"select *from maruti"**，從資料表單 maruti 中取出所有資料列。在成功執行 select 查詢後，execute() 方法會回傳一個包含所有紀錄的 ResultSet 物件。之後使用 **cursor.fetchall()** 方法來取出資料表單中的所有紀錄。

16.14 透過 MySQL Connector/Python 程式介面模組更新紀錄

以下是使用 MySQL Connector/Python 程式介面模組從 MySQL 表單中更新資料所需的步驟。

1. 透過建立連接物件連接資料庫。
2. 建立 cursor 游標物件，並在其中呼叫含有 update 查詢的 **execute()** 方法。
3. 執行連接物件的 **commit()** 方法來儲存資料變更。
4. 最後關閉 cursor 游標物件和資料庫的連接。

以下程式說明 update 查詢的使用方法。

程式 16.8

撰寫 Python 程式，更新資料表單 maruti 中紀錄 id = 3 的價格為 500000.00。

```python
import mysql.connector as mysql
from mysql.connector import Error

try:

    mysqlobj = mysql.connect(host = "localhost",
                             user = "root",
                             passwd = "admin",
                             database = "car_db")


    cursor = mysqlobj.cursor()
    cursor.execute("Select *from maruti where id = 3")
    record = cursor.fetchone()
    print(record)
    cursor.execute("Update maruti set Price = 500000.00
                    where id = 3")
    mysqlobj.commit()
    print('Record updated successfully')

    print("After Updating  Record")
    cursor.execute("Select *from maruti where id = 3")
    record = cursor.fetchone()
    print(record)

except Exception  as e:
    print("Failed to update record into the  table {}".format(e)
```

```
finally:
    if (mysqlobj.is_connected()):
        cursor.close()
        mysqlobj.close()
        print("MySQL connection is closed")
```

輸出

```
(3, 'Ritz', Decimal('550000.0000'), 2016)
Record updated successfully
After Updating  Record
(3, 'Ritz', Decimal('500000.0000'), 2016)
MySQL connection is closed
```

解釋　在上述程式中，一開始我們連接到 MySQL 資料庫 car_db，連接成功後，使用 `mysqlobj.cursor()` 方法從 mysqlobj 連接物件中獲得 cursor 游標物件。然後執行 update 查詢，更新 id 為 3 的紀錄，新價格變更為 500,000.0000。

16.15　透過 MySQL Connector/Python 程式介面模組刪除紀錄

以下是使用 MySQL Connector/Python 程式介面模組從 MySQL 表單中刪除紀錄所需的步驟。

1. 透過建立連接物件連接到資料庫。
2. 建立 cursor 游標物件，並呼叫含有 delete 查詢的 `execute()` 方法。
3. 執行連接物件的 `commit()` 方法來儲存資料變更。
4. 關閉 cursor 游標物件和資料庫的連接。

以下程式說明 delete 查詢的使用方法。

—— 程式 16.9

撰寫 Python 程式，刪除資料表單 maruti 中 id 為 3 的紀錄。

```python
import mysql.connector as mysql
from mysql.connector import Error

try:
    mysqlobj = mysql.connect(host = "localhost",
                             user = "root",
                             passwd = "admin",
                             database = "car_db")
```

```
        cursor = mysqlobj.cursor()
        cursor.execute("Select *from maruti")
        records = cursor.fetchall()
        print('Total no of records before Deleting:', cursor.rowcount)

        cursor.execute("Delete from maruti where id = 3")
        mysqlobj.commit()

        cursor.execute("Select *from maruti")
        records = cursor.fetchall()
        print('Total no of records after Deleting: ', cursor.rowcount)
except mysql.connector.Error as e:
        print("Failed to Delete records from table {}". format(e))
finally:
    if (mysqlobj.is_connected()):
        cursor.close()
        mysqlobj.close()
        print("MySQL connection is closed")
```

輸出

```
Total no of records before Deleting: 4
Total no of records after Deleting: 3
```

解釋　在上述程式中，一開始我們連接到 MySQL 資料庫 car_db，連接成功後，使用 **mysqlobj.cursor()** 方法從 mysqlobj 連接物件中取得 cursor 游標物件。然後執行 delete 查詢，刪除 id 為 3 的紀錄。最後執行 **mysqlobj.commit()**，儲存我們所做的變更。

▶ 小專案：員工資料庫管理專案

問題敘述

開發一個專案以儲存員工的詳細資料，包含：姓名、職稱、薪水和工作地點。將所有詳細資料儲存到 MySQL 中，同時對其執行資料**建立**、**讀取**、**更新**和**刪除**。建立資料庫 **Software_Industry** 並在該資料庫下建立資料表單 **Employee_DB**。

範例

員工資料表單 (Employee_DB) 應顯示如下。

Id	Name（姓名）	Designation（職稱）	Salary（薪水）	Location（工作地點）
1	John	Software Engineer	100,000.00	Pune India
2	Peter	Python Developer	230,000.00	USA
.....	.....	.....	.....	.....
.....	.....	.....	.....	.....

> **注意**
> Id 欄位使用自動遞增產生。

演算法

1. 開始。
2. 透過 Python 建立連接物件，連接到 MySQL。
3. 建立資料庫。
4. 建立資料表單。
5. 根據使用者的選擇，執行建立、讀取、更新和刪除操作。
   a. 在資料表單中插入紀錄。
   b. 更新資料表單中的紀錄。
   c. 從資料表單中刪除紀錄。
   d. 顯示資料表單中的紀錄。
6. 結束。

在資料表單 Employee_DB 中插入紀錄的演算法

1. 建立函式 `Insert_Record()`，包含三個參數：mysqlobj 為 MySQL 連接物件、Software_Industry 為資料庫、Employee_DB 為資料表單。
2. 建立 cursor 游標物件。
3. 從使用者讀取數值，例如：員工姓名、職稱、薪水和工作地點。
4. 透過 cursor 游標物件執行 insert 查詢。
5. 透過 `commit()` 儲存對資料表單的修改。
6. 關閉 cursor 游標物件。

在資料表單 Employee_DB 中更新紀錄的演算法

1. 建立函式 `Update_Record()`，包含三個參數：mysqlobj 為 MySQL 連接物件、Software_Industry 為資料庫、Employee_DB 為資料表單。

2. 建立 cursor 游標物件。
3. 詢問使用者需要對哪些指定的 Id 進行更新，例如：員工姓名、職稱、薪水和工作地點。
4. 檢查需要更新的 Id 是否存在於資料表單中。
5. 如果 Id 存在，則讀取需要更新的值。
6. 透過 cursor 游標物件執行 update 查詢。
7. 透過 commit() 儲存對資料表單的修改。
8. 關閉 cursor 游標物件。

在資料表單 Employee_DB 中刪除紀錄的演算法

1. 建立函式 Delete_Record()，包含三個參數：mysqlobj 為 MySQL 連接物件、Software_Industry 為資料庫、Employee_DB 為資料表單。
2. 建立 cursor 游標物件。
3. 詢問使用者哪個 Id 需要被刪除。
4. 檢查需要刪除的 Id 是否在資料表單中。
5. 如果 Id 存在，則透過 cursor 游標物件執行 delete 查詢。
6. 透過 **commit()** 儲存對資料表單的修改。
7. 關閉 cursor 游標物件。

在資料表單 Employee_DB 中顯示紀錄的演算法

1. 建立函式 Display Record()，包含三個參數：mysqlobj 為 MySQL 連接物件、Software_Industry 為資料庫、Employee_DB 為資料表單。
2. 建立 cursor 游標物件。
3. 透過 cursor execute 方法執行 select 查詢。
4. 執行 cursor 游標物件的 fetchall 方法。
5. 重複執行直到輸出所有紀錄。
6. 關閉 cursor 游標物件。

程式

```
import mysql.connector as mysql
##-------------------------連接 MySQL-------------------------##
def connect_mysql():
    mysqlobj = mysql.connect(host = "localhost",
                             user = "root",
                             passwd = "admin")
```

```python
    print('Connected Successfully')
    return mysqlobj
##--------------------------建立資料庫--------------------------#
def create_database(mysqlobj):
    cursor = mysqlobj.cursor()
    cursor.execute("Create Database IF NOT EXISTS Software_Industry")
    cursor.execute("Show Databases")
    records = cursor.fetchall()
    print('List of Databases present: ')
    print('-' * 20)
    for r in records:
        print(r)
    print('-' * 20)
    cursor.close()
##-----------------------關閉 MySQL 連接-----------------------##
def close_connection(mysqlobj):
    print('Closing Connection')
    mysqlobj.close()
    print('Connection Closed Successfully')

##-------------------------建立資料表單-------------------------##
def create_table(mysqlobj, db = ' '):
    cursor = mysqlobj.cursor()
    cursor.execute("Use" + db)
    print('Using Database', db)
    cursor.execute("Create table IF NOT EXISTS Employee_db (Id int(100) \
                NOT NULL AUTO_INCREMENT PRIMARY KEY,\
                Emp_Name varchar(200), Designation varchar(200),\
                Salary Decimal(20, 2), Location varchar(120))")
    cursor.close()
##-------------------顯示資料庫中所有的資料表單-------------------##
def List_table(mysqlobj, db = ' '):
    cursor = mysqlobj.cursor()
    cursor.execute("Use" + db)
    cursor.execute("Show Tables")
    records = cursor.fetchall()
    print('List of Tables present in' + db)
    print('-' * 20)
    for r in records:
        print(r)
    print('-' * 20)
    cursor.close()
##--------------------------插入紀錄--------------------------##
def Insert_Record(con = ' ', db = ' ', table = ' '):
    cursor = mysqlobj.cursor()
    cursor.execute("Use" + db)
```

```python
    Name = input('Please Enter Name of Employee: ')
    Designation = input('Please Enter Designation: ')
    Salary = float(input('Please enter Salary: '))
    Loc = input('Please Enter Location: ')
    query = "INSERT INTO  Employee_db\(Emp_Name, Designation, 
            Salary, Location)\values (%s, %s, %s, %s)"
    values = [(Name, Designation, Salary, Loc)]
    cursor.executemany(query, values)
    mysqlobj.commit()
    cursor.close()
##--------------------------更新紀錄--------------------------##
def Update_Record(con = ' ', db = ' ', table = ' '):
    cursor = mysqlobj.cursor()
    cursor.execute("Use" + db)
    print('1. Name')
    print('2. Designation')
    print('3. Salary')
    print('4. Location')
    ch = int(input('Please Enter the Choice to Update: '))
    if ch>=1 and ch<=4:
        id = int(input('Please Enter the Record Id to Update: '))
        boolean = Find_Id(id, con, db, table)
        if boolean != True:
            print('Invalid Id!!!')
            return None
        elif ch == 1:
            Name = input('Please Enter Correct Name:')
            query = "UPDATE"  + table + \
                    "SET Emp_Name = %s WHERE" + "id  = %s"
            values = (Name, id)
            cursor.execute(query, values)
            mysqlobj.commit()
            print('Record Updated Successfully')
            cursor.close()
        elif (ch == 2):
            Designation = input('Please Enter Correct Designation: ')
            query = "UPDATE"  + table +  \
                    "SET Designation = %s WHERE" + "id  = %s"
            values = (Designation,id)
            cursor.execute(query, values)
            mysqlobj.commit()
            print('Record Updated Successfully')
            cursor.close()

        elif (ch == 3):
            Salary = float(input('Please Enter Correct Salary:'))
            query = "UPDATE"  + table + \
```

```python
                        "SET Salary = %s WHERE" + "id   = %s"
                values = (Salary,id)
                cursor.execute(query, values)
                mysqlobj.commit()
                print('Record Updated Successfully')
                cursor.close()

        elif (ch == 4):

                Loc = input('Please Enter  Correct Location:')
                query = "UPDATE"  + table + \
                        "SET Location = %s WHERE" + "id   = %s"
                values = (Loc,id)
                cursor.execute(query,values)
                mysqlobj.commit()
                print('Record Updated Successfully')
                cursor.close()

        Display_Records(mysqlobj, 'Software_Industry', 'Employee_db')

    else:
        print('Invalid Choice: ')
        Display_Records(con,db,table)
##---------------------------刪除紀錄---------------------------##
def Delete_Record(con = ' ', db = ' ', table = ' '):
    cursor = mysqlobj.cursor()
    cursor.execute("Use" + db)
    id = int(input('Please Enter Id to Delete the Record:'))
    query = "Delete from" + table + "where id = %s"
    values = (id,)
    boolean = Find_Id(id, con, db, table)
    if boolean == True:
        cursor.execute(query, values)
        mysqlobj.commit()
        print('Record Deleted Successfully')
        cursor.close()
##---------------------------顯示紀錄---------------------------##
def Display_Records(con = ' ', db = ' ', table = ' '):
    cursor = mysqlobj.cursor()
    cursor.execute('Use' + db)
    cursor.execute('Select *from' + table)
    records = cursor.fetchall()
    print('List of  Records present in' + table)
    print('-' * 20)
    print('ID\tName\tDesignation\tSalary\t  Location')
    for r in records:
        print(r[0], end='\t')
```

```python
            print(r[1], end='\t')
            print(r[2], end='\t')
            print(r[3], end='\t')
            print(r[4])
        print('-' * 20)
    cursor.close()
##---------------------------尋找 Id---------------------------##
def Find_Id(index, con = ' ', db = '', table = ' '):
    List_Id = []
    cursor = mysqlobj.cursor()
    cursor.execute('Use' + db)
    cursor.execute('Select Id from' + table)
    records = cursor.fetchall()
    for r in records:
        List_Id.append(r[0])
    if index not in List_Id:
        print(index, 'id is not present in table', table)
    else:
        return True

##-------------------------主程式開始執行-------------------------##
if '_main_':
    try:

        mysqlobj = connect_mysql()
        create_database(mysqlobj)
        create_table(mysqlobj, 'Software_Industry')
        List_table(mysqlobj, 'Software_Industry')
        print('1. Insert')
        print('2. Update')
        print('3. Delete')
        print('4. Display Records')
        print('5. Exit')
        ch = int(input('Please Enter Your Choice:'))
        while(ch!=5):
            if ch == 1:
                try:
                    Insert_Record(mysqlobj, 'Software_Industry',
                                  'Employee_db')
                    print('Record Inserted Successfully')
                except Exception as e:
                    print('Error:', e)

            elif ch == 2:
                try:
                    Display_Records(mysqlobj, 'Software_Industry',
                                    'Employee_db')
```

```python
                    Update_Record(mysqlobj, 'Software_Industry',
                                  'Employee_db')
                except Exception as e:
                    print('Error:', e)

            elif ch == 3:
                try:
                    Display_Records(mysqlobj, 'Software_Industry',
                                    'Employee_db')
                    Delete_Record(mysqlobj, 'Software_Industry',
                                  'Employee_db')
                    print('-' * 20)
                    Display_Records(mysqlobj, 'Software_Industry',
                                    'Employee_db')

                except Exception as e:
                    print('Error:', e)


            elif ch == 4:
                try:
                    Display_Records(mysqlobj, 'Software_Industry',
                                    'Employee_db')
                except Exception as e:
                    print(e)

            elif ch == 5:
                try:
                    close_connection(mysqlobj)
                    break
                except Exception as e:
                    print(e)
            else:
                print('Invalid Choice!!')
                print('1. Insert')
                print('2. Update')
                print('3. Delete')
                print('4. Display Records')
                print('5. Exit')
                ch = int(input('Please enter your Choice:'))
    except Exception as e:
        print(e)
##-------------------------------------------------------------##
```

輸出

```
Connected Successfully
List of Databases present:
```

```
--------------------
('information_schema',)
('mysql',)
('performance_schema',)
('sakila',)
('software_industry',)
('sys',)
('world',)
--------------------
Using Database  Software_Industry
List of Tables present in  Software_Industry
--------------------
('employee_db',)
--------------------
1. Insert
2. Update
3. Delete
4. Display Records
5. Exit
Please Enter Your Choice:1
Please Enter Name of Employee: John
Please Enter Designation: Software Engineer
Please enter Salary: 100000.00
Please Enter Location: Pune India
Record Inserted Successfully
1. Insert
2. Update
3. Delete
4. Display Records
5. Exit
Please enter your Choice:4
List of  Records present in   Employee_db
--------------------
ID    Name    Designation            Salary         Location
1     John    Software Engineer      100000.00      Pune India
--------------------
1. Insert
2. Update
3. Delete
4. Display Records
5. Exit
Please enter your Choice:1
Please Enter Name of Employee:Peter
Please Enter Designation:Python Developer
Please enter Salary:230000.00
Please Enter Location:US
Record Inserted Successfully
```

```
1. Insert
2. Update
3. Delete
4. Display Records
5. Exit
Please enter your Choice:4
List of  Records present in  Employee_db
--------------------
ID    Name    Designation          Salary        Location
1     John    Software Engineer    100000.00     Pune India
2     Peter   Python Developer     230000.00     US
--------------------
1. Insert
2. Update
3. Delete
4. Display Records
5. Exit
Please enter your Choice:2
List of  Records present in  Employee_db
--------------------
ID    Name    Designation          Salary        Location
1     John    Software Engineer    100000.00     Pune India
2     Peter   Python Developer     230000.00     US
--------------------
1. Name
2. Designation
3. Salary
4. Location
Please Enter the Choice to Update: 4
Please Enter the Record Id to Update: 2
Please Enter  Correct Location: USA
Record Updated Successfully
List of  Records present in  Employee_db
--------------------
ID    Name    Designation          Salary        Location
1     John    Software Engineer    100000.00     Pune India
2     Peter   Python Developer     230000.00     USA
--------------------
1. Insert
2. Update
3. Delete
4. Display Records
5. Exit
Please enter your Choice: 5
```

總結

- MySQL **create** 命令用於在 MySQ 中建立資料庫和資料表單。
- MySQL **show** 命令用於顯示 MySQL 中所有的資料表單和資料庫。
- MySQL **truncate** 命令用於在資料表單中刪除所有紀錄。
- MySQL **alter** 命令用於改變資料表單的欄位名稱。
- MySQL **insert**、**update** 和 **delete** 命令分別用於插入、更新和刪除紀錄。
- MySQL **select** 命令用於從資料表單中讀取紀錄。
- MySQL 連接物件的 `cursor()` 方法用於與資料庫進行互動。
- cursor 游標物件的 `execute()` 和 `executemany()` 方法用於在資料庫中執行 MySQL 查詢命令。

關鍵術語

- **DBMS**：資料庫管理系統 (Data Base Management System)。
- **SQL**：結構化查詢語言 (Structured Query Language)。
- **DDL**：資料定義語言 (Data Definition Language)。
- **DML**：資料操作語言 (Data Manipulation Language)。

問題回顧

A. 選擇題

1. 下列哪項命令可用於刪除資料表單中所有的資料列？
   a. Drop	b. Truncate
   c. Delete	d. 選項 a 和選項 b 皆是

2. 下列哪項命令可用於刪除資料庫中的資料表單？
   a. Truncate	b. Drop
   c. Delete	d. 以上皆非

3. 下列哪項命令使用 cursor 游標物件的方法在資料庫中插入多筆紀錄？
   a. execute	b. executemany( )
   c. 選項 a 和選項 b 皆是	d. 以上皆非

4. 查詢敘述式 select *from 資料表單名稱可以讀取多少筆紀錄？
   a. 一筆
   b. 多筆紀錄，除了最後一筆
   c. 只有最後一筆紀錄
   d. 資料表單中存在的所有紀錄
5. DBMS 代表的是：
   a. Big Data Management System
   b. Data Base Management Store
   c. Data Base Management System
   d. Data Base System

B. 是非題

1. **CREATE DATABASE db_name** 敘述式可用於建立資料庫。
2. **Insert new** 敘述式可用於在資料表單中插入新紀錄。
3. delete 敘述式可用於在資料表單中刪除所有紀錄。
4. MySQL 的 order by 命令使用欄位資料對紀錄進行排序。
5. modify 敘述式用於更新資料表單中的現有資料。

C. 練習題

1. 試著解釋透過 Python 連接 MySQL 的不同方法。
2. 試著定義 cursor 游標物件。
3. 試著舉例說明我們是否可以在任何 MySQL 資料表單中插入多筆數值。
4. 試著區分 drop、truncate 和 delete 查詢命令。
5. 試著列出在資料表單中更新紀錄的步驟。

D. 程式練習題

1. 撰寫 Python 程式，建立資料庫 **Electronics** 和資料表單 **Laptops**。該資料表單應包含 Brand_Name 和 Price 兩個欄位名稱。
2. 撰寫 Python 程式，建立資料庫 **Book_DB** 和資料表單 **Books**。該資料表單應包含：Book_Name、Author_Name、No_of_Pages 等欄位。透過程式在資料表單 **Books** 插入以下紀錄。

Book_Name（書名）	Author_Name（作者）	No_of_Pages（頁數）
India 2020: A Vision for the New Millennium	APJ Abdul Kalam	350
Wings of Fire: An Autobiography	APJ Abdul Kalam	300
My Life, My Mission	Baba Ramdev	200

3. 撰寫 Python 程式，從資料庫 Book_DB 中讀取資料表單 Books 的所有紀錄。

4. 撰寫 Python 程式，依照資料表單 Books 中的 No_of_Pages 欄位以升序的方式對紀錄進行排序。
5. 撰寫 Python 程式，將書名為 *My Life, My Mission* 的 No_of_Pages 更新為 250。

Appendix 1
在 Python 中匯入模組

Python 程式是用 Python 的 IDLE 腳本模式所撰寫的，撰寫完程式碼後，檔案會以 **.py** 的格式儲存。簡而言之，模組是 Python 的 **.py** 格式檔案，其中包含 Python 程式碼，任何 Python 檔案都可以作為模組引用。

▶ 撰寫和匯入模組

撰寫模組相當於在檔案中撰寫一個簡易的 Python 程式，並將其儲存為 **.py** 格式，模組中定義了函式、類別和變數，讓其他程式也可以使用。

讓我們創建一個簡易的檔案 Demo.py。

```
def Display():
    print('Hello, Welcome all!')
```

如果我們嘗試執行上面的程式碼，並不會顯示任何結果，因為我們剛剛只有撰寫了函式，還沒有從其他地方呼叫並執行它。因此，讓我們創建另一個名為 main.py 的檔案，以便我們可以匯入剛剛創建的模組 Demo.py，然後從新檔案 main.py 呼叫檔案 Demo.py 中的函式 `Display()`。因此，main.py 檔案的內容如下。

> **❶ 注意**
> 匯入模組的語法如下，首先必須寫入關鍵字 import 跟我們要匯入模組的名稱。

語法

```
import 模組名稱
```

因此，我們將使用檔案 **main.py** 中的 import 敘述式來匯入名為 **Demo.py** 的模組，程式如下。

539

```
#main.py

import Demo          #匯入名為 Demo 的模組
Demo.Display()       #呼叫存在於 Demo.py 的函式

輸出
Hello, Welcome all!
```

解釋 上述程式中,我們想要匯入一個模組,為此我們需要使用點符號 (.) 透過引用模組來呼叫函式,因此,我們使用**模組名稱.函式名稱()** 來引用模組中存在的函式。敘述式 `Demo.Display()` 從模組 **Demo.py** 中呼叫函式 `Display()`。

上述的程式碼中包含了以下兩行程式碼:

```
import Demo
Demo.Display()
```

我們可以使用 from 關鍵字將上面兩行程式碼替換為:

```
from Demo import Display
Display()
```

因此,即使我們使用 **from** 關鍵字,也可以獲得相同的輸出。

> **注意**
> 我們匯入的模組和我們使用 import 敘述式的檔案必須放在同一個資料夾下,關於上述的範例,**Demo.py** 和 **main.py** 需要儲存/放置於同一個資料夾位置下。

上述範例中,我們學習如何使用 import 敘述式呼叫另一個檔案中的函式,程式設計師也可以使用 import 敘述式匯入另一個檔案中存在的變數和類別。

Appendix 2
創建通訊錄專案

▶ 簡介

　　許多人都有過從手機通訊錄中搜尋電話號碼的經驗，此通訊錄也被稱為**電話簿**或**電話目錄**，通訊錄中的聯絡人名稱通常是按照字母順序排列。

　　以下專案主要為創建一個通訊錄，幫助使用者搜尋聯絡人的電話號碼。

▶ 目標

1. 將聯絡人的姓名和電話號碼儲存在文字檔案中。
2. 使用者能夠在通訊錄中搜尋聯絡人的姓名和電話號碼。

▶ 事先準備事項

　　開始撰寫此專案前，程式設計師應了解以下 Python 相關概念：

1. 判斷敘述式。
2. 迴圈。
3. 函式。
4. 字串。
5. 串列。
6. 搜尋與排序串列。
7. 檔案處理。

撰寫方法

1. 撰寫函式 **Add_Details()** 以增加新的輸入項目，也就是增加聯絡人的姓名和電話號碼。

```
def Add_Details():
    entry = [ ]
    name = input('Please Enter the Name: ')
```

```
    ph_no = input('Please Enter Phone Number: ')
    entry.append(name)
    entry.append(ph_no)
    return entry
```

上述範例中,一開始創建了一個空列表輸入框,提示使用者輸入姓名和電話號碼,並將其附加到名為 Entry 的空列表中。當我們想將新的聯絡人姓名和聯繫方式添加到現有電話簿時,便可以使用函式 Add_Details()。

2. 撰寫函式 bub_sort(),將電話簿的內容進行升序排序。通過函式 Add_Details() 將聯絡人的姓名和電話號碼添加到列表後,列表中可能包含未排序的資料,因此,在將資料插入電話簿之前,必須確保列表中的內容已按順序排列,所以函式 bub_sort(dirList) 必須寫在函式 Add_Details() 之後。

```
def bub_sort(dirList):
    length = len(dirList) - 1
    unsorted = True
    while unsorted:
        unsorted = False
        for element in range(0,length):
            if dirList[element] > dirList[element + 1]:
                temp = dirList[element + 1]
                dirList[element + 1] = dirList[element]
                dirList[element] = temp
                #print(dirList)
                unsorted = True
```

上述函式中,氣泡排序法被用於對列表中的內容進行升序排序。

3. 撰寫函式 save_Data_To_File() 將新的聯絡人增加到電話簿檔案中。函式 bub_sort() 有助於將列表中的內容進行升序排序,排序後,將列表的內容依序寫入名為 Phone_Directory.txt 的檔案中。函式 Save_Data_To File() 用於將列表中的內容寫入所述檔案中,因此,我們將函式 Save_Data_To_File() 放在 bub_sort(dirList) 函式的正下方。

```
def Save_Data_To_File(dirlist):
    f = open('Phone_Directory.txt', 'w')
    #directory.txt 是要儲存的新檔案名稱
    for n in dirlist:
        f.write(n[0])     #寫入姓名
        f.write(',')      #寫入一個逗號
```

```
            f.write(n[1])      #寫入電話號碼
            f.write('\n')      #寫入換行符號
    f.close()
```

以寫入模式開啟檔案 **Phone_Directory.txt**，將列表的內容**寫入**檔案中。

4. 撰寫函式 `Display()` 來輸出所有聯絡人的姓名和電話號碼。

```
def Display():
    if(os.path.isfile('Phone_Directory.txt') == 0):
        print('Sorry you Dont have any Contacts in your Phone
              Address Book.')
        print('Please Create it!!!!')

    elif(os.stat('Phone_Directory.txt').st_size == 0):
        print('Address Book is empty')
    else:
        f = open('Phone_Directory.txt', 'r')
        text = f.read()
        print(text)
        f.close()
```

函式 `Display()` 用於查看所有聯絡人的姓名、電話號碼等訊息，一開始函式 **os.path.isfile('Phone_Directory.txt')** 用於檢查目前位置中是否存在該檔案，函式 **os.stat('Phone_Directory.txt').st_size == 0** 用於了解檔案是否含有內容或為空檔案。最後，如果檔案存在，並含有聯絡人資料，那麼將以讀取模式開啟該檔案。

假設我們已經讀取了該檔案，其中包含數千名聯絡人的姓名和相應的電話號碼，如果我們想搜索特定使用者的電話號碼，不太可能手動讀取每一行來尋找。因此，為了使我們的應用程式更加有效率，我們將在函式 `Display()` 之後編寫函式 `Search()`。

5. 撰寫函式 `Search()` 來搜尋特定聯絡人的電話號碼。

```
def Search():
    name = input('Enter the Name: ')
    f = open('Phone_Directory.txt', 'r')
    result = [ ]
    for line in f:
        if name in line:
            found = True
            break
        else:
```

```
                found = False
    if(found == True):
            print('The Name of Person Exist in Directory: ')
            print(line.replace(', ', ':'))
    else:
            print('The Name Doesnot Exist in Directory')
```

在函式 Search() 中,檔案以讀取模式開啟,起初,聯絡人的名稱是從使用者那裡讀取的。for 迴圈用於讀取檔案中的所有內容,在每一行中搜索聯絡人的名稱,如果聯絡人的姓名存在,則顯示相應的電話號碼,如果它搜索到檔案末尾都沒有找到匹配選項,則表示電話目錄中不存在此聯絡人。

寫完以上所有基本函式後,另外再創建一個名 **get_choice()** 的函式,此函式的內容如下。

```
def get_choice():
    print('1\tAdd  New Phone Number to a List of Phone Book
            Directory: ')
    print('2\tSort Names in Ascending Order')
    print('3\tSave all Phone Numbers to a File')
    print('4\tPrint all Phone Book Directory on the Console')
    print('5\tSearch Phone Number from Phone Directory')
    print('6\tPlease Write 6 to exit from the menu: ')
    ch = input('Please Enter the Choice: ')
    return(ch)
```

上述函式用於從使用者讀取聯絡人資訊,透過不同的選擇,將回傳到主程式執行特定任務,主程式應該寫成:

```
#主程式
if(os.path.isfile('Phone_Directory.txt') == 0):
        print('Sorry you Dont have any Contacts in your Phone
                Address Book.')
        print('Please Create it!!!!')
        directory = [ ]
else:
        print('Already Your Phone Book has Some Contacts')
        print('You can See it!!!')
        directory = [ ]
        f = open('Phone_Directory.txt','r')
        for line in f:
```

```
                    if line.endswith('\n'):
                            line = line[:-1]
                            directory.append(line.strip().split(','))
        f.close()
#directory = []
c = True
while c:
        ch = get_choice()

        if ch == '1':
            e = Add_Details()
            directory.append(e)

        if ch == '2':
                bub_sort(directory)
                print('Contents of Phone Book Sorted
Successfully!!!!')

        if ch == '3':
                Save_Data_To_File(directory)
                print('Data Saved to Phone Book Successfully!!!')

        if ch == '4':
            Display()

        if ch == '5':
            Search()

        if ch == '6':
            print('Thanks a Lot for using Our Application')
            c = False
```

在主程式中,首先我們檢查電話目錄中是否存在任何聯絡人,如果存在,則將現有聯絡人複製到名為**目錄**的列表中,最後將新聯絡人增加到現有的聯絡人中。

如果我們結合以上所有步驟,整體通訊錄專案的程式碼將如下所示。

```
import os
#-----------------------------------------------------------#
def Add_Details():
    entry = [ ]
    name = input('Please Enter the Name: ')
    ph_no = input('Please Enter Phone Number: ')
    entry.append(name)    #將聯絡人姓名 name 的值增加到 entry 列表中
    entry.append(ph_no)   #將聯絡人電話 ph_no 的值增加到 entry 列表中
    return entry
```

```python
#----------------------------------------------------------#
def bub_sort(dirList):

    length = len(dirList) - 1
    unsorted = True

    while unsorted:
        unsorted = False
        for element in range(0,length):
            if dirList[element] > dirList[element + 1]:
                temp = dirList[element + 1]
                dirList[element + 1] = dirList[element]
                dirList[element] = temp
                #print(dirList)
                unsorted = True
#----------------------------------------------------------#
def Save_Data_To_File(dirlist):
    f = open('Phone_Directory.txt', 'w')
    for n in dirlist:
        f.write(n[0])       #寫入姓名
        f.write(',')        #寫入一個逗號
        f.write(n[1])       #寫入電話號碼
        f.write('\n')       #寫入換行符號
    f.close()
#----------------------------------------------------------#
def Display():
    if(os.path.isfile('Phone_Directory.txt') == 0):
        print('Sorry you Dont have any Contacts in your Phone
              Address Book.')
        print('Please Create it!!!!')

    elif(os.stat('Phone_Directory.txt').st_size == 0):
        #檢查檔案是否包含有聯絡人資料
        print('Address Book is empty')
    else:
        f = open('Phone_Directory.txt', 'r')
        text = f.read()
        print(text)
        f.close()
#----------------------------------------------------------#
def Search():
    name = input('Enter the Name: ')
    f = open('Phone_Directory.txt', 'r')
    result = [ ]
    for line in f:
        if name in line:
            found = True
```

```python
                        break
                else:
                        found = False
        if(found == True):
                print('The Name of Person Exist in Directory: ')
                print(line.replace(',', ':'))

        else:
                print('The Name Doesnot Exist in Directory')
#----------------------------------------------------------------#
def get_choice():
    print('1\tAdd  New Phone Number to a List of Phone Book
            Directory: ')
    print('2\tSort Names in Ascending Order')
    print('3\tSave all Phone Numbers to a File')
    print('4\tPrint all Phone Book Directory on the Console')
    print('5\tSearch Phone Number from Phone Directory')
    print('6\tPlease Write 6 to exit from the menu: ')
    ch = input('Please Enter the Choice: ')
    return(ch)
#----------------------------------------------------------------#
#主程式
if(os.path.isfile('Phone_Directory.txt') == 0):
        print('Sorry you Dont have any Contacts in your Phone
                Address Book.')
        print('Please Create it!!!!')
        directory = [ ]
else:
        print('Already Your Phone Book has Some Contacts')
        print(' You can See it!!!')
        directory = [ ]
        f = open('Phone_Directory.txt', 'r')
        for line in f:
                if line.endswith('\n'):
                        line = line[:-1]
                        directory.append(line.strip().split(','))
        f.close()
#directory = []
c = True
while c:
        ch = get_choice()

        if ch == '1':
            e = Add_Details()
            directory.append(e)

        if ch == '2':
```

```python
                    bub_sort(directory)
                    print('Contents of Phone Book Sorted
                            Successfully!!!!')

        if ch == '3':
                    Save_Data_To_File(directory)
                    print('Data Saved to Phone Book Successfully!!!')

        if ch == '4':
                Display()

        if ch == '5':
                Search()

        if ch == '6':
                print('Thanks a Lot for using Our Application')
                c = False
#----------------------------------------------------------#
```

Appendix 3
圖書庫存管理專案

▶ 簡介及問題敘述

　　開發一個基於 GUI 圖形介面的圖書庫存管理應用程式,並添加指定的書籍資料細節,例如:書名 (title)、作者姓名 (author name)、出版年份 (publishing year) 和 ISBN 號碼 (ISBN number),接著將這些書籍資料細節存入 MySQL 資料庫中。該應用程式的 GUI 圖形介面應顯示如下。

▶ 目標

1. 建立三個類別:
    ✦ 類別 **mysqlConfiguration** 應包含所有操作,像是連接 MySQL、建立資料庫及資料表單和關閉連接。
    ✦ 類別 **bookInventoryOperations** 應包含在資料庫中插入紀錄、刪除紀錄、更新紀錄、查看特定的紀錄和清除文字框 (entry widget) 欄位有關的操作。
    ✦ 類別 **DisplayGUI** 應包含顯示 GUI 圖形介面的相關程式碼。
2. 點擊**添加書籍** (Add Book) 按鈕時,將書籍資料細節插入到 MySQL 資料庫中。
3. 點擊**查看全部** (View All) 按鈕時,從資料庫中讀取紀錄,並顯示在 GUI 應用程式的列表框 (List Box) 中。

4. 點擊出現在列表框中的指定書籍紀錄可以執行更新操作，點擊**更新** (Update) 按鈕將會更新書籍資料內容，並將結果儲存到 MySQL 資料庫。
5. 點擊出現在列表框中的指定書籍紀錄可以執行刪除操作，點擊指定紀錄，然後點擊刪除 (Delete) 按鈕，將會從資料庫中刪除該書籍。

▶ 前置準備

在開始這個專案之前，程式設計師應了解以下 Python 程式設計的概念。
1. 判斷敘述式。
2. 控制敘述式。
3. 函式。
4. 物件導向程式設計。
5. 例外處理。
6. 使用 Tkinter 模組進行 GUI 圖形介面程式設計。
7. 透過 Python 腳本程式與 MySQL 進行互動。

解決方案

☞ **STEP 1**： 確定設計 GUI 應用程式所需的 widget 元件，並使用 Tkinter 模組撰寫 Python 腳本程式來設計這些 widget 元件。

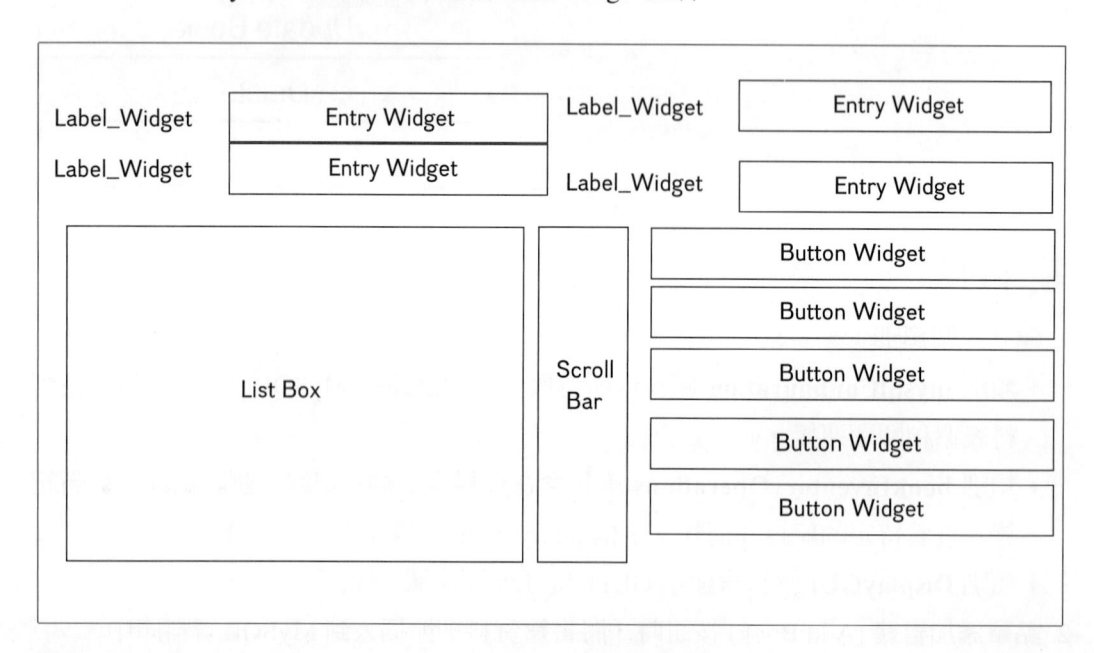

其中 Label_Widget 代表使用標籤元件，Entry Widget 代表使用文字框元件，List Box 代表使用列表框元件，Scroll Bar 代表使用滾動條元件，Button Widget 代表使用按鈕元件。

☞ **STEP 2**： 建立資料庫 **Books_db** 以及資料表單 **Books**。

資料表單 **Books** 的綱要如下所示：

CREATE TABLE IF NOT EXISTS Books (id \
INTEGER(100) NOT NULL AUTO_INCREMENT PRIMARY KEY,\
title text, author text, year integer, isbn integer)

☞ **STEP 3**： 透過點擊添加書籍 (Add Book) 按鈕插入紀錄。
1. 點擊添加書籍按鈕後，呼叫函式 `addBook()`。這個函式將執行以下任務：
   ✦ 取得所有文字欄位，例如：標題、作者、年份和 ISBN。
   ✦ 將所有取得的文字欄位傳給函式 `insert(self, title, author, year, isbn)`：。
2. `insert` 函式的執行原理如下：
   ✦ 建立 MySQL 連接物件。
   ✦ 建立 cursor 游標物件。
   ✦ 取得所有文字欄位，例如：標題、作者、年份和 ISBN。
   ✦ 透過執行 cursor 游標物件的 `execute_many(query, values)` 方法以插入紀錄。
   ✦ 其中 query 是一種插入資料的 MySQL 語法，用以插入多筆紀錄，values 代表插入紀錄的值。
   ✦ 通過執行 MySQL 連接物件的 `commit()` 方法來儲存修改。
   ✦ 關閉 cursor 游標物件。

☞ **STEP 4**： 顯示資料庫中的所有書籍紀錄的演算法。
1. 點擊**查看全部** (View All) 按鈕後，會呼叫函式 `showBooks()`。
2. 函式 `showBooks()` 的執行原理如下：
   ✦ 透過執行敘述式 **list1.delete(0, End)** 來清除列表框的內容。
   ✦ 透過連接到 MySQL 資料庫建立 MySQL 連接物件。
   ✦ 建立 cursor 游標物件。
   ✦ 選擇資料庫 Books_db。
   ✦ 透過 cursor 游標物件的 `execute` 方法，執行敘述式 Select *from books 讀取所有紀錄。

✦ 檢查取得的紀錄數量是否大於 0，如果不大於 0，則在列表框區域顯示訊息 No Records Found。

✦ 如果資料庫中存在紀錄，則取得每一筆紀錄，並將其插入到列表框區域中。

✦ 關閉 cursor 游標物件。

☞ **STEP 5**： 在點擊列表框區域的資料時，就可以在文字框欄位中查看所選紀錄的各個欄位資料。

在點擊每一筆資料時，將呼叫函式 `get_selected_row(self, event)` 並執行以下任務：

1. 呼叫下列方法取得目前所選擇的資料列：

    `self.index = self.list1.curselection()[0]`

2. 執行下列敘述式將透過索引位置取得指定的紀錄：

    `select_tup = self.list1.get(self.index)`

3. Select_tup 紀錄的結構如下所示：

識別碼	書籍名稱（標題）	作者名稱	出版年份	ISBN
0	1	2	3	4

4. 因此，以下敘述式用於刪除在文字欄位上的舊內容，並分別替代為指定紀錄欄位內容：

self.title_text.delete(0, END)

self.title_text.insert(END, select_tup[1])

self.author_name.delete(0, END)

self.author_name.insert(END, select_tup[2])

self.year.delete(0, END)

self.year.insert(END, select_tup[3])

self.isbn.delete(0, END)

self.isbn.insert(END, select_tup[4])

☞ **STEP 6**： 刪除紀錄。

1. 書籍列表將出現在列表框區域中。
2. 點擊指定紀錄可用來執行刪除操作。
3. 點擊刪除按鈕將會呼叫函式 `deleteBook(self)`，該函式的執行原理如下：

    ✦ 建立 MySQL 連接物件。

    ✦ 建立 cursor 游標物件。

    ✦ 執行 query("DELETE FROM" + table + \ "WHERE id = %s", (select_tup[0],)) 從

列表框中刪除指定紀錄。其中，tup[0] 用於取得所選紀錄的索引位置。

✦通過 commit() 方法儲存修改。

✦關閉 cursor 游標物件。

✦清除列表框區域，並輸出刪除成功訊息 Record Deleted Successfully。

☞ **STEP 7**： 更新紀錄。

1. 書籍列表將出現在列表框區域中。
2. 點擊指定的紀錄可用來執行更新操作。
3. 選擇出現在列表框中的紀錄，紀錄的資料細節將會出現在各自的文字欄位中。
4. 接著更新指定紀錄的文字欄位，並點擊更新按鈕。
5. 點擊**更新書籍** (Update Book) 按鈕，它將呼叫函式 `updateBook(self)`，該函式的執行原理如下：

   ✦建立 MySQL 連接物件

   ✦建立 cursor 游標物件

   ✦取得所有文字欄位，例如：標題、作者、年份和 ISBN。

   ✦執行 cursor 游標物件的更新命令如下所示：

   cur.execute("update" + table + "SET title = %s,"

   　　　　　　"author = %s, year = %s, isbn = %s"

   　　　　　　"WHERE id = %s",

   　　　　　　(self.title_text.get( ),

   　　　　　　 self.author_name.get( ),

   　　　　　　 self.year.get( ),

   　　　　　　 self.isbn.get( ), select_tup[0]))

   其中，**select_tup[0]** 是需要執行更新的紀錄索引位置。

   ✦透過 commit() 方法儲存修改。

   ✦關閉 cursor 游標物件。

   ✦清除列表框區域並輸出更新成功訊息 **Record Updated Successfully**。

☞ **STEP 8**： 點擊**清除文字框** (Clear Text Box) 按鈕，清除文字框欄位。

方法 entry_widget_name.delete(0, END) 被用於清除文字框內容，清除所有這些欄位的程式碼如下：

self.title_text.delete(0, END)

self.author_name.delete(0, END)

self.year.delete(0, END)

self.isbn.delete(0, END)

self.list1.delete(0. END)

上述所有步驟可以開發 GUI 應用程式，相關程式碼如下。

```python
from tkinter import *
import tkinter.font as font
import mysql.connector
# -------------------------------------------------------------- #
class mysqlConfiguaration():
    def __init__(self):
        print('constructor')

    def connect(self):
        self.myCon = mysql.connector.connect(host = "localhost",
                                             user = "root",
                                             password = "admin")
        return self.myCon

    def create_database(self, db):
        mysqlobj = self.connect()
        cursor = mysqlobj.cursor()
        cursor.execute("Create Database IF NOT EXISTS" + db)
        cursor.execute("Show Databases")
        records = cursor.fetchall()
        print('List of Databases present: ')
        print('-' * 20)
        for r in records:
            print(r)
            print('-' * 20)
        cursor.close()

    def close_connection(self):
        mysqlobj = self.connect()
        print('Closing Connection')
        mysqlobj.close()
        print('Connection Closed Successfully')

    def create_table(self, db, table):
        mysqlobj = self.connect()
        cur = mysqlobj.cursor()
        cur.execute("Use" + db)
        print('Using Database', db)
        cur.execute("CREATE TABLE IF NOT EXISTS" + table + "(id \
                    INTEGER(100) NOT NULL AUTO_INCREMENT PRIMARY \
                    KEY,\title text, author text, year integer, \
                    isbn integer)")
```

```python
            print('Table Created Successfully')
            cur.close()
# ---------------------------------------------------------------- #
class bookInventoryOperations(mysqlConfiguaration):
    def addBook(self):
        print(self.title_text.get())
        print(self.author_name.get())
        print(self.year.get())
        print(self.isbn.get())
        self.insert(self.title_text.get(), self.author_name.get(),\
                    self.year.get(), self.isbn.get())
        self.list1.delete(0, END)
        self.clearEntrybox()
        self.list1.insert(0, 'Added Successfuly')


    def deleteBook(self):
        mysqlobj = self.connect()
        cur = mysqlobj.cursor()
        cur.execute("Use" + db)
        cur.execute("DELETE FROM" + table  + \
                    "WHERE id = %s", (select_tup[0],))
        mysqlobj.commit()
        self.list1.delete(0, END)
        self.clearEntrybox()
        self.list1.insert(0, 'Deleted Successfuly')
        cur.close()

    def updateBook(self):
        mysqlobj = self.connect()
        cur = mysqlobj.cursor()
        cur.execute("Use" + db)

        try:
            print(select_tup[0])
            cur.execute("update" + table + "SET   title = %s",
                        "author = %s, year = %s, isbn =   %s",
                        "WHERE id  = %s",
                        (self.title_text.get(),
                         self.author_name.get(),
                         self.year.get(),
                         self.isbn.get(), select_tup[0]))
            mysqlobj.commit()
            self.list1.delete(0, END)
            self.clearEntrybox()
            self.list1.insert(0, 'Updated Successfuly')
            cur.close()
```

```python
        except Exception as err:
            print('Please Select Book to Update:', err)


    def clearEntrybox(self):
        self.title_text.delete(0, END)
        self.author_name.delete(0, END)
        self.year.delete(0, END)
        self.isbn.delete(0, END)
        self.list1.delete(0, END)

    def insert(self, title, author, year, isbn):
        try:
            mysqlobj = self.connect()
            cur = mysqlobj.cursor()
            cur.execute("Use" + db)
            query = "INSERT INTO" + table + \
                    " (title, author, year, isbn)\
                        VALUES(%s, %s, %s, %s)"
            values = [(title, author, year, isbn)]
            cur.executemany(query, values)
            mysqlobj.commit()
            cur.close()
            print('Inserted Record Successfully')
        except Exception as err:
            print('Problem in Insertion...Please Check!!!', err)

    def get_selected_row(self, event):
        try:
            mysqlobj = self.connect()
            cur = mysqlobj.cursor()
            cur.execute("Use" + db)
            cur.execute("Select *from" + table)
            records = cur.fetchall()
            if len(records) == 0:
                pass
            else:
                global select_tup
                self.index = self.list1.curselection()[0]
                select_tup = self.list1.get(self.index)
                print(select_tup[1])
                if(select_tup[1] in ['inserted','deleted',
                    'Updated']): return
                self.index = self.list1.curselection()[0]
                select_tup = self.list1.get(self.index)
                self.title_text.delete(0, END)
                self.title_text.insert(END, select_tup[1])
```

```python
                self.author_name.delete(0,END)
                self.author_name.insert(END, select_tup[2])
                self.year.delete(0,END)
                self.year.insert(END, select_tup[3])
                self.isbn.delete(0,END)
                self.isbn.insert(END, select_tup[4])
        except IndexError:
            pass

    def showBooks(self):
        try:
            self.list1.delete(0, END)
            mysqlobj = self.connect()
            cur = mysqlobj.cursor()
            cur.execute("Use" + db)
            cur.execute("Select *from" + table)
            records = cur.fetchall()
            if len(records) == 0:
                self.list1.insert(END, 'NO Records Found')

            else:
                for rec in records:
                    self.list1.insert(END, rec)
                    print(rec)
        except Exception as e:
            print(e)
# ---------------------------------------------------------------- #
class DisplayGUI(bookInventoryOperations):
    def __init__(self):
        window = Tk()

        self.l1 = Label(window, text = "Title", font = 'BOLD')
        self.l1.grid(row = 0, column = 0)

        self.l2 = Label(window, text = "Author", font = 'BOLD')
        self.l2.grid(row = 0, column = 2)

        self.l3 = Label(window, text = "Year", font = 'BOLD')
        self.l3.grid(row = 1, column = 0)

        self.l4 = Label(window, text = "ISBN", font = 'BOLD')
        self.l4.grid(row = 1, column = 2)

        self.title_text = Entry(window, width = 30)
        self.title_text.grid(row = 0, column = 1)

        self.author_name = Entry(window, width = 30)
        self.author_name.grid(row = 0, column = 3)
```

```python
            self.year = Entry(window, width = 30)
            self.year.grid(row = 1, column = 1)

            self.isbn = Entry(window, width = 30)
            self.isbn.grid(row = 1, column = 3)


            self.list1 = Listbox(window, height = 6, width = 40)
            self.list1.grid(row = 2, column = 0, rowspan = 6,
                            columnspan = 2)
            self.list1.bind("<<ListboxSelect>>", \
                            self.get_selected_row)

            self.sb1 = Scrollbar(window)
            self.sb1.grid(row = 2, column = 2, rowspan = 6)

            self.list1.configure(yscrollcommand = self.sb1.set)
            self.sb1.configure(command = self.list1.yview)

            b1 = Button(window, text= "View All", \
                        width = 25, command = self.showBooks,
                        font = 'bold')
            b1.grid(row = 2, column = 3)

            self.b3 = Button(window, text = "Add Book", \
                             width = 25, command = \
                             self.addBook, font = 'BOLD')
            self.b3.grid(row = 4, column = 3)

            self.b4 = Button(window, text = "Update Book", \
                             width = 25, command = \
                             self.updateBook, font = 'BOLD')
            self.b4.grid(row = 5, column = 3)

            self.b5 = Button(window, text= "Clear Text Box", \
                             width = 25, command =\
                             self.clearEntrybox, font = 'BOLD')
            self.b5.grid(row = 7, column = 3)

            self.b5 = Button(window, text= "Delete", \
                             width = 25, command=\
                             self.deleteBook, font = 'BOLD')

            self.b5.grid(row = 6, column = 3)
            window.mainloop()
```

```python
# ------------------------------------------------------------ #
if __name__ == '__main__':
    db = "Books_db"
    table = "book"
    conobj = mysqlConfiguaration()
    conobj.create_database(db = "Books_db")
    conobj.create_table(db = "Books_db", table = "book")
    DisplayGUI()
    conobj.close_connection()
```

輸出

#輸入第一本書的資料細節

| Title | Python Programming | Author | Kamthane |
| Year | 2017 | ISBN | 1234 |

（View All / Add Book / Update Book / Delete / Clear Text Box）

#點擊添加書籍 (Add Book) 按鈕

訊息框顯示：Added Successfuly

#點擊查看所有 (View All) 按鈕，檢查紀錄是否被添加到資料庫中，如果紀錄出現在列表框區域中，點擊該紀錄並將內容顯示在各自的文字框上

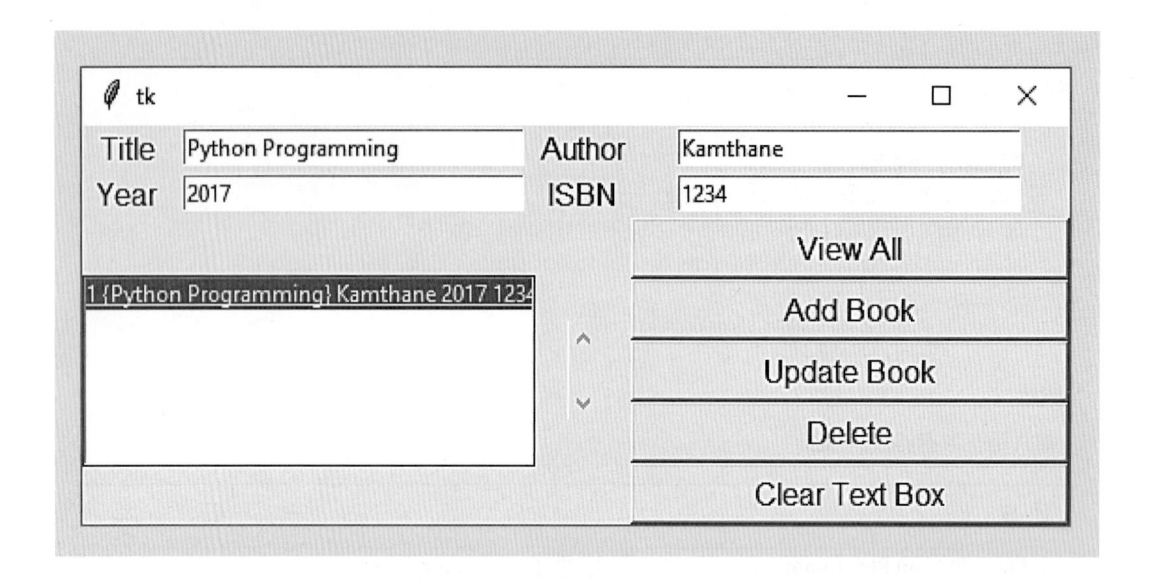

> **❶ 注意：**
> 程式設計師也可以執行其他操作，執行更新或刪除操作前，必須先從列表框區域選擇一筆紀錄。

Appendix 4
Python 關鍵字

以下為 Python 保留的關鍵字列表，這些關鍵字是特殊保留字，因此無法作為識別符號。

and	del	from	not	while
as	elif	global	or	with
assert	else	if	pass	yield
break	except	import	print	True
class	exec	in	raise	False
continue	finally	is	return	None
def	for	lambda	try	

Appendix 5
ASCII 表

　　ASCII 全名為 American Standard Code for Information Interchangeable，中文名稱為美國信息交換標準代碼，它是一種字元編碼系統。ASCII 代碼相當於計算機中的文字，Python 可以使用函式 **ord()** 來取得任何字元的 ASCII 代碼值。對於程式設計師來說，熟悉以下字元對應的 ASCII 代碼值將對於程式撰寫有所幫助。

十進位	字元	十進位	字元	十進位	字元	十進位	字元
0	NUL (null)	32	SPACE	64	@	96	`
1	SOH (start of heading)	33	!	65	A	97	a
2	STX (start of text)	34	"	66	B	98	b
3	ETX (end of text)	35	#	67	C	99	c
4	EOT (end of transmission)	36	$	68	D	100	d
5	ENQ (enquiry)	37	%	69	E	101	e
6	ACK (acknowledge)	38	&	70	F	102	f
7	BEL (bell)	39	'	71	G	103	g
8	BS (backspace)	40	(	72	H	104	h
9	TAB (horizontal tab)	41	)	73	I	105	i
10	LF (NL line feed, new line)	42	*	74	J	106	j
11	VT (vertical tab)	43	+	75	K	107	k
12	FF (NP form feed, new page)	44	,	76	L	108	l
13	CR (carriage return)	45	-	77	M	109	m
14	SO (shift out)	46	.	78	N	110	n
15	SI (shift in)	47	/	79	O	111	o
16	DLE (data link escape)	48	0	80	P	112	p
17	DC1 (device control 1)	49	1	81	Q	113	q
18	DC2 (device control 2)	50	2	82	R	114	r

十進位	字元	十進位	字元	十進位	字元	十進位	字元
19	DC3 (device control 3)	51	3	83	S	115	s
20	DC4 (device control 4)	52	4	84	T	116	t
21	NAK (negative acknowledge)	53	5	85	U	117	u
22	SYN (synchronous idle)	54	6	86	V	118	v
23	ETB (end of trans. block)	55	7	87	W	119	w
24	CAN (cancel)	56	8	88	X	120	x
25	EM (end of medium)	57	9	89	Y	121	y
26	SUB (substitute)	58	:	90	Z	122	z
27	ESC (escape)	59	;	91	[	123	{
28	FS (file separator)	60	<	92	\	124	|
29	GS (group separator)	61	=	93	]	125	}
30	RS (record separator)	62	>	94	^	126	~
31	US (unit separator)	63	?	95	_	127	DEL

索引

A

AND 位元運算子 bitwise AND operator 77, 82, 83

B

`break` 敘述式 `break` statement 144-148

C

`continue` 敘述式 `continue` statement 147-149

F

`for` 迴圈 `for` loop 128, 134-141, 145, 147, 149, 159, 180, 182, 192, 193, 198, 230, 345, 358-362, 367, 387, 389, 390, 392, 393, 404, 406, 409, 410, 412, 413, 419, 544

M

MySQL 資料庫 MySQL Database 489, 496, 513-515, 518, 521, 522, 524, 525, 549-551

O

OR 位元運算子 bitwise OR operator 77, 83, 84

P

pip 命令列工具 pip command-line tool 510

Python IDLE 10, 12-16, 19, 376

Python 虛擬機 Python virtual machine (PVM) 20, 21

R

`range()` 函式 `range()` function 133-136, 222

S

`seek()` 函式 `seek()` function 414, 415

T

Tkinter 437-447, 449-454, 456, 459, 460, 462-464, 466-469, 471-480, 482, 550, 554

W

`while` 迴圈 `while` loop 128-132, 140, 145, 147, 192, 193, 348

widget 439-444, 446, 449, 451-469, 471, 473, 479-482, 549-551, 553

X

XOR 位元運算子 bitwise XOR operator 77, 85, 86

一劃

一元運算子 unary operator 64, 65, 80, 101

二劃

二元搜尋法 binary search 256, 258, 259, 260, 261

二元運算子 binary operator 256, 258-261

二進位 binary 3, 55, 77, 83, 84, 86-88, 212-214, 364, 401, 416

八進位 octal 30, 364

十進位 decimal 30, 31, 71, 83, 84, 86, 141, 212-214, 364, 563, 564

十六進位 hexadecimal 30, 50-52, 212-214

三劃

三引號 triple single quote 19, 33

565

三元運算子 ternary operator 119
子集合 subset 195, 224, 350
子類別 subclass 311, 312, 314-316, 318-319, 321, 323, 324

四劃

切片運算子 slicing operator 195, 224
方法 method 286, 287, 290-296, 298-311, 314-319, 321-329
方法覆寫 method overriding 323, 324
元組 tuple 27, 75, 135, 168, 339-349, 358, 365, 440, 470, 490, 512, 515
元組切片 tuple slicing 341, 342
元素 element 29, 134, 191-193, 208, 221-239, 241, 243, 244, 246, 247, 256-263, 265-268, 270, 271, 273-280, 339-345, 348-352, 355-358, 365, 389, 390, 433
內部排序演算法 internal sort algorithm 262, 263, 270
內建函式 inbuilt function 52, 53, 55, 56, 190, 226, 294, 302, 303, 305-307, 311, 326-327, 341, 343-345, 392, 414, 416, 417
互動模式 interactive mode 10-15, 19, 20, 27, 29-32, 34, 37, 38, 46, 48, 52, 64-68, 70, 71, 79, 87, 88, 100, 102, 294, 343, 355, 357, 375, 376
分隔符號 delimiter 26, 28, 239
引數 argument 160, 167
父類別 parent class 314, 315, 319, 324, 325, 439, 441-443, 459, 463, 464, 465, 467

五劃

可存取性 accessibility 296
目的碼 object code 4

布林型態 Boolean type 32, 100
布林表達式 Boolean expression 100, 101, 103, 105-107, 109, 112-114, 118, 119, 128, 145, 147
布林運算子 Boolean operator 63, 64, 77, 101-103
布林型態 Boolean type 32, 100
外部排序演算法 external sort algorithm 262, 263, 275
主控台 console 17, 42, 43
主體 body 158, 168, 171, 176, 177, 179, 286, 314
主鍵 primary key 519
右移運算子 right shift operator 86
左移運算子 left shift operator 88

六劃

字元集 character set 26
字元編碼 character encoding 55, 563
字串比較 string comparison 198
字串型態 string type 33, 44, 229, 365, 404, 408
字串連接 (+) 運算子 string concatenation (+) operator 34
字典 dictionary 27, 75, 169, 261, 262, 308, 339, 352-367, 440, 451, 481
字面常數 literal 26, 27
多向判斷 (if-elif-else) 敘述式 multi-way decision-making statement 105, 113, 115
多載 overload 285, 304, 309, 311, 326, 327, 329
多層繼承 multilevel inheritance 312, 313, 316

多重繼承 multiple inheritance 312, 313, 318, 324-326
合併排序法 merge sort 263, 275, 276, 278
成員變數 member variable 292, 299, 300, 311, 315, 317
全域變數 global variable 169-173
全域敘述式 global statement 172
回傳 (return) 敘述式 return statement 173, 175-177, 179
名稱修飾 mangling 297

七劃

身分運算子 identity operator 76, 77
位元運算子 bitwise operator 28, 63, 64, 77, 82-86
位置引數 positional argument 162-164
串列 list 221-247
串列方法 list method 234-236
串列切片 list slicing 224, 225, 265
串列運算子 list operator 227
串列解析 list comprehension 230-233
形式參數 formal parameter 158, 161
快速排序法 quick sort 263, 270, 273-275
作業系統 operating system 6, 21
判斷敘述式 decision statement 99, 541, 550

八劃

例外 exception 425, 426, 428-434
例外處理 handling exception 425-428, 430, 432, 550
物件類別 object class 313
物件值相等 object equality 310, 311
物件導向程式語言 object-oriented programming language 285, 304, 306

函式 function 157-180, 182
初始化器 initializer 286, 298
表達式 expression 10, 28, 37-41, 46, 63-65, 73-74, 76-81, 100, 101, 103-107, 109, 112-114, 118, 119, 128, 135, 145, 147, 169, 179, 230-232, 307, 308
非關鍵字引數 non-keyword argument 167, 168
直譯器 interpreter 4, 10, 12, 14, 18-22, 26, 40, 49, 76, 81, 100, 359, 402-404, 427, 431, 448

九劃

衍生類別 derived class 311-318, 321-323
相同物件 reference equality 302, 310, 311
指派運算子 assignment operator 36, 37, 63, 64, 77, 78, 89, 90, 104, 164
指數運算子 exponent operator 73, 74, 81
指標 pointer 270-273, 291, 402, 405, 414-416, 419
保留字 reserved word 27, 561
美國標準資訊交換碼 American Standard Code for Information Interchangeable (ASCII) 55-57, 136, 198, 212, 213, 357, 358, 563
流程控制 control flow 99
查詢 query 9, 57, 256, 490, 496, 498, 501, 507, 509, 510, 515-518, 520-527
紀錄 record 255, 256, 263, 399, 489, 490, 498-509, 515-518, 520-530, 549-553, 559, 560
建構子 constructor 222, 298, 302, 319-323, 326, 327, 512, 513

負數串列索引 negative list index 223
科學記號 scientific notation 31, 52

十劃

索引運算子 index operator 190, 191, 225, 353, 361
格式指定符號 specifier 48-50, 52
氣泡排序法 bubble sort 263-265, 542
迴圈控制敘述式 loop control statement 127, 128
高階程式語言 high-level programming language 4
海龜繪圖 turtle graphics 375-378, 380-385, 388-390, 392
記憶體位址 address of the computer's memory 286, 295, 311
浮點數 floating point number 26, 29, 31-34, 45, 47, 49, 52, 66, 68-71, 74, 89, 222, 308, 311, 404, 465, 478

十一劃

現有類別 existing class 291, 295, 311-313
排序 sorting 191, 226, 236, 247, 255, 257-259, 262-270, 273-275, 276, 278-280, 295, 344, 501, 502, 541, 542
參數 parameter 160-167, 169, 174-179, 182
敘述式 statement 4, 11, 14
巢狀字典 nested dictionary 359, 360, 367
巢狀衍生 nested derivation 312
巢狀迴圈 nested loop 140, 141
巢狀 if 敘述式 nested statement 105, 112, 113
基底類別 base class 311-319, 321-324, 426
連接端口 port 513

區域變數 local variable 169-173, 292, 293
常數 constant 26, 27, 63

十二劃

單一繼承 single inheritance 312, 314
單引號 single quote 19, 26, 27, 33, 35, 505
插入排序法 insertion sort 263, 268, 269
集合 set 75, 223, 230, 304, 339, 345, 348-353, 399, 490
費氏數列 Fibonacci number 139, 178
項目 item 48-50, 52, 134, 221, 255, 256, 339, 345, 350, 352-354, 356-359, 362, 365, 366, 389, 399, 408-410, 418, 457-459, 469, 470, 473-475, 541
換行符號 linefeed 36, 40, 403, 406, 543, 546
條件表達式 conditional expression 118, 119
結束索引 end index 195, 224, 225
開始索引 start index 195, 224, 225
視窗元件管理員 geometry manager 440, 459-462, 465, 467, 479
結構化查詢語言 structured query language (SQL) 490, 496-498, 500-504, 506, 509, 520, 521

十三劃

腳本模式 script mode 16-19, 375, 539
資料表單 table 489, 490, 497-507, 509, 515, 518-528, 549, 551
資料型態 data type 25, 29, 32, 34, 46, 47, 221, 289, 340, 365, 404, 500, 503, 505
資料結構 data structure 348, 352
資料庫 database 437, 489, 490, 496, 497, 502-505, 507, 509, 510, 512-528, 549-552, 559

資料庫綱要 database schema 490

資料庫管理系統 Data Base Management System (DBMS) 489

資料定義語言 Data Definition Language (DDL) 490, 510

資料操作語言 Data Manipulation Language (DML) 490, 510

跳脫序列 escape sequence 34, 35

搜尋 searching 9, 19, 255-262, 266, 353, 355, 358, 376, 418, 419, 472, 541, 543

運算子 operator 26, 28, 32-34, 36, 37, 63-86, 88-91, 101-104, 112, 119, 131, 164, 167, 168, 190, 191, 194-196, 198, 199, 222, 224, 225, 227-230, 288, 306-311, 327, 329, 341, 342, 346, 349, 351-357, 361, 498

運算子多載 operator overloading 306, 307, 309

解構子 destructor 301-303, 439

十四劃

圖形使用者介面 Graphical User Interface (GUI) 437, 438, 442, 446, 475, 479, 480, 482, 549, 550, 554

實例 instance 286-294, 297-306, 308, 310, 314, 315, 317-319, 323, 324, 326, 327, 401, 426, 438, 440, 448, 451, 453, 454, 457, 459, 513

實例方法 instance method 290, 292

實例變數 instance variable 287, 288, 290, 292, 293, 298, 299

語法錯誤 syntax error 29, 35, 371, 427

遞迴函式 recursive function 177, 178

算術運算子 arithmetic operator 28, 63, 64, 76, 78, 307, 308

演算法 algorithm 41, 91, 119, 149, 180, 213, 258, 262, 263, 270, 275, 276, 279, 327, 364, 367, 392, 418, 526, 527, 551

十五劃

複合指派運算子 compound assignment operator 63, 64, 89, 90

複數 complex number 29, 32, 47, 66, 68, 69, 174, 326, 327

標記 token 25, 26, 393, 474

標題 header 18, 158, 443, 451, 457, 475-478, 490, 551-553

餘除運算子 modulo operator 71, 72, 131

模組 module 4, 5, 53, 55, 157, 285, 286, 296, 375-377, 380-382, 394, 405, 416-418, 437, 438, 441-444, 447, 451, 475, 478, 510, 512, 516-518, 520

編譯器 compiler 4, 22, 99

十六劃

輸入／輸出單元 input/output (I/O) unit 2

選單 menu 10, 13, 16, 437, 439, 473-475, 481, 483

錯誤 error 12, 20, 21, 34, 35, 37, 38, 100, 106, 107, 111, 120, 160, 163, 164, 165, 170, 171, 191, 194, 230, 297, 304, 305, 356, 403, 404, 425-432, 512

整數 integer 26, 29-31, 34, 43-45, 47, 50-54, 66, 68-71, 73, 74, 77, 106, 127, 131, 133-135, 141, 159, 177, 178, 222, 233, 241, 242, 247, 259, 266, 279, 286, 307, 308, 311, 356, 365, 383, 400, 404, 407-410, 429, 431, 440, 458, 460, 462, 465, 469, 478, 501

選擇排序法 selection sort 263, 266, 267

十七劃

隱式續行 implicit line continuation 40, 41
檔案處理 file handling 399, 416, 418, 541
縮排錯誤 indentation error 106, 107, 111

十八劃

雙引號 double quote 26, 33, 35, 505
雙向判斷 (if-else) 敘述式 two-way decision-making statement 105, 108, 109, 118

十九劃

類別 class 28, 29, 57, 76, 190, 198, 201-207, 222, 234, 238, 285-291, 293-301, 303-306, 308, 311-327, 349, 350, 357, 358, 401, 426, 433, 438, 439, 441-443, 446, 449-451, 459, 463-465, 467, 472, 473, 480, 482, 512, 513, 539, 540, 549
類別成員 class membership 303, 321
識別字 identifier 25-29, 36
識別碼 id 286, 311, 469, 470, 514, 519, 552
關鍵字 keyword 26-29, 105, 108, 111, 128, 135, 144, 148, 158, 159, 163, 169, 173, 199, 286, 287, 296, 298, 359, 427, 431-433, 440, 443, 506, 508, 539, 540, 561

關鍵字引數 keyword argument 163, 164, 167-169, 200, 298, 442, 443, 451
關聯式模型 relational model 489, 490
關係運算子 relational operator 28, 32, 63, 64, 103, 104
繪圖板 canva 438, 439, 441, 451, 457, 469-475

二十劃

繼承 inheritance 285, 311-319, 324-326
繼承類型 type of inheritance 312

二十一劃

續行符號 continuation character 40, 41
屬性 attribute 230, 286-289, 292, 294-297, 299, 311-316, 319, 324, 391, 438, 439, 490, 512-516

二十二劃

讀取間隔 step size 225, 226

二十三劃

顯式續行 explicit line continuation 40
變數 variable 36, 169
邏輯運算子 logical operator 28, 101